煤焦油化工学

（第2版）

肖瑞华　编著

北　京
冶　金　工　业　出　版　社
2014

内容简介

本书在第1版的基础上新增加一章——第11章，同时第4章、第7章、第10章、第12章增加了部分新内容，对其他章节的内容也作了修改和补充。

全书共分12章，主要包括煤焦油，煤焦油组分的分离方法，煤焦油的初步加工，焦油盐基化合物，焦油酚类化合物，萘的提取与精制，洗油馏分的精制，蒽、菲、咔唑的提取与精制，荧蒽、芘和䓛的提取与精制，煤焦油组分的氧化，煤焦油组分的化学加工产品，煤焦油沥青的加工利用，书后附有附录。书中各部分内容都含有各种主要工艺方法，重点突出已工业化的生产技术，同时也介绍了近期新工艺和新技术的进展。

本书可供从事煤化工和有关化工部门的科技、管理和生产人员阅读，也可供大专院校有关专业的教师、研究生和大学生参考。

图书在版编目(CIP)数据

煤焦油化工学/肖瑞华编著．—2版．—北京：冶金工业出版社，2009.2（2014.7重印）

ISBN 978-7-5024-4764-9

Ⅰ．煤… Ⅱ．肖… Ⅲ．煤焦油—加工 Ⅳ．TQ522.63

中国版本图书馆CIP数据核字(2008)第206178号

出 版 人 谭学余

地　　址 北京市东城区嵩祝院北巷39号 邮编 100009 电话 (010)64027926

网　　址 www.cnmip.com.cn 电子信箱 yjcbs@cnmip.com.cn

责任编辑 王之光 美术编辑 李 新 版式设计 张 青

责任校对 卿文春 责任印制 牛晓波

ISBN 978-7-5024-4764-9

冶金工业出版社出版发行；各地新华书店经销；三河市双峰印刷装订有限公司印刷

2002年5月第1版，2009年2月第2版，2014年7月第5次印刷

850mm×1168mm 1/32；14.375印张；384千字；443页

38.00元

冶金工业出版社 投稿电话 (010)64027932 投稿信箱 tougao@cnmip.com.cn

冶金工业出版社营销中心 电话 (010)64044283 传真 (010)64027893

冶金书店 地址 北京市东四西大街46号(100010) 电话 (010)65289081(兼传真)

冶金工业出版社天猫旗舰店 yjgy.tmall.com

（本书如有印装质量问题，本社营销中心负责退换）

第2版前言

随着科学技术的进步和发展，煤化工生产技术有了长足的进步，煤焦油加工工艺和新产品开发方面也有了新的发展。我国近年来在煤焦油加工的集中化、大型化方面已有很大进步，这将促进煤焦油工业的发展，使得提取贵重的小吨位产品成为现实。因此，发展煤焦油化工，开发研究深加工产品和分离的新技术是世界各国关注的重要领域之一。

本书第1版出版于2002年，出版后受到读者的认可。随着煤焦油组分应用的不断扩大，其深加工产品也在日益增长。因此，对《煤焦油化工学》一书有必要适时补充新内容，以满足读者的需求。

第2版是在原书结构的基础上，将近几年来煤焦油组分提取与精制的新技术补充进去，并增加一章煤焦油组分的化学加工产品，对其他章节的内容也做了修改和补充。

全书共分12章，其中第12章由赵雪飞编写。

在编写本书的过程中，参阅了近年来出版的有关专业书、发表的论文及专利，在此向各位作者表示感谢。

因作者水平所限，书中有不妥之处，恳请读者批评指正。

作　者

2008年8月

第1版前言

煤炭干馏生成的煤焦油含有上万种有机化合物，已鉴定出的约500种。到目前为止，煤焦油仍是很多稠环化合物和含氧、氮及硫的杂环化合物的唯一来源。煤焦油产品已在化工、医药、染料、农药和炭素等行业得到广泛应用。因此，发展煤焦油化工，开发研究深加工产品和分离的新技术是世界各国关注的重要领域之一。

本书试图为有志从事煤焦油化工的工作者提供反映煤焦油化工现代化水平的参考书，希望本书能为我国煤焦油化工的发展助力。

作者多年从事有关煤焦油化工方面的教学和科研工作，为硕士研究生讲授“煤焦油化工学”课程，本书是在教学讲义的基础上进行加工而成。在编写本书的过程中，参阅了近年来出版的有关专业书、发表的论文及专利，在此向各位作者表示感谢。

全书共分11章，其中第11章由赵雪飞编写。

书中有不妥之处，恳请读者批评指正。

作　者

2002年1月

目　录

1 煤 焦 油

1.1 煤焦油的性质

煤焦油是煤在干馏和气化过程中获得的液体产品。根据干馏温度和方法的不同可得到以下几种焦油：

（1）低温（450～650℃）干馏焦油；

（2）低温和中温（600～800℃）发生炉焦油；

（3）中温（900～1000℃）立式炉焦油；

（4）高温（1000℃）炼焦焦油。

无论哪种焦油，均为具有刺激性臭味的黑色或黑褐色的黏稠状液体，简称焦油。下面论述的焦油性质系指高温炼焦焦油。

焦油闪点为96～105℃，自燃点为580～630℃，燃烧热为35700～39000kJ/kg。

焦油在20℃的密度介于1.10～1.25g/cm^3，其值随着温度的升高而降低。焦油在20℃以上时的密度可按下式确定：

$$d_t = d_{20} - 0.007\ (t - 20) \tag{1-1}$$

式中，d_{20}为焦油在20℃的密度；t为实测密度时的温度。

焦油在不同温度范围的比热容：25～100℃为1.650kJ/（kg·℃）；25～137℃为1.729 kJ/(kg·℃)；25～184℃为1.880 kJ/(kg·℃)；25～210℃为2.1 kJ/(kg·℃)。也可按下式确定：

$$c_t = \frac{1}{d_{15}}\ (1.419 + 0.00519t) \tag{1-2}$$

式中，c_t为比热容，kJ/(kg·℃)；d_{15}为焦油在15℃的相对密度；t为温度，℃。

焦油的蒸发潜热λ(kJ/kg)可按下式计算：

$$\lambda = 494.1 - 0.67t \tag{1-3}$$

焦油的表面张力可按下式计算：

$$\sigma_t = \sigma_{t_1} - 0.00009(t - t_1)$$

式中，σ_t 为实测温度下的表面张力，N/m；t 为实测温度，℃。

焦油表面张力 100℃ 为 0.041N/m；157℃ 为 0.0364N/m；184℃为 32.5N/m。

焦油的质量焓与温度的关系见图 1-1。图 1-1 中焦油组成的变化，是通过馏分产率的变化来表达的。馏分产率是指馏出物的累计百分数。

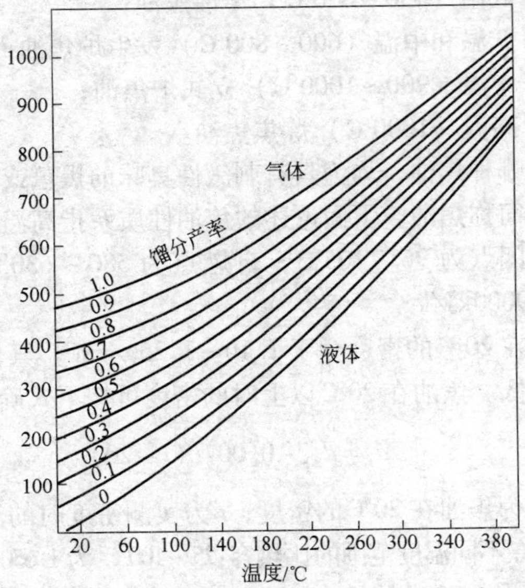

图 1-1　不同馏分产率时焦油的质量焓与温度的关系

焦油的运动黏度可按下式确定：

$$\lg\lg(\nu + 0.8) = 13.80 - 5.33\lg T \qquad (1\text{-}4)$$

式中，ν 为运动黏度，cm^2/s；T 为温度，K。

实际应用多采用恩氏黏度，即在一定温度下，液态焦油从恩氏黏度计中流出 200mL 所需的时间（s）与水在 20℃ 时流出 200mL 的时间（s）的比值，用 E_t 表示。一般焦油的恩氏黏度：

40℃时为 20～30E_t；80℃时为 3～5E_t；150℃时为 1～2E_t。

焦油中还含有一些相对分子质量大的不溶于甲苯的组分，称为甲苯不溶物（TI），其中颗粒在 100～1000nm 的类似炭黑的组分，不溶于喹啉，称为喹啉不溶物（QI）。

几个国家的煤焦油质量标准见表 1-1。

表 1-1　几个国家的煤焦油质量标准

指标	中国 GB3701—83		前苏联 TY14—6—171—80①				前苏联 ГОСТ—1462—80②	日本 JISK2439—83③		
	一级	二级	牌号 A		牌号 B			一级	二级	三级
			一级	二级	一级	二级				
密度/g·cm^{-3}	1.15～1.21	1.13～1.22	1.20	1.22	1.22	1.24	<1.22	1.10～1.25	1.10～1.25	1.10～1.30
水分/%	<4.0	<4.0	<3.0	<4.0	<3.0	<4.0	<4.0	<1.0	<2.0	<2.0
灰分/%	<0.13	<0.13	<0.08	<0.10	<0.08	<0.10	<0.2			
TI/%	3.5～7.0	<10.0	<8.0	<11.0			<9.0	<15	<25	<25
QI/%			<3.0	<4.0						
黏度 E_{80}	5.0					2.5～4.2				
含萘量/%	>7.0					<10.0				
蒸馏试验:										
230℃前/%								>5	>5	>5
300℃前/%								>20	>20	>25

① TY14—6—171—80 是加工利用的煤焦油指标。
② ГОСТ—1462—80 是作为成品消费的煤焦油指标。
③ JISK2439—83 中三级是供制造耐火砖用的煤焦油指标。

1.2　煤焦油的形成

煤焦油是煤热分解的液态产物。煤料在炼焦炉炭化室的热分解是由平行于炭化室两侧炉墙呈层状进行的，所需热量通过炭化室炉墙传递。当炭化室中心温度与炉墙温度接近时，炼焦过程结束。煤料在炭化室内温度分布与热分解产物见图 1-2。

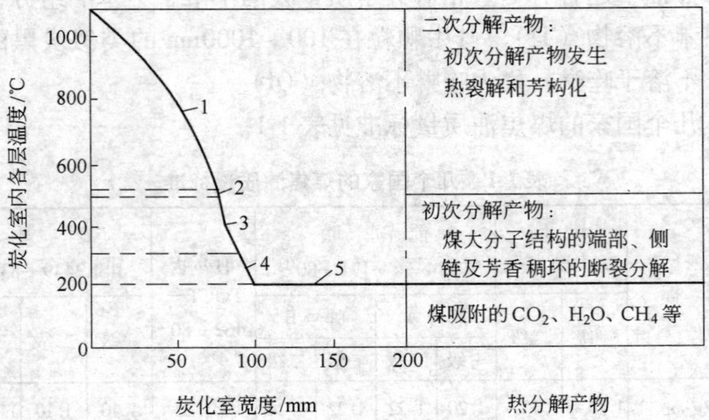

图 1-2　炭化室内温度分布与热分解产物

1—焦炭和半焦层；2—炼焦界线层；3—胶质层；

4—前胶质层；5—煤层

装入炭化室内的煤料，首先析出吸附在煤中的水、二氧化碳和甲烷等。随着煤料温度的升高，煤含氧多的分子结构分解为水、二氧化碳等。当煤层温度达到 300 ~ 550℃，则发生煤大分子侧链和基团的断裂，所得产物为初次分解产物，或称初焦油。初焦油主要含有脂肪族化合物、烷基取代的芳香族化合物及酚类。初次分解产物，一部分通过炭化室中心的煤层，一部分经过赤热的焦炭层沿着炉墙进入炭化室顶部空间，在 800 ~ 1000℃的条件下发生深度热分解，所得产物为二次分解产物，或称高温焦油。高温焦油主要含有稠环芳香族化合物。初焦油和高温焦油在组成上有很大差别，其组成见表 1-2。

高温焦油实质是初焦油在高温作用下经过热化学转化形成的。热化学转化过程非常复杂，包括热分解、聚合、缩合、歧化和异构化等反应。下面列出几种芳香族化合物和杂环化合物热化学转化可能进行的反应。

表 1-2　初焦油和高温焦油组成

项　目		初　焦　油	高温焦油
产率/%		10.0	3.0
组分的质量分数/%	饱和烃	10.0	
	酚　类	25.0	1.5
	萘	3.0	10.0
	菲和蒽	1.0	6.0
	沥　青	35.0	50.0
化合物种类		几百种	近万种

芳香族化合物的生成：

(1) 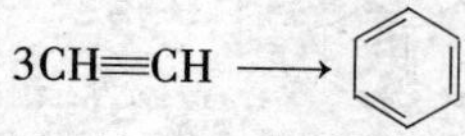

(2) 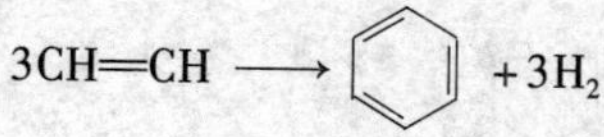

(3) 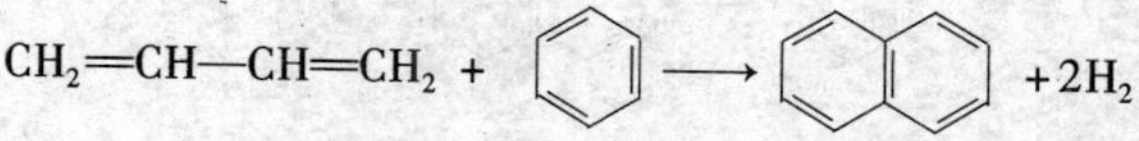

(4) 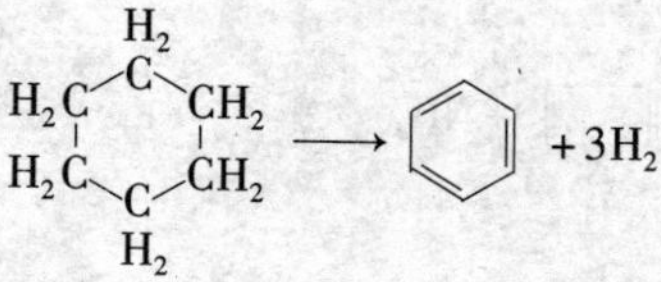

(5) 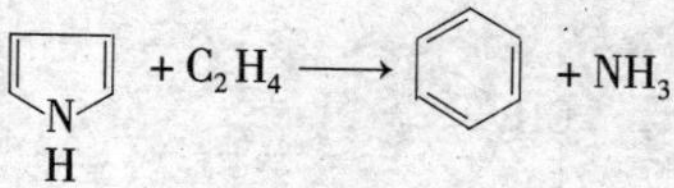

(6) 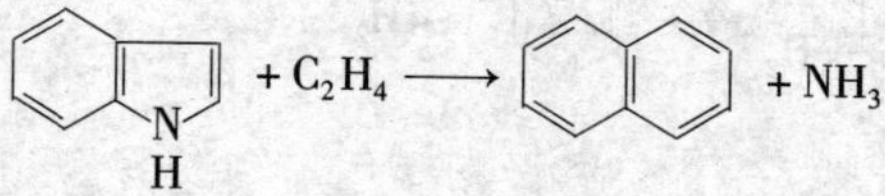

(7) 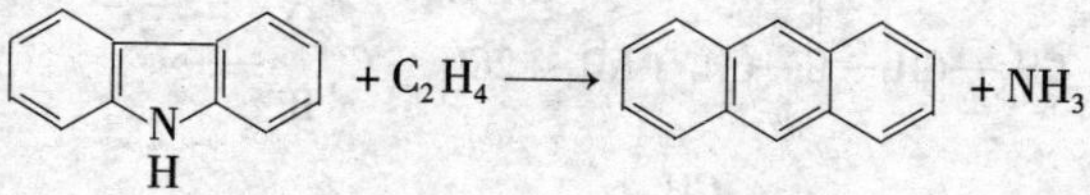

(8) 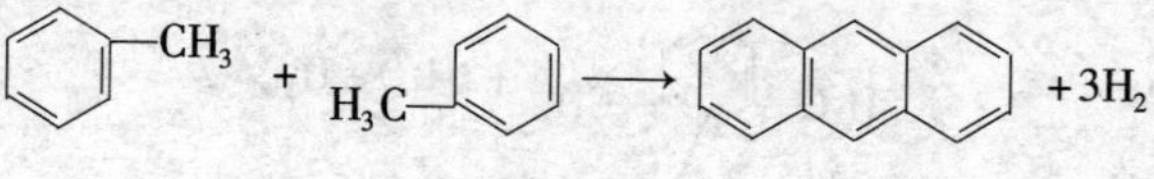

(9) 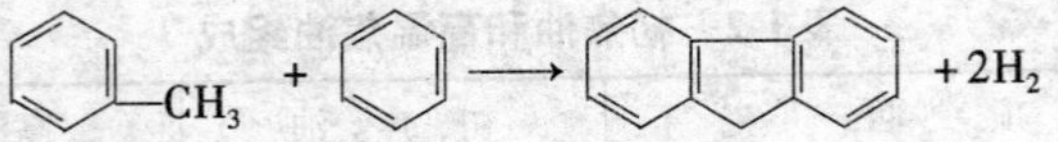

(10) 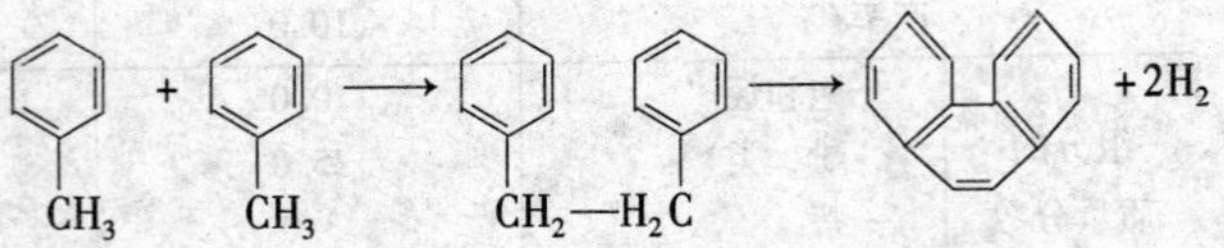

(11) 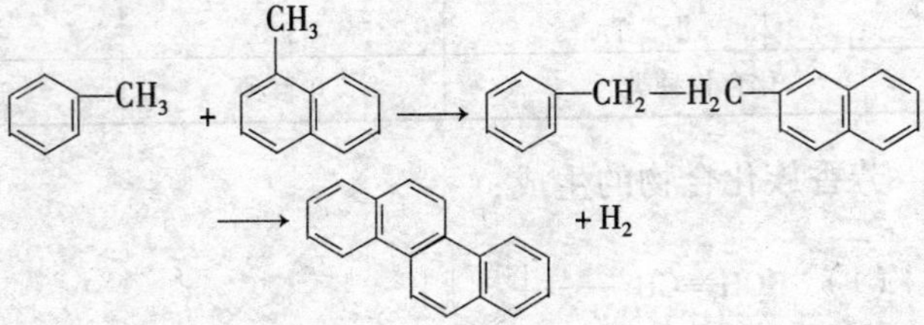

(12) 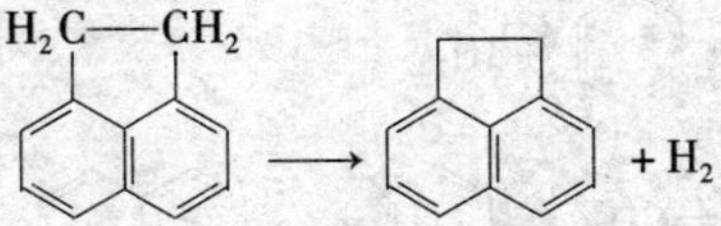

杂环化合物的生成：

(1) 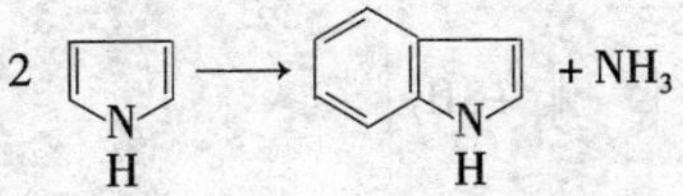

(2) 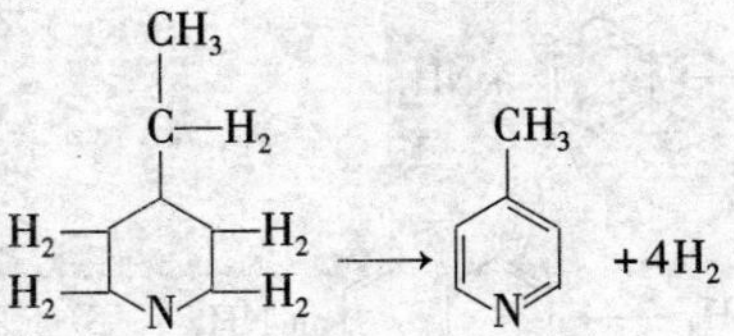

(3) 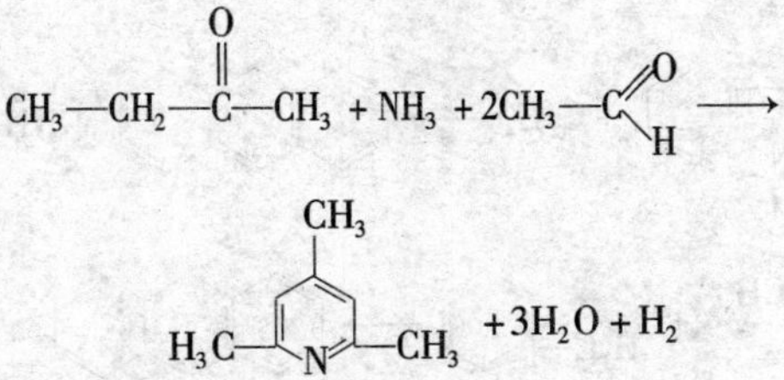

(4) 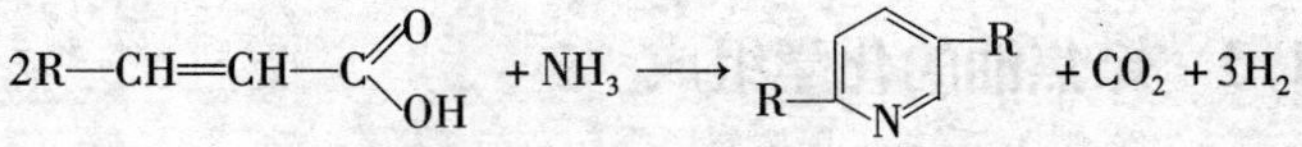

(5) 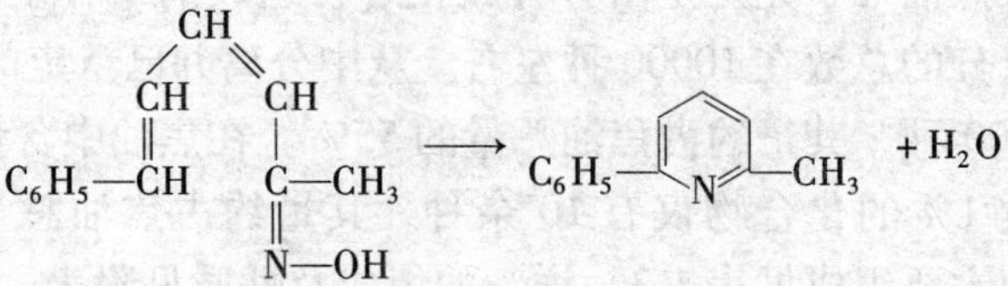

(6) 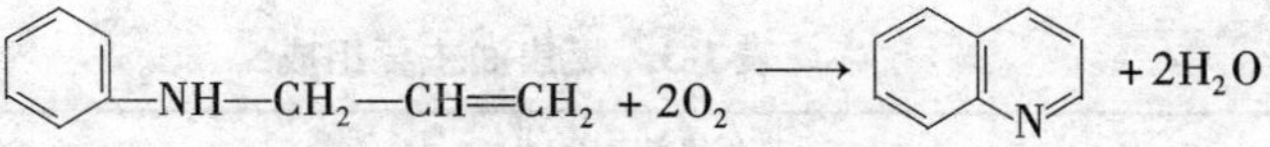

(7) 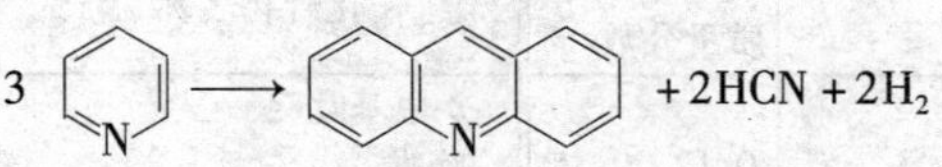

(8) $CH_3CHO + 2CH_3COCH_3 + NH_3 \longrightarrow C_5H_2N(CH_3)_3 + 3H_2O + H_2$

(9) 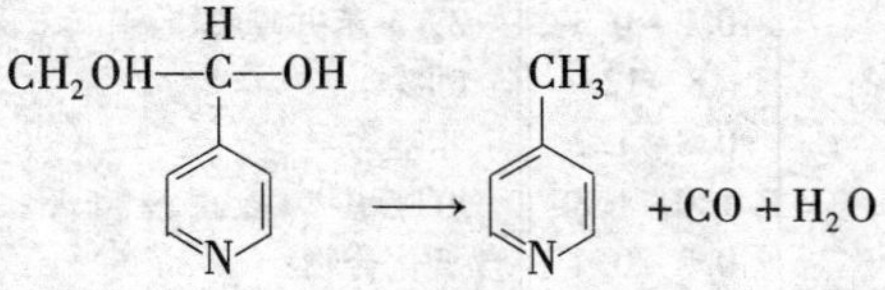

(10) 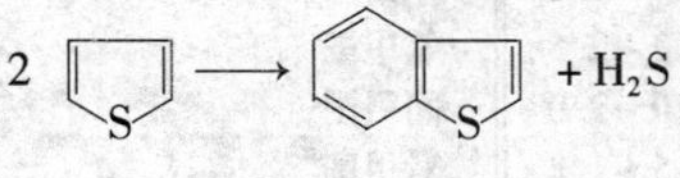

(11) 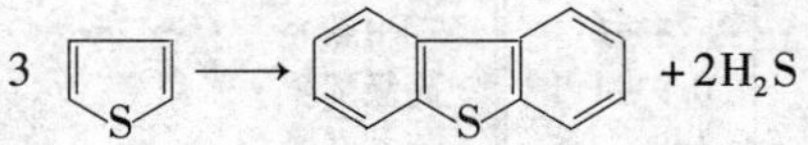

(12) 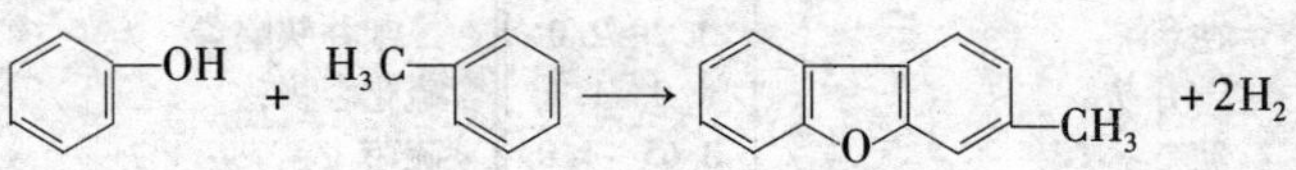

(13) 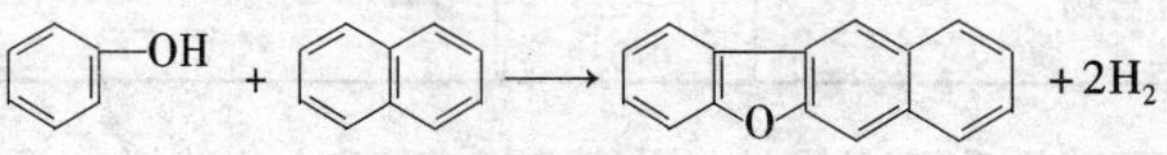

(14) 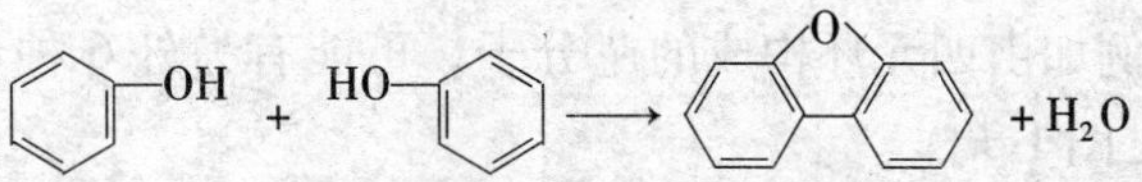

1.3 煤焦油的化学组成

煤焦油几乎完全是由芳香族化合物组成的一种复杂混合物，估计组分的总数在10000种左右。从中分离并已认定的单种化合物约500种，其量约占焦油总量的55%。在焦油中含量超过1%和接近1%的化合物仅有10余种，其量约占焦油总量的30%。煤焦油主要组成见表1-3，详细的组成及性质见附表。

表1-3　煤焦油主要组成

化合物名称	在焦油中的质量分数/%	化合物名称	在焦油中的质量分数/%
碳氢化合物：		2-甲基吡啶	0.02
苯	0.12～0.15	喹啉	0.18～0.30
甲苯	0.18～0.25	异喹啉	0.1
二甲苯	0.08～0.12	2-甲基喹啉	0.1
茚	0.25～0.3	菲啶	0.1
苯的高沸点同系物	0.8～0.9	7，8-苯并喹啉	0.2
四氢化萘	0.2～0.3	2，3-苯并喹啉	0.2
萘	8～12	吲哚	0.1～0.2
1-甲基萘	0.8～1.2	咔唑	0.9～2.0
2-甲基萘	1.0～1.8	吖啶	0.1～0.6
联苯	0.2～0.4	含氧化合物：	
二甲基萘	1.0～1.2	苯酚	0.2～0.5
苊	1.2～2.5	邻甲酚	0.2
芴	1.0～2.0	间甲酚	0.4
蒽	1.5～1.8	对甲酚	0.2
菲	4～6	二甲酚	0.3～0.5
甲基菲	0.9～1.1	高级酚	0.75～0.95
荧蒽	1.8～2.5	苯并呋喃	0.04
芘	1.2～2.0	二苯并呋喃	0.5～1.3
苯并芴	1.0～1.1	含硫化合物：	
䓛	0.65～1.0	硫茚	0.3～0.4
含氮化合物：		硫芴	0.4
吡啶	0.03		

稠环芳香烃可能的结构数随六元环的总数增加而增加，见表1-4。例如由四元环构成的芘分子，可能有另外6种环的排列方式，见图1-3。

表 1-4　等环的稠环芳烃数与环数 *n* 的关系

n	渺位缩合的稠环芳烃	迫位缩合的稠环芳烃	总　计
1	1	0	1
2	1	0	1
3	2	1	3
4	5	2	7
5	12	10	22
6	37	45	82
7	123	210	333
8	446	1002	1448

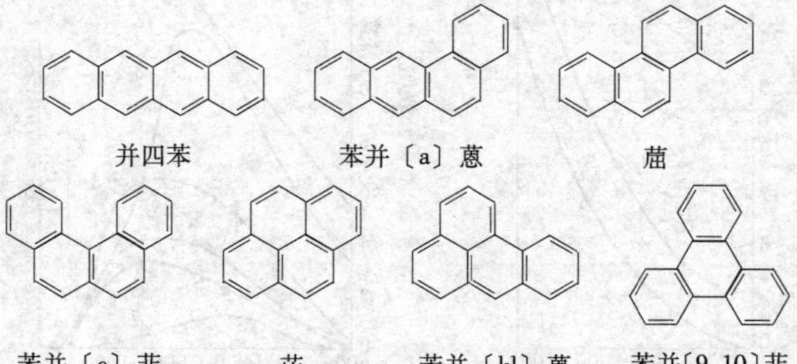

图 1-3　四元环组成的稠环芳烃

煤焦油的元素分析表明，含碳为 88.8% ~91.1%，氢为 5.6% ~6.1%，氧为 1.6% ~3.6%，氮为 1% ~1.3%，硫为 0.4% ~0.8%及痕量的金属元素。

1.4　影响煤焦油形成和组成的因素

初焦油的性质与原料煤的性质有明显的依赖关系，而高温焦油是经过二次分解的产物，这种依赖关系业已消失。高温焦油的组成和性质主要依赖于煤料在炭化室内的热分解程度。热分解程度取决于炼焦温度和热分解产物在高温下作用的时间。在正常的炼焦全过程中炉顶空间状态的影响是决定性的。焦油质量与炉顶空间温度的关系见图1-4、图1-5。由图可见，焦油的密度、甲苯不溶物（TI）和喹啉不溶物（QI）均随炉顶空间温度的升高而增大。焦油中某些主要化合物的含量变化遵循先增加后减少，在某一温度范围达到最大值的分布规律。沥青产率随炉顶空间温度的升高而增大。炼焦温度对焦油产率的影响见图1-6。炼焦温度和炉顶空间温度对焦油产率和组成的影响具有一致性。

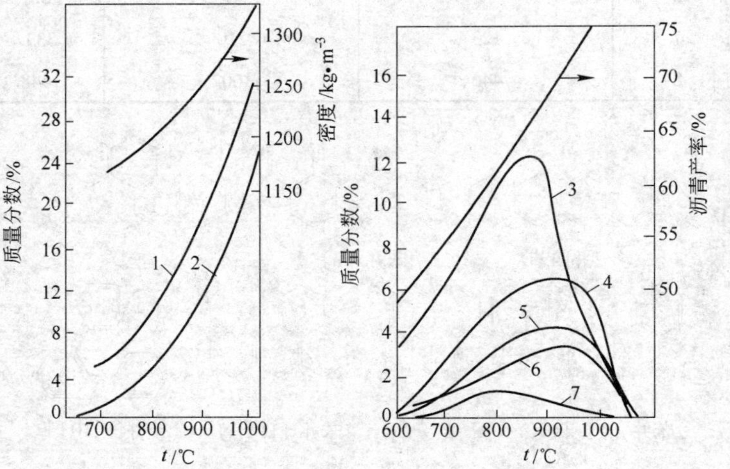

图1-4　焦油质量指标与炉顶空间温度的关系

1—TI；2—QI；3—萘；4—菲；5—荧蒽；6—芘；7—蒽

此外，焦炉结构、炭化室容积、焦炉强化操作、焦炉状态、配煤种类及焦炉操作制度等均对焦油产率和组成有影响。例如，气煤配入量增加或装煤不满，将导致炉顶空间扩大，温度升高，热分解产物在炉顶空间停留时间延长，改变了热分解过程的热力学条件和动力学条件，必将对焦油质量产生影响。

在正常的炼焦条件下，焦油产率取决于配煤挥发分，在配煤的可燃基挥发分（V）为20%～30%时，可由下式计算焦油的产率x(%)：

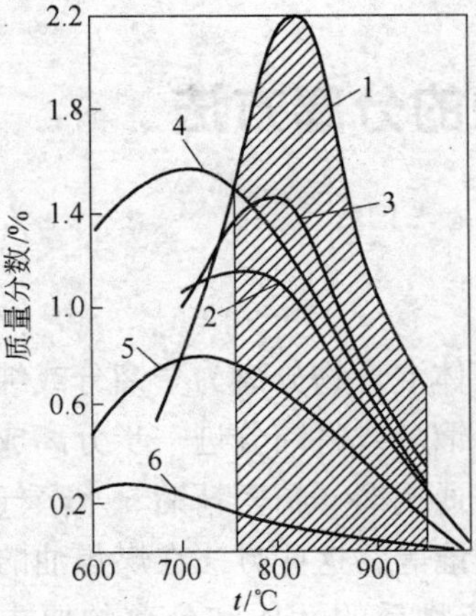

图 1-5 煤焦油中各化合物的含量与气相热解温度的关系

1—蒽；2—氧芴；3—芴；4—β-甲基萘；5—α-甲基萘；6—二甲基萘

（斜线部分为炉顶空间温度范围）

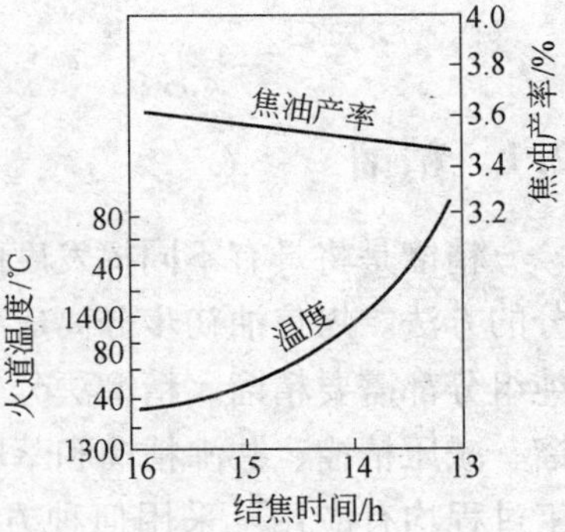

图 1-6 焦油产率与结焦时间的关系

（炭化室宽 450mm）

$$x = -18.36 + 1.53V - 0.026V^2 \tag{1-5}$$

热解水量 y（%）可按下式计算：

$$y = 4.63 - 0.354V + 0.0118V^2 \tag{1-6}$$

参 考 文 献

［1］库咸熙．化产工艺学［M］．北京：冶金工业出版社，1995.

［2］弗兰克 H G，斯达德霍夫 J W．工业芳烃化学［M］．许锡恩，姚国欣，等译．北京：中国石化出版社，1994.

［3］肖瑞华，白金锋．煤化学产品工艺学（第 2 版）［M］．北京：冶金工业出版社，2008.

［4］炼焦化学理化常数编写组．炼焦化学理化常数［M］．北京：冶金工业出版社，1980.

［5］タール工业便览［M］．日本，1967.

2 煤焦油组分的分离方法

2.1 精馏

精馏是将具有不同挥发度的液体混合物分离为窄馏分或纯组分的方法。煤焦油初步分离成各个馏分或将馏分进一步分离成较纯组分都需要精馏。精馏法分为普通精馏、精密精馏、水蒸气精馏、减压精馏、共沸精馏和萃取精馏等，这些方法在煤焦油的加工过程均有应用。采用何种方法依物系的性质和分离的要求而定。

为了得到所要求纯度的产品，需要的精馏塔效率，取决于被分离组分的相对挥发度（α）。对双组分理想系统 $\alpha = \frac{p_1^{\ominus}}{p_2^{\ominus}}$，对非理想系统 $\alpha = \frac{\gamma_1 p_1^{\ominus}}{\gamma_2 p_2^{\ominus}}$，式中，$p_i^{\ominus}$ 和 γ_i 分别代表组分在体系温度下的饱和蒸气压和活度系数。对于非缔合液体，在缺乏实验数据时相对挥发度可以按标准沸点温度值初步确定。几种计算方法如下：

$$\lg\alpha = 8.9\frac{\Delta t}{T_1 + T_2} \tag{2-1}$$

$$\lg\alpha = 4.6\frac{\Delta t}{T_{cp}} \tag{2-2}$$

$$\lg\alpha = \frac{\Delta t}{T_{cp}}(3.99 + 0.001939T_{cp}) \tag{2-3}$$

式中，Δt 为组分沸点差，K；T_1、T_2 为纯组分沸点，K；T_{cp} 为平均沸点，K。

上述计算方法不适用于形成氢键的组分，如吡啶-水、甲基吡啶-水。这类化合物的 α 值可由相组成直接确定：$\alpha = \frac{y_1}{x_1} \cdot \frac{1-x_1}{1-y_1}$。

不同类型的双组分混合物的沸点和相平衡曲线形式见图 2-1。

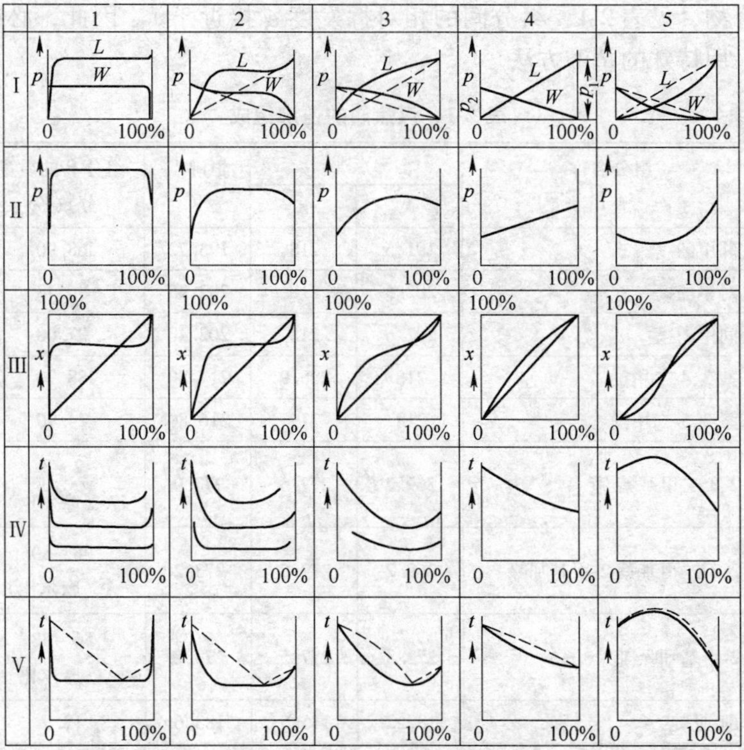

图 2-1　不同类型的双组分混合物的沸点和相平衡曲线形式

Ⅰ—低沸点组分 *L* 和高沸点组分 *W* 在恒温下的分压；Ⅱ—在恒温下的蒸气总压；Ⅲ—在恒压下气相低沸点组分含量（平衡曲线）；Ⅳ—在恒压下的温度（沸点曲线）；Ⅴ—在恒压下的温度（虚曲线-冷凝线）；

1—组分相互间无溶解性或溶解度不大（苯-水、二硫化碳-水）；2—组分部分互溶（水-酚、水-异丁醇）；3—组分在最大蒸气压和最低沸点下完全互溶（乙醇-水、乙醇-苯）；4—完全互溶（苯-二甲苯、甲醇-水）；5—组分在最小蒸气压和最高沸点下完全互溶（丙酮-氯仿、水-甲酸）

相对挥发度 α 愈大，平衡曲线愈扭曲，则愈易分离。$\alpha \approx 1$ ($\lg\alpha \approx 0$)，则等温平衡线愈趋近于对角线，这样的组分采用超精密精馏则需几百块理论板，且回流比高，工业生产很难实现。平衡曲线与对角线相交的领域，用普通精馏法不能分离。

煤焦油是非理想混合溶液，含有大量沸点相近和恒沸点的化合物，见表 2-1，组分间的相对挥发度 α 接近于 1。因此，必须采用特殊的精馏方法。

表 2-1　煤焦油的恒沸组成

组分名称 A-B	沸点/℃		恒沸点 /℃	组分 B 的质量分数/%
	A	B		
邻甲酚-萘	191.5	218	193.72	68.90
对甲酚-萘	202.5	218	202.35	96.43
间甲酚-萘	202.6	218	202.40	97.00
萘-3,4-二甲酚	218	226.9	217.80	88.90
萘-3,5-二甲酚	218	219	216.80	74.90
2,3-二甲基萘-苊	269.2	277.5	277.9	2~3 A（摩尔比）
2,3-二甲基萘-2-甲基吲哚	269.2	277.5	273.2	78~80 A（摩尔比）
2-甲基吲哚-苊	272.3	277.5	273.2	56~58 A（摩尔比）
酚-吡啶	182.2	115.5	183.6	12.9
酚-2-甲基吡啶	182.2	129.4	185.3	21.3
酚-2,4-二甲基吡啶	182.2	158.5	194.6	39.9
酚-2,6-二甲基吡啶	182.2	144.0	186.3	27.7
酚-2,4,6-三甲基吡啶	182.2	186.8	195.8	46.7
邻甲酚-α-甲基吡啶	191.5	129.4	191.9	4.2
邻甲酚-2,4-二甲基吡啶	191.5	158.5	197.7	29.8
邻甲酚-2,4,6-三甲基吡啶	191.5	186.8	198.7	37.2

续表 2-1

组分名称 A-B	沸点/℃ A	沸点/℃ B	恒沸点 /℃	组分 B 的质量分数/%
间甲酚-2,4,6-三甲基吡啶	202.6	186.8	207.5	28.9
对甲酚-2,4,6-三甲基吡啶	202.5	186.8	207.2	29.3
对甲酚-2,4-二甲基吡啶	202.5	158.5	205.5	23.1
间甲酚-2,4-二甲基吡啶	202.6	158.5	197.7	29.8
吡啶-水	115.5	100	94.4	23.0 A（摩尔比）
α-甲基吡啶-水	129.4	100	94.8	53.5 A（摩尔比）
β-甲基吡啶-水	144.14	100	96.8	39.0 A（摩尔比）
γ-甲基吡啶-水	145.36	100	97.2	
2,6-二甲基吡啶-水	144.0	100	95.6	
萘-水	218	100	98.8	

2.1.1 恒沸精馏

恒沸精馏是在难分离的体系中加入一种组分，称为夹带剂，夹带剂与待分离关键组分形成恒沸物，而与原体系中的组分得到分离。

在夹带剂存在下，被分离组分的相对挥发度 α_p，可用下式表示：

$$\alpha_p = \frac{\gamma_1 p_1^{\ominus}}{\gamma_2 p_2^{\ominus}} \tag{2-4}$$

式中，饱和蒸气压虽然随温度而变化，但其比值 $p_1^{\ominus}/p_2^{\ominus}$ 在通常范围内，可视为变化不大，故可认为相对挥发度的大小主要取决于活度系数，而活度系数与体系的组分及组成有关。当加入夹带剂（或溶剂）后，原体系的组分及组成均发生了变化，分子间相互作用改变，因而也使活度系数之比值发生变化，而有利于精馏分离操作，这就是恒沸精馏和萃取精馏的基本原理。

活度系数的数值主要取决于分子间的相互作用能：

$$\lg\gamma_A = K(E_{AA} + E_{CC} - 2E_{AC}) \tag{2-5}$$

式中，γ_A 为烃类 A 在夹带剂（或溶剂）C 中的活度系数；K 为常数，它取决于烃类与溶剂分子的体积比；E_{AA}、E_{CC}、E_{AC} 为烃类分子间、溶剂分子间及烃类与溶剂分子间的相互作用能。

在极性溶剂里，各种烃类同系物（分子中有同样碳原子数）的活度系数数值，按下列顺序变化：烷 > 环烷 > 烯 > 二烯烃 > 炔属烃 > 芳香烃。这种变化正好与烃类和溶剂分子间的吸引力增加的顺序一致。

烯烃、炔属烃、芳香烃依靠处在 π 轨道上的电子，能发生特殊的作用能力，即它能与接受电子的溶剂分子 C 生成 π 络合物。

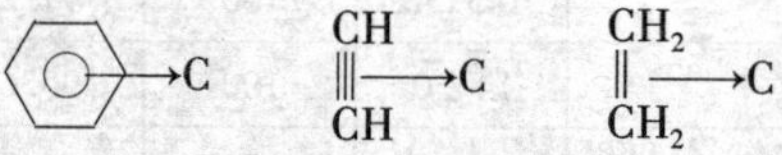

π 络合物的稳定性是随着烃类分子供电能力的增加，以及溶剂分子电荷分布不平衡性的增强而增加。

除了 π 电子的特殊作用外，另一种形式的作用是生成氢键。根据液体形成氢键的情况可以预测恒沸是否形成。

根据不同分子间产生氢键的可能性与强弱将液体分为五类，见表 2-2。

表 2-2　液体根据氢键的分类

分 类	分子形式	实　例
Ⅰ	能形成三维结构强氢键的液体	水、乙二醇、氨基醇、羟胺、羟酸、多酚、酰胺等
Ⅱ	含有活性氢原子或带成对自由电子的电负性原子的分子（如氧、氮、氟等）	醇、酸、酚、伯胺、仲胺、肟、有 α 氢的硝基化合物、有 α 氢的腈类、氨、肼、氟化氢、氰化氢等

续表 2-2

分类	分子形式	实例
Ⅲ	含有电负性原子，不含活泼氢原子的分子	醚、酮、醛、酯、叔胺、吡啶类、无α氢的硝基化合物和腈类等
Ⅳ	具有活泼氢原子而没有电负性原子的分子	氯仿、二氯甲烷、二氯乙烷、三氯乙烷、三氯丙烷等
Ⅴ	不能形成氢键的分子	烃类、二硫化碳、硫醇、四氯化碳、非金属元素碘、磷、硫等

各类液体混合后对拉乌尔定律的偏差见表 2-3。

表 2-3　各类液体混合后对拉乌尔定律的偏差

类别	偏差情况	氢键变化情况
Ⅰ+Ⅴ	总为正偏差，常形成有限溶解	减弱断开
Ⅱ+Ⅴ	总为正偏差	减弱断开
Ⅲ+Ⅳ	总为负偏差	形成
Ⅰ+Ⅳ	总为正偏差，常形成有限溶解	部分减弱，部分形成，前者占优势
Ⅱ+Ⅳ	总为正偏差	部分减弱，部分形成，前者占优势
Ⅰ+Ⅰ Ⅰ+Ⅱ Ⅰ+Ⅲ Ⅱ+Ⅱ Ⅱ+Ⅲ	一般为正偏差，但也有的体系为负偏差，形成最高沸点恒沸物	部分减弱断开，部分重新形成
Ⅲ+Ⅲ Ⅲ+Ⅴ Ⅳ+Ⅳ Ⅳ+Ⅴ Ⅴ+Ⅴ	似理想体系，不存在偏差或很小的偏差。若有恒沸物形成，也是最低沸点恒沸物	不涉及氢键

利用分类法能较容易地对难分离的混合物初步选择夹带剂。

恒沸精馏对夹带剂的要求主要有：夹带剂至少应与待分离组分之一形成恒沸物，且最好是形成一最低沸点恒沸物，使操作温度降低；在操作温度、压力及塔内组成条件下夹带剂与待分离组分应是完全互溶的，不至于因液相分层而破坏塔的正常操作；夹带剂的沸点一般应比原料沸点低 10～40℃，以保证足够大的沸点差便于分离；所形成的新恒沸物中夹带剂的比例愈小愈好，既提高了夹带剂的效率又降低了能耗；夹带剂应容易回收；具有良好的热稳定性、化学稳定性，无腐蚀性、无毒，价廉易得。

以吡啶脱水为例选择夹带剂。吡啶和水形成一最低沸点恒沸物，恒沸温度 92℃，吡啶组成为 54%。根据表 2-2 可知，吡啶属Ⅲ类，夹带剂选Ⅰ和Ⅱ类物质是不适宜的，因为它们与吡啶有形成恒沸物的可能性，并且与水的溶解度很大。选Ⅲ类和Ⅴ类物质则与吡啶形成类似理想体系，只有当沸点非常接近时才可能形成最低沸点恒沸物。Ⅳ类物质虽能与吡啶形成最高沸点恒沸物，但对操作无影响。Ⅲ、Ⅳ和Ⅴ类物质可与水形成最低沸点恒沸物，因而从这三类物质中进行选择是合适的，其实验结果见表 2-4。

表 2-4　吡啶脱水夹带剂

分类	夹带剂	沸点/℃	恒沸温度/℃	除去 1 份水所需夹带剂份数	溶解度
Ⅲ	甲酸异丁酯	98.2	80.4	11.8	1.0
	丙酸乙酯	99	81.2	9.0	2.4
	丁酸甲酯	102	82.7	7.7	1.5
	异丁酸乙酯	111.7	85.2	5.6	微溶
	二异丁醚	122.2	88.6	3.4	微溶
	甲酸戊酯	132	91.6	2.5	微溶
Ⅳ	氯化乙烯	83	72	11.0	0.9
	1,2-二氯丙烷	96.8	78	7.4	0.3
Ⅴ	苯	80.2	69.3	10.2	0.1
	甲苯	110.7	84.1	6.4	不溶解

煤焦油组分中的咔唑与蒽、喹啉与异喹啉、洗油窄馏分中的吲哚等的分离均可采用恒沸精馏法。

2.1.2 萃取精馏

萃取精馏的实质与恒沸精馏类同，其基本原理如前述。

萃取精馏对溶剂的要求主要有：溶剂有良好的选择性，能使待分离组分的活度系数增大，提高其相对挥发度；对待分离组分是一种良好的溶剂；要有较高的沸点，与待分离组分不形成恒沸物；具有热稳定性和化学稳定性；价廉易得。

上述要求中最重要的还是溶剂的选择性。希望用最少的溶剂，使待分离组分的相对挥发度提高得很多。溶剂的选择性（或选择度）是指体系在加入溶剂与未加溶剂时关键组分相对挥发度之比，即

$$S_{1,2} = \frac{(\alpha_{1,2})_S}{(\alpha_{1,2})_B} = \frac{(\gamma_1 p_1^{\ominus}/\gamma_2 p_2^{\ominus})_S}{(\gamma_1 p_1^{\ominus}/\gamma_2 p_2^{\ominus})_B} \tag{2-6}$$

式中，$S_{1,2}$为溶剂的选择度；$(\alpha_{1,2})_S$ 为在一定量溶剂存在时，组分1 对组分2 的相对挥发度；$(\alpha_{1,2})_B$ 为在无溶剂存在时，组分1 对组分2 的相对挥发度。

一种较理想的溶剂，一般应该使待分离组分的相对挥发度增至2 以上。选择性的大小与溶剂种类和溶剂浓度有关。一种良好的溶剂应是在用量不大的情况下有较高的选择性。

2.2 溶剂萃取

溶剂萃取是一种相间传质过程，其关键是溶剂的选择。选择溶剂的依据最主要的是溶剂的选择性。溶剂的选择性可用分配系数和分离系数表示。

分配系数可定义为：在萃取体系达到平衡时，被萃取物（A）在萃取相（o）中的浓度与原料液（w）中的浓度之比，用 D 表示：

$$D = \frac{[A]_o}{[A]_w} \tag{2-7}$$

分配系数表示在一定条件下萃取剂的萃取能力。D 值越大，萃取能力越强，即被萃取物越容易进入萃取相中。D 值一般由实验测定。

萃取体系不只是将某一组分从原料液中提取出来，更重要的是将各种组分分开。为了定量表示某种萃取剂分离原料中两种物质的难易程度，而引入分离系数。分离系数可定义为：在一定条件下进行萃取分离时，被分离的两种组分的分配系数的比值，常用 β 表示：

$$\beta = \frac{D_A}{D_B} = \frac{[A]_E[B]_R}{[A]_R[B]_E} \tag{2-8}$$

式中，$[A]_E$ 和 $[A]_R$ 分别表示 A 组分在萃取相和萃余相的浓度；$[B]_E$ 和 $[B]_R$ 分别表示 B 组分在萃取相和萃余相的浓度。β 值大小表示 A 和 B 物质分离效果的好坏。β 值越大，分离效果越好，即萃取剂对某物质的选择性越高。当 $D_A = D_B$，即 $\beta = 1$，表明用该萃取剂不能把 A 和 B 两种物质分离开。

影响溶剂萃取效果的因素主要有溶剂的结构和性质、溶质的结构和性质及萃取温度等。

溶剂和溶质的结构和性质对互溶性的影响实质就是溶剂和溶质分子间相互作用的影响。只有当溶液中的溶剂和溶质分子间引力 A—B 大于纯化合物 A—A、B—B 分子间引力时，某化合物 A 才能溶解于某溶剂 B 中。一般的规律是非极性有机化合物溶解在极性较小的溶剂中效果最好；离子化合物和极性共价化合物在极性溶剂表现出更大的溶解倾向性；不溶于水的离子固体化合物几乎也不溶于非极性溶剂。利用表 2-5 可以预言化合物溶解度的高低。

极性溶剂系指偶极矩大，介电常数高的溶剂，它们具有很强的溶剂化倾向。介电常数低的有机溶剂，特别是非极性溶剂，即使是弱的相互作用也能生成络合物，其相互作用分为氢键类型、电荷转移类型和配位类型，其中以氢键类型为主。

表 2-5　溶解度和极性的关系

溶质 A	溶剂 B	相互作用			A 在 B 中的溶解度
		A…A	B…B	A…B	
非极性	非极性	弱	弱	弱	可能高
非极性	极　性	弱	强	弱	可能低
极　性	非极性	强	弱	弱	可能低
极　性	极　性	强	强	强	可能高

氢键对于一些物质的溶解起着重要作用。溶剂-溶剂间，溶剂-溶质间，有时溶质-溶质间都能生成氢键。氢键对化合物的溶解度有影响。表 2-6 给出了常见的氢键化合物。

表 2-6　生成氢键的化合物

氢键酸		氢键碱	
原　子	例	原　子	例
F	氟化氢	F	氟化氢、氟离子
O	羧酸、水、醇、肟	O	羧酸、水、醇 酰胺、酮、醛 醚、酯
N	氨、胺（除叔胺外）	N	氨、胺、吡啶

烯烃、炔烃、芳香烃及其取代物，它们具有可供 π 分子轨道共有的电子，称 π 给予体。由 π 给予体生成的配合物，属于电荷转移类型，通常称为 π 配合物。由于生成了 π 配合物，将使萃取效果有微小增加。

卤素、胺类、醚类和醇类，它们具有可供孤对电子，称为孤对电子给予体。由孤对电子给予体生成的配合物，属于配位类型，通常称为配位配合物。由于生成了配位配合物，将有利于实现某些化合物的萃取过程。

表 2-7 给出了常用溶剂的性质。

表 2-7　常用溶剂的性质

溶剂名称（相对分子质量）	密度（20℃）/g·mL^{-1}	动力黏度（20℃）/Pa·s	沸点/℃	熔点/℃	介电常数（20℃）	偶极矩	互溶性	
							溶剂在水中/%	水在溶剂中/%
正己烷（86.17）	0.65937	0.3126 ×10^{-3}	68.74	−95	1.890	0.085（20℃）（在环庚烷中）	0.00095（25℃）	0.0111（20℃）
煤油	0.80	0.02 ×10^{-3}			2.0～2.2		0.007（23℃）	
环己烷（84.16）	0.77855	0.980 ×10^{-3}	81	6.5	2.023		0.010（25℃）	0.0055（25℃）
苯（78.11）	0.87903	0.6487 ×10^{-3}	80.1	5.5	2.283	0（20～60℃）（在环戊烷中）	0.1780（20℃）	0.063（25℃）
甲苯（92.13）	0.86694	0.5866 ×10^{-3}	110.8	−95	2.24	0.31（20～60℃）（在环戊烷中）	0.0515（25℃）	0.0334（25℃）
邻二甲苯（106.16）	0.8969	0.756 ×10^{-3}（25℃）	144	−25	2.568		0.0175（25℃）	
间二甲苯	0.8599（25℃）	0.518 ×10^{-3}	139.3	−47.4	2.374		0.0196（25℃）	0.0402（20℃）
对二甲苯	0.861	0.605 ×10^{-3}（25℃）	138.5	13.2	2.2599		0.019（25℃）	
氯仿（119.38）	1.489	0.563 ×10^{-3}	61.2	−63.5	4.9	1.15（25℃）（在苯中）	0.710（17.4℃）	0.061（17.4℃）
四氯化碳（153.82）	1.59472	0.965 ×10^{-3}	76.8	−22.8	2.205	0（在环戊烷中）	0.081（30℃）	0.011（30℃）
氯苯（112.56）	1.1064	0.803 ×10^{-3}（20.1℃）	132	−55	5.6493	1.54（25℃）（在苯中）	0.048（30℃）	

续表 2-7

溶剂名称（相对分子质量）	密度（20℃）/g·mL^{-1}	动力黏度（20℃）/Pa·s	沸点/℃	熔点/℃	介电常数（20℃）	偶极矩	互溶性	
							溶剂在水中/%	水在溶剂中/%
溴苯（157.01）	1.4951	1.08×10^{-3}（25℃）			5.53	1.55（25℃）（在苯中）	0.0446（30℃）	0.0424（25℃）
邻二氯苯（147.00）	1.3064		180～183	−17	6.8281（25℃）	2.27（24℃）（在苯中）		
甲醇	0.7915		64.65	−97.8	32.6（25℃）		∝	∝
乙醇（46.07）	0.7893	1.22×10^{-3}	78.4	−117.3	25.7	1.66（20℃）（在环戊烷中）	∝	∝
乙二醇（62.07）	1.1132		197.2	−12.6	37.7（25℃）		∝	∝
正丁醇（74.12）	0.8098	2.948×10^{-3}	117.7	−89.0	17.1（25℃）	1.75（25℃）	7.8（20℃）	20.5（25℃）
正戊醇（88.13）	0.82	3.31×10^{-3}（25℃）	137.8	−79	15.8	1.75（25℃）	1.7（20℃）	7.46（25℃）
环己醇（100.16）	0.9624	49.8×10^{-3}	161	25.2	15.0（25℃）		4.00（20℃）	88.93（20℃）
乙醚（74.12）	0.7134	0.233×10^{-3}	34.5	−116.2	4.197（26.9℃）	1.15（20℃）	0.986（20℃）	18.8（20℃）
异丙醚（102.17）	0.7281	0.329×10^{-3}	67.5	−86	3.88（25℃）	1.22（20℃）	1.2（25℃）	0.62（20℃）
二氯乙醚（143.02）	1.2192	2.41×10^{-3}	178.5	−24.5	21.2	2.58	1.02（20℃）	0.1（20℃）
丙酮（58.08）	0.7898	0.3371×10^{-3}（15℃）	56.5	−94.6	21.45	2.69（20℃）（在环戊烷中）	∝	∝

续表 2-7

溶剂名称（相对分子质量）	密度（20℃）/g·mL^{-1}	动力黏度（20℃）/Pa·s	沸点/℃	熔点/℃	介电常数（20℃）	偶极矩	互溶性	
							溶剂在水中/%	水在溶剂中/%
甲基乙基酮（72.10）	0.8061	0.365 $\times10^{-3}$（30℃）	79.6	-86.4	15.45	2.76（25℃）（在苯中）	26.8	12.5
甲基异丁基酮（100.16）	0.8017	0.590 $\times10^{-3}$	115.8	-80.4	13.11		1.7~2.0	1.8~2.2
环己酮（98.14）	0.9478	2.453 $\times10^{-3}$（15℃）	155.7	-16.4	18.3	3.02（25℃）（在苯中）	2.3	8.0
四氢呋喃（72.10）	0.888		66	-65	7.6（25℃）			
乙酸乙酯（88.10）	0.9005	0.45 $\times10^{-3}$	77.1	-83.6	6.02（25℃）	1.88（25℃）（在苯中）	7.9（15℃）	3.6
乙酸丁酯（116.16）	0.882	0.693 $\times10^{-3}$（25℃）	126.3	-77	5.01	1.84（22℃）（在苯中）	1.0	1.37
乙酸戊酯（130.18）	0.879	0.924 $\times10^{-3}$			4.57	1.91	0.17	1.15
乙酸（60.05）	1.049	1.3 $\times10^{-3}$（18℃）	118	16.7	6.17	1.68（30℃）（在苯中）	∝	∝
丁酸（88.10）	0.9587	1.61 $\times10^{-3}$	163.5	-6.5	2.97	1.65（30℃）（在苯中）	∝	∝
硝基甲烷（61.04）	1.130	0.632 $\times10^{-3}$（25℃）	101	-29	39	3.56（20℃）（在正己烷中）	11.1（25℃）	2.09（25℃）
硝基乙烷（75.07）	1.052	0.661 $\times10^{-3}$（25℃）	114	-90	28.06（30℃）	3.60（20℃）（在正己烷中）	4.68（25℃）	1.05（25℃）

续表 2-7

溶剂名称（相对分子质量）	密度（20℃）/g·mL^{-1}	动力黏度（20℃）/Pa·s	沸点/℃	熔点/℃	介电常数（20℃）	偶极矩	互溶性	
							溶剂在水中/%	水在溶剂中/%
硝基苯（123.11）	1.2037	2.165 ×10^{-3}（15℃）	210.9	5.7	34.82（25℃）	4.03（25℃）（在苯中）	0.19（25℃）	0.24
苯胺（93.12）	1.0217	3.176 ×10^{-3}（30℃）	184.4	−6.2	7.06	1.51（25℃）（在苯中）	3.7（30℃）	5.4（30℃）
N,N-二甲基甲酰胺（73.09）	0.953～0.954（15.6℃）		153	−61	38.4（25℃）		∝	∝
吡啶（79.09）	0.978		115.56	−42	12.3（25℃）			
二硫化碳（76.14）	1.2706（15℃）	0.363 ×10^{-3}	46.3	−108.6	2.641	0.06（25℃）（在苯中）		
水（18）	0.99823	1.002 ×10^{-3}	100	0	80.10			

另外“相似溶解”的规律可用溶解度参数 δ 来判断。溶解度参数是表示物质与溶剂相互作用的参数。物质的内聚性质可由内聚能予以定量表征，单位体积的内聚能称为内聚能密度，其平方根称为溶解度参数。

内聚能密度可由下式计算而得：

$$\delta^2 = \frac{\Delta H - RT}{M/\rho} \qquad (2\text{-}9)$$

式中，ΔH 为蒸发潜热；R 为气体常数；T 为绝对温度；M 为相对分子质量；ρ 为密度。

液体的蒸发潜热和表面张力，都是度量液体分子内作用力的标志。如果两种物质分子间的力是色散力，则对于它们之间的混合溶解可以表示如下：

$$\Delta H_{溶解} = V\phi_1\phi_2(\delta_1 - \delta_2)^2 \tag{2-10}$$

式中，ϕ_1 和 ϕ_2 分别为组分 1 和组分 2 的体积；V 是混合物的体积。

当 δ_1 和 δ_2 的值相接近时，溶解热接近于零，则两种物质混合比较理想；当 δ_1 和 δ_2 的值相差很大时，溶解热大，则两种物质可能互不相溶。这样就得到一条准则，具有相似溶解度参数的物质互溶。另外，两种溶剂若其中一种溶剂的 δ 值高于溶质的 δ 值，另一种溶剂的 δ 值低于溶质的 δ 值，则此两种溶剂的混合物比单独溶剂的溶解效果好。表 2-8 给出了一些溶剂的溶解度参数。

表 2-8　溶剂的溶解度参数 δ（或 SP）值

溶　剂	$\delta_{实验}/(J/cm^3)^{\frac{1}{2}}$		溶　剂	$\delta_{实验}/(J/cm^3)^{\frac{1}{2}}$	
	上限	下限		上限	下限
烃类：			二氯甲烷	19.9	
乙烷	14.8	14.9	1,2-二氯乙烷	20.0	20.1
庚烷	15.2		1,1,1-三氯乙烷	17.5	
辛烷	15.6		氯苯	19.5	19.6
环己烷	16.7		1-溴萘	21.0	
苯	18.5	18.8	1,1,2-三氟1,2,2,-三氯乙烷(氟利昂113)	14.8	
甲苯	18.2	18.3			
邻二甲苯	18.4		酮类和醛类：		
间二甲苯	18.0		丙酮	20.0	20.5
对二甲苯	17.9	18.0	丁酮-2	19.0	
苯乙烯	18.0	19.0	环己酮	19.0	20.2
1,2,3,4-四氢化萘	19.5		甲基苯甲基酮	19.8	
十氢化萘	18.0		3,5,5-三甲基环乙烯-2-酮-1(异佛尔酮)	19.9	
卤代烃：					

续表 2-8

溶剂	$\delta_{实验}/(\mathrm{J/cm^3})^{\frac{1}{2}}$	
	上限	下限
乙醛	20.1	
丁内酯（4-羟丁酸内酯）	26.2	31.7
苯甲醛	19.2	21.3
醇类：		
甲醇	29.2	29.7
乙醇	26.0	26.5
丙醇-1（正丙醇）	24.4	24.5
丙醇-2（异丙醇）	23.6	
丁醇-1	23.1	23.3
戊醇-1	21.7	
苯甲醇（苄醇）	22.1	24.8
乙二醇	29.1	33.4
丙二醇	30.3	
丁二醇	29.0	
丙三醇（甘油）	33.8	43.2
2-甲氧基乙醇（甲基溶纤剂）	24.7	
2-乙氧基乙醇	24.3	
醚类：		
乙醚	15.2	15.6
丁醚	15.9	
四氢呋喃	19.5	
二噁烷	19.9	20.5
1-氧-2,3-环氧丙烷	21.9	
酯类：		
碳醛乙二酯	29.6	30.9
甲酸乙酯	19.2	19.6
乙酸乙酯	18.6	
乙酸丁酯	17.3	17.4
乳酸丁酯	19.2	19.8

溶剂	$\delta_{实验}/(\mathrm{J/cm^3})^{\frac{1}{2}}$	
	上限	下限
乙酸2-乙氧基乙酯（乙酸溶纤剂酯）	19.7	
磷酸三乙酯	22.3	
酸类：		
甲酸	24.9	25.0
乙酸	13.8	25.0
乙酸酐	21.3	22.2
含氮化合物：		
丙胺	18.4	
苯胺	22.6	24.2
2-羟基乙胺（氨基乙醇）	33.7	
硝基乙烷	22.7	
硝基苯	20.5	21.0
乙腈	24.1	24.5
二甲基甲酰胺	24.9	
1,1,3,3-四甲基脲	21.7	
吡啶（氮苯）	21.7	21.9
吗啉(1,4-氧氮杂环己烷)	21.5	
2-吡咯酮	28.4	
N-甲基-2-吡咯烷酮	22.9	
含硫化合物：		
二甲基硫	18.4	
二乙基硫	17.3	
二硫化碳	20.4	20.5
二甲基亚硫砜	26.5	26.7
其他化合物：		
苯酚	25.6	
氧化三(二甲胺)磷	23.3	
水	47.9	48.1

2.3 超临界萃取

物质在液气相间的差别消失时所处的状态，称为临界状态。临界状态产生于一定的温度和压力之下，此种温度和压力即称为临界温度和临界压力。

临界温度系指纯物质液气相处于平衡的最大可能温度。在临界温度下，分子的平均动能等于它的引力位能。下面介绍几种计算临界温度的方法。

碳原子数小于 5 的正烷烃，可按古里德别格-休依方程计算：

$$T_{\text{КР}} = 1.667T_{\text{КИП}} \tag{2-11}$$

式中，$T_{\text{КИП}}$为常压沸点。

沸点小于 235K 的化合物，按如下公式计算：

$$T_{\text{КР}} = 1.7T_{\text{КИП}} - 2 \tag{2-12}$$

沸点在 235 ~ 600K 范围的烃，按如下公式计算：

对于烯烃和烷烃

$$T_{\text{КР}} = 1.027T_{\text{КИП}} + 159 \tag{2-13}$$

对于芳烃和环烃

$$T_{\text{КР}} = 1.41T_{\text{КИП}} + 66 - b(0.383T_{\text{КИП}} - 93) \tag{2-14}$$

式中，b 为环外碳原子数与化合物中总碳原子数的比值。

对于烃类混合物可按斯特劳斯方程计算：

$$T_{\text{КР}} = \sum_{1}^{n} x_i T_{\text{КР}_i} \tag{2-15}$$

除芳烃以外的一切烃类均可按巴尔克-马克方程计算：

$$T_{КР} = 1.05T_{КИП} + 146 \tag{2-16}$$

对于芳烃，可用如下公式计算：

$$T_{КР} = T_{КИП} + 208$$

临界压力系指物质在临界温度下的饱和蒸气压，其值可按刘易斯方程作为临界温度的函数计算：

$$p_{КР} = K\frac{10^5 T_{КР}}{M} \tag{2-17}$$

式中，常数 K 由表 2-9 选取。

表 2-9　刘易斯方程中的常数 K

烃或油品	K	烃或油品	K
正石蜡烃	5.06	无侧链的芳香烃	6.22
异构石蜡烃	5.1～5.3	饱和环烃	6.05
环烷烃	6.0	直馏油品	6.3～6.4
芳香烃	6.5～7.0	裂化煤油	6.8～7.0

如果状态温度和压力超过临界值，则液体和气体状态就没有区别了，物质此种状态，称为超临界状态。在临界温度附近加压，气体具有与液体相近的密度，与液体状态无大差别，此状态的气体称为超临界气体，或超临界流体。挥发性小的物质与具有超临界状态的溶剂相接触，能使物质的蒸气压增大，向超临界状态气体中气化和溶解。超临界萃取就是利用了这一性质。

超临界萃取兼有蒸馏和液液萃取两个作用，在超临界状态下的物质的挥发度增大，分子间作用力增大，同时利用这两个作用，达到分离物质的目的。就两个作用的主次而论，一般认为分子间作用力这一因素是主要的。

超临界气体的溶解能力与其密度有关。图 2-2 所示为丙烷

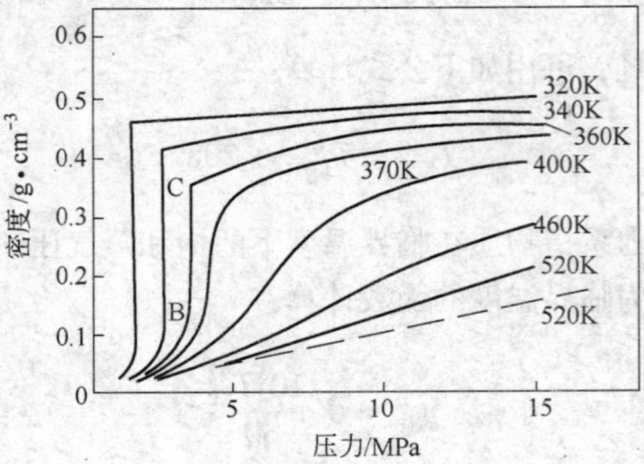

图 2-2　丙烷密度与温度和压力之间的关系

（临界温度为370K，临界压力为4.25MPa）密度与温度和压力之间的关系。由图可见，超临界状态时丙烷的密度比普通气体大许多倍，约等于临界温度附近的液体密度。超临界气体密度增大，与溶质的分子间作用力增大，具备了作为溶剂的溶解能力。

在温度一定的条件下，压力越大，超临界气体密度越大，其溶解能力随之增大。图 2-3 是乙烯（临界温度为282.9K，临界压力为5.03MPa）溶解能力与压力的关系。由图可见压力升高溶解能力增大，特别是在乙烯临界温度附近，压力超过临界压力时，溶解度急剧增加。

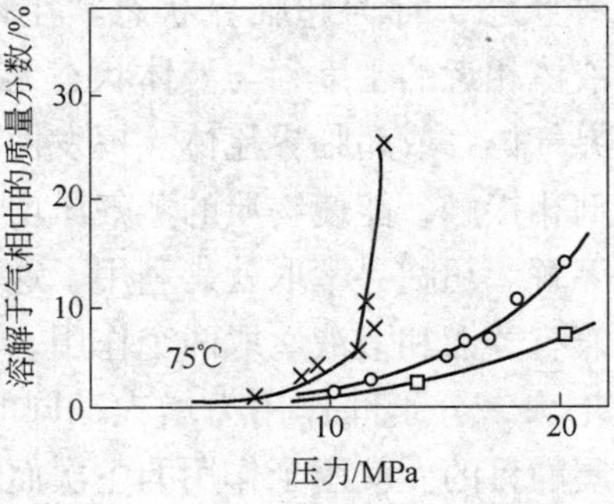

图 2-3　几种物质在乙烯中的溶解度

×—十二烷；○—二甲酚；□—喹啉

图 2-4 是各种压力下乙烯中萘的溶解度与温度的关系。由图可见，压力很高时，温度升高溶解度增大，这是因为温度上升乙烯超临界密度虽然下降，但萘蒸气压因温度升高而增加很大，故溶于乙烯中的萘溶解度增大；在压力不高的情况下，温度上升则溶解度减小，这是由于萘蒸气压升高值与乙烯密度降低值相比，后者影响显著。

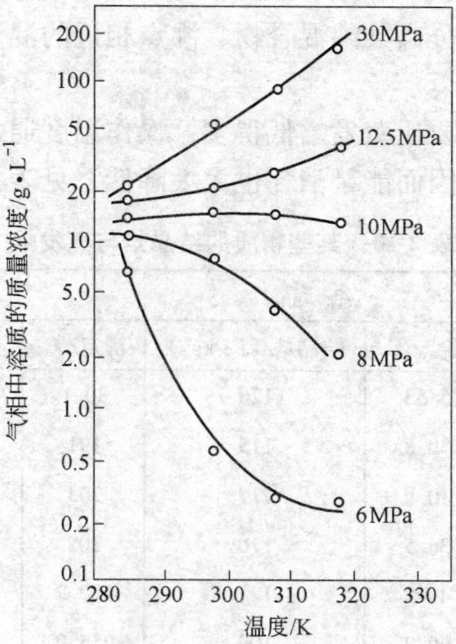

图 2-4　萘在乙烯中的溶解度

综上所述，通过改变压力、温度来控制流体的溶解能力，是超临界的重要特征。另外选择超临界萃取气体时，应尽量使萃取过程的温度与该气体的临界温度相近，这样可以获得更大的溶解能力。

作为超临界萃取溶剂应满足下列条件：化学反应稳定，对设备无腐蚀；临界温度不太高也不太低，接近常温；临界压力低，以节省动力；纯度高，溶解性好，以减少溶剂循环量；价廉，易得；无毒。经试验表明 CO_2、N_2O、CH_3OH、C_2H_4 等均可作萃取剂，其中以 CO_2 最佳。

超临界萃取适于分离高沸点和热敏性物质。煤焦油组分吲哚及二甲基萘各异构体等的提纯有采用超临界萃取的报道。如以 CO_2 作为萃取流体，在适宜的操作条件下，可使2，6-二甲基萘的纯度由44%提高到90%。

2.4 结晶

结晶法适于分离共沸混合物、沸点相近的混合物及热不稳定性物质。

结晶焓一般要比蒸发焓低得多，操作温度通常比蒸馏过程更接近环境温度，因而能量消耗也大大降低，见表2-10。

表2-10 某些物质的结晶焓与蒸发焓

物质名称	结晶		蒸馏	
	熔点/℃	结晶焓/kJ·kg⁻¹	沸点/℃	蒸发焓/kJ·kg⁻¹
苯	5.53	126	80.1	394
邻甲酚	30.8	115	191	410
间甲酚	10.9	117	203	423
对甲酚	36.5	110	202	435
酚	40.9	121	182.2	441
联苯	69.2	109	255.2	324
萘	80.3	149	218.05	324
菲	100.5	102	340.2	297
蒽	218	162	339.9	297
咔唑	246	176	354.8	337

从溶液中生长晶体和从熔体中生长晶体是煤焦油组分精制常用的方法。

2.4.1 从溶液中生长晶体

2.4.1.1 溶解度曲线

温度对溶解度的影响可用式（2-18）表示：

$$\frac{\mathrm{d}\ln x}{\mathrm{d}T} = \frac{-\Delta H}{RT^2} \tag{2-18}$$

式中，x 为溶质的摩尔分数；ΔH 为固体摩尔溶解热；T 为绝对温度；R 为气体常数。

在理想情况下，式（2-18）可写为：

$$\log x = \frac{-\Delta H}{2.303R}\left(\frac{1}{T} - \frac{1}{T_0}\right) = \frac{-\Delta H(T_0 - T)}{4.579T_0T} \tag{2-19}$$

式中，T_0 为晶体的熔点。可见，大多数晶体的溶解过程是吸热过程，ΔH 为正，温度升高，溶解度增大，若是放热过程则相反。在一定温度下，高熔点晶体的溶解度小于低熔点晶体的溶解度。

式（2-19）也可写成：

$$C = a + bt + ct^2 + \cdots \tag{2-20}$$

式中，C 为溶解度；a、b、c 为与溶液体系有关的常数。根据式（2-20）画出的温度与溶解度关系曲线称溶解度曲线（AB）或饱和曲线，见图 2-5。

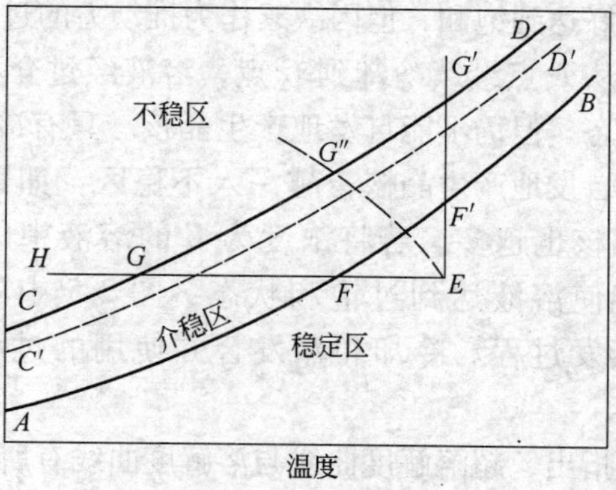

图 2-5　溶解度曲线

溶解度曲线是选择从溶液中生长晶体的方法和生长温度区间的重要依据。如对于溶解度温度系数很大的物质，采用降温法比较理想；对于溶解度温度系数较小的物质易采用蒸发法；对于具有不同晶相的物质则需要选择对所需要的那种晶相是稳定的合适生长温度的区间。

2.4.1.2　超溶解度曲线

溶液含有超过饱和量的溶质称为过饱和溶液或超饱和溶液。各种溶液都有程度不同的超饱和现象或过饱和现象。根据大量的试验结果证实，溶液的饱和和超饱和状态参见图 2-5。图 2-5 中的 *AB* 线为普通溶解度曲线，*CD* 线为超溶解度曲线，它与溶解度曲线大致平行。这两根曲线将浓度-温度图分割为 3 个区域。在 *AB* 曲线以下是稳定区，在此区中溶液尚未达到饱和，因此没有结晶的可能。*AB* 曲线以上为超饱和溶液区，超饱和状态是从溶液中生长晶体必须的先决条件，在热力学上是不稳定的。在整个超饱和溶液区的不稳定程度是不一样的，靠近饱和曲线的区域，即 *AB* 与 *CD* 线之间的区域，不会自发地产生晶核，但溶液中已加了晶种，这些晶种就会长大，此区域称为介稳区。远离饱和曲线的区域，即 *CD* 曲线以上的区域，溶液能自发地产生晶核，此区域称为不稳区。若原始浓度为 *E* 的洁净溶液冷却到 *F* 点，溶液刚好达到饱和，但因缺乏作为推动力的过饱和度，所以不能结晶。从 *F* 点继续冷却到 *G* 点，溶液经过介稳区，虽已处于过饱和状态，但仍不能自发地产生晶核。只有冷却到 *G* 点后，溶液中才能自发地产生晶核，越深入不稳区，如达到 *H* 点，自发产生的晶核也越多。若将浓度为 *E* 的溶液中的溶剂蒸发一部分，也能使溶液达到过饱和状态，图 2-5 中的 $EF'G'$ 线代表此恒温蒸发过程。冷却和蒸发合并使用的过程，可由 EG'' 线表示。

丁绪淮指出，超溶解度曲线与溶解度曲线有所不同：一个特定物系只有一条明确的溶解度曲线，而超溶解度曲线的位置却要受很多因素的影响，例如有无搅拌，搅拌强度的大小，有无晶种，晶种的大小与多寡，冷却速度的快慢，有无震动和杂质等。所以应将超溶解度曲线视为一簇曲线，其位置在 *CD* 线之下，而与它大致平行，而不是一根确切的线。考虑到工业结晶过程，溶液中总有晶体悬浮，且都有温和的搅拌，因此产生的介稳区宽度比起无晶种无搅拌的介稳区宽度要窄，超溶解度曲线如图 2-5 中 $C'D'$所示，$C'D'$线与 AB 线之间的区域为介稳区。

介稳区的大小可用过饱和度或过冷度表示。过饱和度有以下几种表示方法：浓度驱动力 $\Delta c = c - c^*$ （c^* 为溶液的平衡浓度）；过饱和比 $S = \frac{c}{c^*}$；相对过饱和度 $\sigma = \frac{\Delta c}{c^*} = S - 1$；过冷度 $\Delta t = t^* - t$ （t^* 为溶液的平衡温度）。

影响晶体生成和生长的因素主要有环境的不均匀性、杂质、过饱和度、温度及组分的相对浓度等。

煤焦油加工产品粗蒽中蒽、菲和咔唑的分离，工业芴、工业苊、工业萘及其精制产品的制取，二甲酚同分异构体的分离等均可采用结晶法。

在结晶产品的分离过程中，不可避免地残留一定量的母液。这是由于表面吸附和在毛细力的作用下，母液渗透入结晶裂缝之故。因此常需用溶剂洗涤或再结晶精制。

2.4.2　从熔体中生长晶体

从熔体中生长晶体有两种情况，即正常凝结过程和区域熔化过程，见图 2-6。

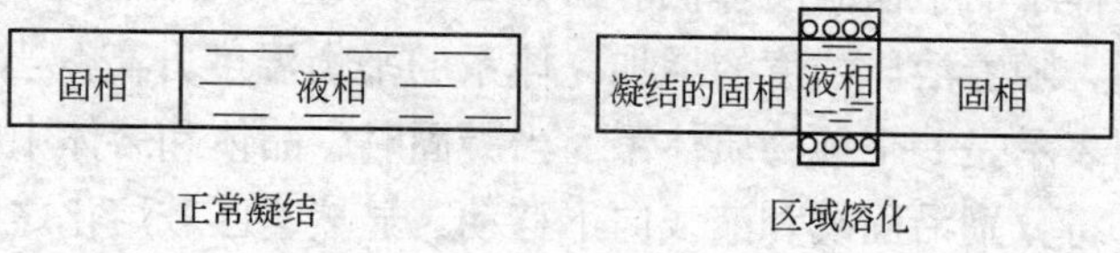

图 2-6　从熔体中生长晶体示意图

区域熔化结晶技术具有低能耗、低操作温度、高选择性和较少环境污染的优点。主要制备超纯物质，还可分离多组分混合物、共沸混合物和热敏性混合物。煤焦油组分很多是低共熔型，很适合用区域熔化结晶（或熔融结晶）法分离。

2.4.2.1　区域熔化过程溶质的分布

区域熔化过程结晶固体与其熔体之间的平衡，可以用溶质-溶剂体系的二元相图上的两条线表示，见图 2-7。

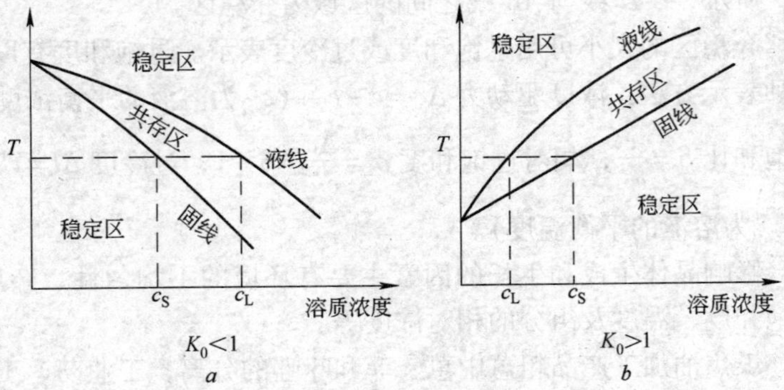

图 2-7　溶质-溶剂系统的固线-液线关系

用平衡分凝系数 K_0 可以方便地阐明固-液平衡的特点。K_0 定义为当固-液两相处于平衡时，固体中的溶质浓度 c_S 与熔体中的溶质浓度 c_L 之比，即 $K_0=\frac{c_S}{c_L}$。K_0 取决于材料体系的特性，对于确定的体系，除溶质浓度很低外，通常 K_0 随浓度而变化。

由图 2-7*a* 可见，$K_0<1$，即固体排拒溶质，随着溶质浓度的增加，体系的平衡温度降低。由图 2-7*b* 可见，$K_0>1$，即固体排拒溶剂，随着溶质浓度的增加，体系的平衡温度升高。当 $K_0=1$ 时，则表示是一个纯物质体系。当凝固时，晶体和熔体中的溶质浓度，将分别沿固线和液线向下移动。显然，区域熔化之所以能达到提纯的目的，是由于固相和液相之间溶质浓度分布不平衡。因此，当溶质的分布达到稳态平衡时就获得了最大的提纯，或称最终分布。

2.4.2.2　影响区域熔化的操作参数

影响区域熔化的操作参数有以下几方面：

(1) 熔区长度。熔区长度对区熔效率的影响，文献资料中说法比较混乱。一般适宜的操作是开始时，先进行正常凝固，即把整个物料全部熔化，然后慢慢地从一端凝结出来。如果只有单一熔区重复通过物料，开始熔区长度为全部物料长度的三分之一，以后熔区逐渐缩小，最后达到最短熔区长度等于盛料管的直径。如果是许多熔区同时经过物料时，因为提纯速度与存在的冷凝界面数和物料中熔化物的总容积成比例关系，所以为使提纯速度达到最高峰，熔区数和熔化物的总容积的乘积应该愈大愈好，而熔化物的总容积是与熔区数和熔区长度的乘积成比例关系。故提纯速度是随着熔区数的平方乘以熔区长度所得的乘积的增加而增加。因此，应该缩短熔区，增加熔区数，以达到最大的提纯速度。

（2）熔区移动速度和移动方向。一般说较慢的生长速度对于产生更完美的晶体是有利的，这样会使净化程度提高。如果熔区移动速度过快，则会干扰液-固相分离界面层晶体的正常生长，杂质将包在结晶物质中，见表2-11。

表2-11　熔区移动速度对菲试样净化的影响

距料锭端点距离/mm	在不同熔区移动速度的菲的质量分数/%	
	32mm/h	48mm/h
0	98.71	98.91
50	98.93	99.01
100	99.63	99.39
200	99.50	99.01
300	98.71	98.32
400	97.48	97.38

注：熔区宽15mm，通过15次。

从理论上讲，熔区移动速度小于0.1mm/h，可使冷凝固体与熔体之间达到平衡状态，但实际应用是不现实的。一般有机物的熔区运行速度在5～25mm/h是可行的。

熔区的移动方向有卧式的、立式的和呈45°型的。对有机物采用45°型或立式的效果比卧式的要好。

（3）温度梯度。固-液界面的温度梯度是决定界面开始出现不稳定的重要参数。为了避免分凝，必须使所加的温度梯度与移动速度恰当地配合。温度控制要适当和稳定。

（4）熔区的混合。有机物熔区的混合是通过让熔区形成自然对流达到。自然对流是因冷凝界面上的流体与主体熔区中的流体之间的密度差而形成的。密度差愈大，边界层厚度愈小，提纯效果愈好。

固-液界面附近的扩散层厚度取决于流体流动的条件、扩散系数和流体的运动黏滞性。

（5）盛料器直径和长度。料管长度根据实际需要而定，但长度要至少10倍于管子的直径。长的管子可以使物料尾端杂质回混的可能性小，从而保证物料最终纯度达到较高水平。管子内径也要选择适当，管子的最大尺寸受到熔区大小和固-液界面形状的限制。管径太小会妨碍熔区内自然对流的搅动，而且区熔过程中产生的气泡会使固-液界面隔开，失去区熔的作用；直径太大，又难以形成窄的熔区。一般认为5～20mm内径的管子比较适宜。表2-12给出了净化某些有机化合物的较适宜条件，供参考。

表2-12　区域熔化法净化有机化合物的条件

化合物名称	过程参数		纯度/%	收率/%
	熔区移动速度 /mm·h^{-1}	在熔区宽为30.15mm下通过总次数		
萘	32	32	99.99	72.2
联苯	32	132	99.97	60.0
均二苯乙烯	32	66	99.91	60.3
蒽	32	30	99.92	72.5
咔唑	32	40	99.91	70.8
菲	32	35	99.91	73.3
偶氮苯	32	80	99.97	81.3

2.4.3 萃取结晶

萃取结晶即使用溶剂的结晶过程，亦称溶剂结晶。溶剂所起的作用是：抽出共熔混合物中低熔点组分；保证在低于结晶点的温度下，有液相存在；降低母液动力黏度，以便充分分离出液相。

萃取结晶所采用的溶剂，应具有很好的选择性，也就是对目的产物要有高的溶解度，对非目的产物要有低的溶解度，或者反之。煤焦油中很多组分的提纯均采用了萃取结晶法。

影响萃取结晶提纯效果的因素主要有溶剂种类、原料组成、原料与溶剂的配比、结晶终温、降温速率及搅拌速率。因此，适宜的操作参数需通过试验确定。萃取结晶的次数依原料含目的物的数量及要求最终产品达到的纯度而定。

2.4.4 三相结晶

在有机溶液和晶体两相系统中加入第三相（水相）进行结晶分离的方法，称为三相结晶法。水的作用：控制着扩散在水相和溶剂相中的晶体的晶核形成和成长，使之达到要求的均匀尺寸，不至过大而夹带杂质；有助于增加液固比，从而便于带有晶体的母液输送和处理；水不与溶剂混合，也不与晶体混合，起中间层的作用，将有机溶剂和晶体分隔开。杂质留在有机溶液相中，净化的晶体沉在水层下，排去水层后就能得到优质产品。任何一种溶剂，只要能溶解杂质，不溶解产品，较水相密度小，不与水相相混都可以采用。

采用三相结晶法，晶体的形成和生长与冷却速度、搅拌和加水量有关。

在实验室条件下利用三相结晶法精制粗萘和粗芴得到了满意结果。粗萘用丁醇作为溶剂，纯度由 90.4% 提高到 99.9%，粗芴用二甲苯作为溶剂，纯度由 88.3% 提高到 99.4%，回收率分别为 91% 和 75%。

2.4.5 压力结晶

压力结晶法是在高压下进行结晶操作的分离方法。山浩之撰文指出，当对含有杂质的母液加压时，在固液平衡压力下开始有结晶析出，当在比共晶压低的压力下进行固液分离可以得到结晶物。在这种结晶物中还残留有母液，将系统减压，则靠近结晶的杂质选择性地溶解，将结晶间和封闭在结晶内的母液释放出来，即所谓“发汗”操作，将其分离脱除，便得到高纯度的结晶。

压力与熔点的关系一般用 Clausius-clapeyron 公式表示：

$$\frac{dp}{dT}=\frac{\Delta H}{T\Delta V} \tag{2-21}$$

式中，ΔH 为熔解热；ΔV 为随着相变化的体积变化。

假定 ΔH 与 ΔV 在某一温度和压力下是一定的，则可将式（2-21）在常压 p_0（熔点 T_0）到压力 p（熔点 T_p）区间内积分：

$$\int_{p_0}^{p}dp=\frac{\Delta H}{\Delta V}\int_{T_0}^{T_p}\frac{dT}{T} \tag{2-22}$$

解式（2-22）则得纯物质压力与熔点的关系：

$$p-p_0=\frac{\Delta H}{\Delta V}(\ln T_p-\ln T_0) \tag{2-23}$$

对理想溶液，在压力一定时溶解度随温度的变化如下式所示：

$$\frac{\Delta H}{R}\left(\frac{1}{T_p}-\frac{1}{T}\right)=\ln x \tag{2-24}$$

式中，R 为气体常数；x 为与固相平衡的液相摩尔分数。

由式（2-23）和式（2-24）得到，在固液相平衡时溶液的浓度、温度和压力之间的关系：

$$p=p_0-\frac{\Delta H}{\Delta V}\ln T_0-\frac{\Delta H}{\Delta V}\ln\left(\frac{1}{T}+\frac{R}{\Delta H}\ln x\right) \tag{2-25}$$

采用压力结晶法对某些焦化产品的精制结果见表2-13。

表 2-13 压力结晶法的精制结果

化合物名称	分离条件		产品组成			主要杂质
	温度/℃	压力/MPa	纯度/%	总硫 /mg·kg^{-1}	碱性氮 /mg·kg^{-1}	
β-甲基萘	35	300	98	1800		萘,α-甲基萘
苊	85	200	99.9	100	40	二甲基萘
联苯抱氧	73	200	99	30	120	芴
联苯	60	100	99			二甲基萘
萘	80	300	99		20	四氢化萘
茚	-2	200	98	101	30	茚满
3，5-二甲酚	60	300	99	1		m-乙基酚

山本佳孝提出用溶剂压力结晶法提纯芳烃，为了确定分离条件，用高压结晶观察装置测定熔化压力。图 2-8 ~ 图 2-10 示出了蒽-吡啶系、菲-吡啶系及咔唑-吡啶系在 333K 时的组成和熔化压力的关系。如图 2-8 所示，在常压和 333K 下，将蒽 6.0% 溶解于吡啶，加压到 150MPa 时平衡组成为 1.0%，其差值作为结晶析出。又如图 2-9 和图 2-10 所示，菲及咔唑对吡啶的溶解度在 333K 和 150MPa 时分别为 54.0% 和 8.0% 。

现将蒽饼或同一组成的混合物在常压下溶解，直至对吡啶饱

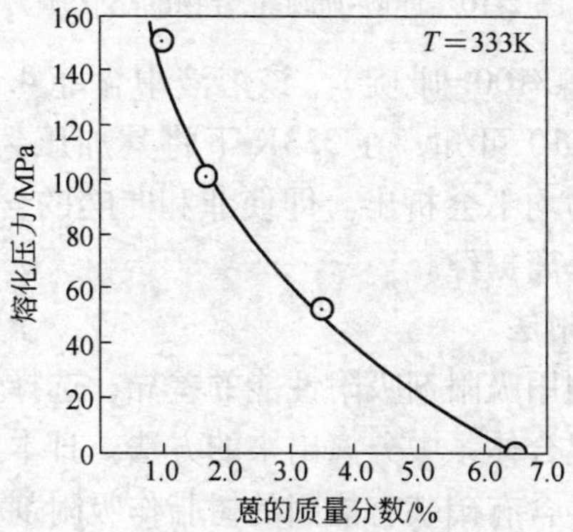

图 2-8 蒽-吡啶混合物的熔化压力

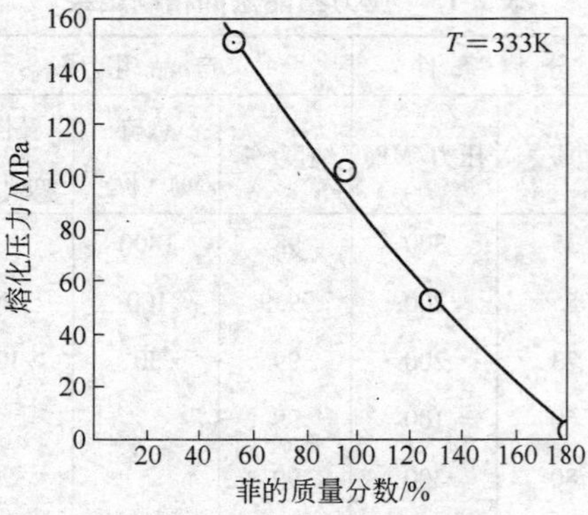

图 2-9　菲-吡啶混合物的熔化压力

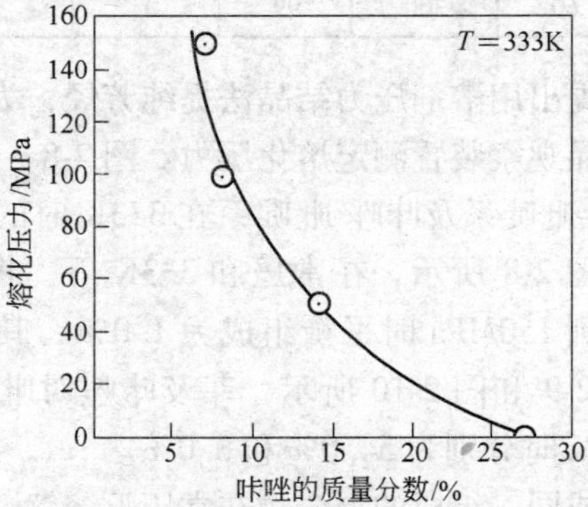

图 2-10　咔唑-吡啶混合物的熔化压力

和为止（6.3g 蒽/100g 吡啶），该溶液中含菲 4.5g，咔唑 2.7g。由图 2-9 和图 2-10 可知，在 333K 下将其加压到 150MPa，除蒽外的其他化合物均不会析出。即使菲和咔唑的含量再增加几倍，也不影响蒽的分离提纯。

2.4.6　吸附法

吸附法是利用吸附剂吸附性能的差异，选择性地使流动相中的目的组分从混合体系中分离出来的方法。日本三菱化成和帝人公司开发了一种含有硝基官能团的树脂作吸附剂，从煤焦油馏分中分离萘、蒽和芘等稠环芳烃的小型装置。

2.4.7 配合法

配合法是在物性比较接近的混合物体系中加入一种试剂，使其与目的组分形成电荷配合物、配合螯合物或嵌合物而达到分离的目的。如在煤焦油馏分中加入诸如硝基苯等配合试剂，可以选择性地与二甲基萘中几种异构体形成嵌合物或配合物，从而使其分离。上荫等发现，在 200 ~ 270℃ 的焦油馏分中添加适宜的配合试剂，可以高收率地分离出低含量的芘。

参 考 文 献

[1] Петренко Д С. Пиридиновые и Хинолиновые Основания [M]. Москва: металлургия, 1973.

[2] 赵承朴. 萃取精馏及恒沸精馏 [M]. 北京：高等教育出版社，1988.

[3] 郭树才. 煤化学工程 [M]. 北京：冶金工业出版社，1991.

[4] 丁绪淮，谈遒. 工业结晶 [M]. 北京：化学工业出版社，1985.

[5] 朱达柯夫 E H 著. 石油加工主要过程和设备计算 [M]. 黄文瀛译. 北京：石油工业出版社，1984.

[6] 山本佳孝等. 用溶剂压力晶析法提高多环芳烃的纯度 [J]. 张国富译. 日本エネルキ一学会志. 1997 (11)：1063 ~ 1073.

[7] 关根达也，长谷川佑子著. 溶剂萃取化学 [M]. 滕藤等译. 北京：原子能出版社，1981.

[8] 张克从. 晶体生长 [M]. 北京：科学出版社，1981.

[9] 山浩 之. 用压力晶析法精制煤焦油的方法 [J]. アロマテイツケス. 1990, (7)：27 ~ 31.

3 煤焦油的初步加工

3.1 焦油加工前的处理

3.1.1 焦油的均合

为了保证连续焦油精馏装置正常工作，杂油和外来的焦油要按一定比例混合。均匀程度一般按含萘量检查，波动不应超过1%。

3.1.2 焦油的脱水

焦油在蒸馏前必须脱水。脱水的焦油可以减少蒸馏系统的热耗，增加设备的生产能力，降低蒸馏系统阻力，改善馏分及沥青质量，减轻设备腐蚀。

焦化厂回收车间生产的粗焦油含水质量分数约4%，并且水中还溶解许多无机盐类。水分子分散在焦油介质中形成了均相体系——乳化液。焦油中还含有甲苯不溶物、喹啉不溶物及其他小的分散微粒，这些微粒吸附在焦油与水的界面上，增加了乳化液的稳定性。采用在焦油贮槽内维持焦油温度在70~80℃静置脱水，只能使焦油水分脱至2%~3%，而进入蒸馏系统的焦油含水要求小于0.5%，因此，焦油还需要最终脱水。

目前广泛采用的焦油最终脱水方法是在管式炉的对流段及一次蒸发器内进行。焦油在管式炉对流段被加热到120~130℃，然后在一次蒸发器内闪蒸脱水，焦油水分可脱至0.5%。

英国有采用轻油共沸连续脱水的方法，见图3-1。粗焦油与脱水后经换热和预热的高温焦油混合入脱水塔，塔顶用轻油作回流。水与轻油形成共沸混合物由塔顶逸出，经冷凝冷却后入分离器，分出水后的轻油返回至脱水塔。此法焦油水分可脱至0.1%~0.2%。

日本等有采用加压脱水的方法。此法使焦油在加压（0.3~

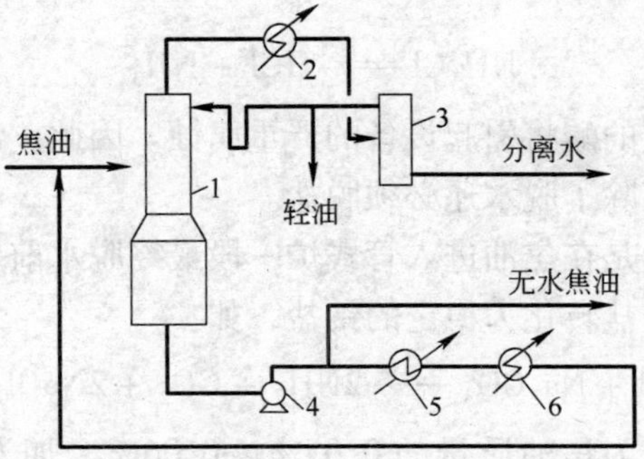

图 3-1　焦油轻油共沸脱水

1—脱水塔；2—冷凝器；3—分离器；4—循环泵；
5—沥青/焦油换热器；6—蒸汽加热器

1.0MPa）和加热（120～150℃）的条件下进行脱水，静置30min，水和焦油便可分开，下层焦油含水小于0.5%。加压脱水法可破坏乳化水，分离水以液态排出，降低了热耗。加压脱水槽见图3-2。

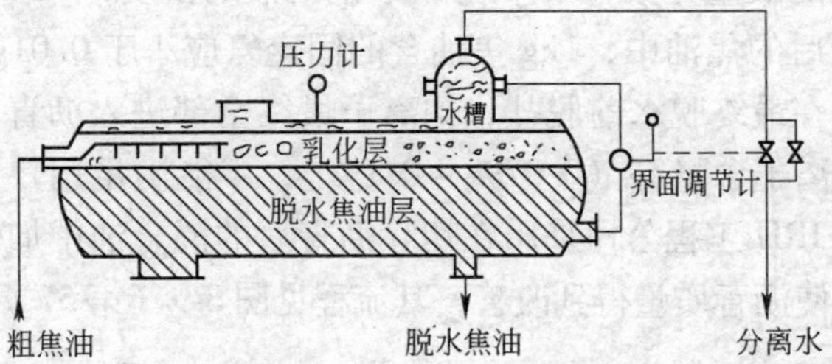

图 3-2　加压脱水槽

3.1.3　焦油的脱盐

焦油中所含的挥发性铵盐在最终脱水阶段即被除去，而占绝大部分的固定铵盐仍留在脱水焦油中。固定铵盐中氯化铵占80%左右，其余为硫酸铵、硫氰化铵、亚硫酸铵及硫代硫酸铵等。当焦油被加热到220～250℃，这些铵盐将分解成游离酸和氨，如：

$$NH_4Cl \rightleftharpoons HCl + NH_3$$

分解产生的酸将引起设备的严重腐蚀。因此，焦油在送入管式炉加热前，除了脱水还必须脱盐。

焦油脱盐是在焦油进入管式炉一段最终脱水前加入碳酸钠溶液，使固定铵盐转化为稳定的钠盐，如：

$$2NH_4Cl + Na_2CO_3 \longrightarrow 2NH_3 + CO_2 + 2NaCl + H_2O$$

碱耗一般为焦油质量的0.05%～0.06%。加入的碱液量可按下式计算：

$$A = \frac{3.1 \times 1.25 \times Q \times w_{铵盐}}{10 \times w_{Na_2CO_3} \times \rho} \tag{3-1}$$

式中，A为碳酸钠溶液消耗量，L/h；3.1为按化学反应计算的1g氨所耗碳酸钠的克数；1.25为实际加入量与理论量的比值；Q为焦油量，kg/h；$w_{铵盐}$为固定铵盐的质量分数，换算为每1kg焦油中含氨克数，g/kg（一般为0.03～0.04g/kg）；$w_{Na_2CO_3}$为碳酸钠溶液的质量分数，%；ρ为碳酸钠溶液的密度，kg/L。

脱盐后的焦油中，1kg焦油含的固定氨应小于0.01g。

焦油在最终脱水前脱盐，钠离子最终全部进入沥青中，导致沥青中钠离子含量高（0.07%～0.1%），不能满足用户要求。为此，法国IRH工程公司采用在切除沥青后的混合油中加碱中和洗涤工艺，使沥青质量得到改善，其流程见图3-9（第57页）。

3.2 一次气化所有馏分的焦油连续蒸馏

3.2.1 真沸点曲线与一次气化温度

焦油是含量低的多种化合物的混合物，因此常将给定馏出温度称为真沸点。由真沸点曲线图3-3可见，从焦油中分离所有的馏分和获得合格的沥青需将焦油加热到400℃的高温。

一次气化温度是指经管式炉加热后的焦油进入二次蒸发器闪蒸时，气液两相达到平衡状态时的温度。该温度对馏分产率和沥

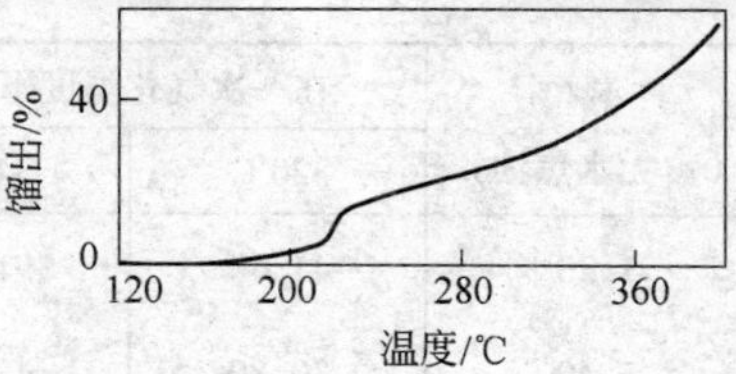

图 3-3　焦油真沸点曲线

青质量均有显著影响。表3-1列出了在处理能力为1～2t/h焦油的实验室装置中进行一次气化的试验结果。

表 3-1　焦油一次气化温度对馏出物组成的影响

组分名称	产率/%（占无水焦油）	在一次气化温度下组分的集中度/%		
		320℃	340℃	360℃
低沸点物	0.36			
茚满	0.07	83.20	99.0	99.10
茚	0.70	72.20	77.64	75.61
苯甲腈	0.14	88.74	79.95	50.25
萘	11.40	78.07	99.65	99.90
硫茚	0.33	81.80	93.90	99.40
β-甲基萘	1.10	81.25	93.75	99.88
α-甲基萘	0.50			
酚、甲酚	1.10	84.04	84.53	95.63
联苯	0.35	80.20	98.40	98.60
喹啉	0.94	99.74	99.80	99.80
二甲基萘	0.46	96.51	99.10	99.98
苊、苊烯	1.40	56.10	80.20	94.0
氧芴	1.10	58.90	80.60	97.45
吲哚	0.10	99.36	97.58	63.65
芴	1.40	57.08	88.15	95.71
甲基芴	0.60	12.24	88.97	99.90

续表 3-1

组分名称	产率/%（占无水焦油）	在一次气化温度下组分的集中度/%		
		320℃	340℃	360℃
蒽	1.20	41.40	91.60	99.90
菲	5.40	30.80	47.51	68.86
咔 唑	0.70	43.20	77.90	95.70
荧 蒽	3.10	7.66	12.03	34.58
芘	2.70	7.20	11.70	42.18
䓛	1.10	3.92	7.83	15.23
苯并蒽	1.10	5.89	10.43	18.27
苯并荧蒽	2.75	1.59	2.09	10.97
苯并[e]芘	0.95	1.36	3.03	7.05
苯并[a]芘	1.65	0.91	1.74	5.48
其 余	57.3			

一次气化温度对产率的影响见表 3-2。

表 3-2　一次气化温度对产率的影响

项　目	320℃	340℃	360℃
馏出物对焦油产率/%	21.6	28.5	33.5
沥青对焦油产率/%	78.4	71.5	66.5
沥青软化温度/℃	30	45	55

由表中数据可见，随着一次气化温度的提高，焦油馏出物产率增加，沥青产率相应下降，沥青软化温度提高。由馏出物中各组分的集中度可见，在一次气化温度为 320℃时，一些贵重的化合物有很大一部分没有进入气相，而留在沥青中。这不仅使沥青

软化温度降低，而且在进一步加工馏出物时，致使贵重化合物的收率降低。一次气化温度高，馏出物产率增加，其中高沸点组分也增加，致使馏出物组成复杂化，不利于得到贵重化合物集中度高的窄馏分。最适宜的一次气化温度应能保证从焦油中蒸出最多的萘、苊、芴、蒽、酚及吡啶喹啉类等，并获得中温焦油沥青。一次气化温度可按经验公式进行计算：

$$t = 683 - \tan\alpha(174.5 - g_x) \tag{3-2}$$

式中，t 为一次气化温度,℃；g_x 为馏出物产率,%；$\tan\alpha$ 为在一定压力下，按下式求出的一次气化曲线的斜率：

$$\tan\alpha = 3.24 - 8.026 \times 10^{-3} p \tag{3-3}$$

式中，p 为二次蒸发器内油气的绝对压力，kPa。按式（3-3）计算建立的一次气化曲线见图 3-4。由图可见，为了分馏出所有馏分，在大气压下焦油需被加热到很高温度。为此，需向系统中加

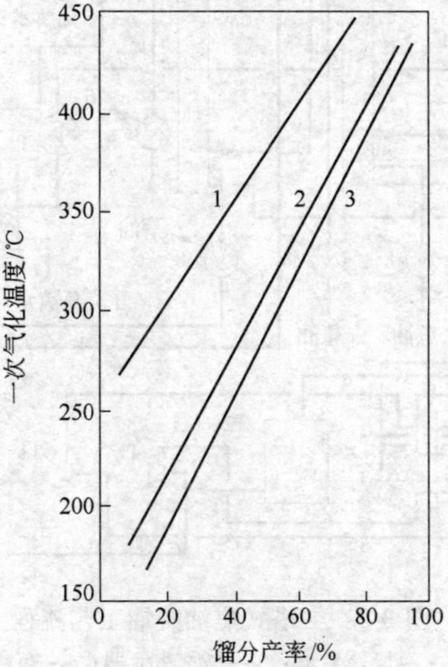

图 3-4　一次气化曲线

1—101kPa；2—26.6kPa；3—7.98kPa

入过热蒸汽，其量为送入蒸馏焦油的0.5%，这样将降低设备生产能力并恶化馏分精馏的精确性。

3.2.2 一次气化所有馏分的焦油蒸馏流程

根据一次气化所有馏分，然后逐渐冷凝馏分的原则建立的焦油蒸馏流程，依精馏塔台数不同，分为一塔式、二塔式和多塔式蒸馏流程，依操作压力不同，分为常压、常减压和减压蒸馏流程。

3.2.2.1 二塔式和一塔式焦油蒸馏流程

二塔式和一塔式焦油蒸馏流程分别见图3-5和图3-6。馏分产率和质量指标见表3-3。

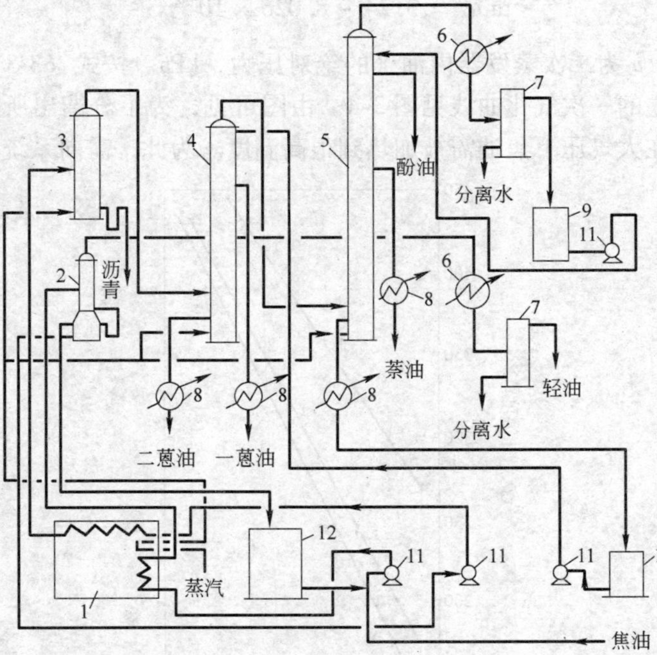

图3-5 二塔式焦油蒸馏工艺流程

1—管式炉；2— 一段蒸发器；3—二段蒸发器；4—蒽塔；5—馏分塔；6—冷凝冷却器；7—分离器；8—馏分冷却器；9—轻油槽；10—洗油馏分槽；11—泵；12—焦油中间槽

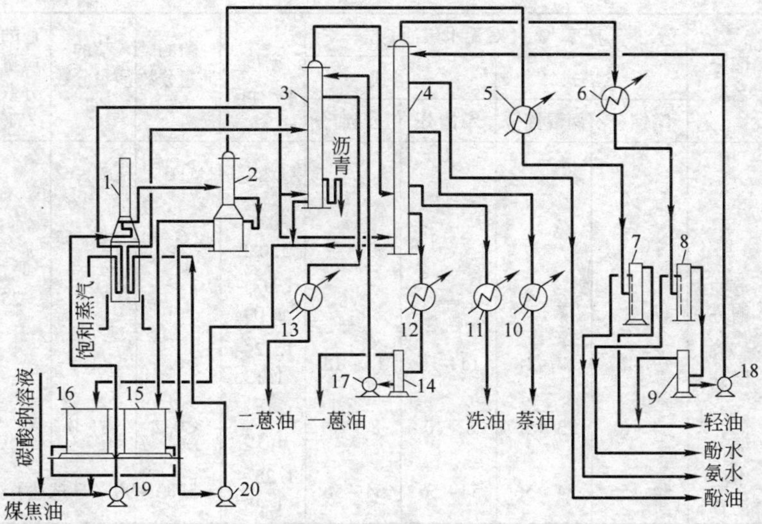

图 3-6 一塔式焦油蒸馏工艺流程

1—管式炉；2— 一段蒸发器和无水焦油槽；3—二段蒸发器；4—馏分塔；5— 一段轻油冷凝冷却器；6—馏分塔轻油冷凝冷却器；7—一段轻油油水分离器；8—馏分塔轻油油水分离器；9—轻油回流槽；10—萘油冷却器；11—洗油冷却器；12— 一蒽油冷却器；13—二蒽油冷却器；14— 一蒽油回流槽；15—无水焦油满流槽；16—煤焦油循环槽；17— 一蒽油回流泵；18—轻油回流泵；19— 一段焦油泵；20—二段焦油泵

表 3-3 馏分产率和质量指标

馏分名称	产率/%（对无水焦油）				密度/g·cm⁻³	酚的质量分数/%	萘的质量分数/%	苊的质量分数/%
	二塔式		一塔式					
	窄馏分	两混馏分	窄馏分	三混馏分				
轻油馏分	0.3～0.6	0.3～0.6	0.3～0.6	0.3～0.6	≤0.88	<2	<0.15	
酚油馏分	1.5～2.5	1.5～2.5	1.5～2.5	18～23② (酚油、萘油、洗油馏分合计)	0.98～1.0	20～30	<10	
萘油馏分	11～12	16～17① (萘油、洗油馏分合计)	11～12		1.01～1.03	<6	70～80	
洗油馏分	5～6		5～6		1.035～1.055	<3	<10	

续表 3-3

馏分名称	产率/%（对无水焦油）				密度/g·cm^{-3}	酚的质量分数/%	萘的质量分数/%	苊的质量分数/%
	二塔式		一塔式					
	窄馏分	两混馏分	窄馏分	三混馏分				
					①和② 1.028～1.032	①3 ②6～8	①57～62 ②45～55	
苊油馏分	—	2～3	—		1.07～1.09			>25
一蒽油馏分	19～20	17～18	14～16	14～18	1.12～1.13	<0.4	<1.5	
二蒽油馏分	4～6	3～5	8～10	8～10	1.15～1.19	<0.2	<1.0	
中温沥青	54～56	54～56	54～56	54～56	1.25～1.35	SP80～90（环球法）		

注：①两混馏分；②三混馏分。

在馏分塔中将萘油馏分和洗油馏分合并一起切取称作两混馏分，此时塔底油苊的质量分数大于25%，称作苊油馏分。将酚油馏分、萘油馏分和洗油馏分合并一起切取称作三混馏分。这两种切取馏分的方法，可使萘集中度提高，从而提高了工业萘的产率。我国设计采用的萘集中度指标如下：萘馏分86%～89%，萘洗两混馏分93%～96%，酚萘洗三混馏分95%～98%。焦油蒸馏操作指标见表3-4。

表 3-4 焦油蒸馏操作指标 （℃）

操作温度	二塔式		一塔式	
	窄馏分	两混馏分	窄馏分	三混馏分
一段焦油出口温度	120～130	120～130	120～130	120～130
二段焦油出口温度	400～410	400～410	400～410	400～410
一段蒸发器顶部温度	105～110	105～110	105～110	105～110
二段蒸发器顶部温度	370～374	370～374	315～325	315～325
蒽塔顶部温度	250～265	250～265		

续表 3-4

操作温度	二塔式		一塔式	
	窄馏分	两混馏分	窄馏分	三混馏分
馏分塔顶部温度	95～115	95～115	95～115	95～115
酚油馏分侧线温度	160～170	160～170	165～185	
萘油馏分侧线温度	198～200		200～215	
洗油馏分（塔底）温度	225～235		225～245	
两混馏分侧线温度		196～200		
三混馏分侧线温度				200～220
一蒽油馏分温度	280～295	280～295	270～290	270～290
二蒽油馏分温度	330～355	330～355	320～335	320～335

在正常操作情况下所得馏分组成见表 3-5。

表 3-5　煤焦油馏分组成（质量分数）　　（%）

组分名称	轻油馏分	酚油馏分	萘油馏分	洗油馏分	蒽油馏分
	产率 0.5%	产率 1.5%	产率 9.0%	产率 9.0%	产率 23%
苯	27.7				
甲苯	41.1				
二甲苯	14.5	1.9			
苯的高沸点同系物	9.4	17.1	1.47	0.48	0.39
苯乙烯		7.05			
茚		5.73			
古马隆		2.86			
苯甲腈		0.58	0.11		
萘	2.21	13.0	74.07	19.10	1.97
1-甲基萘		1.94	3.45	5.48	0.78
2-甲基萘		2.94	5.18	8.11	1.18
其他萘的同系物			1.00	7.45	1.44
吲哚			0.29	1.74	0.13
联苯				2.54	

续表 3-5

组分名称	轻油馏分	酚油馏分	萘油馏分	洗油馏分	蒽油馏分
	产率 0.5%	产率 1.5%	产率 9.0%	产率 9.0%	产率 23%
苊				12.73	1.93
芴				6.04	2.35
氧芴				4.49	1.25
蒽				0.79	4.97
菲				0.96	21.22
咔唑				0.52	5.69
嵌二萘					5.37
其余高沸点物				14.99	40.35
不饱和物	0.01		1.05	3.07	
硫化物	2.37	1.92	3.68	3.22	5.43
酚	2.44	13.03	0.40	0.14	
邻甲酚	0.57	4.44	0.95	0.24	
间甲酚	0.12	5.98	1.79	0.32	
对甲酚	0.07	3.20	1.26	0.19	
二甲酚		2.96	1.97	0.76	0.28
高沸点酚			0.93	1.95	2.52
吡啶		0.36			
吡啶同系物	0.60	2.04	0.48	0.24	
喹啉			0.61	1.15	0.05
喹啉同系物			0.35	1.39	0.24
其他盐基			0.16	2.02	2.41

3.2.2.2 多塔式焦油蒸馏流程

多塔式焦油蒸馏工艺流程见图 3-7。无水焦油经管式炉加热后进入二次蒸发器。在二次蒸发器气化的所有馏分气依次经过 4 个精馏塔，各塔均采用热回流。得到的馏分沸程：酚油馏分 175～210℃，萘油馏分 209～230℃，洗油馏分 220～300℃，蒽油馏分 240～350℃。

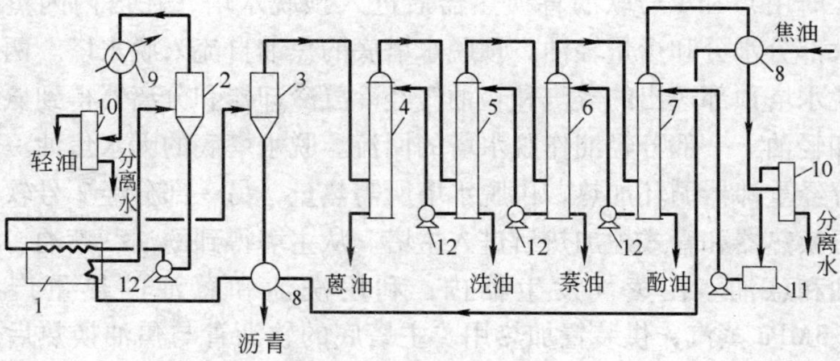

图 3-7　多塔式焦油蒸馏工艺流程

1—管式炉;2— 一次蒸发器;3—二次蒸发器;4—蒽油塔;5—洗油塔;6—萘油塔;7—酚油塔；8—换热器；9—冷凝冷却器；10—分离器；11—轻油槽；12—泵

3.2.2.3　减压焦油蒸馏流程

减压焦油蒸馏工艺流程见图 3-8。焦油经焦油预热器（仅开

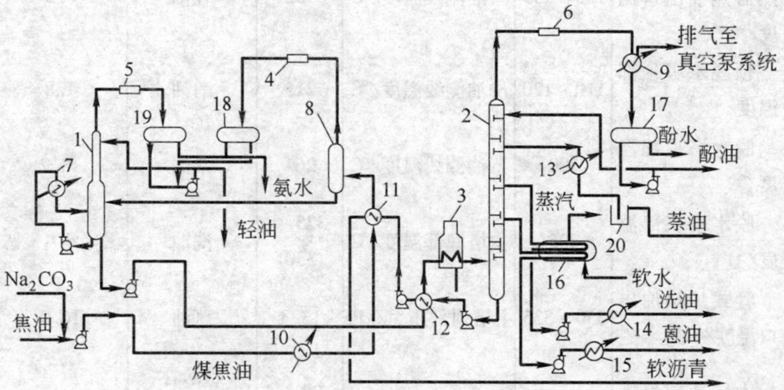

图 3-8　减压焦油蒸馏工艺流程

1—脱水塔；2—主塔；3—管式炉；4—1 号轻油冷凝冷却器；5—2 号轻油冷凝冷却器；6—酚油冷凝器；7—脱水塔重沸器；8—预脱水塔；9—酚油冷却器；10—焦油预热器；11—1 号软沥青换热器；12—2 号软沥青换热器；13—萘油冷却器；14—洗油冷却器；15—蒽油冷却器；16—蒸汽发生器；17—主塔回流槽；18—1 号轻油分离器；19—2 号轻油分离器；20—萘油液封罐

工时用）和1号软沥青换热器后进入预脱水塔，在塔内闪蒸出大部分水分和少量轻油。预脱水塔底的焦油自流入脱水塔。两个脱水塔顶部逸出的蒸汽和轻油气经冷凝冷却器和分离器得到氨水和轻油。一部分轻油作脱水塔的回流。脱水塔底的无水焦油一部分经重沸器循环加热，供脱水塔所需热量，另一部分经2号软沥青换热器和管式炉加热后进入主塔。从主塔得到酚油、萘油、洗油和蒽油。在蒸气发生器内，利用洗油和蒽油的热量产生0.3MPa蒸汽，供装置加热用。主塔底的软沥青与焦油换热后送出。酚油冷却器与真空系统连接，以造成系统的负压。该工艺的主要操作指标与馏分产率见表3-6。

表3-6　操作指标与馏分产率

操作指标				馏分名称	产率/%（占无水焦油）
1号软沥青换热器焦油出口温度/℃	130～135	萘油侧线温度/℃	152	轻油	0.5
预脱水塔顶部温度/℃	110～120	洗油侧线温度/℃	215	酚油	1.8
脱水塔顶部温度/℃	100	蒽油侧线温度/℃	264	萘油	13.2
脱水塔底部温度/℃	205	主塔底部温度/℃	325～330	洗油	6.4
管式炉焦油出口温度/℃	330～335	主塔顶部压力/kPa	13.3	蒽油	16.9
主塔顶部温度/℃	118～120	主塔底部压力/kPa	33～41	软沥青（SP60～65℃环球法）	61

3.2.2.4　常减压焦油蒸馏流程

常减压焦油蒸馏工艺流程见图3-9。该工艺流程是法国IRH工程公司的技术。原料焦油经导热油加热后进入脱水塔，塔顶排出轻油和水，轻油回兑原料焦油，用以共沸脱水。塔底无水焦油

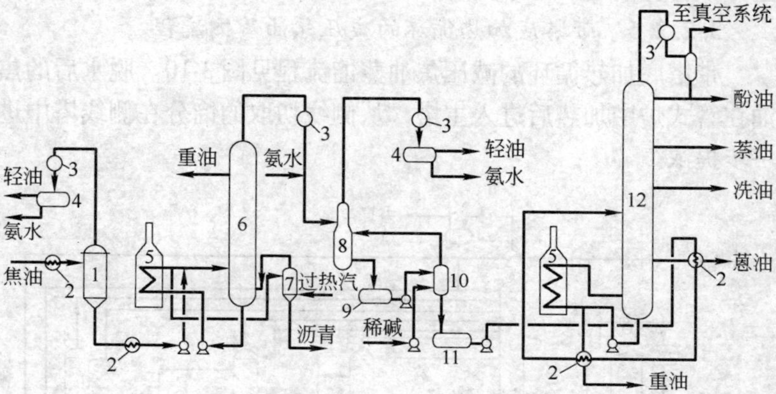

图 3-9 法国常减压焦油蒸馏工艺流程

1—脱水塔；2—换热器；3—冷凝冷却器；4—油水分离器；5—管式加热炉；6—初馏塔；7—沥青汽提柱；8—急冷塔；9—混合油槽；10—中和塔；11—净混合油槽；12—馏分塔

经导热油再次加热至约240℃与初馏塔底经管式炉循环加热的部分沥青汇合，温度达375℃进入初馏塔。经管式炉加热的另一部分沥青经汽提柱进一步汽提得到中温沥青。初馏塔顶采出混合油气，侧线采出重油。初馏塔顶采出的混合油气经氨水急冷后，在急冷塔顶分出轻油和水，塔底分出混合油。混合油在中和塔内与稀碱液混合分解固定铵盐。经脱盐后的净混合油与各高温位馏分换热后进入馏分塔，塔顶采出酚油，侧线分别采出萘油、洗油和蒽油，塔底采出重油。侧线采出的洗油再经副塔进一步提纯，得到含萘质量分数小于2%的低萘洗油。馏分塔所需热量由管式炉循环加热塔底重油提供。

该流程的主要特点是采用轻油共沸脱水；切除沥青后加碱脱盐，沥青质量得到改善；馏分塔液相进料，精馏的可调节性提高，馏分分离的精确度提高，洗油在副塔进一步脱萘，萘的收率较国内常规流程提高10%～15%，一蒽油产率降低，但蒽的质量分数可提高到10%。

3.2.2.5　带塔底加热循环的减压焦油蒸馏流程

带塔底加热循环的减压焦油蒸馏流程见图3-10。脱水后的焦油在管式炉中加热后进入主塔，从侧线切取的馏分在侧线塔中进一步提浓。

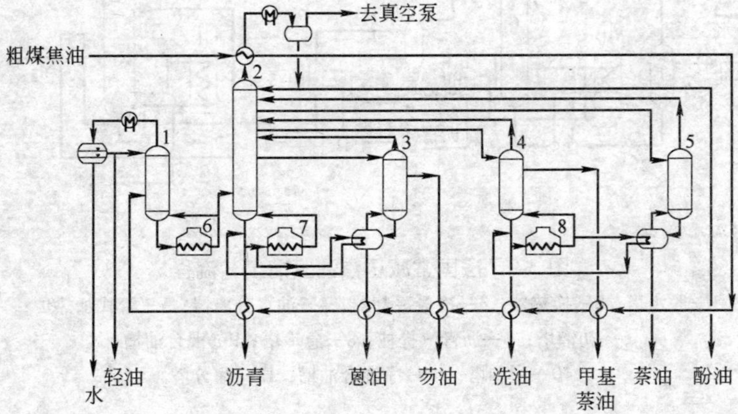

图3-10　带塔底加热循环的煤焦油蒸馏流程

1—脱水塔；2—主塔；3—蒽油侧线塔；4—洗油侧线塔；5—萘油侧线塔；6~8—管式加热炉

各馏分对无水焦油的产率（%）为：轻油馏分0.5~1.0，酚油馏分2~3，萘油馏分10~12，甲基萘馏分2~3，洗油馏分7~8，芴油馏分2~3，蒽油馏分20~30。几种煤焦油馏分的馏程见图3-11。

根据一次气化所有馏分，然后逐渐冷却分离馏分的原则建立的焦油连续蒸馏流程在我国和东欧各国应用普遍。这种类型流程的优点是沥青在高温下的停留时间短，对沥青的应用有利，但同时存在以下不足之处：（1）由于精馏所需热量是由焦油在管式炉被加热一次供给的，所以精馏条件受到严格限制，几乎不可能用改变塔板回流量的方法调节馏分组成。（2）轻油、酚油、萘油和洗油组分毫无意义地通过蒽塔，轻组分经过所有塔板最后分离出来，由于在塔板上的气-液相平衡，不可避免地导致所切取的馏分中含有轻组分。如萘，在蒽油中含有数量相当多的萘，而萘馏分本身又被酚油和轻油组分所污染。(3) 所有馏分通过二次蒸发器和蒽塔，致使设备负荷增大，效率低。(4) 常压焦油蒸馏为了降低一次气化温度，在蒸发器和精馏塔通入占焦油量 0.5% 的过热蒸汽，这不但降低了设备生产能力，而且还恶化了馏分蒸馏的精确性。(5) 加热制度不合理，能耗高。

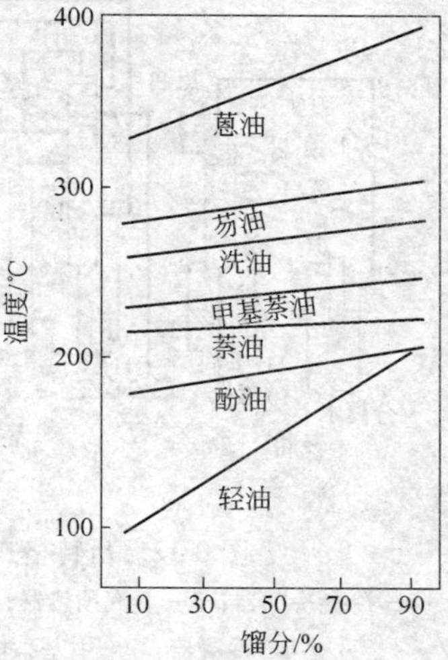

图 3-11　几种煤焦油馏分的馏程

减压焦油蒸馏降低了焦油在管式炉的加热温度和一次气化温度，可防止焦油组分加氢、分解和聚合，焦油组分稳定，馏分产率提高 3% ~5%。另外还能提高各组分的相对挥发度，可向系统中不通或少通直接蒸汽，这不仅使分离效率有所提高，能耗也有所降低。

3.3　逐渐加热焦油的连续蒸馏

根据逐渐加热焦油，使组分蒸发而分离馏分的原则建立的焦油蒸馏流程，热能利用合理，馏分分离较精细，关键组分集中度高。下面介绍几种具有代表性的流程。

3.3.1　吕特格式焦油连续蒸馏（一）

吕特格式焦油连续蒸馏（一）流程见图 3-12。焦油首先进入分凝热交换器，然后经蒸汽预热器被加热到 105℃ 入脱水塔。脱水塔底部的无水焦油一部分经管式炉循环加热到 150℃ 入塔，

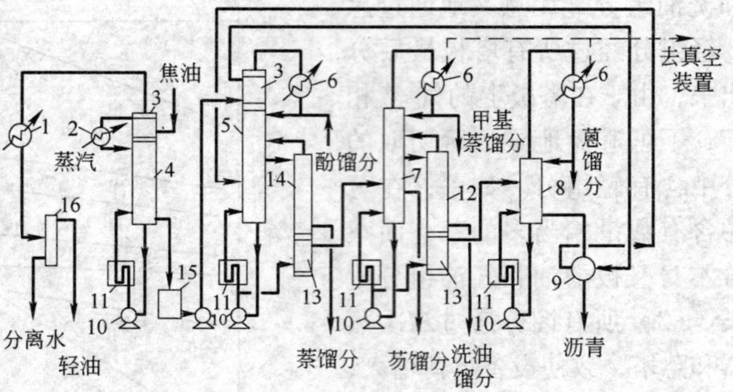

图 3-12　吕特格式焦油连续蒸馏流程（一）

1—冷凝冷却器；2—蒸汽预热器；3—分凝热交换器；4—脱水塔；5—酚塔；
6—冷凝器；7—甲基萘塔；8—蒽塔；9，13—热交换器；
10—泵；11—管式炉；12—洗油柱；14—萘柱；
15—无水焦油槽；16—分离器

其余的无水焦油经无水焦油槽用泵送至分凝热交换器和沥青换热器后温度达 250℃入酚塔。酚塔顶部温度用部分冷凝和回流调节，回流比为 16。酚塔侧线引出的萘馏分到萘柱。酚塔底部产品一部分经管式炉加热到 300℃回塔，另一部分经换热器温度降至 200℃入甲基萘塔。甲基萘塔侧线引出的洗油馏分入洗油柱。甲基萘塔底部产品一部分经管式炉加热到 300℃回塔，另一部分经换热器温度降至 200℃入蒽塔。蒽塔底部产品一部分经管式炉加热到 300℃入塔，另一部分作产品沥青排出。甲基萘塔塔顶绝对压力为 26. 6kPa，回流比为 17。蒽塔塔顶绝对压力为 9. 33kPa，回流比为 15。

该工艺流程的特点是常、减压结合，逐渐加热焦油使组分蒸发而分离的多塔工艺。每个主塔设有塔底物循环加热的管式炉，对各塔单独进行调节，同时酚塔和甲基萘塔还设有辅助萘油柱和洗油柱，利用主塔底部产品的热量使萘油和洗油中的轻组分蒸出返回主塔。各塔采用大回流比操作，因此，该工艺可将焦油很精细地分成各种馏分，关键组分集中度高，萘资源95%转到萘馏分中，萘的质量分数达85%。另外该流程注意利用二次热源，如沥青显热和塔顶馏出物的潜热等。

3.3.2 吕特格式焦油连续蒸馏（二）

吕特格式焦油连续蒸馏（二）流程见图3-13。该流程各塔的加热方式与前流程相同。不同之处是采用高塔板层数的精馏塔精密分馏窄馏分，有利于馏分的后序加工。

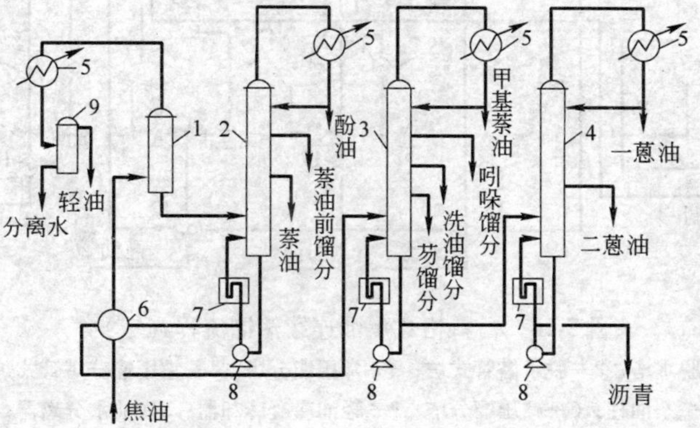

图3-13　吕特格式焦油连续蒸馏流程（二）

1—脱水塔；2—萘油塔；3—洗油塔；4—沥青塔；5—冷凝冷却器；6—换热器；7—管式炉；8—泵；9—分离器

3.3.3 吕特格式焦油连续蒸馏（三）

吕特格式焦油连续蒸馏（三）流程见图3-14。焦油经多次换热到120～130℃入脱水塔，脱水塔顶部送入轻油作回流，塔底的无水焦油送入管式炉加热到250～260℃，部分返回脱水塔底循环供热，其余送入常压馏分塔。塔顶采出的酚油馏分部分送回塔顶作回流，塔侧线切取的萘油馏分进入萘油柱，从中蒸出的轻沸点组分返回常压馏分塔，以保证萘油质量。塔底残油送入常压馏分塔管式炉加热到360～370℃，部分返回常压馏分塔底循环供热，其余送入减压馏分塔。减压馏分塔顶逸出的甲基萘馏分

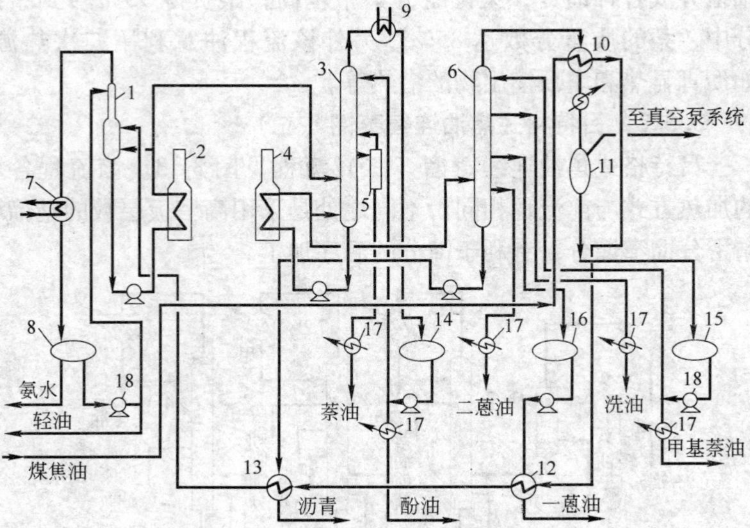

图 3-14　吕特格式焦油连续蒸馏流程（三）

1—脱水塔；2—脱水塔管式炉；3—常压馏分塔；4—常压馏分塔管式炉；5—萘油柱；6—减压馏分塔；7—轻油冷凝冷却器；8—油水分离器；9—蒸汽发生器；10—甲基萘油换热器；11—气液分离器；12— 一蒽油换热器；13—沥青换热器；14—酚油回流槽；15—甲基萘油回流槽；16— 一蒽油中间槽；17—馏分冷却器；18—油泵

蒸气，与焦油换热后冷凝，再经冷却和气液分离后得到甲基萘油馏分，部分作减压馏分塔回流。从减压馏分塔侧线切取洗油馏分、一蒽油馏分和二蒽油馏分。减压塔顶绝对压力小于26.6kPa。

各馏分对无水焦油产率（%）：轻油馏分0.5～1.0，酚油馏分2.0～2.5，萘油馏分11～12，甲基萘油馏分2～3，洗油馏分4～5，一蒽油馏分14～16，二蒽油馏分6～8，沥青54～55。

3.3.4　考伯斯式焦油连续蒸馏（一）

考伯斯式焦油连续蒸馏（一）流程见图3-15。管式炉一段加热后的（或经与洗油馏分、蒽馏分或沥青换热后的）焦油进入精馏塔，在此分离出轻油馏分和酚油馏分。侧线采出的萘馏分经气体分离器分出轻组分后到馏分柱，柱顶分出萘馏分，柱底排出洗油馏分Ⅰ，其中一部分经管式炉加热后循环入柱的底部以补充热量。精馏塔底残液经管式炉二段加热后入减压精馏塔。减压精馏塔由两部分组成，底部作蒸发器，上部分出蒽馏分和洗油馏分Ⅱ。该装置得到的馏分沸点范围：轻油馏分 78 ~ 170℃，酚油馏分 170 ~ 205℃，萘油馏分 210 ~ 230℃，洗油馏分 Ⅰ 230 ~ 270℃，洗油馏分Ⅱ240 ~ 300℃，蒽油馏分初馏点 300℃，360℃前馏出 60%，沥青软化温度 76 ~ 84℃。

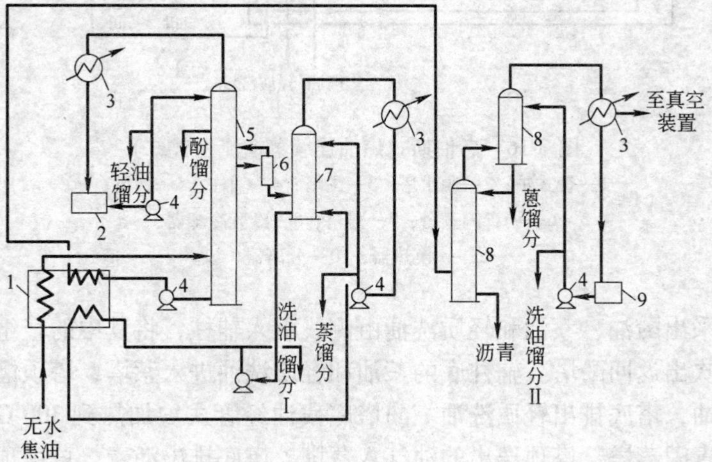

图 3-15　考伯斯式焦油连续蒸馏流程（一）

1—管式炉；2—轻油馏分槽；3—冷凝冷却器；4—泵；5—精馏塔；6—气体分离器；7—馏分柱；8—减压精馏塔；9—气压槽

3.3.5　考伯斯式焦油连续蒸馏（二）

考伯斯式焦油连续蒸馏（二）流程见图 3-16。焦油经过一系列的换热之后入脱水塔，脱水塔顶用轻油回流控制塔顶温度。脱水塔底的无水焦油经管式炉加热后入酚塔，塔顶馏出轻油，侧

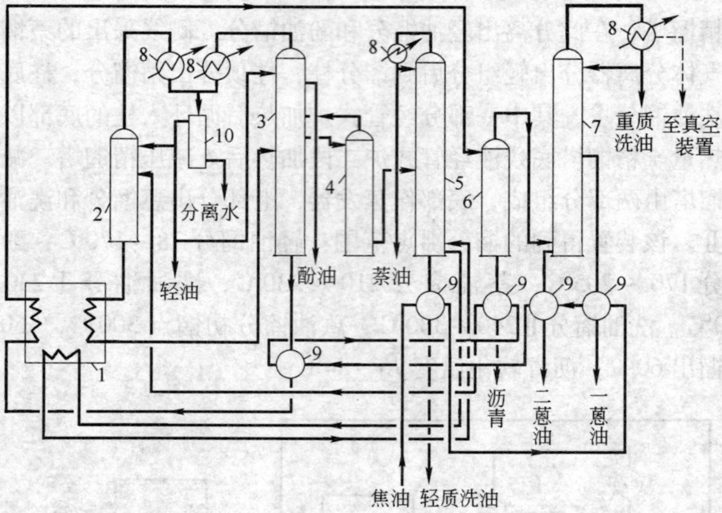

图 3-16　考伯斯式焦油连续蒸馏流程（二）

1—管式炉；2—脱水塔；3—酚塔；4—辅柱；5—萘塔；6—沥青闪蒸塔；7—蒽塔；8—冷凝冷却器；9—换热器；10—分离器

线采出酚油，萘油和轻质洗油由侧线引入辅柱，将其中的轻组分蒸吹出返回酚塔。辅柱底的萘油和轻质洗油进入萘塔，塔顶馏出萘油，塔底排出轻质洗油。酚塔底残油经管式炉加热到 300℃入沥青闪蒸塔，塔顶逸出的油气入蒽塔，塔底排出沥青。蒽塔顶采出重质洗油，侧线采出一蒽油，塔底采出二蒽油。沥青闪蒸塔顶绝对压力为 13. 88kPa。

3. 4　带有沥青循环的焦油蒸馏

带有沥青循环的焦油蒸馏工艺在英国、法国和美国都有实施，举例说明如下。

3. 4. 1　英国带有沥青循环的焦油蒸馏

英国带有沥青循环的焦油蒸馏流程见图 3-17。焦油经换热和管式炉一段加热后入三段蒸发器的第一段，在此分出的水蒸气和低沸点馏分到精馏塔，无水焦油到蒸发器的第三段，在此与由蒸发器第二段来的热沥青混合，馏出的油气到精馏塔。由第三段排出的270℃的焦油与沥青混合物经管式炉二段加热送到蒸发器第二段，在365℃下进行一次气化剩余的馏分，馏分蒸气进入精馏塔。在蒸发器第二段得到的沥青一般仅5%～7%作为最终产物，其余进入蒸发器第三段与焦油混合。

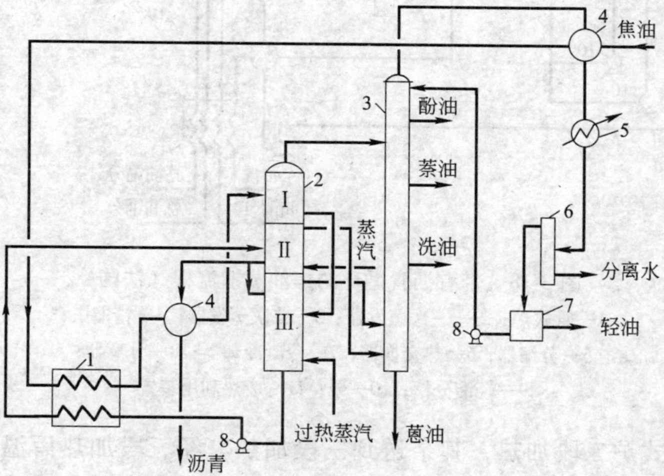

图 3-17　带沥青循环的焦油蒸馏流程（英国）

1—管式炉；2—三段蒸发器；3—精馏塔；4—换热器；5—冷却器；6—分离器；7—轻油槽；8—泵

该流程的特点是由于沥青循环馏分产率可增加到63.1%。蒸发器的馏分气入精馏塔，轻油质量得到改善。

3.4.2　法国带有沥青循环的焦油蒸馏

法国带有沥青循环的焦油蒸馏流程见图3-18。原料焦油经一系列的换热温度达140℃经管式炉一段入一次蒸发器，在此与经管式炉二段加热后的软沥青混合，由蒸发器逸出的馏分和水蒸气混合物进入精馏塔。一次蒸发器底部排出的软沥青，循环部分送

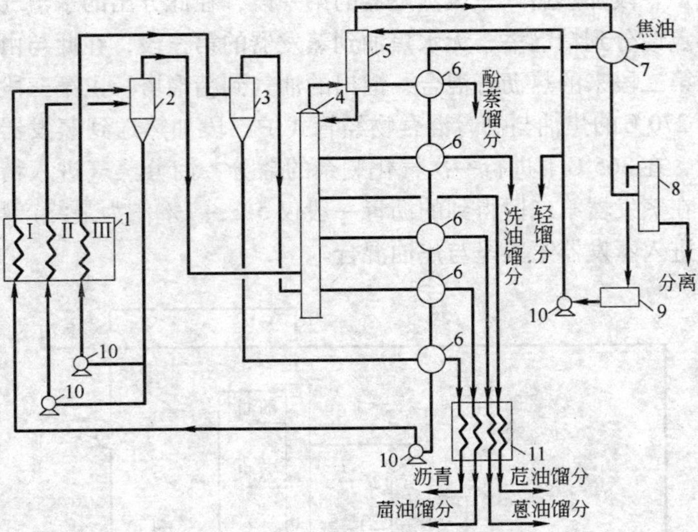

图 3-18　带有沥青循环的焦油蒸馏流程（法国）

1—管式炉；2— 一次蒸发器；3—二次蒸发器；4—精馏塔；
5—分缩器；6—热交换器；7—冷凝冷却器；8—分离器；
9—轻馏分槽；10—泵；11—废热利用装置

到管式炉二段加热，其余送到三段加热。经三段加热后温度近410℃的软沥青进入二次蒸发器。蒸发器顶部逸出的馏分蒸气入精馏塔底部，下部排出的软化温度为 120 ~ 140℃ 的高温沥青经换热和废热利用后入库。

由精馏塔得到的馏分沸程：轻馏分 87 ~ 180℃；酚萘馏分 190 ~ 250℃；洗油馏分 235 ~ 290℃；苊馏分 280 ~ 330℃；蒽馏分 310 ~ 380℃；蔗馏分初馏点 330℃，馏出 50% 的温度为 400℃。

该流程的特点是广泛利用二次热源，在精馏过程直接得到优质洗油和高温沥青。

3.4.3　美国带有沥青循环的焦油蒸馏

美国带有沥青循环的焦油蒸馏流程见图 3-19。原料焦油经换热到120℃进入一次蒸发器。从蒸发器顶部逸出的轻油馏分蒸气经冷凝冷却与水分离后返回蒸发器。蒸发器底部无水焦油一部分经与沥青换热后返回器底，使底部焦油温度达到140℃，另一部分无水焦油经管式炉加热到250℃进入二次蒸发器，由此逸出的馏分蒸气进入精馏塔Ⅰ的底部。二次蒸发器底部排出物，一部分经管式炉加热到350～360℃返回器底，以使蒸发器温度达到300℃，另一部分经管式炉加热到390～400℃进入沥青柱。精馏塔Ⅱ底部产物排入沥青柱，馏分蒸气返回塔底，沥青从柱底排出。由精馏塔Ⅱ得到洗油馏分和蒽油馏分，塔顶油气进入精馏塔Ⅰ。由精馏塔Ⅰ得到轻油馏分、酚油馏分、萘油馏分，塔底产物分别送入二次蒸发器顶部和精馏塔Ⅱ顶部作为回流。

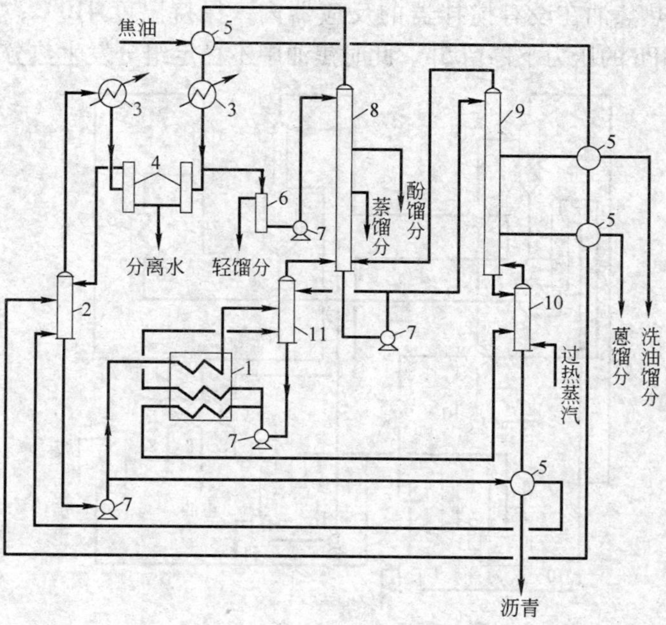

图3-19 带有沥青循环的焦油蒸馏流程（美国）

1—管式炉；2—一次蒸发器；3—冷却器；4—分离器；

5—换热器；6—回流槽；7—泵；8—精馏塔Ⅰ；

9—精馏塔Ⅱ；10—沥青柱；11—二次蒸发器

3.5 煤焦油的改质处理

开发煤焦油改质处理方法的目的是简化工艺，降低操作费用，增加沥青产率，获得电极工业原料。下面介绍两种代表性的流程。

3.5.1 CHERRY-T 流程

CHERRY-T 流程见图 3-20。焦油经换热后送到压力澄清槽，分出水后的焦油送入蒸发器，在此分出剩余的水和轻馏分。蒸发器顶部用轻油作回流，底部用蒸汽加热器供热。由蒸发器得到的无水焦油与沥青换热后进入管式加热炉，在此被加热至 400 ~ 420℃后进入反应器。

热焦油在设有搅拌器的反应器内，保持温度 410℃，并在 0.9MPa 的压力下停留 5h。此时焦油中不稳定组分发生热分解和

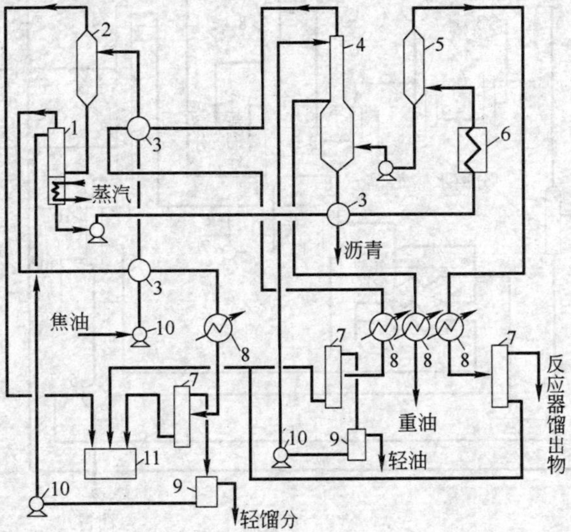

图 3-20 CHERRY-T 流程

1—蒸发器；2—压力澄清槽；3—换热器；4—闪蒸塔；
5—反应器；6—管式炉；7—分离器；8—冷凝冷却器；
9—回流槽；10—泵；11—冷凝液槽

热聚合，结果增加了沥青产率和馏分的稳定性。

反应后的产物由反应器底进入闪蒸塔内，由于压力解除，馏分油气闪蒸而出，沥青聚于塔底，并用过热蒸汽调整其软化温度，从塔底部排出的即为改质沥青或称 F 沥青。改质沥青的性质为：软化温度 65 ~ 110℃（水银法），TI 25% ~ 38%，β-树脂 20% ~ 25%。由反应器顶部得到的反应轻油，初馏点 175℃，干点 330℃。

由闪蒸塔蒸出的馏分油气经上部精馏段分馏成轻油和重油。轻油自塔顶逸出，经冷凝冷却和油水分离后，部分送闪蒸塔作为回流，其余采出。重油自精馏段底部引出。轻油和重油收率总计约为 39%，反应气收率约为 0.6%。轻油和重油的特性见表 3-7。

表 3-7 轻油和重油性质

馏分名称	初馏点/℃	馏出温度/℃					密度/g·cm^{-3}（50℃）
		5%	10%	50%	90%	95%	
轻油	210	220	228	260	320	350	1.050
重油	228	250	263	348			1.100

注：5%、10%、50%、90%、95% 为馏出的体积分数。

由反应器分出的反应轻油气，也可全部从塔顶引出送入二段反应器（图中未表示）。二段反应器温度保持在 450℃，轻油气在此停留 10h，反应后得到反应气的质量分数约为 2.7%，中油的质量分数约为 56%，S 沥青的质量分数为 40% 以上。

F 沥青、S 沥青和普通沥青对比见表 3-8。

表 3-8 几种沥青的性质

沥青名称	软化温度/℃	QI/%	BI/%	β 树脂/%	产率/%
F 沥青	80.5	7.2	32	24.8	64
S 沥青	81	0.7	28.7	28.0	45.5
普通沥青	67.7	4.1	18.2	14.1	54.9

该流程的特点是煤焦油加压处理，油分和沥青产生热分解和热聚合反应，不仅提高了沥青收率，而且进行了沥青的改质。改质的沥青 β 树脂含量高，适用于作为高功率电极及电解制铝极板的黏结剂。特别是 S 沥青几乎不含喹啉不溶物，加热碳化时易形成流态状结构，是生产针状焦和炭纤维的原料。

3.5.2 萃取法净化焦油和电极焦生产

焦油分馏和电极焦生产工艺流程见图 3-21。原料焦油经预热器加热至 140℃后入脱水塔脱水，塔顶逸出的水和轻油的混合蒸气经冷凝冷却和油水分离后，部分轻油作为脱水塔回流，其余采出。塔底排出的无水焦油进入萃取器用脂肪族（正己烷、石脑油等）和芳香族（萘油、洗油等）的混合溶剂进行萃取。无水焦油与溶剂混合后分为两相，上部相为净焦油，下部相为含喹啉不溶物的焦油。下部相送入溶剂蒸出器，器顶蒸出的溶剂及轻馏分经冷凝冷却后返回萃取器，器底排出软化温度为 35℃ 含杂质的沥青，可用于制取筑路焦油和燃料焦油。上部相送入另一台溶剂蒸出器，蒸出的溶剂返回萃取器。蒸出溶剂后的净焦油送入分馏塔，在此分馏成各种馏分和沥青。沥青由馏分塔底排出泵入管式炉加热至 500℃后进入并联的延迟焦化塔中的一个塔，经焦化

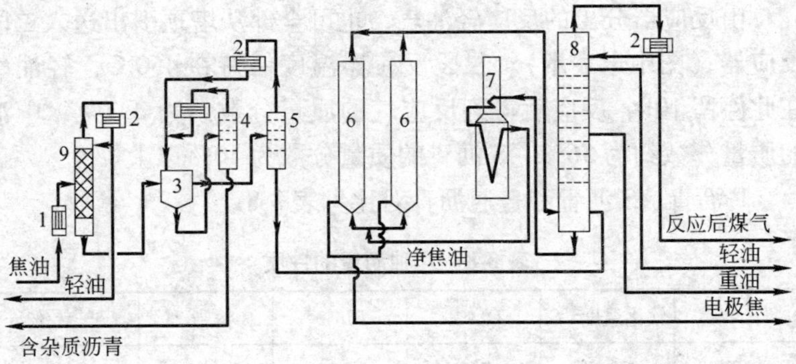

图 3-21　焦油分馏和电极焦生产工艺流程

1—预热器；2—冷凝器；3—萃取器；4，5—溶剂蒸出器；6—焦化塔；7—管式炉；8—分馏塔；9—脱水塔

所产生的挥发性产物和油气从塔顶返回分馏塔。

在焦化塔内得到的产物为延迟焦，对软沥青的产率约为64%。延迟焦经煅烧后为沥青焦，对延迟焦的产率约为86%，质量规格为：硫0.3%～0.4%，灰分0.1%～0.2%，重金属（以钒为主）小于5×10^{-6}，挥发分小于0.5%，真密度1.96～2.04g/cm^3。

分馏塔引出的煤气（占焦油4%），经冷凝后得到的冷凝液返回塔顶。自分馏塔上段引出含酚和萘的轻油，自中段引出含蒽的重油。

参考文献

［1］炼焦化学卷编辑委员会．中国冶金百科全书：炼焦化工［M］．北京：冶金工业出版社，1992.

［2］Лазорин С Н，Скрипник Е А. Каменноугольная Смола Получение и Переработка［M］. Москва：Металлургия，1985.

［3］Гоголева Т Я，Ковалев Е Т. Влияние Температуры Однократного Испарения смолына Качество Пека и Дистиллята［J］. Кокс и Химия，1992（7）：26～28.

［4］Марич Л И. Основные Закономерности Изменения Качества и Ресурсов Химических Соединений Каменноугольной Смолы［J］. Кокс и Химия，1991（7）：25～28.

［5］焦化设计参考资料编写组．焦化设计参考资料（下册）［M］．北京：冶金工业出版社，1980.

［6］李超，孙虹，蔡承祐．我国首套30万t/a煤焦油蒸馏装置分析［J］．燃料与化工，2005，36（4）：33～36.

4 焦油盐基化合物

焦油盐基化合物主要包括吡啶及其同系物和喹啉及其同系物等。吡啶及其同系物是1846年由Thomas Anderson在煤焦油中发现的。喹啉是1834年由Friedlieb Ferdinana Runge从煤焦油中提取出来，1885年有人从煤焦油喹啉馏分中得到异喹啉。直到现在这些化合物仍主要来源于煤焦油。

焦油盐基是煤热分解产物，其组成和产率与煤料所含的总氮量、煤中氮的结合形式和炼焦温度有关。盐基化合物在较低的温度下生成，其产率在650℃前随炼焦温度的提高而增加，再提高炼焦温度，将产生分解。已证明喹啉开始热分解的温度是750℃，吡啶开始热分解的温度是775℃。在正常炼焦条件下，焦油盐基产量为每1t煤450～500g。

盐基化合物是有机化学工业的基本原料之一，应用在合成医用药剂、维生素、农药、杀虫剂、植物生长激素、表面活性剂、橡胶促进剂、染料、溶剂、浮选剂和聚合材料等。

4.1 焦油盐基的性质及分布

焦油盐基是具有碱性的含有一个氮原子的杂环化合物的复杂混合物。焦油盐基分为吡啶盐基和喹啉盐基。吡啶盐基系指沸点小于160℃的吡啶、甲基吡啶、苯胺和吡咯等。喹啉盐基系指沸点大于160℃的喹啉、异喹啉及其同系物、吲哚及其同系物、多环盐基吖啶和菲啶等。

焦油盐基易溶于水和有机溶剂，与酸性气体生成不稳定的盐，与酚和有机酸形成不稳定的共沸物。因此，焦油盐基在荒煤气冷凝过程中分散到各种炼焦产品中，见表4-1。在氨水、饱和器母液、粗苯和回炉煤气中含有的主要是吡啶盐基，在煤焦油中含有的主要是喹啉盐基。喹啉盐基约占焦油盐基的60%，其中

98%集中在焦油中。

表 4-1 焦油盐基的分布

焦油盐基	占资源比例/%	焦油盐基	占资源比例/%
煤焦油	38	粗　苯	2
氨　水	24	回炉煤气	1
饱和器母液	35		

吡啶及其同系物在焦化产品中的分布见表 4-2。

表 4-2 吡啶及其同系物在焦化产品中的分布（占资源比例）（%）

盐　基	焦炉煤气	粗　苯	焦　油
吡　啶	58	30	12
2-甲基吡啶	33	30	37
3-甲基吡啶	28	21	51
4-甲基吡啶	28	21	51
2,6-二甲基吡啶	23	22	55
三甲基吡啶	8	5	87

国内某厂焦油馏分中盐基含量见表 4-3。某厂焦油馏分中盐基组成见表 4-4。

表 4-3 焦油馏分中盐基含量

厂名	馏分名称	产率/%（占无水焦油）	盐基的质量分数/%		
			占馏分	占焦油	占焦油中盐基
1 厂	酚　油	1.84	6.0	0.11	
	萘　油	16.23	2.6	0.42	
	洗　油	6.7	7.6	0.51	
2 厂	轻　油	0.42	1.5	0.0063	0.84
	混合分	23.36	2.73	0.638	85.33
	一蒽油	14.7	0.446	0.066	8.82
	二蒽油	10.1	0.372	0.0375	5.01
	总　计			0.748	100

表 4-4　焦油馏分中盐基组成（质量分数）　（%）

组分名称	轻油	酚油	萘油	洗油	一蒽油
吡啶	65.2	12.7	0.085		
β,γ-甲基吡啶	2.38	13.62	0.569		
2,6-二甲基吡啶	12.84	12.11	0.129		
2,4-二甲基吡啶		4.16	8.590		
苯胺					
3,5-二甲基吡啶 2,3,6-三甲基吡啶 2,4,6-三甲基吡啶	3.29	14.7	14.45	0.143	0.492
未知物	16.34	31.8	3.98	0.486	1.06
间位甲基苯胺		5.89	16.10	0.235	0.123
未知物		4.76	7.83	0.753	1.48
喹啉			45.5	73.3	46.0
异喹啉			1.93		4.67
2-甲基喹啉			0.687	9.75	4.07
6-甲基喹啉 7-甲基喹啉				3.71	2.76
4-甲基喹啉				2.02	1.26
3-甲基喹啉				7.00	
2,6-二甲基喹啉				1.265	1.55
2,4-二甲基喹啉				1.297	2.28
未知物					26.0

4.2　盐基化合物的提取

焦炉煤气中的吡啶盐基是用硫酸吸收煤气中氨制取硫酸铵的同时回收下来的，氨水中的吡啶盐基是在蒸氨的同时与氨一起挥发，进入中和器或硫酸铵装置而得到回收的。喹啉盐基是从酚油、萘油、洗油或萘洗混合分和酚萘洗混合分中回收的。采用的方法是稀硫酸洗涤法。

4.2.1 脱盐基工艺原理

当馏分以质量分数为15%～17%的硫酸洗涤时，盐基与硫酸发生如下反应：

$$C_7H_9N + H_2SO_4 \longrightarrow C_7H_9NH \cdot HSO_4$$

$$2C_7H_9N + H_2SO_4 \longrightarrow (C_7H_9NH)_2SO_4$$

$$C_9H_7N + H_2SO_4 \longrightarrow C_9H_7NH \cdot HSO_4$$

$$2C_9H_7N + H_2SO_4 \longrightarrow (C_9H_7NH)_2SO_4$$

理论上1kg盐基需100%的硫酸0.62kg，实际生产中性硫酸盐基时只需0.4kg。

盐基呈弱碱性，酚呈弱酸性，当馏分中同时存在时，则盐基和酚易生成分子化合物：

$$C_7H_9N + C_6H_5OH \rightleftharpoons C_7H_9N \cdot HOC_6H_5$$

上述反应是可逆的，其平衡与酚和盐基含量的比例有关，如馏分中酚含量大于盐基含量时，所形成的配合物酸洗时不易分解；反之，则碱洗时不易分解。故若酚含量大于盐基含量时，应先脱酚后脱盐基；反之，则应先脱盐基后脱酚。这样做可以使反应向左移，破坏分子配合物的生成。

应该指出，盐基能溶解在盐基硫酸盐中，当酸量不足时，在盐基硫酸盐中存在游离的盐基，因此为了从馏分中完全提取盐基，在最后酸洗阶段必须供给足够的酸。另外，盐基硫酸盐易溶解在酚盐中，为了降低盐基的损失，在第一阶段脱酚之后，脱盐基之前，馏分含酚的质量分数小于5%为宜。

酸洗过程得到的硫酸盐基用碱性物中和分解。采用的碱性物有氨水、氨气和碳酸钠等。

用质量分数为18%～20%的氨水进行中和分解的反应为：

$$(C_5H_5NH)_2SO_4 + 2NH_3 \cdot H_2O \longrightarrow 2C_5H_5N + (NH_4)_2SO_4 + 2H_2O$$

$$(C_9H_7NH)_2SO_4 + 2NH_3 \cdot H_2O \longrightarrow 2C_9H_7N + (NH_4)_2SO_4 + 2H_2O$$

生成1t 100%的盐基，需0.3t 100%的氨。

此法得到的硫酸铵溶液返至硫酸铵生产工序。

用质量分数为20%～25%的碳酸钠进行中和分解的反应为：

$$(C_5H_5NH)_2SO_4 + Na_2CO_3 \longrightarrow 2C_5H_5N + Na_2SO_4 + CO_2 + H_2O$$

$$(C_9H_7NH)_2SO_4 + Na_2CO_3 \longrightarrow 2C_9H_7N + Na_2SO_4 + CO_2 + H_2O$$

生成1t 100%的盐基，需0.9t 100%的碳酸钠。

4.2.2 工艺流程

4.2.2.1 酸洗脱盐基

A 泵前混合式连续洗涤工艺流程

焦油馏分中的酚含量一般高于盐基含量，故采用先碱洗脱酚后酸洗脱盐基的工艺，其工艺流程见图4-1。

酚萘洗混合分与来自高位槽的碱性酚钠在泵前管道内混合，经泵搅拌送入一次脱酚分离器澄清分离。中性酚钠由分离器底部经液位调节器流入中性酚钠槽，一次脱酚后的混合馏分从分离器

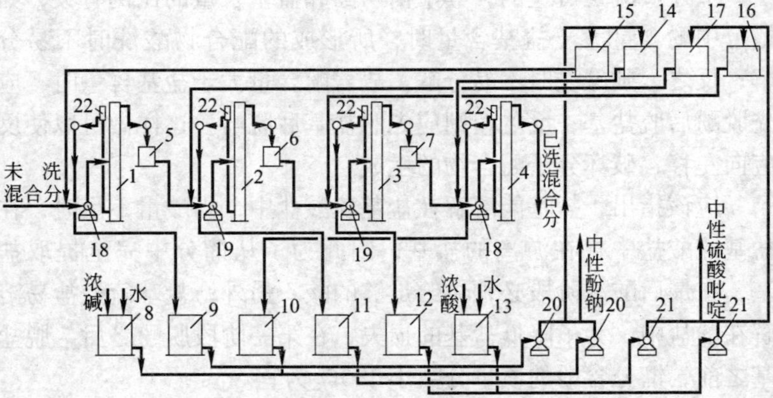

图4-1 泵前混合式连续洗涤工艺流程

1— 一次脱酚分离器；2— 一次脱盐基分离器；3— 二次脱盐基分离器；4— 二次脱酚分离器；5— 一次脱酚缓冲槽；6— 一次脱盐基缓冲槽；7—二次脱盐基缓冲槽；8—稀碱槽；9—中性酚钠槽；10—碱性酚钠槽；11—中性硫酸盐基槽；12—酸性硫酸盐基槽；13—稀酸槽；14—稀碱高位槽；15—碱性酚钠高位槽；16—稀酸高位槽；17—酸性硫酸盐基高位槽；18—连洗用碱泵；19—连洗用酸泵；20—碱泵；21—酸泵；22—液面调节器

顶部排入缓冲槽，然后与来自高位槽的酸性硫酸盐基在一次酸洗泵前管道内混合，经泵搅拌送入一次脱盐基分离器内澄清分离。中性硫酸盐基由分离器底部经液位调节器流入接受槽，一次酸洗后的混合分自分离器顶部排入缓冲槽，然后再与来自高位槽的稀硫酸在二次酸洗泵前管道内混合，经泵搅拌送入二次脱盐基分离器内澄清分离。酸性硫酸盐基由分离器底部经液位调节器排入接受槽，二次酸洗后的混合分自分离器顶部排入缓冲槽，再与来自高位槽的新碱液在二次碱洗泵前管道内混合，经泵搅拌送入二次脱酚分离器内澄清分离。碱性酚钠由分离器底部经液位调节器流入接受槽，已洗混合分由分离器顶部排出，作为生产工业萘的原料。

B　对喷式连续洗涤工艺流程

对喷式连续洗涤工艺流程见图 4-2。首先用泵将馏分送入脱

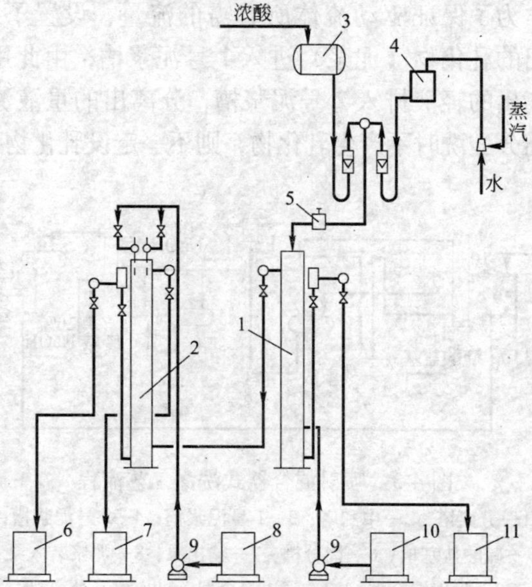

图 4-2　对喷式连续洗涤工艺流程

1—脱盐基塔；2—脱酚塔；3—浓酸高位槽；4—水高位槽；
5—混合器；6—中性酚钠槽；7—净萘油槽；8—碱性酚钠槽；
9—泵；10—原料萘油槽；11—中性硫酸盐基槽

盐基塔的下部，经喷嘴上喷，稀硫酸由塔顶注入塔内，二者在反应区内充分接触反应，得到的硫酸盐基由塔底经液位调节器排入中性硫酸盐基槽，脱除盐基的馏分从塔的上部排出而进入脱酚塔的下部。新碱液或碱性酚钠用泵送至脱酚塔的顶部，经视镜流入塔内，馏分和碱液在塔的脉冲区内充分接触反应，中性酚钠从塔底部经液位调节器排出，净馏分从塔上部排出。

C　喷射混合器式连续洗涤工艺流程

喷射混合器式连续洗涤工艺流程见图 4-3。脱酚后的馏分和稀硫酸用泵连续送入喷射混合器，二者混合后再经管道混合器，馏分中的盐基与硫酸反应生成硫酸盐基后进入分离塔，硫酸盐基在塔底部排出，脱盐基后的馏分进入中和塔的底部。中和塔装有质量分数为 20% 的 NaOH，以中和馏分中的游离酸。中和后的馏分从中和塔上部排出。为了保证驱动流体所必需的流量，设置了循环管线。分离塔排出的乳化物（泥浆）进入 1 号泥浆槽，由此用泵打入离心机，分离出的轻液排入 2 号泥浆槽，分离出的重液流入硫酸盐基槽。如馏分酸洗时不产生乳化物，则不一定设乳化物处理系统。

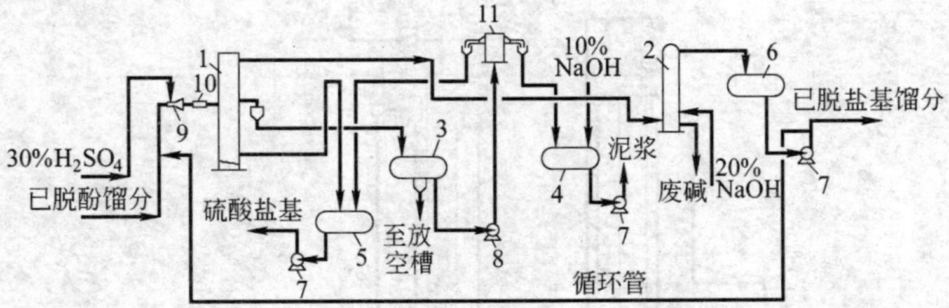

图 4-3　喷射混合器式洗涤工艺流程

1—分离塔；2—中和塔；3—1 号泥浆槽；4—2 号泥浆槽；
5—硫酸盐基槽；6—馏分槽；7—输出泵；8—泥浆装入泵；
9—喷射混合器；10—管道混合器；11—离心分离机

该工艺采用的喷射混合器由喷嘴、接受室、混合室及扩散器组成，其工作原理是利用工作流体在高压下经过喷嘴，以高速度喷射出，使它的位能转变为动能，产生压降而将液体吸入，工作流体与吸入液体经混合室混合，再进入扩散器，在扩散器中混合液体流速逐渐减小，即动能逐渐减小，而位能逐渐增高，即压力逐渐增高，故能将液体排出。

该工艺采用的管道混合器是一种静止型混合器，内部填充着单元。它的作用原理是通过的液体被单元不断地分割和叠加，流体被单元分割后，在向前流动中旋转而改变方向。由于这种作用而使两种液体充分混合。

酸洗脱盐基工艺得到的中性硫酸盐基含盐基的质量分数不小于20%，含游离酸的质量分数不大于2%，馏分含盐基的质量分数小于1%。

4.2.2.2　硫酸盐基的分解

硫酸盐基的分解有间歇式和连续式。采用碳酸钠法分解一般采用间歇式，这里仅介绍连续式氨分解工艺，其工艺流程见图4-4。为了脱除硫酸盐基中的中性油和酚等杂质，首先将硫酸盐基和纯苯送入管道混合器，充分混合后进入纯苯分离槽，纯苯由槽上部流入纯苯循环槽循环使用。用过的纯苯当相对密度达0.9以上时排入废苯槽。脱除了杂质的硫酸盐基从纯苯分离槽底部进入分解器，同时通入氨气。为了防止硫酸铵结晶析出，还要向分解器中加入稀释水，水量为硫酸盐基量的20%。分解

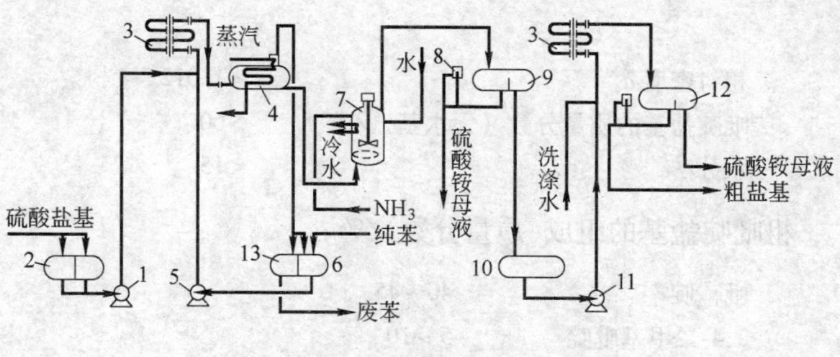

图 4-4　连续式氨分解硫酸吡啶工艺流程

1—硫酸盐基泵；2—硫酸盐基槽；3—管式混合器；4—纯苯分离槽；5—纯苯泵；6—纯苯循环槽；7—分解器；8—界面调节器；9—硫酸铵母液分离槽；10—粗盐基中间槽；11—粗盐基泵；12—水分离槽；13—废苯槽

器内通水冷却，以吸收分解反应放出的热量，使器内温度保持在70℃以下。分解后的混合液流入硫酸铵母液分离槽中静置分离，上层的粗盐基或称喹啉盐基流入中间槽，下层的硫酸铵母液经界面调节器排入接受槽。中间槽的喹啉盐基同洗涤水一起经管式混合器进入水分离槽，上层是稀硫酸铵母液，下层是粗喹啉盐基。

粗喹啉盐基质量指标如下：

外　观	暗黑色油状液体
相对密度 d_4^{20}	≥1.0
喹啉盐基的质量分数（无水基）/%	≥70
水分/%	≤15

粗喹啉盐基的组成(质量分数)/%：

吡　啶	0.44
吡啶衍生物	7.92
喹　啉	13.85
喹啉衍生物	17.24
其他高沸点物	60.55

从煤气和氨水中回收的盐基称粗吡啶盐基，其质量指标如下：

相对密度 d_4^{20}	<1.012
吡啶盐基的质量分数（无水基）/%	>60
水分/%	<15

粗吡啶盐基的组成(质量分数)/%：

吡　啶	40~45
2,4-二甲基吡啶	5~10
α-甲基吡啶	12~15
残渣（中性油）	15~20
β-甲基吡啶、γ-甲基吡啶	10~15

4.3 焦油盐基的精制

从煤气和氨水中回收的粗吡啶盐基和从焦油馏分中回收的粗喹啉盐基，分别单独精制。精制工序包括脱水、初馏和精馏。

4.3.1 吡啶盐基的精制

吡啶盐基精制工艺流程见图4-5。

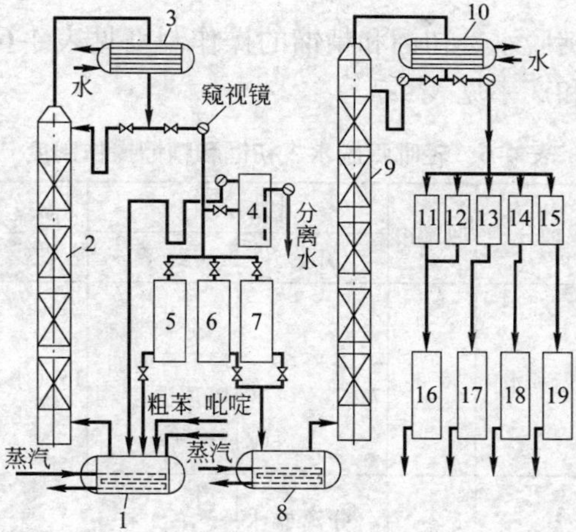

图 4-5　轻吡啶精制工艺流程

1—初馏釜；2—初馏塔；3，10—冷凝冷却器；4—油水分离器；5～7—吡啶馏分槽；8—精馏釜；9—精馏塔；11，12—吡啶计量槽；13—α-甲基吡啶计量槽；14—β-甲基吡啶计量槽；15—吡啶溶剂计量槽；16～19—产品贮槽

4.3.1.1　脱水和初馏

脱水一般采用苯等共沸脱水法，吡啶与苯和水的共沸性状见表4-5。

表 4-5　几种化合物与水的共沸性状

化合物	沸点/℃	与水的共沸点/℃	共沸物中水的质量分数/%
吡啶	115.3	92.6	43
苯	80.2	69.3	8.8
甲苯	110.7	84.1	19.6

吡啶盐基和相当其量20%～30%的苯一并装入蒸馏釜用蒸汽间接加热，苯水共沸物首先馏出，经冷凝分离后，苯返回蒸馏釜，分离水外排。然后依次切取苯馏分、110℃前馏分、110～120℃馏分和120～160℃馏分，釜渣外排。

4.3.1.2 精馏

精馏采用的原料是初馏得到的110～120℃的馏分和120～160℃的馏分。

粗轻吡啶脱水、初馏和精馏的操作制度见表4-6。轻吡啶精制产品质量和产率见表4-7。

表4-6 轻吡啶脱水、初馏和精馏操作制度

工序	馏分	回流比	切换条件		产率/%	备注
			开始	终了		
粗轻吡啶脱水和初馏	苯和水	0.5	塔顶69～71℃	分离器水层不再增加，塔顶温度稍有升高	15（水）	分离水外排，苯循环使用
	苯	5	分离器水层不再增加，塔顶温度稍有升高	塔顶98～100℃		
	110℃前馏分	8	塔顶98～100℃	塔顶110℃	4	返回原料中
	110～120℃馏分	8	塔顶110℃	塔顶120℃	23	送精馏
	120～160℃馏分	8	塔顶120℃	塔顶170℃	24	送精馏
	釜渣				33	外排

续表 4-6

工序	馏分	回流比	切换条件		产率/%	备注
			开始	终了		
110~120℃馏分精馏	110℃前馏分	8		塔顶110℃	5	返回粗轻吡啶原料
	110~114.5℃馏分	15	塔顶110℃	初馏点达114.5℃，比色达1号	9	回配馏分Ⅰ
	纯吡啶	12	初馏点达114.5℃，比色达1号	干点达116.5℃	70	产品
	残液				15	回配馏分Ⅱ
120~160℃馏分精馏	110℃前馏分	12		塔顶110℃	7	返回粗轻吡啶原料
	110~120℃馏分	12	塔顶110℃	初馏点>120℃	20	回配馏分Ⅰ
	120~126℃馏分	15	初馏点>120℃	126~131℃馏出量>95%	7	产品吡啶溶剂
	126~131℃馏分	15	126~131℃馏出量>95%	126~131℃馏出量<95%	25	产品2-甲基吡啶
	131~138℃馏分	15	126~131℃馏出量<95%	138~145℃馏出量>95%	8	产品吡啶溶剂
	138~145℃馏分	15	138~145℃馏出量>95%	138~145℃馏出量<95%	20	产品3-甲基吡啶
	残液				12	提取二甲基吡啶和三甲基吡啶原料

表 4-7　轻吡啶精制产品质量和产率

产　品	外　观	密度（20℃）/g·cm^{-3}	馏　程	水分/%	产率/%（对含吡啶60%的干基原料）
纯吡啶	无色透明，比色1号	0.980～0.984	初馏点≥114.5℃，干点≤116.5℃	≤0.3	23.5
2-甲基吡啶	无色或微黄色，透明		126～131℃馏出量≥95%（容积）	≤0.3	5.8
3-甲基吡啶	微黄色，透明	0.930～0.960	138～145℃馏出量≥95%（容积）	≤0.3	7.8
吡啶溶剂	微黄色，透明		120～140℃馏出量≥95%（容积）	≤0.3	9.7
残　渣					51

4.3.2　喹啉盐基的精制

喹啉盐基精制工艺流程见图 4-6。首先在减压下进行粗喹啉盐基的脱水和初馏。初馏得到的2,4,6-三甲基吡啶馏分和喹啉馏分再分别进行精馏。粗吡啶盐基精制中切取 120～160℃馏分后的残液也在此精馏。精制操作制度和产率见表 4-8。精制产品质量和产率见表 4-9。

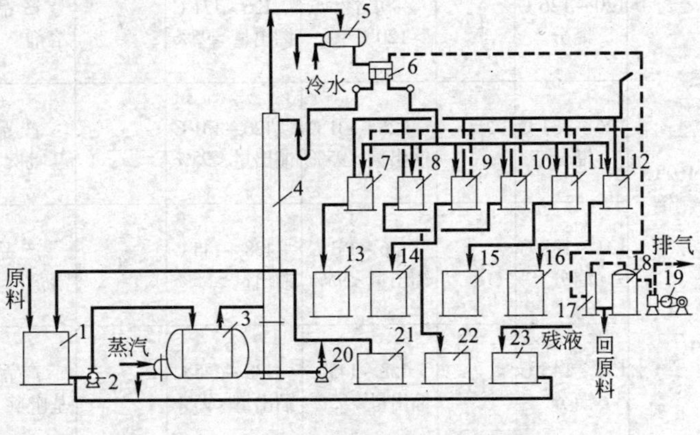

图 4-6　喹啉盐基精制工艺流程

1—喹啉盐基原料槽；2—装料泵；3—蒸馏釜；4—蒸馏塔；5—冷凝冷却器；6—回流分配器；7～12—馏分接受槽；13～16，22—馏分贮槽；17—真空捕集器；18—真空缓冲罐；19—真空泵；20—抽渣泵；21—喹啉盐基初馏残渣槽；23—120～160℃馏分精馏残液贮槽

表 4-8 喹啉盐基精制操作制度和产率

原料	馏分名称	回流比	塔顶温度/℃	塔顶真空度/kPa	切换条件		产率/%	备注
					开始	终了		
粗喹啉盐基	水	0.5		80		线流呈透明状	15	分离油回配入原料
	前馏分	12		80	线流呈透明状	163～177℃馏出量>10%	5.8	
	2,4,6-三甲基吡啶馏分	12		80	163～177℃馏出量>10%	177℃前馏出量<10%	0.2	
	浮选剂Ⅰ	10		80	177℃前馏出量<10%	230～240℃馏出量>50%	37	指浮选剂Ⅰ、Ⅱ的总产率
	喹啉馏分	10		80	230～240℃馏出量>50%	240℃前馏出量<50%	22	
	浮选剂Ⅱ	3		80	240℃前馏出量<50%	总流出量达装釜量80%～85%		
	残渣						19	回配入煤焦油中

续表 4-8

原料	馏分名称	回流比	塔顶温度/℃	塔顶真空度/kPa	切换条件		产率/%	备注
					开始	终了		
喹啉馏分	水	0.5		80		线流呈透明状	0.3	
	浮选剂Ⅰ	8		80	线流呈透明状	230 ~ 240℃馏出量 > 50℃	22	产率是浮选剂Ⅰ、Ⅱ之和
	喹啉馏分Ⅰ	10		80	230 ~ 240℃馏出量 > 50%	230 ~ 240℃馏出量 > 95%	40.7	产率是喹啉馏分Ⅰ、Ⅱ之和，复蒸
	工业喹啉	10		80	235 ~ 240℃馏出量 > 95%	230 ~ 240℃馏出量 < 95%	26	
	喹啉馏分Ⅱ	8		80	230 ~ 240℃馏出量 < 95%	240℃前馏出量 < 50%		
	浮选剂Ⅱ	3		80	240℃前馏出量 < 50%	总流出量达装釜原料量的 90%		
	残液						10	回配入粗喹啉盐基

续表 4-8

原料	馏分名称	回流比	塔顶温度/℃	塔顶真空度/kPa	切换条件		产率/%	备注
					开始	终了		
2,4,6-三甲基吡啶馏分	前馏分	12	95	常压		153～165℃馏出量≥95%	8	
	混合二甲基吡啶	10	约165		153～165℃馏出量≥95%	153～165℃馏出量<95%	10	
	2,4,6-三甲基吡啶馏分Ⅰ	10	165～168		153～165℃馏出量<95%	165～173℃馏出量≥95%	21	产率是2,4,6-三甲基吡啶馏分Ⅰ、Ⅱ总和,复蒸
	2,4,6-三甲基吡啶	10	168～174		165～173℃馏出量≥95%	165～173℃馏出量<95%	20	
	2,4,6-三甲基吡啶馏分Ⅱ	15	174～177		165～173℃馏出量<95%	177℃前馏出量<10%停釜		
	残液						40	
120～160℃馏分精馏残液	前馏分	8	130	80		153～165℃馏出量>95%	28	回配入120～160℃馏分
	混合二甲基吡啶	8	170	80	153～165℃馏出量>95%	153～165℃馏出量<95%	19	
	2,4,6-三甲基吡啶馏分	8	170	80	153～165℃馏出量<95%	177℃前馏出量<10%停釜	15	
	残液						37	回配入粗重吡啶

表 4-9　喹啉盐基精制产品的质量和产率

名　称	质　量　指　标						产率/%（对干基原料）
	外　观	水分/%	密度（20℃）/g·cm^{-3}	稀酸中溶解度	馏　程	质量分数/%	
工业喹啉	微黄色透明液体		1.080～1.095	完全溶解	235～240℃馏出量≥95%	80～90	10.3
浮选剂	暗棕色油状液体	≤2	≥1.020			≥75%（容积）	55.7
混合二甲基吡啶		≤0.8			初馏点≥153℃ 干点≤165℃		1.12
2,4,6-三甲基吡啶		≤0.8			初馏点≥167.5℃ 干点≤172.5℃		0.28

4.4　吡啶同系物的分离精制

4.4.1　吡啶同系物的性质和用途

从煤焦油中提取的吡啶同系物主要是甲基吡啶、二甲基吡啶和三甲基吡啶，它们均是无色而具有特殊气味的液体，主要性质和用途见表 4-10。

吡啶及其同系物具有碱性，能与许多质子酸生成盐。吡啶及其同系物的碱性比苯胺（$pK_a = 4.70$）强，比氨（$pK_a = 9.24$）弱得多，其 pK_a 值见表 4-10。

吡啶及其同系物在煤焦油中的质量分数为 0.2%～0.3%。

提取纯吡啶同系物的原料是精馏切取的相应的吡啶馏分。

4.4.2　3-甲基吡啶馏分中的同系物的分离

3-甲基吡啶馏分含有质量分数约为 5% 的 2-甲基吡啶，约为 35% 的 3-甲基吡啶，约为 27% 的 4-甲基吡啶，约为 30% 的 2,6-二甲基吡啶和约为3% 的2,5-二甲基吡啶。这些化合物的物理化

表 4-10　吡啶同系物的性质和用途

名　称	密度（20℃）/g·cm^{-3}	沸点/℃	熔点/℃	溶解性	pK_a（25℃水内）	用　途
吡啶	0.9827	115.3	-42	溶于水、乙醇、乙醚和苯等	5.22	用于医药物、纺织助剂、腐蚀抑制剂、防锈剂和橡胶促进剂的生产中，也是良好的溶剂
2-甲基吡啶（α-甲基吡啶）	0.9443	129	-66.55	溶于水、乙醇、乙醚和苯等	5.96	用于氮肥添加剂、有机磷解毒药、驱虫药、麻醉药和治矽肺药的生产
3-甲基吡啶（β-甲基吡啶）	0.9566	143.5	-17.7	溶于水、乙醇、乙醚和苯等	5.63	用于烟酸、维生素 B、食品和饲料添加剂、活血剂、强心剂及抗结核药的生产中
4-甲基吡啶（γ-甲基吡啶）	0.9548	145	-4.3	溶于水、乙醇、乙醚和苯等	5.98	用于异烟酸、有机磷解毒剂、凝血剂和抗高血压药的生产
2,3-二甲基吡啶		162~164	-22.5	溶于水、乙醇、乙醚和苯等	6.57	
2,4-二甲基吡啶	0.9493	157.9	-7.0	溶于水、乙醇、乙醚和苯等	6.63	
2,5-二甲基吡啶	0.9428	157.2	-15.9	溶于水、乙醇、乙醚和苯等	6.40	
2,6-二甲基吡啶	0.9226	144	-5.9	溶于水、乙醇、乙醚和苯等，还可溶于二甲基甲酰胺和四氢呋喃	6.72	用于合成药物
2,4,6-三甲基吡啶	0.9191	172	-43.8	易溶于乙醇、乙醚，微溶于热水		用于合成药物、维生素 A、氢化可的松和染料等

学性质相近，其沸点差不大于1.3℃，单纯用精馏法很难分离，一般采用物理和化学结合的方法。

4.4.2.1 配合法

将3-甲基吡啶馏分加热至80℃，加入含尿素质量分数60%的水溶液，冷却致使2,6-二甲基吡啶与尿素生成的配合物析出，反应如下：

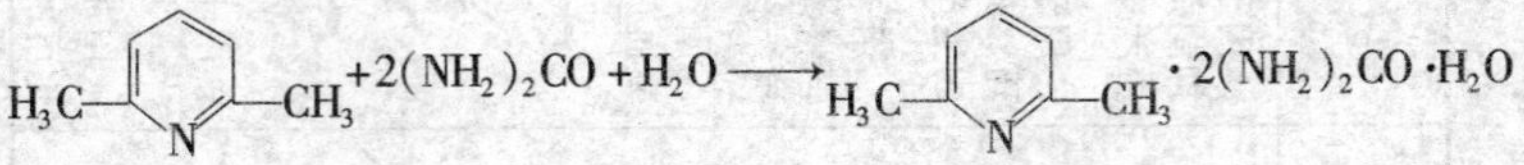

过滤分离后的滤液在80℃下再加入氯化铜溶液，则3-甲基吡啶与氯化铜选择性配合，反应如下：

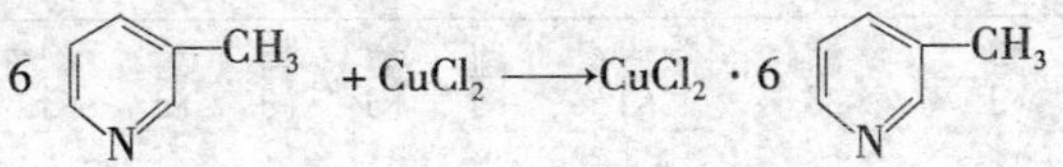

冷却致使3-甲基吡啶与氯化铜的配合物析出，而4-甲基吡啶不能，经过滤将二者分离。滤液中加入氯化钴，则4-甲基吡啶与氯化钴发生配合，反应如下：

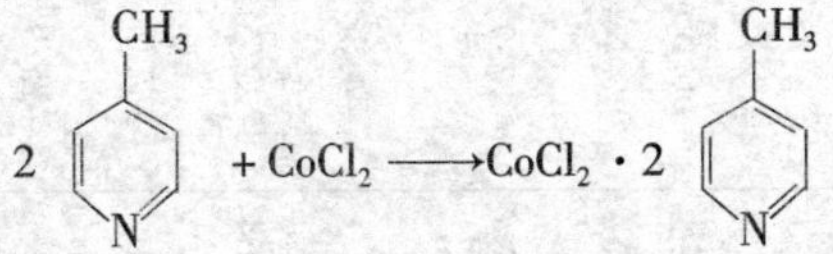

将各阶段配合得到的滤饼，经分解蒸馏，便可得到纯度99.5%的2,6-二甲基吡啶、纯度98%的3-甲基吡啶和4-甲基吡啶。

上述方法污水量大，吡啶类损失大，为此内田 勝等提出加有机溶剂，使尿素均匀分散其中。有机溶剂用苯、环己烷等，使用量为2,6-二甲基吡啶的3倍以上，形成的粉浆的质量分数为20%~30%为好，以利反应的进行。反应温度控制在70~80℃，在搅拌下反应3~5h，然后冷却至室温，将生成的尿素配合物离心过滤，并用溶剂洗净，得到精制的配合物。再向配合物加入3

~4 倍的溶剂，在 80℃下分解，经冷却、过滤和常压精馏便得到纯度 99.1% 的 2,6-二甲基吡啶，回收率为 77%。

4.4.2.2 与酚共沸精馏法

借助与酚形成共沸物，分离 3-甲基吡啶馏分中的吡啶同系物的依据见表 4-11。由表 4-11 中数据可见共沸物的沸点间隔比原组分间的沸点间隔大。另外降低压力对分离 2,6-二甲基吡啶共沸物有利。采用精馏塔板数 30 ~ 40，回流比 40，经二次精馏可得到纯产品。

表 4-11 几种吡啶同系物与酚的共沸混合物特性

组分名称	压力/kPa	共沸物沸点/℃	吡啶同系物的质量分数/%
2,6-二甲基吡啶	101.32	186.0	25.91
	60.79	179.0	29.00
	53.33	164.5	33.31
	26.66	143.5	35.40
3-甲基吡啶	101.32	187.0	25.00
	60.79	178.0	26.49
	53.33	167.0	28.28
	26.66	146.0	41.27
4-甲基吡啶	101.32	190.5	31.27
	60.79	181.5	32.26
	53.33	168.5	33.26
	26.66	147.5	34.76

4.4.2.3 萃取法

采取两段萃取法，第一段采用极性强的水和极性弱的煤油或正己烷等作为溶剂，对 3-甲基吡啶馏分进行萃取。萃取塔顶为煤油和 2,6-二甲基吡啶，塔底为 3-甲基吡啶和 4-甲基吡啶水溶液。第二段用苯和 pH 值为 3.6 的磷酸二氢钠水溶液作溶剂，对第一段塔底液进行萃取，塔顶为3-甲基吡啶苯溶液，塔底为4-甲基吡啶磷酸二氢钠水溶液。各自分离可得到纯度大于90%的吡啶单体化合物。

4.4.3 2,4-二甲基吡啶的分离

4.4.3.1 氯化氢法

此法基于2,4-二甲基吡啶盐酸化物选择性析出。将加热到120～130℃的二甲基吡啶馏分用氯化氢气体处理，则生成2,4-二甲基盐酸化物，经过滤、碱分解和蒸馏，便得到沸点157～157.5℃的2,4-二甲基吡啶。

4.4.3.2 与水共沸精馏法

用二甲基吡啶馏分与水共沸精馏，可将2,4-二甲基吡啶以99.7%的纯度分离出来。与水形成的共沸物沸点为97℃，共沸物中2,4-二甲基吡啶的质量分数为39%，产率占原料中资源的80%。

4.4.3.3 与酚共沸精馏法

借助与酚形成共沸物，分离二甲基吡啶馏分中的同系物的依据见表4-12。

表4-12 二甲基吡啶同系物与酚的共沸混合物特性

组分名称	共沸物沸点/℃	吡啶同系物的质量分数/%	在 $N_T=50$ 精馏塔精馏产品主要组分的质量分数/%
2-甲基-6-乙基吡啶	148	36	>90
2,5-二甲基吡啶	152～153	38	77
2,4-二甲基吡啶	155	40	>90
2,3-二甲基吡啶	154	42	80

4.4.4 2,4,6-三甲基吡啶的分离

2,4,6-三甲基吡啶通过精馏可得到纯品。还可将三甲基吡啶馏分用浓盐酸处理，加入苯，在加热时从反应物中析出盐酸化

物。经冷却过滤后，得到粗盐酸化物，将其从乙醇中再结晶，然后用碱液分解、干燥和蒸馏，可得到沸程为169.5～170℃、结晶点为44.3℃的2,4,6-三甲基吡啶。

4.5 喹啉同系物的分离精制

4.5.1 喹啉同系物的性质和用途

喹啉类化合物均具有特殊气味，暴露在空气中或阳光下色泽逐渐变深，其主要性质见表4-13。

表4-13 喹啉同系物的性质

名称	密度（20℃）/$g \cdot cm^{-3}$	沸点/℃	熔点/℃	外观	溶解性
喹啉	1.095	237.3	-15.6	无色液体	微溶于水，能与乙醇、乙醚和二硫化碳混溶
异喹啉	1.0980	243	25.6	无色液体或针状结晶	不溶于水，溶于乙醇和乙醚
2-甲基喹啉	1.0585	246.9	-2	无色液体	微溶于水，溶于乙醇、乙醚、丙酮和氯仿
4-甲基喹啉	1.0862	265.5	9	无色液体	微溶于水，能与乙醇、乙醚和苯混溶
2,4-二甲基喹啉	1.0611	264～265		无色液体	不溶于水，能与乙醇和乙醚混溶

喹啉类化合物可用于制取医药、染料、感光材料、橡胶、溶剂和化学试剂等。喹啉在医药上主要用于制造烟酸系、8-羟基喹啉系和奎宁系三大类药物。烟酸系药物有烟酸胺、强心剂、兴奋剂和治绦虫病药；8-羟基喹啉系可用于制造医治阿米巴虫病用药和创伤消毒剂，以及防霉剂和纺织助剂等。此外，还可经氧化得到喹啉酸用来制造植物保护剂灭草烟。异喹啉可用于制造杀虫剂、抗疟药、橡胶硫化促进剂和测定稀有金属用的化学试剂。甲

基喹啉可用于制造彩色胶片增感剂和染料，还可作为溶剂、浸渍剂、腐蚀抑制剂、奎宁系药物和杀虫剂等。

焦油中喹啉类化合物的质量分数为0.3%～0.5%。喹啉类化合物精馏得到的工业喹啉和浮选剂等都是喹啉及其同系物的混合物。沸点230～265℃的喹啉馏分的组成见表4-14。表中可见，值得分离提纯的主要是喹啉、异喹啉，2-甲基喹啉和4-甲基喹啉。提取这些化合物的原料均采用精馏喹啉盐基得到的富集窄馏分，然后再用物理化学法分离提纯制取纯产品。

表4-14　230～265℃喹啉馏分组成

组分名称	质量分数/%	组分名称	质量分数/%
喹　啉	41.03	6-甲基喹啉	1.80
异喹啉	13.02	7-甲基喹啉	1.35
2-甲基喹啉	10.60	8-甲基喹啉	1.46
3-甲基喹啉	1.75	1-甲基异喹啉	1.04
4-甲基喹啉	5.70	3-甲基异喹啉	2.05
5-甲基喹啉	0.70	2，8-二甲基异喹啉	0.75

4.5.2　喹啉和异喹啉的分离精制

4.5.2.1　*磷酸盐法*

此法是根据磷酸喹啉和磷酸异喹啉在水中溶解度不同而实现分离的。磷酸异喹啉易溶于水，而磷酸喹啉则不易溶于水。

向工业喹啉中加入质量分数为50%的磷酸溶液，然后用直接蒸汽吹提所得到的磷酸喹啉水溶液，以除去少量中性油。当溶液冷却时，首先析出磷酸喹啉结晶，将其过滤，再在水中进行几次重结晶。然后经碱性水溶液分解、干燥和蒸馏，可以得到结晶点为－13.9℃，沸程为237.0～237.5℃的化学纯喹啉。

4.5.2.2　*硫酸盐法*

此法是根据硫酸喹啉和硫酸异喹啉在乙醇中溶解度的差别而分离的，见表4-15和表4-16。

表 4-15　两种硫酸喹啉在乙醇中的溶解度之比

乙醇质量分数/%	95	90	85	80	75
硫酸喹啉：硫酸异喹啉	2.8	3.2	3.4	2.8	2.2

表 4-16　两种硫酸喹啉在质量分数为 85%乙醇中的溶解度之比

温度/℃	0	10	20	30	40	50
硫酸喹啉：硫酸异喹啉	3.4	2.8	2.4	2.1	1.9	1.9

原料喹啉馏分经精馏得到的富集馏分以 1∶1 溶于质量分数为 85% 的乙醇中，然后在冷却条件下不断搅拌的同时缓缓加入按理论所需要量的浓硫酸进行如下反应：

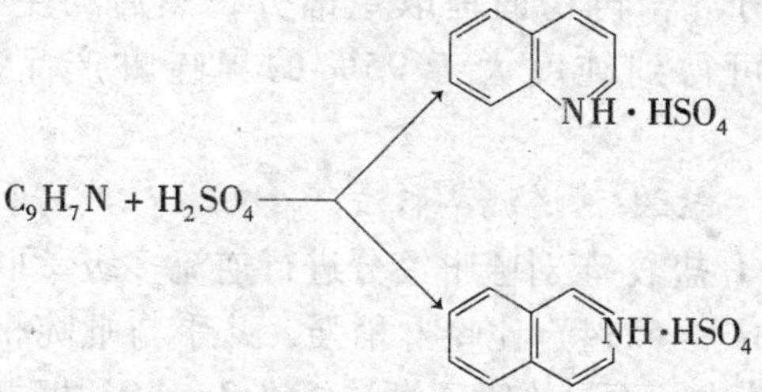

反应液冷却到 35℃，过滤分离出硫酸异喹啉，再用溶剂洗涤，即得到硫酸异喹啉的精制盐。喹啉硫酸盐留在滤液中。将得到的两种硫酸喹啉分别用氨水或质量分数为 10% ~15% 的 NaOH 分解，则得到喹啉和异喹啉，经分离、干燥和蒸馏便得到试剂级喹啉和异喹啉。

4.5.2.3　精馏法

工业喹啉中喹啉的质量分数达 90%，采用高效精馏便可得到纯喹啉。

用生产喹啉的釜渣（含异喹啉大于 30%）为原料，经过两次精馏便可得到纯度大于 95% 的异喹啉产品。某厂采用异喹啉的质量分数大于 50% 的喹啉残液为原料，其组成（质量分数,%）为：甲酚 5.17；二甲酚 1.40；喹啉 15.20；异喹啉 53.16；2-甲基喹啉 13.62；8-甲基喹啉 6.73。年产 10t 异喹啉的

生产装置蒸馏釜 $V=10.5\text{m}^3$，波纹填料精馏塔 $\phi426\text{mm}$，$H=21\text{m}$。首先将原料间歇蒸馏切取主馏分，各馏分的切取条件见表 4-17。

表 4-17　馏分的切取条件

馏分名称	塔顶温度/℃	异喹啉的质量分数/%	产率/%
前馏分	<236	<50	20
中间馏分 Ⅰ	237～241	51～80	15
主馏分	242～244	>80	40
中间馏分 Ⅱ	245～247	80～51	15

中间馏分混合再精馏提取主馏分，然后与主馏分一起进行精馏，便可得到纯度大于 95% 的异喹啉产品，精制率达 47.5%。

4.5.2.4　盐酸-苯逆流萃取法

以 2mol/L 盐酸-苯对喹啉馏分进行逆流多级萃取，因为异喹啉的碱性（$pK_a=5.14$）比喹啉稍强，几乎与吡啶相当，故喹啉逐渐浓缩在苯中，而异喹啉逐渐浓缩在 2mol/L 盐酸中。

4.5.2.5　配合法

以 $CoCl_2$、$ZnCl_2$ 等金属盐做配合剂，在盐酸存在下，异喹啉易生成配合物沉淀，经过滤、洗涤和分解，即可得到纯异喹啉。

4.5.3　2-甲基喹啉的分离精制

4.5.3.1　磷酸盐法

以沸点为 246～249℃，含 2-甲基喹啉 60%（质量分数）和异喹啉 30%（质量分数）的窄馏分为原料，加入其量 1.9 倍的质量分数为 40% 的磷酸，在 30～35℃反应 1h 生成磷酸复盐，冷却到 5℃首先析出 2-甲基喹啉磷酸盐。经过滤得到的结晶盐再用水重结晶。当结晶的熔点达到 223.5～224.5℃后，用氨水分解，所得油层经水洗后，在具有 20 块塔板的塔中精馏，切取 246～247℃馏分，即为纯 2-甲基喹啉。

4.5.3.2 邻甲酚加合法

2-甲基喹啉与邻甲酚形成的加合物具有较高的熔点，约65℃，所形成的加合物纯度达99.3%，通过蒸馏作用得到基本组分。下面以实施例说明该法的实现过程。

实验采用的原料2-甲基喹啉馏分、加合物邻甲酚和溶剂芳香族化合物的组成（质量分数）如下：

2-甲基喹啉馏分：低沸物2%；喹啉小于2%，异喹啉10%~20%，2-甲基喹啉60%~70%，8-甲基喹啉5%~10%，3-甲基异喹啉3%~8%，四苯呋喃小于5%，高沸物小于10%。

邻甲酚：苯酚0.5%，邻甲酚98.2%，间、对甲酚0.5%，碱0.8%。

芳烃混合物：苯6%，甲苯8%，二甲苯13%，乙基苯3%，丙基苯34%，茚6%，未知物14%，高沸物2%等。

将上述三种物质按2-甲基喹啉馏分：邻甲酚：芳烃混合物质量比=5.7∶4.6∶1的配比进行实验。首先将2-甲基喹啉馏分与芳烃溶剂混合均匀，然后加入邻甲酚，由释放出的反应热使溶液升温至约70℃。然后冷却至20℃进行结晶，分出母液后，再用芳烃溶剂洗涤晶体，得到2-甲基喹啉—邻甲酚加合物的组成（质量分数）如下：BTX芳烃化合物5.4%，邻甲酚40.2%，异喹啉0.2%，2-甲基喹啉53.4%，8-甲基喹啉0.3%，3-甲基异喹啉0.2%，四苯呋喃0.1%。将得到的加合物晶体在70℃下熔化，再通过精馏便可得到邻甲酚和质量分数约为99%的2-甲基喹啉。

4.5.3.3 尿素加合法

在240~250℃馏程的盐基馏分中含有的喹啉、异喹啉、8-甲基喹啉及2-甲基喹啉都能与尿素形成加合物，但2-甲基喹啉同其他盐基化合物相比更容易形成加合物。利用这一性质可选择性的从盐基混合物中分离出2-甲基喹啉尿素加合体。得到的加合体精制后，再经分解即得到高纯度的2-甲基喹啉。下面以实施例说明该法的实现过程。

原料2-甲基喹啉馏分的组成（质量分数）如下：喹啉

3.8%，异喹啉44.9%，2-甲基喹啉37.6%，8-甲基喹啉5.1%，其他组分8.6%。

将2-甲基喹啉馏分、稀释剂甲苯、加合剂尿素（质量分数为30%的水溶液）按质量比1∶1.5∶1的比例混合，在室温下搅拌2h，生成的加合物经过滤、洗净，得到精制加合物。将精制加合物加入甲苯、水，表面活性剂质量比为1∶3.4∶0.0024的混合溶液中，边搅拌边加热到80℃，分解完全为止。然后将分离出的甲苯溶液进行蒸馏便得到质量分数97.6%的2-甲基喹啉。

加合物的热分解是在溶解2-甲基喹啉的溶剂与水共存的条件下被加热，加合体分解成2-甲基喹啉和尿素。2-甲基喹啉溶解在溶剂相，尿素溶解在水相。采用蒸馏方法可得到溶剂和2-甲基喹啉，溶剂循环使用。水相作为加合剂循环使用。

粉状加合物在溶剂和水共存下加热分解，容易产生融合，形成块状，其分解仅在表面进行，要完全分解需要较长时间。使用加表面活性剂的水溶液不会产生上述问题。

另外喹啉和异喹啉分离精制采用的方法如硫酸盐法、盐酸-苯萃取法和配合法均可应用在分离精制2-甲基喹啉。

4.5.4 4-甲基喹啉的分离精制

以沸点260~267℃含4-甲基喹啉35%~36%的富集馏分为原料，在乙醇中加入浓硫酸，在35℃下反应生成4-甲基喹啉硫酸盐，经冷却过滤后，得到粗盐结晶。再用3倍质量的乙醇重结晶，得到熔点大于210℃的精盐结晶。然后用质量分数为20%的氨水分解，得到的油层经水洗，再精馏切取262.3~266.8℃馏分，即为质量分数大于95%的4-甲基喹啉。

参考文献

[1] 魏文德．有机化工原料大全．第四卷［M］．北京：化学工业出版社，1994．

[2] 王兆熊，高晋生．焦化产品的精制和利用［M］．北京：化学工业出版社，1989.

[3] 纯化2-甲基喹啉的方法：USP，6020494［P］.1998.

[4] 2-甲基喹啉的制造方法．日本：昭57-114575［P］．

[5] 魏庆开．从喹啉残液中提取工业异喹啉［J］．燃料与化工，2001（6）：322～323.
[6] 焦化设计参考资料编写组．焦化设计参考资料（下册）［M］．北京：冶金工业出版社，1980.
[7] 任庆烂．炼焦化学产品的精制［M］．北京：冶金工业出版社，1987.
[8] Новиков Е Г. Влияние Фенолов и Оснований на Ческость Ректификации Каменноугольной Смолы［J］. Кокс и Химия. 1986（11）：36～39.
[9] 内田 勝，塩月 勝行，松尾 忠義．2,6-ルチジンの分離精製方法．日本公開特許公報（A）：平4—312574［P］，1992.

5 焦油酚类化合物

苯酚是 1834 年由 Friedlieb Ferdinand Runge 在煤焦油中发现的，甲酚是 1854 年由 Alexander Wilhelm William Son 在煤焦油中发现的，直到现在煤焦油仍是酚类化合物的主要来源之一。

焦油酚类化合物是煤热分解产物，其组成和产量与煤料所含的总氧量、配煤质量及炼焦温度等有关。一般高温炼焦酚类化合物的含量约占焦油的 1% ~2.5% 。

酚类化合物是有机化学工业的基本原料之一，应用在合成纤维、工程塑料、农药、医药、染料中间体、增塑剂、防腐剂、抗氧化剂及炸药等的生产中。

5.1 焦油酚的性质及分布

焦油酚类化合物根据沸点的不同，分为低级酚和高级酚。低级酚系指酚、甲酚和二甲酚，高级酚系指三甲酚、乙基酚、丙基酚、丁基酚、苯二酚、萘酚、菲酚及蒽酚等。高级酚含量低，很难提取分离。也可按其能否与水共沸并和水蒸气一起挥发而分为挥发酚和不挥发酚。苯酚、甲酚和二甲酚均属挥发酚，二元酚和多元酚属不挥发酚。几种主要低沸点酚的物理性质见表 5-1。

表 5-1 几种主要低沸点酚的物理性质

性质		苯酚	邻位甲酚	间位甲酚	对位甲酚
沸点/℃	101. 3kPa	181. 8	191. 00	202. 23；202. 8	201. 94；202
	13. 3kPa	120. 7			
	4. 0kPa	92. 78			
	1. 3kPa	70. 86			
	0. 13kPa	33. 60			

续表 5-1

性　质		苯　酚	邻位甲酚	间位甲酚	对位甲酚
熔点/℃		40.91	30.99；30.8	12.22；10.9	34.69；36.5
摩尔分数为 1% 杂质导致的熔点降低/℃			0.596	0.749	0.915
密度 /g·cm^{-3}	0℃	1.092			
	20℃	1.071			
	25℃		1.035	1.0302	1.054
	50℃	1.050	1.0222	1.0105	1.0116
黏度(50℃)/MPa·s		3.49	3.06	4.17	4.48
折射率 n_D^{50}		1.5372	1.5310	1.5271	1.5269
熔融热/kJ·mol^{-1}		11.44	15.830	10.714	12.715
气化热/kJ·mol^{-1}		49.76	45.222	47.429	47.581
燃烧热/kJ·mol^{-1}		3056	3696	3706	3701
闪点/℃		79.5	81	86	86
着火点/℃		595	555	555	555
临界温度/℃		421.1	424.4	432.6	431.4
临界压力/MPa		6.13	5.01	4.56	5.15
临界密度/g·mL^{-1}		0.401	0.384	0.346	0.391

焦油酚类化合物与水部分互溶，其在焦油和氨水之间的分布，在很大程度上取决于冷凝的工艺条件和氨水生成量。一般约有 13% ~37% 转入氨水中，其余转入焦油中。低沸点酚易溶于水，所以从氨水中提取的酚类化合物低沸点酚占 80% 以上。低沸点酚在水中完全互溶的极限温度和质量分数见表 5-2。

表 5-2 酚类在水中溶解的极限温度和质量分数

名　称	溶解的极限温度/℃	溶解的极限质量分数/%
酚	65.8	36.1
邻位甲酚	164.8	34
间位甲酚	148.7	36
对位甲酚	143.7	34
3,4-二甲酚	188.7	35
3,5-二甲酚	197.8	35
2,3-二甲酚	210.1	38
2,4-二甲酚	212.9	34
2,5-二甲酚	218.8	42
2,6-二甲酚	236.5	45

焦油馏分中酚类化合物含量见表5-3，各馏分中酚类化合物含量见表5-4。由表中数据可见，酚类化合物主要存在于酚油、萘油和洗油馏分中。酚油馏分主要含有苯酚和甲酚，萘油馏分主要含有甲酚和二甲酚，洗油馏分中高沸点酚占一半以上，一蒽油中主要是高沸点酚。根据馏分产率和低沸点酚含量，采取从酚油、萘油和洗油馏分中提取酚类化合物。

表 5-3 焦油馏分中酚类含量

厂　名	馏分名称	产率/%（占无水焦油）	酚的质量分数/%		
			占馏分	占焦油	占焦油中酚
鞍钢化工总厂	轻　油	0.422	2.5	0.0106	0.85
	酚　油	1.84	23.7	0.436	35.1
	萘　油	16.23	2.95	0.479	38.6
	洗　油	6.7	2.4	0.161	13.0
	一蒽油	22.0	0.64	0.141	11.3
	二蒽油	3.23	0.40	0.0129	1.04
	总　计			1.24	100

续表 5-3

厂　名	馏分名称	产率/%（占无水焦油）	酚的质量分数/%		
			占馏分	占焦油	占焦油中酚
吉林电石厂	轻　油	0.42	4	0.017	1.11
	混合分	23.36	5.46	1.275	83.4
	一蒽油	14.7	0.146	0.215	14.1
	二蒽油	10.1	0.22	0.022	1.43
	总　计			1.529	100

表 5-4　馏分中酚类化合物含量

组分名称	占馏分中酚类化合物的质量分数/%				
	轻油	酚油	萘油	洗油	一蒽油
苯　酚	90.3	61.9	5.48	5.24	0.515
邻位甲酚	5.14	14.5	5.46	3.34	0.33
间对位甲酚	3.40	23.0	44.20	14.70	2.08
2,6-二甲酚		0.69	1.862	0.33	0.121
2,5- 2,4-二甲酚			17.30	4.22	1.417
3,5- 2,3-二甲酚			19.70	5.74	2.46
3,4-二甲酚			4.08	2.60	1.73
未知物			1.84	3.60	5.26
3-甲基 5-乙基酚				0.861	4.94
2,3,5-三甲酚				0.694	4.046
α-萘酚				20.0	28.72
β-萘酚				12.41	22.50
其　他				24.32	25.34

5.2　酚类化合物的提取

5.2.1　脱酚工艺原理

5.2.1.1　碱洗脱酚

当馏分以质量分数为 10% ~15% 的氢氧化钠溶液洗涤时，酚类化合物与碱发生如下反应：

$$C_6H_5OH + NaOH \longrightarrow C_6H_5ONa + H_2O$$

$$C_6H_4CH_3OH + NaOH \longrightarrow C_6H_4CH_3ONa + H_2O$$

当馏分中同时存在盐基和酚时，则盐基与酚生成分子化合物，对碱洗不利，如酸洗脱吡啶工艺原理所述。

理论上每1kg粗酚需要100% NaOH 0.4kg，实际上生产中性酚钠时只需0.36kg。

碱洗过程中得到的中性酚钠，游离碱的质量分数小于1.5%，酚的质量分数为20%～25%。

5.2.1.2　中性酚钠的分解

中性酚钠经过蒸吹除油后，用酸性物中和分解。采用的酸性物有硫酸和二氧化碳气体。二氧化碳气可利用高炉煤气（含CO为26%，CO_2为13%）、焦炉烟道废气（含CO_2为10%～17%）或石灰窑气（含CO_2为30%）。

用质量分数为60%～75%的硫酸分解中性酚钠的反应为：

$$2C_6H_5ONa + H_2SO_4 \longrightarrow 2C_6H_5OH + Na_2SO_4$$

$$2C_6H_4CH_3ONa + H_2SO_4 \longrightarrow 2C_6H_4CH_3OH + Na_2SO_4$$

每1kg粗酚需要100% H_2SO_4 0.6kg。该法产生硫酸钠废液，既污染水体又损失酚。

用二氧化碳分解中性酚钠的反应为：

$$C_6H_5ONa + CO_2 + H_2O \xrightarrow{CO_2\text{ 过量}} C_6H_5OH + NaHCO_3$$

$$2C_6H_5ONa + CO_2 + H_2O \xrightarrow{CO_2\text{ 不足}} 2C_6H_5OH + Na_2CO_3$$

生成的$NaHCO_3$溶液加热到95℃，则全部转化为Na_2CO_3：

$$2NaHCO_3 \xrightarrow{95℃} Na_2CO_3 + CO_2 + H_2O$$

将Na_2CO_3用石灰乳苛化后得到氢氧化钠：

$$Na_2CO_3 + CaO + H_2O \longrightarrow CaCO_3 + 2NaOH$$

经分离除去$CaCO_3$渣可回收NaOH溶液，再用于脱酚，从而形成氢氧化钠的闭路循环。NaOH回收率约为75%。

5.2.2　工艺流程

5.2.2.1　碱洗脱酚

（1）泵前混合式连续洗涤工艺流程见图4-1；

(2) 对喷式脱吡啶脉冲式脱酚的连续洗涤工艺流程见图4-2。

5.2.2.2 酚钠精制

碱洗脱酚得到的中性酚钠含有质量分数为1%～3%的中性油、萘和吡啶碱等杂质，在用酸性物分解前必须除去，以免影响粗酚精制产品质量。同时也脱除酚盐中的水分，这对保持酚盐分解和苛化工艺的水平衡很重要。因为用 CO_2 分解酚盐过程中产生的 Na_2CO_3 集中了酚盐中的水分，在 Na_2CO_3 用石灰乳苛化后得到 $CaCO_3$ 和 NaOH，为保证 $CaCO_3$ 中少残存 NaOH，对 $CaCO_3$ 滤饼水洗，这样将降低 NaOH 溶液浓度。因此酚盐精制脱水可以保证最终得到质量分数为10%的碱液，以便循环使用。

酚钠精制工艺有蒸吹法和轻油洗净法。

A 蒸吹法

国内采用的工艺流程有两种，分别见图5-1和图5-2。

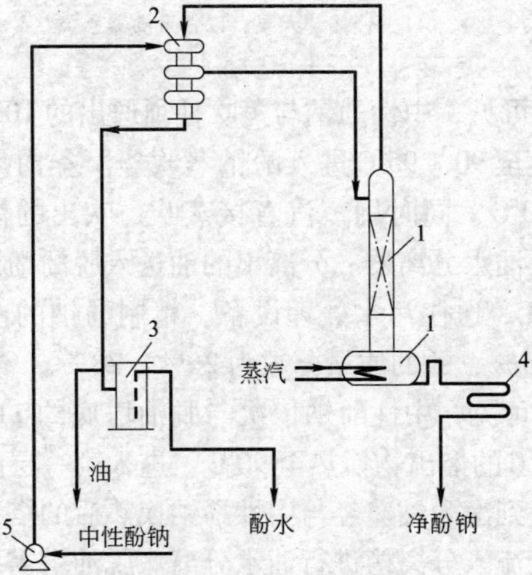

图5-1 酚钠蒸吹工艺流程

1—酚钠蒸吹釜和蒸吹柱；2—冷凝冷却器和油汽换热器；3—油水分离器；4—酚钠冷却器；5—泵

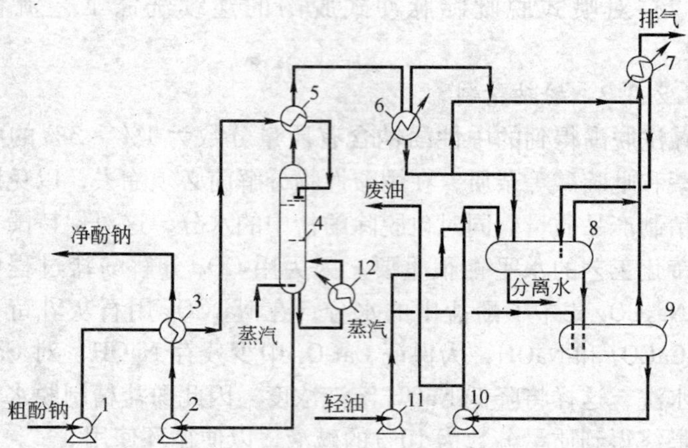

图 5-2　粗酚钠脱油工艺流程

1—粗酚钠泵；2—塔底油泵；3—塔底换热器；4—脱油塔；
5—塔顶换热器；6—塔顶冷凝器；7—排气冷却器；
8—脱出油分离槽；9—脱出油槽；10—油泵；
11—轻油装入泵；12—重沸器

由图 5-1 可见，中性酚钠与蒸吹柱顶逸出的 103～108℃的油水混合气换热至 90～95℃进入酚钠蒸吹釜。釜内用蒸汽间接加热至 105～110℃，同时用蒸汽直接蒸吹，吹出的油气和水汽经冷凝冷却后入油水分离器。分离出的油送入脱酚酚油中，分离水含酚 7～12g/L，送往污水处理设备。精制酚钠的中性油的质量分数小于 0.05%，酚的质量分数为 26%～28%。

由图 5-2 可见，中性酚钠依次与脱油塔底约 110℃的净酚钠和塔顶约 100℃的馏出物换热至 90℃，进入第一层淋降板，经过汽提从塔底得到净酚钠。经与中性酚钠换热后的塔顶馏出物入冷凝器，冷凝液流入分离槽进行油水分离。脱油塔需要的热量由重沸器循环加热塔底油供给，热源为蒸汽。

为了提高脱出油分离槽油水分离的效果，可将密度较小的焦油轻油加入脱出油中，并用泵进行由脱出油槽到脱出油分离槽的循环，当分离效果恶化时，还可以直接向脱出油分离槽加入新轻油，以改善油水分离效果。

塔底净酚钠与原料粗酚钠换热后，温度为70℃，由泵送到净酚钠槽作为酚钠分解的原料。

脱油塔的脱水率约为35%，此时塔底重沸器不会发生堵塞。脱水率可近似由下式求得：

$$脱水率 = \frac{粗酚盐装入量 - 净酚盐提取量}{粗酚盐装入量} \times 100\%$$

B 轻油洗净法

轻油洗净法的工艺流程见图5-3。轻油采用粗苯馏分，从高位槽装入填料塔，并从塔顶溢流排出。粗酚钠从塔顶装入，在塔内落下时被塔内充满的轻油洗净，在塔底借液面调节器的作用排出，一部分向塔顶循环。

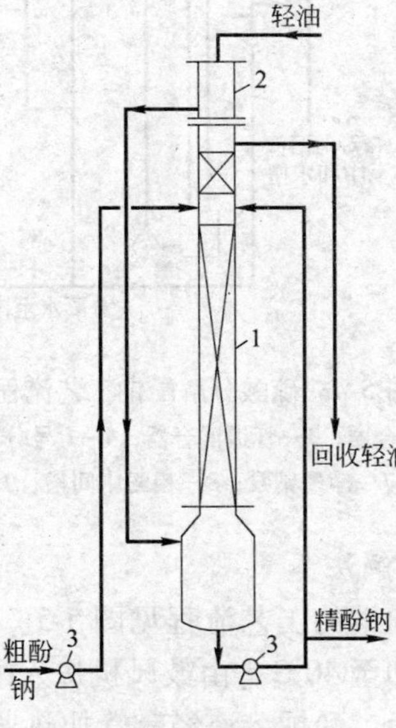

图5-3 轻油洗净法

1—轻油洗净塔；2—高位槽；3—泵

5.2.2.3　精制酚钠的分解

A　硫酸分解法

连续式硫酸分解酚钠工艺流程见图5-4。将净酚钠和质量分数为60%的稀硫酸，同时送入喷射混合器，再经管道混合器进入1号分离槽，反应得到的粗酚从槽上部排出，底部排出硫酸钠溶液。为洗去粗酚中的游离酸，将粗酚与加入占粗酚量30%的水经管道混合器进入2号分离槽，酚的质量分数为0.4%～0.6%的分离水从槽上部排出，粗酚从槽底经液位调节器排入粗酚贮槽。水洗后粗酚中含硫酸钠10～20mg/kg。此流程更适用于分解粗酚中残存的酚钠。

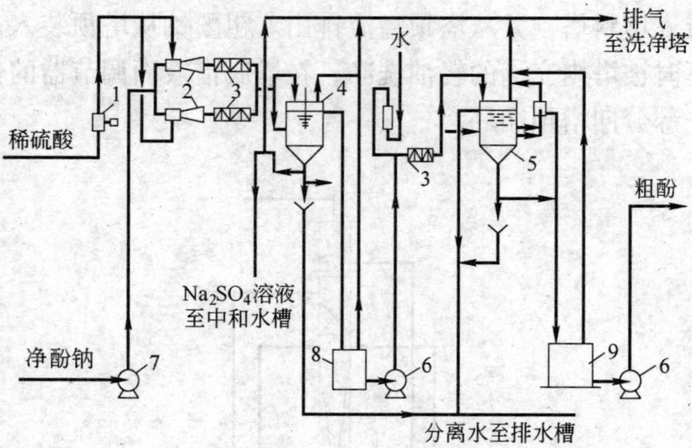

图5-4　硫酸分解酚钠工艺流程

1—稀酸泵；2—喷射混合器；3—管道混合器；4—1号分离槽；5—2号分离槽；6—粗酚泵；7—净酚钠泵；8—粗酚中间槽；9—粗酚贮槽

B　二氧化碳分解法

用烟道气分解酚钠的工艺流程见图5-5。烟道气经除尘后进入直接冷却器，冷却至40℃，由鼓风机送入酚钠分解塔的上段、下段和酸化塔的下段。酚钠溶液经套管加热器加热至40～50℃，送到分解塔顶部，同上升的烟道气逆流接触，然后流入分解塔下段，再次同烟道气逆流接触进行分解。分解率可达99%。粗酚

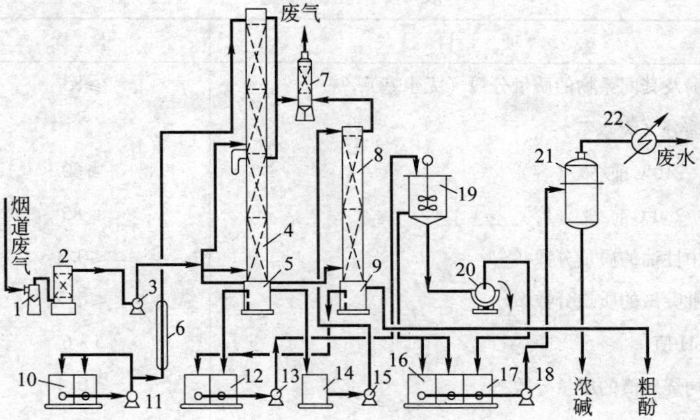

图 5-5　烟道气分解酚钠工艺流程

1—除尘器；2—直接冷却器；3—罗茨鼓风机；4—酚钠分解塔；
5，9—分离器；6—套管加热器；7—酚液捕集器；8—酸化塔；
10—酚钠贮槽；11，15—齿轮泵；12—碳酸钠溶液槽；
13，18—离心泵；14—粗酚中间槽；16—氢氧化钠溶液槽；
17—稀碱槽；19—苛化器；20—真空过滤机；
21—蒸发器；22—冷凝器

和碳酸钠混合液流入塔底分离器，粗酚从上部排出，碳酸钠从底部排出。粗酚初次产品中含有少量未分解的酚钠，再送到酸化塔顶部进行第三次分解，分解率可达 99.5%。分解塔和酸化塔排出的废气，经酚液捕集器后放散。碳酸钠溶液装入苛化器，加入石灰搅拌，并以蒸汽间接加热至 101 ~ 103℃，直至溶液中碳酸钠的质量分数低于 1.5% 后静置分层。氢氧化钠溶液放入接受槽，槽底的碳酸钙沉淀放入真空过滤机过滤，并用水冲洗滤饼，滤饼干燥即为碳酸钙产品。过滤得到含碱为 4% ~5%（质量分数）的滤液，同氢氧化钠溶液一起送往蒸发器浓缩，得到质量分数为 10% 的氢氧化钠溶液。

经分解后得到的粗酚质量见表 5-5。

表 5-5　粗酚质量

项　　目	指　标
酚及其同系物的质量分数（无水基）/%	≥83
馏分（无水基）：	
210℃前/%（容）	≥60
230℃前/%（容）	≥85
中性油的质量分数/%	≤0.8
吡啶碱的质量分数/%	≤0.5
pH 值	5～6
灼烧残渣的质量分数/%	≤0.4
水分/%	≤10

C　关于 CO_2 分解率

用 CO_2 分解酚钠，其分解率可用下述两种方法表示：

$$分解率=\frac{已分解的酚钠}{装入的酚钠}\times 100\%$$

$$分解率=\frac{反应后的全酚-反应后未分解的酚钠中的酚}{反应后的全酚}\times 100\%$$

一般分解率达到 70%，分解得到的酚与 Na_2CO_3 溶液便可分层，最终分解率应大于 97%。但在分解过程中，随着中和的酚盐量逐渐减少，通入的 CO_2 必然过量，这样就会生成溶解度小、易析出结晶的 $NaHCO_3$ 而引起设备堵塞。为此，一般都在 CO_2 分解率达到 75%～90% 时，改用 H_2SO_4 完成最终分解反应。这时由于分离不好混入的有机羧酸将游离出来混入分解的酚中，而影响产品质量。宝钢化工公司用高炉煤气分解酚钠，采用向 CO_2 一次分解的粗酚中注入温水后，再进行 CO_2 二次分解，则分解率由 85%～90% 提高到 97%～99%，很好地解决了上述问题。

5.3　粗酚的精制

粗酚的精制是利用酚化合物的沸点差异，采用精馏方法加工以获得酚产品的工艺。粗酚的组成见表 5-6。由表中数据可见，粗酚精制的主要产品有苯酚、工业酚、邻甲酚、工业邻甲酚、间对混合甲酚、三混甲酚和二甲酚等。

表 5-6　粗酚的组成（质量分数）　　（%）

工厂	苯酚	邻位甲酚	间对位甲酚	2,6-二甲酚	乙基酚	2,4-2,5-二甲酚	2,3-二甲酚	3,5-二甲酚	3,4-二甲酚	高沸点酚	沥青
A 厂	37.2 ~ 43.2	7.62 ~ 10.35	31.9 ~ 37.8	0.76 ~ 2.54		4.88 ~ 6.2	7.27 ~ 8.92		0.74 ~ 2.45		
B 厂	36.23 ~ 37.11	12.16 ~ 12.24	31.98 ~ 34.46	0.35 ~ 0.40		8.05 ~ 8.94	7.30 ~ 8.15				
C 厂	57.46	7.45	23.59	0.14	0.1	2.15	0.05	3.4	0.36	0.13	5.17

粗酚精制工艺流程有减压间歇精馏和减压连续精馏。

5.3.1　减压间歇精馏

减压间歇精馏工艺包括脱水、脱渣和精馏。

5.3.1.1　脱水和脱渣

脱水和脱渣的目的是为了缩短精馏时间和避免高沸点树脂状物质热聚合。其工艺流程见图 5-6。粗酚在脱水釜内，用蒸汽间

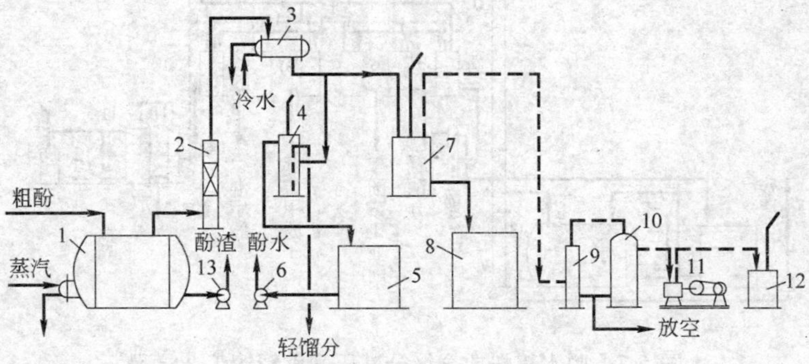

图 5-6　粗酚减压间歇脱水脱渣工艺流程

1—脱水釜；2—脱水填料柱；3—冷凝冷却器；4—油水分离器；5—酚水槽；6—酚水泵；7—馏分接受槽；8—全馏分贮槽；9—真空捕集器；10—真空罐；11—真空泵；12—真空排气罐；13—酚渣泵

接加热脱水，脱出的酚水和少量轻馏分经冷凝冷却和油水分离后，轻馏分送回粗酚中，含酚3% ~4%（质量分数）的酚水用于配制脱酚用碱液。当脱水填料柱温度达到140 ~150℃时，脱水结束。如不脱渣即停止加热，釜内粗酚作为精馏原料。如需脱渣，则在脱水后启动真空系统，当釜顶真空度达70kPa和釜顶上升管温度达到165 ~170℃时，脱渣结束。馏出的全馏分作为精馏原料。

5.3.1.2　间歇精馏

脱水粗酚或全馏分减压间歇精馏工艺流程见图5-7。脱水粗酚或全馏分的间歇精馏在减压下进行。蒸馏釜热源为中压蒸汽或高温热载体，间接加热，先蒸出残余的水分，然后按所选择的操作制度切取不同的馏分，见表5-7 ~表5-11。由真空泵抽出的气体通过真空捕集器内的碱液层，脱除酚后经真空罐排入大气。

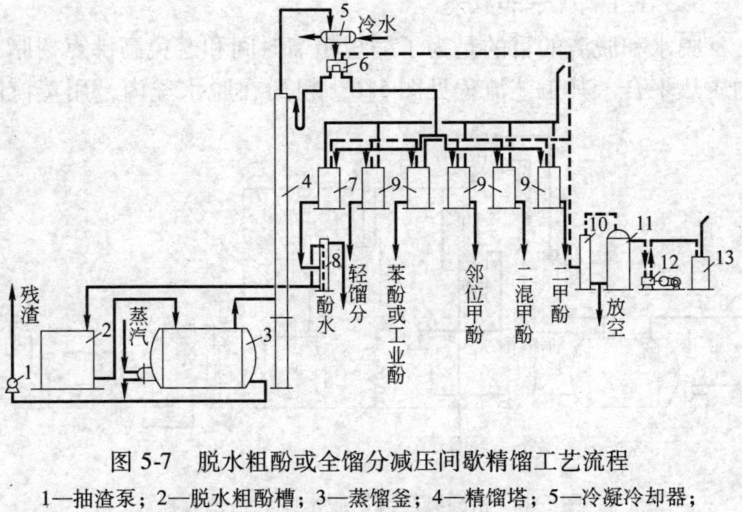

图5-7　脱水粗酚或全馏分减压间歇精馏工艺流程

1—抽渣泵；2—脱水粗酚槽；3—蒸馏釜；4—精馏塔；5—冷凝冷却器；
6—回流分配器；7—酚水接受槽；8—油水分离器；
9—馏分或产品接受槽；10—真空捕集器；
11—真空罐；12—真空泵；13—真空排气罐

表 5-7 由全馏分生产工业酚和三混甲酚的操作制度

馏分或产品	回流比	塔顶真空度/kPa	馏分切换条件	
			开 始	终 了
轻馏分	3	78~85		结晶点达到 10~15℃
工业酚	8	78~85	结晶点 10~15℃	结晶点上升后又下降至 27~28℃
三混甲酚	3~5	78~85	结晶点下降至 27~28℃	干点 216~217℃
二甲酚	0.5	>85	干点 216~217℃	225℃前馏出量<80%

表 5-8 由全馏分生产工业酚并切取邻位甲酚馏分的操作制度

馏分或产品	回流比	塔顶真空度/kPa	馏分切换条件	
			开 始	终 了
轻馏分	3	78~85		结晶点达到 10~15℃
工业酚	8	78~85	结晶点 10~15℃	结晶点上升后又下降至 30℃
中间馏分Ⅰ	8	78~85	结晶点下降至 30℃	185℃前馏出量<20%
邻位甲酚馏分	8	78~85	185℃前馏出量<20%	195℃前馏出量<20%
中间馏分Ⅱ	12	78~85	195℃前馏出量<20%	195~205℃间馏出量>95%
二混甲酚	12	78~85	195~205℃间馏出>95%	195~205℃间馏出量<95%
中间馏分Ⅲ	3~5	78~85	195~205℃间馏出<95%	干点 216~217℃
二甲酚	0.5	>85	干点 216~217℃	225℃前馏出量<80%

表 5-9 由脱水粗酚切取混合馏分和邻位甲酚馏分的操作制度

馏分或产品	回流比	塔顶真空度/kPa	馏分切换条件	
			开 始	终 了
水、轻馏分	0.5~3	85		塔顶温度达 120℃
混合馏分	1~3	85	塔顶温度达 120℃	初馏点 182~183℃，干点 190~191℃
邻位甲酚馏分	3	85	初馏点 182~183℃，干点 190~191℃	初馏点 190~191℃，干点 198~199℃
二混甲酚	2	85	初馏点 190~191℃，干点 198~199℃	初馏点 202~203℃，干点 208~209℃
二甲酚	0	>85		馏出完毕

表 5-10　混合馏分二次精馏的操作制度

馏分或产品	回流比	塔顶真空度/kPa	馏分切换条件	
			开　始	终　了
轻馏分	1~5	85		结晶点38.7℃
苯　酚	4~6	85	结晶点38.7℃	结晶点上升后又下降至38.7℃
中间馏分	2~3	85	结晶点下降至38.7℃	初馏点182~183℃，干点190~191℃
邻位甲酚馏分	3~4	85	初馏点182~183℃，干点190~191℃	初馏点190~191℃，干点198~199℃

表 5-11　邻位甲酚馏分二次精馏的操作制度

馏分或产品	回流比	塔顶真空度/kPa	馏分切换条件	
			开　始	终　了
轻馏分	1	78~85		结晶点10~15℃
工业酚	14~15	78~85	结晶点10~15℃	结晶点上升又下降至28~30℃
中间馏分Ⅰ	14~15	78~85	结晶点下降至28~30℃	188~192℃馏出量>85%，结晶点下降后上升到24℃
前二级邻位甲酚	14~15	78~85	188~192℃馏出量>85%，结晶点下降后又上升至24℃	结晶点>29℃，188~192℃馏出量>95%
一级邻位甲酚	14~15	78~85	结晶点>29℃，188~192℃馏出量>95%	结晶点<29℃，188~192℃馏出量<92%
后二级邻位甲酚	14~15	78~85	结晶点<29℃，188~192℃馏出量<92%	结晶点<24℃，188~192℃馏出量<85%
中间馏分Ⅱ	14~15	78~85	结晶点<24℃，188~192℃馏出量<85%	188~192℃馏出量<40%
中间馏分Ⅲ	10~12	78~85	188~192℃馏出量<40%	195~205℃馏出量>95%
二混甲酚	5~8	78~85	195~205℃馏出量>95%	195~205℃馏出量<95%
三混甲酚	3	78~85	195~205℃馏出量<95%	干点达216~217℃停釜

该工艺的主要产品（对无水粗酚）的产率（%）：苯酚31.1，工业邻甲酚8.1，间对混合甲酚31.7，二甲酚10.8，酚渣15.3。

5.3.2 减压连续精馏

粗酚减压连续精馏工艺流程见图5-8。粗酚经预热器预热到55℃进入脱水塔。脱水塔顶压力为29.3kPa，温度为68℃。塔底由重沸器供热，温度为141℃。脱水塔顶逸出的水汽经凝缩器冷凝成酚水流入回流槽，部分作为回流进入脱水塔顶，多余部分经隔板满流入液封罐排出。脱水粗酚从塔底送入初馏塔，在初馏塔中分馏为甲酚以前的轻馏分和二甲酚以后的重馏分。初馏塔顶压力为10.6kPa，温度为124℃，塔底压力为23.3kPa，温度为178℃。从初馏塔顶逸出的轻馏分蒸气经凝缩器进入回流槽，部分作为回流进入初馏塔顶，其余经液封罐送入苯酚馏分塔。在苯酚馏分塔中将轻馏分分馏为苯酚馏分和甲酚馏分。苯酚馏分塔顶压力为10.6kPa，温度为115℃，塔底压力为43.9kPa，温度为

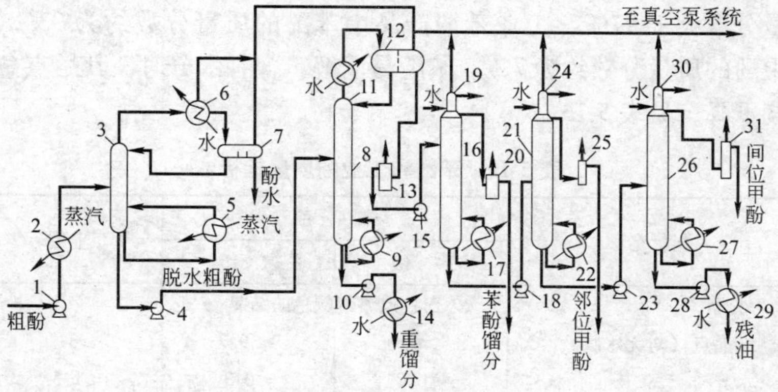

图5-8 粗酚减压连续精馏工艺流程

1—粗酚泵；2—预热器；3—脱水塔；4—初馏塔进料泵；5，9，17，22，27—重沸器；6，11，19，24，30—凝缩器；7，12—回流槽；8—初馏塔；10—初馏塔底泵；13，20，25，31—液封罐；14，29—冷却器；15—苯酚馏分塔进料泵；16—苯酚馏分塔；18—邻位甲酚塔进料泵；21—邻位甲酚塔；23—间位甲酚塔进料泵；26—间位甲酚塔；28—残油泵

170℃。从苯酚馏分塔顶逸出的苯酚馏分蒸气经凝缩器进入回流槽部分以内回流方式回流，另一部分经液封罐流入接受槽。甲酚馏分一部分经重沸器循环供热，一部分从塔底送入邻位甲酚塔。邻位甲酚塔顶压力为10.6kPa，温度为122℃，塔底压力为33.3kPa，温度为167℃。邻位甲酚塔顶采出邻位甲酚产品，塔底残油送入间位甲酚塔精馏。间位甲酚塔顶压力为10.6kPa，温度为135℃，塔底压力为30.6kPa，温度为169℃。间位甲酚塔顶采出间位甲酚产品，塔底排出残油。各塔内热源均采用蒸汽加热一部分塔底残油，通过重沸器循环向塔内供热。

初馏塔底得到的重馏分和间位甲酚塔底的残油，其组分主要是二甲酚以后的高沸点酚，可以通过减压间歇精馏装置生产二甲酚。

5.3.3 酚类产品的质量

5.3.3.1 苯酚和工业酚

苯酚和工业酚产品质量指标见表5-12。苯酚产品中苯酚的质量分数大于97%，工业苯酚产品中苯酚的质量分数约为93%，甲酚的质量分数约为7%。苯酚易潮解，含有水分时，其熔点急剧下降，见表5-13。

表5-12 苯酚和工业酚质量指标

指标名称	苯酚		工业酚
	一级	二级	
外观	白色或略带颜色的结晶		
结晶点（对无水物）/℃	≥40	≥39.7	≥31
水分/%	≤0.2	≤0.3	≤1.5
中性油的质量分数/%	≤0.1	≤0.1	≤0.5
吡啶碱的质量分数/%			≤0.3

表5-13 苯酚含水量与熔点的关系

苯酚含水的质量分数/%	0	1	5
熔点/℃	40.9	37	24

5.3.3.2　邻甲酚

邻甲酚质量见表5-14。

表5-14　邻甲酚质量指标

指标名称	指　标
邻甲酚的质量分数（干基）/%	≥96
苯酚的质量分数/%	≤2
2,6-二甲酚的质量分数/%	≤2
水分/%	≤0.5

邻甲酚中苯酚的质量分数为0.89%～1.2%，间对甲酚的质量分数为1.69%～2.8%。

5.3.3.3　间对甲酚

间对甲酚质量指标见表5-15。

表5-15　间对甲酚质量指标

指标名称	一　级	二　级
外　观	无色至褐色透明液体	
密度/$g\cdot cm^{-3}$	1.03～1.04	
蒸馏试验(0.1MPa,195～205℃)： 馏出量的体积分数/%	≥95	
水分/%	≤0.3	≤0.5
中性油的质量分数/%	≤0.2	≤0.3
间甲酚的质量分数/%	≥50	≥45

间对甲酚组成见表5-16。

表5-16　间对甲酚组成

组　分	质量分数/%	组　分	质量分数/%
中性油	0.05	间甲酚	50.77～58.80
苯　酚	1.66～5.67	2,4-二甲酚 2,5-二甲酚	3.09～6.06
邻甲酚	5.27～9.90	2,3-二甲酚	0～0.24
对甲酚	27.16～31.12	3,5-二甲酚	0～0.14

5.3.3.4 工业二甲酚

工业二甲酚质量指标见表5-17。

表 5-17 工业二甲酚质量指标

指标名称	一级	二级
外观	无色至棕红色透明液体	
密度/g·cm^{-3}	1.01~1.03	
蒸馏试验（0.1MPa）：		
205℃前馏出量的体积分数/%	≤5	
225℃前馏出量的体积分数/%	≥95	≥90
水分/%	≤1.0	
中性油的质量分数/%	≤1.0	≤1.5

工业二甲酚组成见表5-18。

表 5-18 工业二甲酚组成

组分	苯酚	邻甲酚	间对甲酚	2,4-二甲酚 2,5-二甲酚	3,5-二甲酚
质量分数/%	0.46~1.37	0.41~1.61	17.91~35.34	13.75~20.43	36.87~55.57

5.3.3.5 酚渣

酚渣是粗酚精馏提取产品后的残渣，含有中性油、树脂状物质、游离碳和酚类化合物。酚类化合物主要是二甲酚、3-甲基-5-乙基酚、2,3,5-三甲基酚及萘酚等高级酚。酚渣配入蒽油可用作烧制炭黑的原料油，和防腐油按1∶8的比例混合，可提高防腐油的防腐能力。酚渣在700~800℃温度下干馏裂解，可得到产率约70%的混合酚和产率约30%的残炭。混合酚用于制取酚醛树脂和兽药，残炭用作发火燃料。

5.4 酚类同系物的分离

5.4.1 酚类同系物的性质和用途

从焦油中提取的酚类同系物主要是甲酚和二甲酚，其性质见表5-19。

表5-19 酚类同系物的性质

名 称	密度 /g·cm^{-3}	沸点 /℃	熔点 /℃	外 观	溶解性
苯 酚	1.0708	181.8	40.9	无色针状结晶或白色结晶熔块	能溶于水、乙醇、乙醚、氯仿、甘油、二硫化碳、脂肪油和碱溶液，不溶于石油醚
邻位甲酚	1.0465	190.95	30.8	无色或白色结晶	微溶于水，溶于乙醇、乙醚、氯仿和热水
间位甲酚	1.0336	202.8	10.9	无色至黄色油状液体	微溶于水，溶于乙醇、乙醚和碱溶液
对位甲酚	1.0331	202	36.5	无色菱形结晶	微溶于水，溶于热水、乙醇、乙醚、氯仿和碱液
2,6-二甲酚	—	201	48	片状或针状结晶	难溶于水，易溶于醇、醚、氯仿和碱溶液
2,4-二甲酚	1.036	210	26	无色针状结晶	难溶于水，溶于乙醇、乙醚、氯仿和碱液
2,5-二甲酚	1.169	210	75	无色针状结晶	可溶于水，易溶于乙醇、乙醚、氯仿和碱液
2,3-二甲酚	—	217.1	75	白色长针状结晶	能溶于水、醇和醚
3,5-二甲酚	0.968	219.5	64	针状结晶	微溶于水，可溶于乙醇和乙醚
3,4-二甲酚	0.983	225	65	针状结晶	微溶于水，可溶于乙醇和乙醚

各种酚类同系物的用途见表5-20。

表 5-20 各种酚类同系物的用途

名 称	用 途
苯 酚	用于酚醛树脂、ε-己内酰胺、双酚A、十二烷基苯酚及氯代苯酚等的生产中
邻位甲酚	用于激素型除莠剂、植物保护剂及防腐剂的生产中
间位甲酚	用于植物保护剂、润滑剂的添加剂
对位甲酚	用于塑料、橡胶的防老剂及食品工业的防腐剂原料
2,6-二甲酚	用于生产2,6-二甲基对苯醚树脂、杀菌剂、黏合剂、农药、感光材料和各种工业助剂
2,4-二甲酚	用于生产有机合成中间体
2,5-二甲酚	医药的原料，制取二甲酚蓝分析化学指示剂
2,3-二甲酚	用于生产有机合成中间体
3,5-二甲酚	用于生产杀虫剂、维生素E、消毒剂、防腐剂、改性酚醛树脂、高级油墨、涂料、黏合剂、染料、医药、抗氧化剂、润滑油添加剂及增塑剂
3,4-二甲酚	用于合成二苯醚四甲酰亚胺树脂

5.4.2 酚类同系物窄馏分的制取

由表5-19中数据可见，单纯采用精馏法不能完全得到纯的酚类同系物。一般的做法是采用精馏法得到酚类同系物的窄馏分，然后再用物理化学方法获得纯产品。乌克兰酚厂采用间歇釜式精馏工业二甲酚的操作制度及窄馏分组成分别见表5-21和表5-22。我国梅山焦化厂采取二步分离法对工业二甲酚进行了切取窄馏分的试验，其试验结果分别见表5-23～表5-25。

表 5-21 间歇釜式精馏操作制度

馏分名称	产率/%	釜内温度/℃	塔顶温度/℃	塔顶真空度/MPa	馏分性能	
					馏出 5%/℃	馏出 95%/℃
甲酚馏分	22.57	165～170	128～130	8.8	194.8	207.4
2,4-二甲酚馏分	10.46	170	130～134	8.8	203.9	217.9
2,3-二甲酚馏分	13.94	170～171	135～137	8.8	212.3	219.8
3,5-二甲酚馏分	35.78	171～176	142～147	8.7	216.5	226.2
3,4-二甲酚馏分	7.34	177～178	147～150	8.7	224.7	230.5
釜 渣	8.26					
损 失	1.65					

注：精馏塔 ϕ2.2m，78 层塔板，每层塔板上有 142 个泡罩。

表 5-22 切取的窄馏分组成（质量分数） （%）

组分名称＼馏分名称	工业二甲酚	甲酚馏分	2,4-二甲酚馏分	2,3-二甲酚馏分	3,5-二甲酚馏分	3,4-二甲酚馏分	釜渣
吡啶盐基	0.41	0.14	0.13	0.27	0.42	0.19	0.59
邻位甲酚	0.48	2.45	0.01				
2,6-二甲酚	0.54	1.56	0.30	0.53	0.04		
对位甲酚	7.15	26.55	10.44	3.67	0.03		
间位甲酚	13.03	45.87	17.55	5.92	0.05		
2,4-二甲酚	10.22	14.48	36.82	14.34	0.15		
2,5-二甲酚	4.03	7.06	20.18	8.20	0.11		
2,3-二甲酚	11.42	0.14	10.21	36.46	9.59	2.27	
3,5-二甲酚	34.09	0.14	4.03	27.09	79.28	20.89	0.48
2,4,6-三甲酚	1.52			3.56	0.25		
3,4-二甲酚	5.15				6.10	38.65	1.24
2-乙基 4-甲基酚	1.50				2.70	6.76	0.52
2-甲基 4-乙基酚	1.08				1.00	8.73	1.04
2,4,5-三甲酚	0.88					6.00	5.30
2,3,5-三甲酚	3.89					15.80	33.05

表 5-23　粗制蒸馏结果

馏分名称	温度/℃		真空度/kPa		回流比	产率/%
	釜 顶	塔 顶	釜 顶	塔 顶		
前混合酚	170～176	114～130	54.7～66.7	88	2～3	46.2
后混合酚	176～165	130～137	54.7～80	最大	0	37.0
釜　液						10.0

注：蒸馏塔塔板 50 层。

表 5-24　后混合酚精制蒸馏结果

馏分名称	温度/℃		真空度/kPa		回流比	产率/%
	釜 顶	塔 顶	釜 顶	塔 顶		
前馏分	175～180	110	65.3～64	88	4～5	15.05
间对位甲酚	180～190	121～124	64～53.3	88	5	36.45
2,4 2,5-二甲酚	200	130～133	54.7～58.7	88	6	11.48
3,5-二甲酚	200～197	132～134	58.7～68	88	6	7.06
工业二甲酚	197～192	134～150	68～86.7	最大	0	9.10
釜　液						6.50

注：精馏塔塔板 70 层。

表 5-25　原料及产品组成

名 称	密度/g·cm⁻³	水分的质量分数/%	油的质量分数/%	组分的质量分数/%								
				苯酚	邻位甲酚	2,6-二甲酚	间位甲酚	对位甲酚	2,4 2,5-二甲酚	3,5-二甲酚	3,4-二甲酚	2,3-二甲酚
粗制原料	1.066	6.0	0.2	37.23	9.94	2.04	18.55	11.60	6.80	5.51	1.54	0.63
后混合酚	1.032			3.92	3.70		29.57	18.72	16.82	17.10		
2,4 2,5-二甲酚	1.024	0.09	0.3				19.33	9.65	60.47	4.57		4.41
3,5-二甲酚	1.014	0.10							5.55	86.56	2.54	

5.4.3 间位甲酚和对位甲酚的分离

间位甲酚和对位甲酚沸点相近，难以用常规的精馏方法分离。下面介绍几种可实施的分离方法。

5.4.3.1 甲酚叔丁基化法

间对混合甲酚在酸催化下，与异丁烯进行可逆的叔丁基化反应：

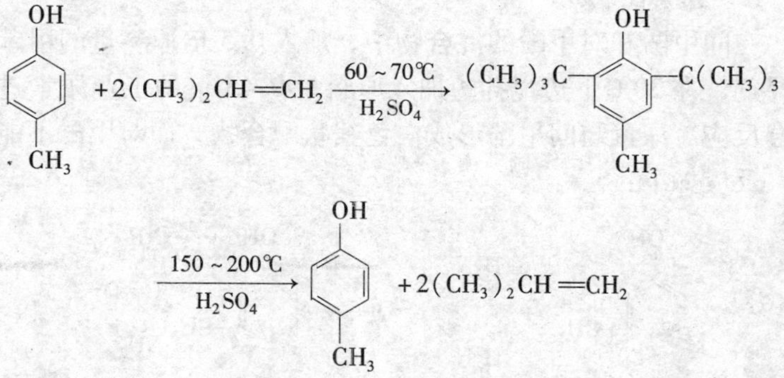

生成的化合物沸点相差很大，见表5-26。催化剂浓硫酸用量约为混合酚用量的5%，在65~70℃下反应1~2h，可完成叔丁基化作用。然后加入质量分数为10%的碳酸钠，其量为浓硫酸量的2.5倍，在100℃下搅拌2h，静置分去水层，得到叔丁基化物油层。然后通过精馏分别得到纯2,6-二叔丁基对甲酚和4,6-二叔丁基间甲酚。

表5-26 在2.67kPa下叔丁基化合物沸点

名　称	沸点/℃	名　称	沸点/℃
2,6-二叔丁基对甲酚	147	2-叔丁基对甲酚	126.5
4,6-二叔丁基间甲酚	167	2-叔丁基间甲酚	129

2,6-二叔丁基对甲酚和4,6-二叔丁基间甲酚分别进行脱叔丁基。其过程是加入占脱叔丁基原料量约0.2%的浓硫酸，加热至

150 ~ 200℃脱叔丁基结束。再进行蒸馏便得到纯的对甲酚或间甲酚。异丁烯回收循环使用。

5.4.3.2 配合法

在间对甲酚混合物中加入一种化合物与其中一种甲酚形成固体配合物，而达到分离目的。常用的化合物有尿素、草酸和苄胺等。

A 尿素配合法

在间甲酚和对甲酚的混合物中，加入 0.5 倍原料量的甲苯作稀释剂，在 30℃下边搅拌边加入原料量 0.45 倍的工业尿素进行配合反应。尿素与间甲酚形成白色絮状配合物，而对甲酚不能形成。反应如下：

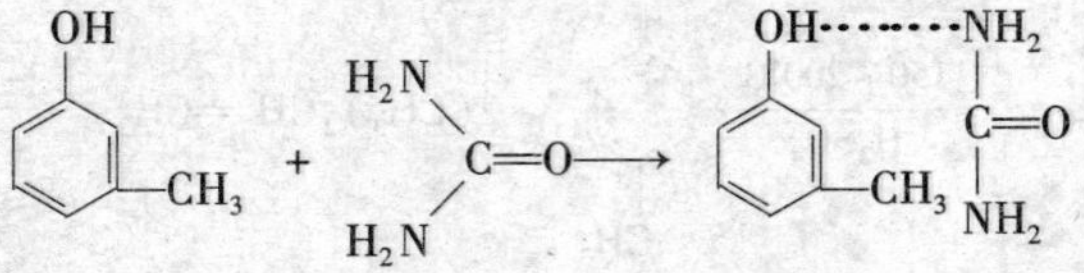

母液进行离心分离，滤饼用甲苯洗净。然后将滤饼加到甲苯中，于 80℃下搅拌，然后过滤，则得到尿素和间甲酚的甲苯溶液。蒸馏甲苯溶液，可得到纯的间甲酚。尿素几乎完全回收，重复使用。

B 草酸配合法

将制取间甲酚得到的母液加入摩尔比为 1 ~ 2∶1 的草酸，在 95 ~ 100℃下，反应 2 ~ 3h，对甲酚便与草酸形成配合物，反应如下：

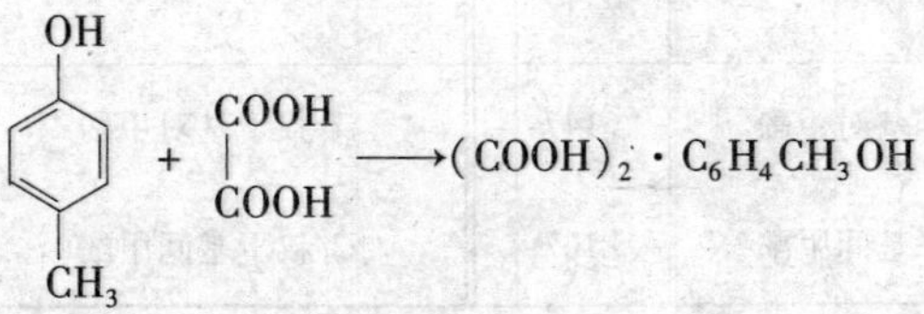

反应液静置冷却后抽滤得到白色固体，用 30 ~ 40℃热水水解，形成油层和水层。上部油层在精馏柱内先经常压蒸出水后，

再减压切取对甲酚。

C　无水乙酸钠配合法

间甲酚可以和无水乙酸钠生成配合物而从间、对混合甲酚中分离。采用石油、苯或甲苯为溶剂，配合温度 20 ~ 40℃。配合物分解的温度为 80 ~ 95℃，所得间甲酚纯度为 96% ~99%，分离产率约 70%。如用极性溶剂（如丙酮），在室温下分解配合物，则间甲酚纯度可提高至 99.5%，分离产率达 75%。

5.4.3.3　结晶法

A　冷却结晶法

对甲酚和间甲酚熔点相差 20℃，可以通过结晶法分离。但从图 5-9 可知，分离间甲酚和对甲酚的相图存在两个低共熔混合物，因此采用结晶法对混合甲酚组成有一定限制，如对甲酚的质量分数超过 58%，则通过结晶能析出纯对甲酚；如间甲酚的质量分数超过 89%，则通过结晶能析出纯间甲酚；如间甲酚的质量分数在 42% ~89% 之间，则在常压下不能用结晶法精制。但在加压下仍可用结晶法，结晶温度相应提高。

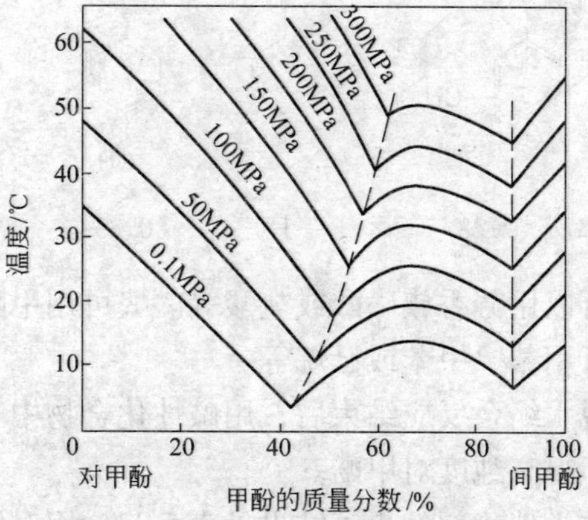

图 5-9　结晶法分离间和对甲酚的相图

B　重结晶法

在双酚 A（2,2-双对羟苯基丙烷）存在下，以甲苯等为溶剂，通过重结晶使间对位甲酚分离。析出的晶体经过滤，洗净后分析表明，滤饼中包含所有的双酚 A 及组分重新分配的混合甲酚（对位甲酚的质量分数为 96%，间甲酚的质量分数为 4%），滤液可循环使用，以完全分离出对位甲酚，同时也可以从中分离间位甲酚。

C　加成结晶法

对位甲酚能与联苯胺 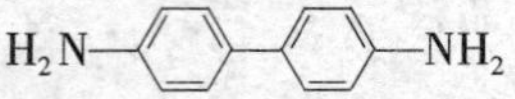 生成摩尔比 2∶1 的在 140℃ 熔化的加成物。结晶条件控制在 110℃，在 95℃ 离心分离，结晶物用苯洗涤，然后减压蒸馏得到纯度 98% 的对位甲酚，收率达 90%。从滤液中得到纯度 99% 的间甲酚，收率达 92%。

5.4.3.4　酚醛缩合法

含有间对位甲酚的混合物，在酸存在的条件下，间位甲酚与醛形成酚醛缩合物而与对位甲酚分离。这是因为不同取代基的甲酚与醛的反应速率不同：

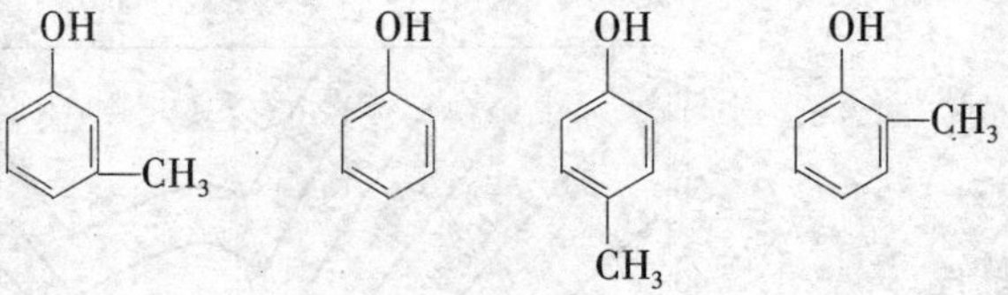

相对反应速率　2.28　1　0.83　0.35

催化剂可以用芳香族磺酸或盐酸等。醛可用甲醛、乙醛或聚甲醛。溶媒可用苯、甲苯或己烷等。

酚与醛脱水缩合反应结束后，用碱性化合物中和。然后进行减压蒸馏，即得高纯度对甲酚。

用盐酸作为催化剂的小试结果见表 5-27，用对甲苯磺酸作为催化剂的小试结果见表 5-28。

表 5-27　甲酚同系物分离试验结果

试验号	分离条件			组分的质量分数/%			原料及产物量/g
	盐酸（36%）/mL	温度/℃	时间/h	对甲酚	间甲酚	邻甲酚	
原料				91.0	8.5	0.3	216.3
1	1	20	2	98.7	0.9	0.2	154.9
2	1	50	1	98.5	1.3		156.1
3	1	0	7	99.1	0.7		154.8
4	0.07	20	5	99.0	0.8		154.2
5	14	20	0.5	98.4	1.4		155.3

表 5-28　甲酚同系物分离试验结果

试验号	反应条件				组分的质量分数/%				收率/%
	对甲苯磺酸量/g	温度/℃	时间/h	中和用化合物	对甲酚	间甲酚	邻甲酚	其他	
原料					91.0	8.5	0.3	0.2	
1	0.2	20	4	25%氨水	98.7	0.9	0.2	0.2	80.3
2	0.2	80	1	25%氨水	97.6	1.9	0.3	0.2	79.2
3	0.2	0	18	25%氨水	99.2	0.3	0.3	0.2	81.6
4	0.2	20	4	35%氨水	98.9	0.6	0.3	0.2	81.2

5.4.3.5　吸附分离法

该法是利用吸附剂选择性地吸附甲酚同系物。吸附分离对位甲酚可采用 KY 型固体吸附剂，它的微孔通道均在 0.1nm 左右，甲酚能进入微孔而被吸附，但对不同的异构体吸附能力不同。解吸剂即能溶解甲酚又要与甲酚的沸点差大，以便解吸后采用简单蒸馏法获得纯产品。这样的解吸剂有戊醇、苯酚-甲苯及正己醇-甲苯等混合解吸剂。

吸附分离法的工艺按采用设备不同，分为固定床法和模拟移动床法。分离混合甲酚的效果可达到对位甲酚纯度 99.0% ~

99.9%，间位甲酚纯度 99.0%～99.6%，收率大于 90%。

5.4.4 3,4-二甲酚和 3,5-二甲酚的分离

5.4.4.1 熔融结晶法

佐藤 利雄等提出首先蒸馏浓缩二甲酚馏分，将目标产物的质量分数控制在大于 35%，同时非目标产物的质量分数满足下式：

$$w_A \leqslant (100 - w_B)\left(\frac{w_C}{100 - w_C}\right) \tag{5-1}$$

式中，w_A 为非目标二甲酚的质量分数,%；w_B 为目标二甲酚的质量分数,%；w_C 为由目标二甲酚的固液平衡曲线得出的在结晶温度下，液相中目标二甲酚的质量分数,%。满足上述条件采用熔融结晶法可得到高纯度 3,4-二甲酚或 3,5-二甲酚。

熔融结晶法的依据是固液平衡关系，见图 5-10。式（5-1）中的 w_C 根据固液平衡曲线求得，然后再按式（5-1）确定 w_A 与 w_B 的关系。换言之，式（5-1）中的 w_A、w_B 和 w_C 3 个参数中，已知两个就可限定蒸馏或结晶操作。在二甲酚浓缩物中目标产物的质量分数高，回收率也高，见图 5-11。由图可见，目标产物的质量分数大于 60% 为好。例如将浓缩的 3,4-二甲酚，从 60℃开

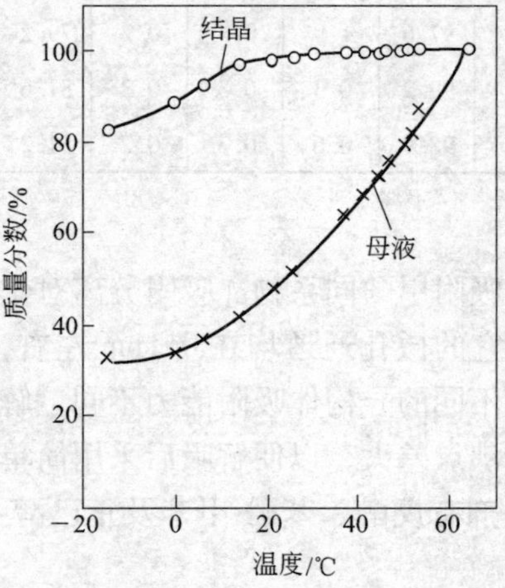

图 5-10 固液平衡曲线

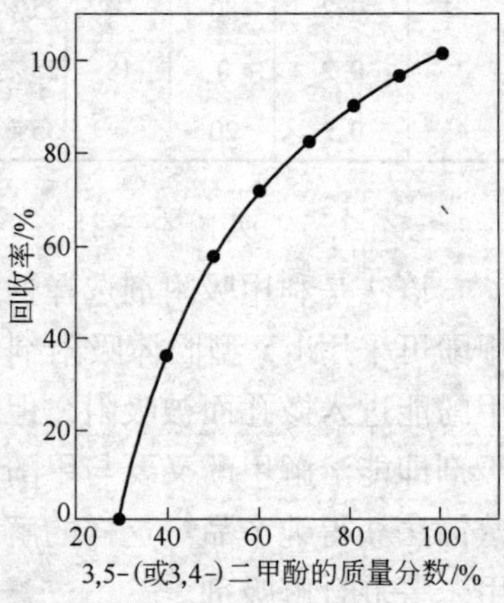

图 5-11 目标产物浓度与回收率的关系

始在搅拌下逐渐冷却到15℃，过滤得到的晶体用正己烷洗净，试验结果见表5-29。将经蒸馏浓缩的3,5-二甲酚馏分，在最终结晶温度为20℃下结晶，其他操作过程与前例同，试验结果见表5-30。

表5-29　3,4-二甲酚熔融结晶试验结果

组　分	组分的质量分数/%			
	二甲酚馏分	浓缩的3,4-二甲酚	洗净的3,4-二甲酚结晶	未经洗净的3,4-二甲酚结晶
3,5-二甲酚	13.3	6.3	0.1	1.1
3,4-二甲酚	29.9	82.6	99.8	98.3
间乙基酚	0.4	痕		
三甲基酚	56.4	11.1	0.1	0.6
回收率			81	85

表5-30　3,5-二甲酚熔融结晶试验结果

组　分	组分的质量分数/%	
	浓缩的3,5-二甲酚	洗净的3,5-二甲酚结晶
2,4/2,5-二甲酚	0.8	痕
2,3-二甲酚	2.0	痕
3,5-二甲酚	65.0	99.6
3,4-二甲酚	3.5	0.4
间乙基酚	14.7	痕
对乙基酚	9.3	
三甲基酚	4.7	
回收率		77

佐藤 利雄等提出，当浓缩的目标产物的质量分数大于35%、小于70%时，采用如图5-12所示的两段结晶法效果更好，试验结果见表5-31。当浓缩的目标产物的质量分数大于70%时，采用图5-13所示的二段结晶法。试验结果见表5-32。

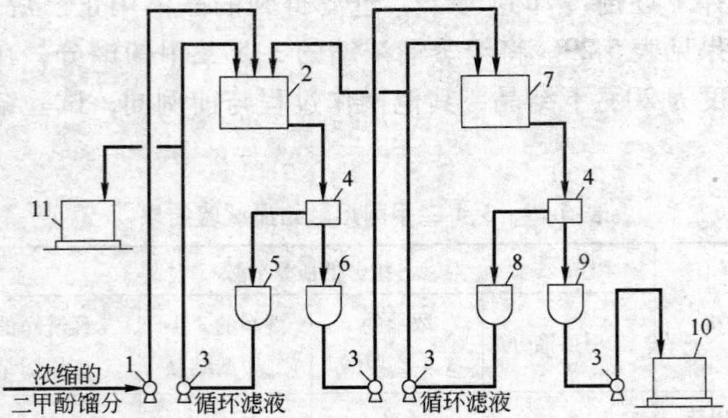

图 5-12　二段结晶工艺流程

1—原料泵；2— 一段结晶釜；3—泵；4—离心机；5— 一段滤液槽；
6— 一段溶解槽；7—二段结晶釜；8—二段滤液槽；
9—二段溶解槽；10—产品槽；11—滤液槽

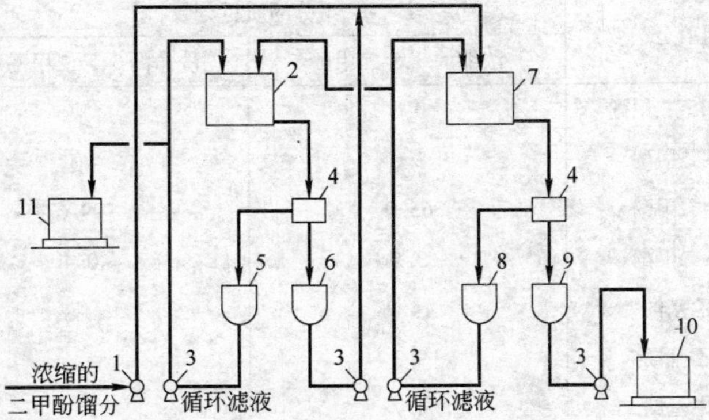

图 5-13　二段结晶工艺流程

1—原料泵；2— 一段结晶釜；3—泵；4—离心机；5— 一段滤液槽；
6— 一段溶解槽；7—二段结晶釜；8—二段滤液槽；
9—二段溶解槽；10—产品槽；11—滤液槽

表 5-31　二段结晶法精制 3,5-二甲酚的试验结果

组　分	组分的质量分数/%				
	浓缩的 3,5-二甲酚	一段溶解槽	一段滤液	二段溶解槽	二段滤液
3,5-二甲酚	55.0	79.6	32.0	70.0	99.0
3,4-二甲酚	7.3	3.1	10.8	4.6	0.1
间乙基酚	9.2	4.4	14.1	6.3	0.1
对乙基酚	7.1	3.3	10.4	4.5	0.1
其　他	21.4	9.6	32.7	14.6	0.7

表 5-32　二段结晶法精制 3,4-二甲酚的试验结果

组　分	组分的质量分数/%				
	浓缩 3,4-二甲酚	一段溶解槽	一段滤液	二段滤液	二段溶解槽
3,5-二甲酚	2.1	2.1	7.5	3.1	0.1
3,4-二甲酚	80.0	79.6	32.0	70.0	99.0
间乙基酚	4.0	4.1	14.3	6.5	0.2
对乙基酚	2.3	2.6	8.2	3.5	0.1
其　他	10.6	11.6	38.0	16.9	0.6

関野 雅史等对不同浓度的原料，用正庚烷洗净时，得出了洗净温度与回收率的关系，见图 5-14。

5.4.4.2　共沸精馏法

在含有 3,5-二甲酚的二甲酚馏分中，加入占原料量 1.8 ~ 2.5，倍的焦油碱，如喹啉、2-甲基喹啉等烷基喹啉及甲基异喹啉等，在减压下共沸精馏，精馏塔 $N_T = 80$，$R = 20$。在此条件下，首先馏出的是焦油碱和 2,6-二甲酚、2,4-二甲酚和 2,5-二甲酚形成的共沸物，然后馏出的是 3,5-二甲酚和焦油碱形成的共沸物。此共沸物的组成（质量分数）如下：3,5-二甲酚 25% ~ 45%，3,4-二甲酚 0% ~10%，焦油碱 55% ~57%。将此共沸物

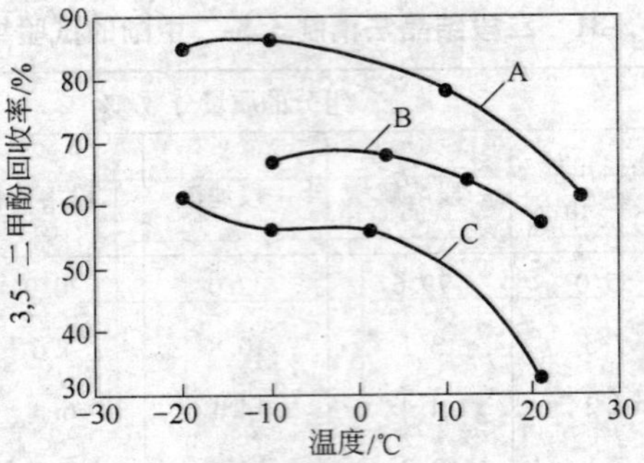

图 5-14　洗净温度与回收率的关系

A—3,5-二甲酚质量分数 85%；B—3,5-二甲酚质量分数 82%；

C—3,5-二甲酚质量分数 73%

在与上述相同的精馏塔内精馏，可以有约 40%（质量分数）的 3,5-二甲酚被蒸出，纯度大于 99%。

5.4.4.3　配合法

利用金属卤盐与 3,4-二甲酚和 3,5-二甲酚具有选择配合的性质而使其从酚混合物中分离出来。金属卤盐中溴化钙的效果比较好。卤盐易与水发生水合作用，要求含水小于 10%，粒径最好小于 0.074mm。配合反应的溶剂要求只溶解酚但不能与金属卤盐发生反应，如脂肪烃和脂环烃等均可。将上述化合物按一定比例装入带有干燥管的烧瓶中，经搅拌配合便生成白色或灰色的固体物，采用常规的方法分离，并用溶剂洗净干燥至恒重。得到的酚盐配合物通过水解或加热分解的方法分解，得到的液体部分富集了 3,4-二甲酚或 3,5-二甲酚，而未被金属卤盐配合的酚类也得到了富集。表 5-33 可说明选择性配合的效果。

表 5-33　溴化钙选择配合的试验结果

样　品	组分的质量分数/%			
	2,3-二甲酚	3,4-二甲酚	2,4,6-三甲酚	2,3,6-三甲酚
原　料	25.0	20.8	28.7	25.4
配合物	3.8	92.1	0	4.1
滤　液	26.8	14.5	31.2	27.6

5.4.4.4 吸附分离法

吸附分离法分离3,5-二甲酚可以使用泡沸石吸附剂，这种吸附剂因置换离子不同分为Y型和X型泡沸石吸附剂。脱附剂可以采用碳原子数为4~8的烷基醇。下面以模拟移动床的吸附分离为例说明。这种分离技术是由吸附、浓缩、脱附以及脱附剂的回收几个基本操作连续循环实现的。

（1）吸附操作。二甲酚异构体的混合物与吸附剂接触，其强吸附成分被有选择的吸附，弱吸附成分流入残液与脱附剂一起被回收。

（2）浓缩操作。将吸附了强吸附成分的吸附剂与部分萃取物接触，从而使残留在吸附剂上的弱吸附成分脱吸出来而实现强吸附成分的浓缩。

（3）脱附操作。使含有浓缩了强吸附成分的吸附剂与脱附剂接触，从而使强吸附成分从吸附剂中脱离出来，与脱附剂一道流入萃取物中被回收。

（4）脱附剂的回收。吸附了脱附剂的吸附剂和一部分残液接触，就会有一部分脱附剂成为回收流而被回收。

图5-15所示为模拟移动床吸附分离装置示意图，1~16为装有吸附剂的吸附室，1~3室为脱附操作，4~8室为浓缩操作，9~13室为吸附操作，14~16室为脱附剂回收操作。在这样的模拟移动床中，每隔一定的时间间隔通过阀操作，使供给及抽出线沿液流方向以吸附室为单位移动，若移动一个吸附室，则其后面吸附室的配置状态为：2~4吸附室为脱附操作，5~9吸附室

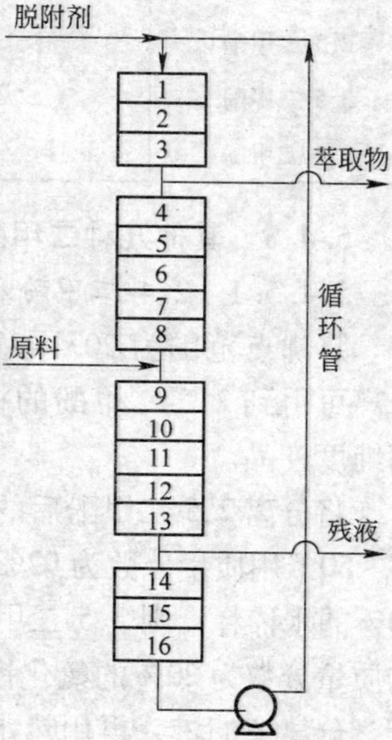

图5-15　模拟移动床分离装置示意图

为浓缩操作，10 ~ 14 吸附室为吸附操作，15 ~ 1 吸附室为脱附剂回收操作。以这样的操作顺次进行，从而实现模拟移动床的吸附分离过程。例如采用组成如表 5-34 所示的原料，吸附剂为含有钾离子的 Y 型浮石，脱附剂采用正己醇。脱附剂∶原料 = 3.1(体积比)，原料∶吸附剂 = 0.25(体积比)。处理温度 180℃，处理压力 1MPa。经图 5-15 所示的模拟移动床分离所得的结果见表 5-34。

表 5-34 模拟移动床分离试验结果

组　分	原料组分的质量分数/%	产品组分的质量分数/%
对位甲酚	8.64	0.0
间位甲酚	17.24	0.0
邻位甲酚	0.18	0.0
2,6-二甲酚	0.06	0.1
2,4-二甲酚	12.15	0.3
2,5-二甲酚	6.83	0.3
2,3-二甲酚	5.11	0.1
3,5-二甲酚	49.24	99.0
3,4-二甲酚	0.54	0.1

5.4.5 其他几种二甲酚异构体的分离精制

5.4.5.1 2,4-二甲酚和2,5-二甲酚的分离

将沸点范围为 207 ~ 211℃的二甲酚窄馏分冷却结晶，过滤分离可得到2,5-二甲酚的粗制品。粗制品用苯重结晶便可得到高纯度产品。

将分离2,5-二甲酚后的滤液作为制取2,4-二甲酚的原料，在 45 ~ 50℃用质量分数为 92% 的硫酸进行磺化，然后用占磺化物量 40% 的水稀释，则2,5-二甲酚磺化物析出。在滤液中加入 2.5 倍的质量分数为 20% 的氯化钾热溶液，冷却后析出2,4-二甲酚磺酸钾，分离掉滤液，再用热水重结晶，过滤得到的结晶盐再以 1.5 倍量的质量分数为 75% 的硫酸酸化，以过热蒸汽水解。水解物进行减压蒸馏，得到熔点约 23℃的2,4-二甲酚。

5.4.5.2 2,6-二甲酚和2,3-二甲酚的分离

采用间对甲酚馏分加水共沸蒸馏，馏出液浓缩结晶，即得2,6-二甲酚粗制品。粗制品的进一步提纯可以采用苯重结晶法。

采用2,3-二甲酚窄馏分，用稀碱液选择性洗涤，得到的粗产品在蒸馏后用苯重结晶，可得到高纯度的2,3-二甲酚。也可利用冷却结晶法，由2,3-二甲酚窄馏分得到较纯的2,3-二甲酚。

参考文献

[1] 三浦 徹，渡辺 勝治，中山，等. バラクレゾールの 精製方法. 日本公開特許公報（A）：平2—49745［P］，1990.

[2] 三浦 徹，渡辺 勝治，中山，等. バラクレゾールの 精製方法. 日本公開特許公報（A）：平2—53745［P］，1990.

[3] 佐藤 利雄，桜井 時夫. ジメチルフエノールの精製方法. 日本公開特許公報（A）：昭63—222137［P］，1988.

[4] 副田 眞日止，吉永 省三，村上 弘陽. 3，5-キシレノールの製造方法. 日本公開特許公報（A）：平4—352739［P］，1992.

[5] 佐藤 利雄，田畠 耕兒，樫谷 敏彦. ジメチルフエノールの精製方法. 日本公開特許公報（A）：平3—127751［P］，1991.

[6] 関野 雅史，中居 由美，清水 良三. 3，5-キシレノールの精製方法. 日本公開特許公報（A）：平4—182444［P］.

[7] Gerd Leston，Pittsburgh，Pa. Comples Formed to Separate 3，5-Xylenol or 3，4-Xylenol from other Polymethylated Phenolic Compounds：USP，4，499，312［P］，1985.

[8] 志村 光則，上田 一彰. 3，5-キシレノールの製造方法. 日本公開特許公報（A）：平9—165351［P］，1997.

[9] 邓国才，崔春需，等. 对甲酚与间甲酚的分离［J］. 天津化工. 1995（4）：12～15.

[10] 胡鑫. 3,5-二甲酚的分离和精制［D］. 鞍山：辽宁科技大学，2001.

[11] 任庆烂. 炼焦化学产品的精制［M］. 北京：冶金工业出版社，1987.

6 萘的提取与精制

萘是由 A. Garden 等人于 1820 年在煤焦油馏分中发现的。1821 年 Kidd Phil 从裂解煤焦油中分离出纯萘，直到现在煤焦油仍是萘化合物的主要来源。

萘在煤焦油中的含量与炼焦温度、煤热分解产物在焦炉炭化室顶部空间的停留时间和温度条件有关。一般高温炼焦萘在焦油中的含量约为 10%。

萘是有机化学工业的基本原料之一，应用在染料、颜料、橡胶助剂、润湿剂、表面活性剂、医药和农药中间体或产品的生产中。

6.1 萘的性质及分布

萘在常温下是固体。容易升华成无色片状物或单斜晶体。主要物理性质见表 6-1。萘在焦油油类和一些溶剂中的溶解度见表 6-2。

表 6-1 萘的物理性质

性 质	数 据	性 质	数 据
沸点/℃	218	临界温度/℃	478.5
熔点/℃	80.28	临界压力/MPa	4.2
固态密度/$g \cdot cm^{-3}$	1.145	临界密度/$g \cdot cm^{-3}$	0.314
液态密度/$g \cdot cm^{-3}$		介电常数（85℃）	2.54
85℃	0.9752	溶解度参数 δ	9.9
100℃	0.9623	闪点（闭皿法）/℃	78.89
折射率 n_D^{85}	1.5898	自燃点/℃	526.11
气化热/$kJ \cdot mol^{-1}$(167.7℃)	46.42	爆炸界限（体）/%	
熔融热/$kJ \cdot mol^{-1}$	19.18	上限	5.9
燃烧热/$kJ \cdot mol^{-1}$	5158.41	下限	0.9
升华热/$kJ \cdot mol^{-1}$	66.52 ±1.67		

表 6-2　萘在一些溶剂中的溶解度　　　(g/100g)

温度/℃	苯	甲苯	二甲苯	酚油	萘油	洗油	蒽油	10号轻柴油	甲醇	乙醇	四氯化碳	硝基苯
60	77.0	72.5	70.5	70.0	67.0	61.6	56.0	46.34	37.89	44.45		
50	66.0	61.0	58.0	56.5	52.5	48.5	42.0	34.24	23.37	27.01		
40	55.0	50.0	47.5	45.5	42.0	36.0	33.0	24.94	15.25	15.25		45.0
30	45.0	41.0	38.3	36.1	33.0	28.9	26.5①	16.34	10.71	11.82	31.0	34.5
20	37.0	33.0	30.0	28.0	25.6	20.0	20.0①	14.59	7.83	9.26	23.2	26.6
10	30.0	26.0	23.0	21.6	19.3	13.9	14.8①		5.30	7.06	16.2	20.0
0	20.3	20.0	17.8	16.0	14.2	9.6	10.8①		3.85	4.85	12.0	15.7

①为计算值。

萘在焦油油类中的理论溶解度也可按下式计算：

$$\ln x = \frac{L_f(T - T_A)}{4.575TT_A}$$

式中，x 为萘的摩尔分数；T 为过程的温度，K；T_A 为纯萘的熔点，K；L_f 为萘的摩尔熔融热，19.36kJ/mol。

萘中含有杂质时，其结晶温度下降。萘的纯度与结晶温度的关系见表6-3。通常用测结晶点的方法，即可知道萘的纯度。

表 6-3　萘的纯度与结晶温度的关系

萘的质量分数/%	结晶温度/℃	萘的质量分数/%	结晶温度/℃
81.00	70.5	90.80	75.5
81.95	71.0	91.80	76.0
82.85	71.5	92.85	76.5
83.80	72.0	93.85	77.0
84.75	72.5	94.95	77.5
85.70	73.0	96.05	78.0
86.70	73.5	97.20	78.5
87.70	74.0	98.40	79.0
88.70	74.5	99.30	79.5
89.75	75.0	100	80.3

萘与一些芳烃、酚类和碱类物质能形成简单共熔体，即在一定浓度时体系只具有一个低共熔点，见图 6-1 ~ 图 6-4。

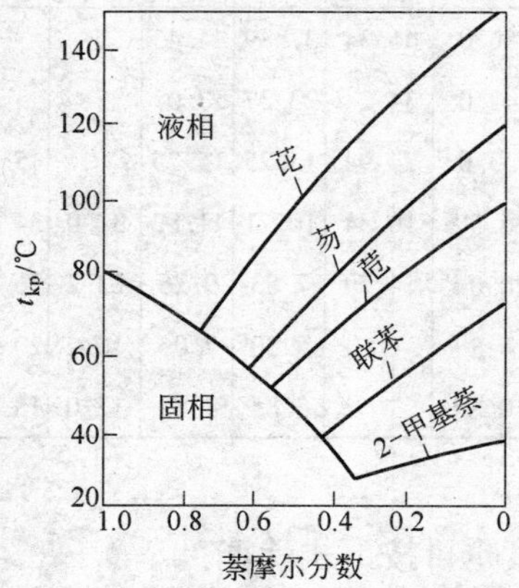

图 6-1　萘-某些芳烃体系相图

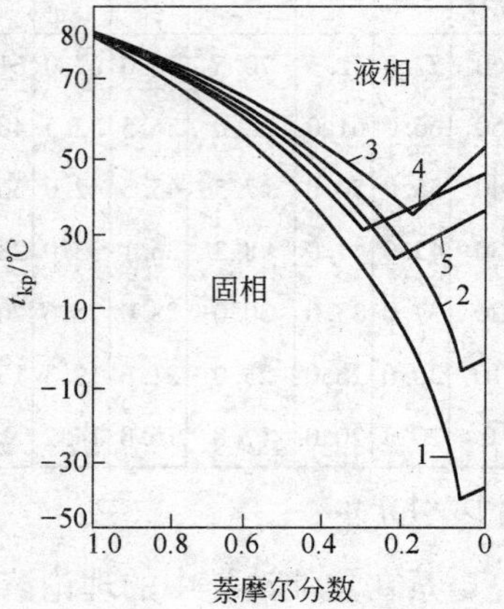

图 6-2　萘-某些酸碱化合物体系相图

1—吡啶；2—苯胺；3—对甲基吡啶；4—苯酚；5—邻甲基苯酚

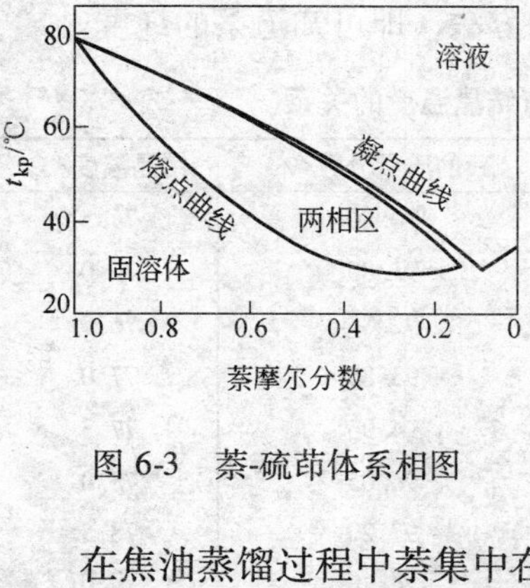

图 6-3　萘-硫茚体系相图

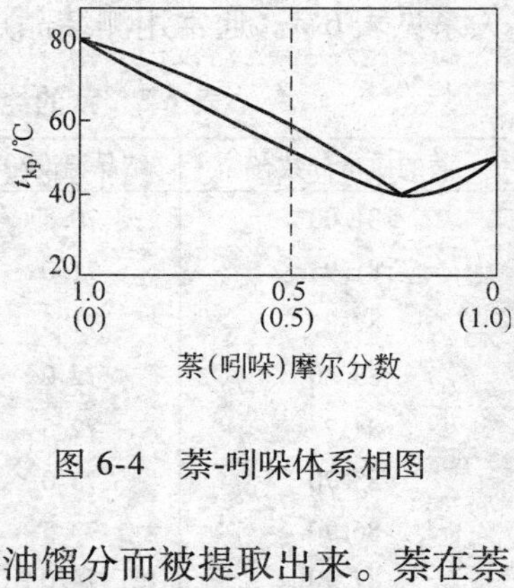

图 6-4　萘-吲哚体系相图

在焦油蒸馏过程中萘集中在萘油馏分而被提取出来。萘在萘油馏分的集中度依工艺流程不同而异，见表 6-4。

含萘馏分主要用来制取工业萘，并可进一步加工成精萘。

表 6-4　几种工艺流程的萘集中度

名　　称	产率/%	馏分含萘的质量分数/%	馏分中萘占焦油的质量分数/%	萘的集中度/%
两塔式（切取窄馏分）				
轻油	0.9			
酚油馏分	2.3	12.7	0.292	3.2
萘油馏分	10.7	73.3	7.840	87.1
洗油馏分	6.4	6.5	0.416	4.6
一蒽油馏分	20.5	1.8	0.369	4.1
二蒽油馏分	5.1	1.5	0.077	0.9
小计	45.9		8.99	
一塔式（切取三混馏分）				
轻油	1.1			
酚萘洗三混馏分	18.7	52.13	9.75	96.5
一蒽油馏分	18.85	1.3	0.245	2.42
二蒽油馏分	5.65	2.1	0.119	1.17
小计	44.30		10.11	
两塔式（切取两混馏分）				
轻油	0.22			
酚油馏分	2.28	11.86	0.27	2.48
萘洗两混馏分	16.54	61.95	10.24	93.61
苊油馏分	2.87	6.56	0.188	1.73
一蒽油馏分	15.95	1.31	0.21	1.91
二蒽油馏分	4.1	0.68	0.028	0.26
小计	42		10.94	

6.2　工业萘和精萘的生产

生产工业萘的原料是经过碱洗脱酚后的焦油蒸馏所得的含萘馏分。依蒸馏工艺的不同，其质量控制指标也不同，见表 6-5。生产工业萘的方法主要有精馏法和结晶法两种。工业萘质量标准见表 6-6。

表 6-5　脱酚后的含萘馏分质量控制指标

指标名称	萘油馏分	萘洗混合馏分	酚、萘、洗混合馏分	中油馏分
密度(20℃)/g·cm^{-3}	1.01～1.02	1.028～1.032	1.028～1.04	0.975（25℃）
初馏点/℃	>215	>217	>200	>210
干点/℃	<230	<270	280～290	<240
酚的质量分数/%	<0.5	<0.5	<0.5	<0.5
萘的质量分数/%	>75	60～63	50～55	50～70
水分/%	<0.5	<0.5	<0.5	<0.5

表 6-6　工业萘质量标准

指标名称	优等品	一等品	合格品
外　观	片状或粉末状晶体，白色，允许带微红或微黄		
结晶点/℃	78.3	78.0	77.5
不挥发物/℃	0.04	0.06	0.08
灰分/℃	0.01	0.01	0.02

精萘质量标准见表 6-7。

表 6-7　精萘质量标准

指标名称	一　级	二　级
外　观	片状或粉状结晶体	
颜　色	白　色	白色，允许带微红或微黄
结晶点/℃	≥79.6	≥79.3
不挥发物/%	≤0.02	≤0.02
灰分/%	≤0.006	≤0.008
酸洗比色	<3	<4

6.2.1 精馏法

6.2.1.1 双炉双塔连续精馏

双炉双塔工业萘连续精馏工艺流程见图6-5。经静置脱水后的含萘混合分，由原料泵送至工业萘换热器，温度由80～90℃升至200℃左右，进入初馏塔。初馏塔顶逸出的酚油蒸气经冷凝冷却和油水分离后进入回流槽。在此大部分作初馏塔的回流，少部分采出。已脱除酚油的萘洗塔底油用热油泵送往初馏塔管式炉加热后返回初馏塔底，以供给初馏塔热量。同时在热油泵出口分出一部分萘洗油打入精馏塔。精馏塔顶逸出的工业萘蒸气在热交换器中与原料油换热后进入汽化冷凝冷却器，液态的工业萘流入回流槽，一部分作精馏塔回流，一部分经转鼓结晶机冷却结晶得到工业萘片状结晶，即工业萘产品。精馏塔塔底残油用热油泵送至管式炉加热后返回塔底，以供给精馏塔热量。同时在热油泵出

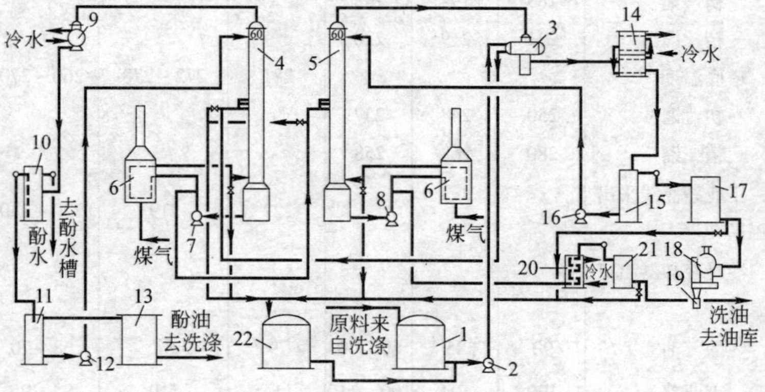

图6-5　双炉双塔工业萘连续精馏工艺流程

1—原料槽；2—原料泵；3—原料与工业萘换热器；4—初馏塔；5—精馏塔；6—管式炉；7—初馏塔热油循环泵；8—精馏塔热油循环泵；9—酚油冷凝冷却器；10—油水分离器；11—酚油回流槽；12—酚油回流泵；13—酚油槽；14—工业萘汽化冷凝冷却器；15—工业萘回流槽；16—工业萘回流泵；17—工业萘贮槽；18—转鼓结晶机；19—工业萘装袋自动称量装置；20—洗油冷却器；21—洗油计量槽；22—中间槽

口分出一部分残油作低萘洗油，经冷却后进入洗油槽。操作指标见表6-8。

表6-8　工业萘生产操作指标

项　目	双炉双塔流程			单炉单塔流程		
原料含萘量/%	48~52	60~65	>70	48~52	60~65	>70
原料槽油温/℃	65	75	85	65	75	85
原料预热或换热温度/℃	212	199	203		250~260	190~200
管式炉油出口温度/℃						
初　馏	269	275	253	303(辐)	310~315(辐)	280(辐)
精　馏	301	289	274	255(对)	230~240(对)	245~250(对)
塔顶温度/℃				195	194~198	210~220
初　馏	185	194	188			
精　馏	221	219	220			
塔底温度/℃				281	272~278	260~270
初　馏	250	248	237			
精　馏	280	268	258			
工业萘侧线采出温度/℃				222	219	220~230
冷凝冷却器出口温度/℃						
酚　油	90	85	60~70	79	82	68~70
工业萘	100	104	100~110	114	110	85~95
回流比(对产品)						
初　馏	15	30	20			
精　馏	2	3	3.5	5	3~5	2.4
热油循环比(对原料)				23~32	18~46	21~45
初　馏	18~28	26~40	15~22			
精　馏	18~28	26~40	15~22			

6.2.1.2 单炉单塔连续精馏

单炉单塔工业萘连续精馏工艺流程见图6-6。已洗含萘馏分于原料槽加热、静置脱水后，用原料泵送往管式炉对流段，然后进入工业萘精馏塔。由塔顶逸出的酚油气，经冷凝冷却，油水分离后，流入回流槽。由此，一部分酚油送往塔顶作回流，剩余部分采出，定期送往洗涤工段。塔底的洗油用热油循环泵送至管式炉辐射段加热后返回塔底，以此供给精馏塔热量。同时从热油泵出口分出一部分作洗油采出，经冷却后进入洗油槽。工业萘由精馏塔侧线采出，经汽化冷凝冷却器冷却后进入工业萘高位槽，然后放入转鼓结晶机。操作指标见表6-8。

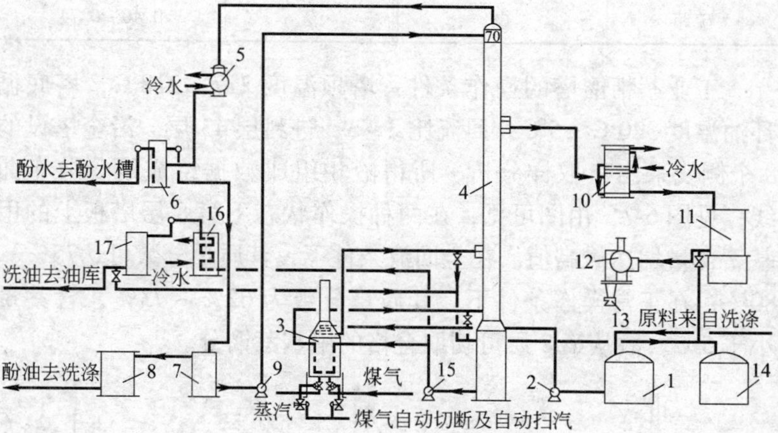

图6-6 单炉单塔工业萘连续精馏工艺流程

1—原料槽；2—原料泵；3—管式炉；4—工业萘精馏塔；5—酚油冷凝冷却器；6—油水分离器；7—酚油回流槽；8—酚油槽；9—酚油回流泵；10—工业萘汽化冷凝冷却器；11—工业萘贮槽；12—转鼓结晶机；13—工业萘装袋自动称量装置；14—中间槽；15—热油循环泵；16—洗油冷却器；17—洗油计量槽

6.2.1.3 双炉双塔连续精馏提取工业萘和甲基萘

以萘洗混合馏分或酚萘洗混合馏分为原料生产工业萘时，可以在工业萘精馏塔侧线切取甲基萘馏分。梅山焦化厂和华东冶金学院合作进行了工业性试验，所用原料组成见表6-9。

表 6-9 萘洗混合分组成

组　分	质量分数/%	组　分	质量分数/%
酚	0 ~ 0.42	β-甲基萘	8.18 ~ 9.45
四氢萘	0 ~ 0.23	α-甲基萘	4.08 ~ 5.25
萘前	2.18 ~ 4.97	联苯	1.54 ~ 1.94
萘	62.91 ~ 70.86	苊	5.84 ~ 10.40
喹啉	1.52 ~ 2.06	氧芴	2.10 ~ 3.72
硫茚	微	芴	0.40 ~ 0.74

工业萘精馏塔的操作条件：塔顶温度 217 ~ 218℃，塔底循环油温度 320℃ ±5℃，回流比 2 ~ 3，进料层 43 层。沿全塔设的 8 个侧线采出口取样分析，所得液相组成数据绘成组分分布曲线，见图 6-7。由图可见，在两种操作状态下第 8 层塔板上的甲基萘含量均达最高值。在全回流条件下，其质量分数可达75% ~ 80%；在正常操作条件下，其质量分数为 62% ~ 73%，含萘量小于 5%。故从第 8 层可切取合格的甲基萘馏分。

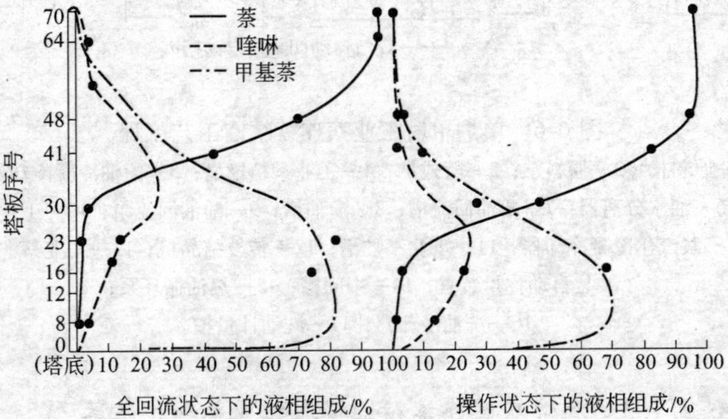

图 6-7　萘精馏塔中的液相组成

第 8 层侧线温度与馏分中甲基萘和萘含量的关系见图 6-8。由图可见侧线温度控制在 254 ~ 257℃ 可以获得合格的甲基萘馏分。甲基萘产率在 16% ~ 20%。

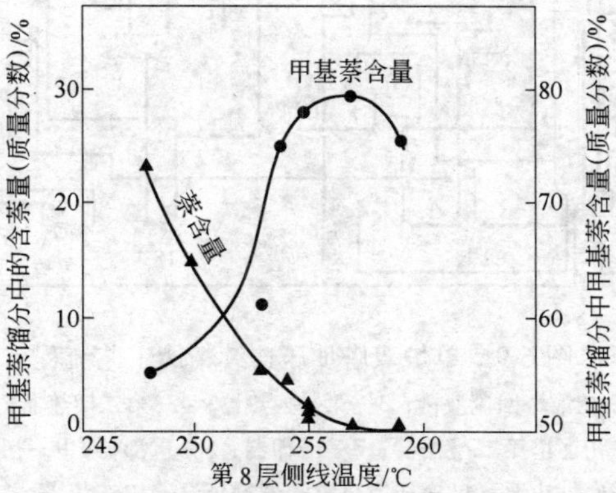

图 6-8　第 8 层塔板侧线温度与馏分中甲基萘和萘含量的关系

试验条件：进料量 1.6 ~ 2.0t/h；塔顶温度 217 ~ 218℃；

回流比 2.5 ~ 3.5；塔底油温 320 ~ 325℃

萘的精制率与原料有关。原料用萘油馏分时，萘精制率大于或等于 97%；用萘洗混合馏分时为 96% ~ 97%；用酚萘洗混合馏分时为 94% ~ 95%。

6.2.1.4　*单炉双塔加压连续精馏*

单炉双塔加压连续精馏工艺流程见图 6-9。脱酚后的萘油经换热后进入初馏塔。由塔顶逸出的酚油气经第一凝缩器，将热量传递给锅炉给水使其产生蒸汽。冷凝液再经第二凝缩器而进入回流槽。在此，大部分作为回流返回初馏塔塔顶，少部分经冷却后作脱酚的原料。初馏塔底液被分成两路，一部分用泵送入萘塔，另一部分用循环泵抽送入重沸器，与萘塔顶逸出的萘气换热后返回初馏塔，以供初馏塔热量。为了利用萘塔顶萘蒸气的热量，萘塔采用加压操作。此压力是靠调节阀自动调节加入系统内的氮气量和向系统外排出的气量而实现的。从萘塔顶逸出的萘蒸气经初馏塔重沸器，冷凝后入萘塔回流槽。在此，一部分送到萘塔顶作

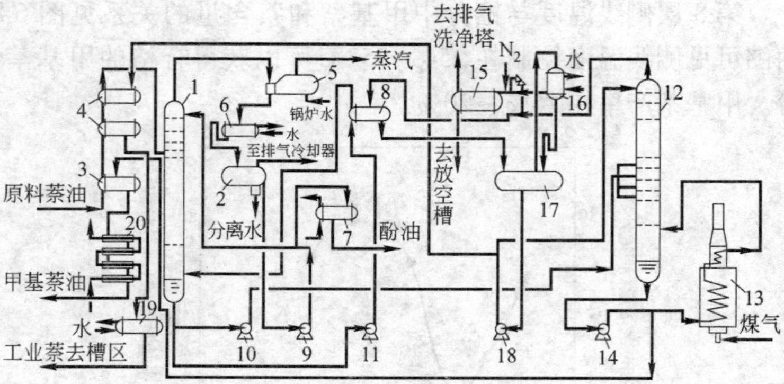

图 6-9　单炉双塔加压连续精馏工艺流程

1—初馏塔；2—初馏塔回流液槽；3—第一换热器；4—第二换热器；5—初馏塔第一凝缩器；6—初馏塔第二凝缩器；7—冷却器；8—重沸器；9—初馏塔回流泵；10—初馏塔底抽出泵；11—初馏塔重沸器循环泵；12—萘塔；13—加热炉；14—萘塔底液抽出泵；15—安全阀喷出气凝缩器；16—萘塔排气冷却器；17—萘塔回流液槽；18—萘塔回流泵；19—工业萘冷却器；20—甲基萘油冷却器

回流，另一部分送入第二换热器和冷却器冷却后作为产品排入贮槽。回流槽的未凝气体排入排气冷却器冷却后，用压力调节阀减压至接近大气压，再经过安全阀喷出气凝缩器而进入排气洗净塔。在排气冷却器冷凝的萘液流入回流槽。萘塔底的甲基萘油，一部分与初馏原料换热，再经冷却排入贮槽，另外大部分通过加热炉加热后返回萘塔，供给精馏所必需的热量。

该工艺的主要操作指标见表 6-10。

表 6-10　操作指标

初馏系统		精馏系统	
第一换热器萘油温度/℃	125	萘塔顶部压力/kPa	225
第二换热器萘油温度/℃	190	萘塔顶温度/℃	276
初馏塔顶温度/℃	198	第二换热器工业萘温度/℃	193
初馏塔重沸器出口温度/℃	255	冷却器出口工业萘温度/℃	90
第一凝缩器酚油温度/℃	169	加热炉出口油温/℃	311
第二凝缩器酚油温度/℃	130	循环冷却水温度/℃	80

6.2.2 熔融结晶法

熔融结晶法用于生产工业萘或精萘的原理是基于混合物中各组分在相变时有重分布的现象。具有代表性的几种工艺有 20 世纪 60 年代法国 Proabd 公司开发的间歇式分步结晶法（Proabd 法），70 年代澳大利亚联合碳化物公司研制的连续多级分步结晶精制法（Brodie 法），80 年代末瑞士苏尔寿开发的立管降膜结晶法（MWB 法），80 年代初德国吕特格公司开发的鼓泡式熔融结晶法，70 年代末日本新日铁化学公司开发的连续结晶法（BMC 法）等。

6.2.2.1 间歇式分步结晶法

间歇式分步结晶法在捷克乌尔克斯焦油加工厂实施，其工艺流程见图 6-10。

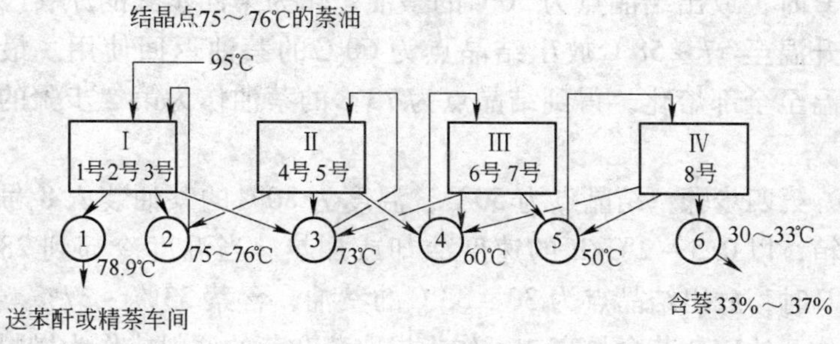

图 6-10 分步结晶法生产工业萘工艺流程

1 ~ 8 号—结晶箱；1 ~ 6—萘油槽（温度为结晶点）

原料为结晶点在 71.5 ~ 73℃ 的萘油馏分，先经碱洗脱酚，然后在 60 块塔盘的精馏塔内精馏，从 50 层塔盘引出结晶点为 75 ~ 76℃ 的萘油作为分步结晶的原料。

分步结晶过程设有 8 个结晶箱，分 4 个步骤进行。

第一步骤：结晶点为 75 ~ 76℃，温度为 95℃ 的萘油进入 1 号、2 号和 3 号结晶箱。结晶箱以 2.5℃/h 的速度根据需要进行冷却或加热。当萘油温度降至 63℃时，开始放出不合格的萘油，其结晶点为73℃，作为第二步骤的原料。放完后升温至75℃，放出熔化的萘油，结晶点为75℃，作为下一次的结晶原料。然后继续升温至全部熔化，产品为工业萘，结晶点不小于78.9℃，作为生产苯酐或精萘的原料。

第二步骤：来自第一和第三步骤结晶点为73℃，温度为90℃的萘油，在4号和5号结晶箱中以5℃/h的速度冷却或加热。当温度降至56℃时，开始放出结晶点为60℃的萘油，作为第三步骤的原料。然后升温至71℃放出结晶点为73℃的萘油返回使用。最后升温至全部熔化，得到结晶点为75~76℃的萘油作为第一步骤的原料。

第三步骤：结晶点为60℃，温度为85C的萘油装入6号和7号结晶箱，以6℃/h的速度冷却或加热。当温度冷却到48~49℃时，放出结晶点为50℃的萘油，作为第四步骤的原料。然后升温至57~58℃放出结晶点为60℃的萘油返回使用。最后升温至全部熔化，得到结晶点为73℃的萘油作为第二步骤的原料。

第四步骤：结晶点为50℃，温度为80℃的萘油装入8号结晶箱，以0.5~2℃/h的速度冷却或加热。当温度冷却到28~32℃时，放出结晶点为30~33℃的萘油，含萘33%~37%。这部分萘油硫杂茚含量高，可作为提取硫杂茚的原料或作为燃料油使用。然后升温，放出结晶点为40~45℃的萘油返回使用。最后升温至全部熔化，得到结晶点为60℃的萘油作为第三步骤的原料。

结晶箱的升温和降温是通过一台泵、一台加热器和一台冷却器与结晶箱串联起来而实现的，见图6-11。冷却时加热器停止供蒸汽，用泵使结晶箱管片内的水或残油经冷却器冷却，再送回结晶箱管片内，使管片间的萘油逐渐降温结晶。加热时冷却器停止供冷水，由加热器供蒸汽，通过泵循环使水或残油升温，管片间的萘结晶便吸热熔化。

萘分布结晶操作条件见表6-11。

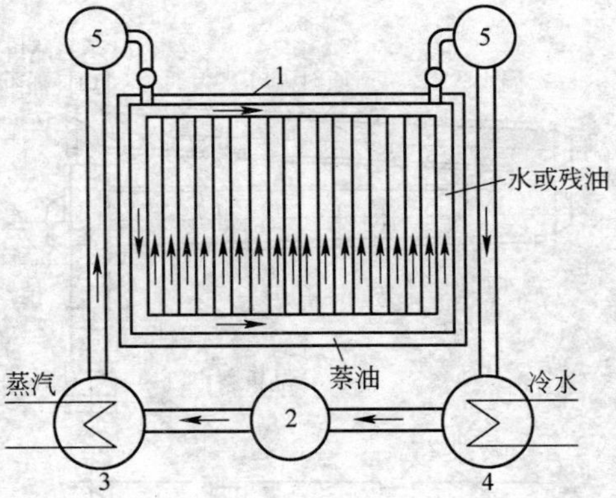

图 6-11　萘结晶箱升降温示意图

1—结晶箱；2—泵；3—加热器；4—冷却器；5—汇总管

表 6-11　分步结晶生产工业萘的操作条件

操作条件	步骤Ⅰ	步骤Ⅱ	步骤Ⅲ	步骤Ⅳ
中间槽温度/℃	85 ~ 90	70 ~ 75	60 ~ 65	50 ~ 55
装料温度/℃	95	90	85	80
升、降温速度/℃ · h^{-1}	2.5	5	6	0.5 ~ 2
分离温度/℃	63	56	48 ~ 49	28 ~ 32
加料时间/h	5 ~ 6	6 ~ 7	5 ~ 6	9 ~ 10
升温时间/h	8 ~ 9	5 ~ 7	4 ~ 5	1 ~ 5
放料时间/h	2 ~ 3	2	2	2
1 周期时间/h	16 ~ 18	14 ~ 17	12 ~ 14	16 ~ 18

注：生产能力 4 ~ 5 万 t/a。

6.2.2.2　连续式多级分步结晶法

此法又称萘区域熔融精制。主要设备是区域熔融精制机，见图 6-12。

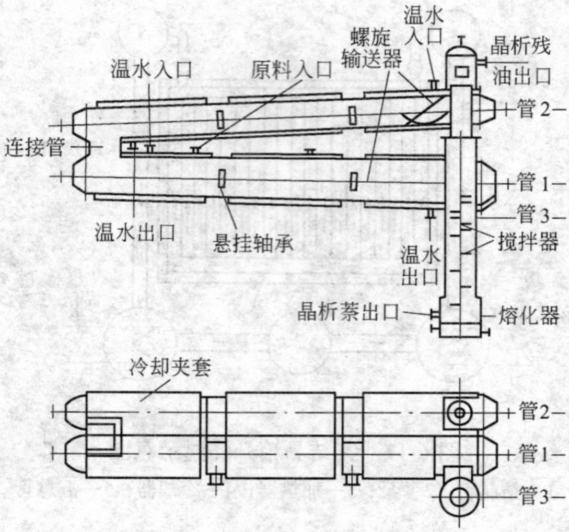

图 6-12　萘区域熔融精制机

精制机是由两个互相平行的水平横管和一个垂直立管及传动机构等部件组成。工业萘进入的横管称为管 1，向与立管连接方向倾斜。排出晶析残油的横管称为管 2，向与管 1 连接处倾斜。立管称为管 3，在其底部有一个结晶熔化器，晶析萘从这里排出。

管 1 和管 2 外部有温水冷却夹套，内部有转动轴，轴上附有带刮刀的三向螺旋输送器和支撑转动轴的中间轴承。管 1 和管 2 由转换导管连接，其中间有可调节结晶满流的调节挡板。管 3 内部有立式搅拌机，管外缠绕通蒸汽的铜保温管。螺旋输送器和立式搅拌器各由驱动装置带动。

精制萘的工艺流程见图 6-13。

由萘蒸馏装置来的温度约 110℃的工业萘用泵送入精制管 1，被管外夹套中的温水冷却而析出结晶。结晶由螺旋输送器刮下，并送往靠近立管的一端（热端）。残油则向另一端（冷端）移动，通过连接管进入精制管 2 的热端，在向精制管 2 冷端移动过

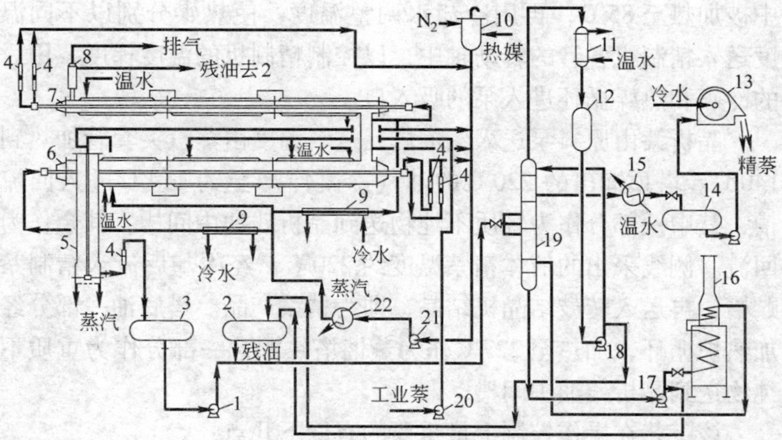

图 6-13　精制萘制造的工艺流程

1—蒸馏塔原料泵；2—晶析残油中间槽；3—晶析萘中间槽；4—流量计；
5—萘精制机管 3；6—萘精制机管 1；7—萘精制机管 2；8—晶析残油罐；
9—冷却水夹套；10—热媒膨胀槽；11—凝缩器；12—回流槽；
13—转鼓结晶机；14—精萘槽；15—冷却器；16—加热炉；
17—循环泵；18—回流泵；19—蒸馏塔；20—装入泵；
21—热媒循环泵；22—加热器

程中，又不断析出结晶。结晶又被螺旋输送器刮下，并送往热端，经过连接管下沉到管 1。在残液和结晶分别向冷、热端逆向移动过程中，固液两相始终处于充分接触、不断相变的状态，以使结晶逐步提纯。富集杂质的残液叫晶析残油，最终从精制管 2 冷端排出，去制取工业萘的原料槽。结晶从精制管 1 的热端下沉到精制管 3。管 3 下部有用低压蒸汽作热源的加热器，由上部沉降下来的结晶在此熔化。熔化的液体一部分作回流液与结晶层对流接触，同时由于密度差而向上流动，另一部分作为精制产品，称为晶析萘，温度约 90℃，自流入中间贮槽。

精制管 1 和管 2 夹套用的温水，是从温水槽供给的，用后的温水经冷却到规定温度后，返回温水槽循环使用。热媒装入高置槽，依靠液位差压入热媒循环泵的入口，经泵加压后，在加热器中被加热至85℃，再用冷却水调整温度，使热媒分别以不同温度送入精制机各管的转动轴中，以控制精制机的温度梯度，用后的冷媒和热媒循环进入泵的吸入口。

晶析萘由原料泵送入蒸馏塔，进料温度由蒸汽夹套管加热到140℃。塔顶馏出的220℃的油气冷凝冷却至约114℃进入回流槽，其中一部分作为轻质不纯物送到晶析残油中间槽，其余作为回流。侧线采出的液体精萘温度约220℃，经冷却后流入精制萘贮槽，再送入转鼓结晶机结晶，即为精萘产品。塔底油一部分经加热炉循环，加热至227℃作为蒸馏塔热源，一部分作为重质不纯物送到晶析残油中间槽。

该工艺在操作控制上最重要的有以下几点：

（1）合理的温度分布。沿结晶管的长度方向,热媒入口侧温度高,出口侧温度低,以确保结晶管内物料能析出结晶和液体对流;沿结晶管的横截面方向,转动轴部位温度高,靠近管内壁部位温度低,这样既能保证固液正常对流,又能使夹套冷却面处结晶不熔化。

结晶管内的温度分布见图6-14。由图表明，结晶管冷热端温

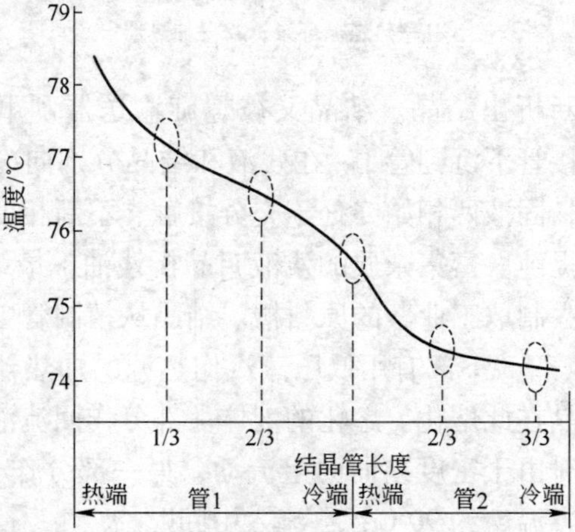

图 6-14　结晶管内的温度分布

1/3—指结晶管从热端起在管长的1/3处管段上的温度计测点；

2/3、3/3是同样含义

度差约4℃。

（2）适宜的回流量。回流量系指从管3底部熔化器上升的高纯度液萘量。这部分液萘与下降的结晶进行对流接触时，可以将结晶表面熔化，使杂质从结晶表面排出，从而纯化了结晶。一般回流量与进料量的比值控制在0.5左右，过小不利于结晶的纯化，过大易产生偏流短路现象。

（3）较慢的冷却速度。为获得较大颗粒的结晶，减少不纯物在结晶表面的吸附，晶析母液的过饱和度以小为好，这样，就必须控制精制管的冷却速度慢些。一般沿着精制机长度方向，应确保每一截面流体冷却速度不超过3℃/h。

6.2.2.3　立管降膜结晶法

立管降膜结晶法在鞍钢化工总厂实施的工艺流程见图6-15。由工业萘装置来的液态工业萘经馏分槽3_5用泵送入降膜结晶器收集槽，然后启动物料循环泵，使液态萘从结晶器顶端沿管内壁呈降膜状流下，传热介质沿管外壁也呈降膜状流下。管内外壁之间存在着一定的温度梯度，使物料在结晶器中完成冷却结晶、加热发汗和熔化三个过程。未结晶萘油与发汗液放入纯度低的馏分

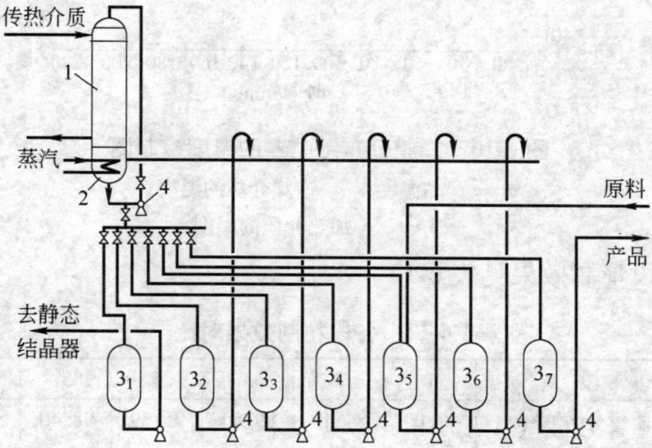

图6-15　立管降膜结晶工艺流程

1—立式降膜结晶器；2—收集槽；$3_{1\sim4}$—低含萘馏分槽；

3_5—工业萘槽；3_6—全熔液槽；3_7—液态精萘槽；4—泵

槽 $3_{1\sim4}$ 中，$3_{1\sim4}$ 槽中各馏分的含萘量逐个递增，馏分槽 3_1 为残液槽。馏分槽 3_6 为全熔液作为第 5 段结晶的原料。馏分槽 3_7 为液态精萘。

降膜分布结晶器直径为 4m，高为 14m，内设 1700 多根立管，顶部是分配装置，由弯曲的细管和分配伞连接在钢管上。结晶器的下部为收集槽，用泵将槽内物料送入结晶器顶部。冷热介质用泵送入结晶器的侧上部，从侧下部排出。操作要求每根管的内外壁上保证均匀地形成降膜流动。降膜分布结晶器的温度控制见图 6-16。

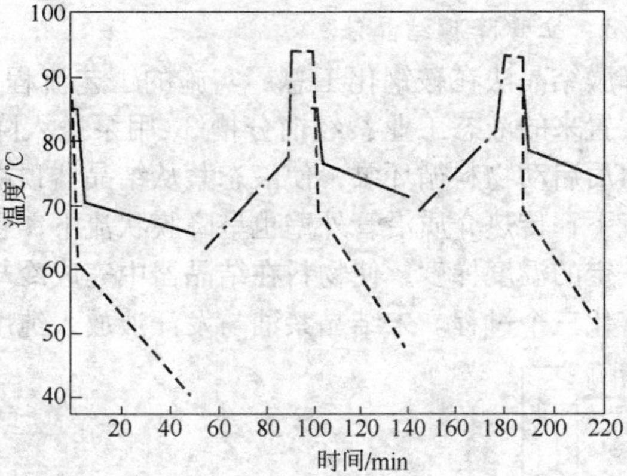

图 6-16　降膜分布结晶器的温度控制图

——产品温度；-----冷却介质的温度；

—·—·—加热介质的温度

各段精制效果见表 6-12。

表 6-12　各段精制效果对比

精制段	1	2	3	4	5	6
萘的质量分数/%	77.09	84.40	89.55	95.39	98.40	99.51
硫茚的质量分数/%	11.14	8.14	6.01	2.72	1.44	0.47

6.2.2.4　鼓泡式熔融结晶法

鼓泡式熔融结晶法的主要设备是类似管束式换热器的结晶

器，顶部有气体导入管、原料入口和气体出口，底部有出料口，见图6-17。操作方法是将液态原料送入结晶器内，然后由气体导入管通入氮气，气泡自每根结晶管底部沿壁上升，形成湍动，以改善传热和传质，同时在壳程通入冷却介质冷却。在管壁上附有适当结晶层后，由底部出口放出残液，升温发汗后，将管壁上结晶物熔化作为产品或继续加工。

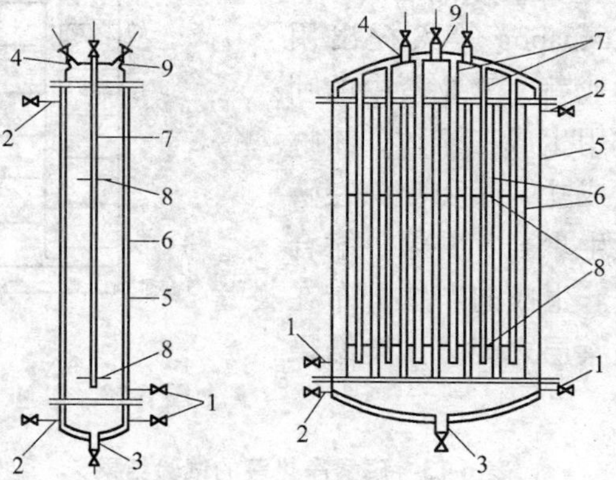

图 6-17　鼓泡式熔融结晶器示意图

1，2—加热或冷却介质出口；3—出料或进料口；4—进料口；
5—结晶器外壳；6—结晶管；7—气体导入管；
8—支撑杆；9—气体导出管

6.2.2.5　新日铁连续结晶法

主体设备是直立圆筒结晶塔（B. M. C 装置），见图6-18。由上至下依次为冷却段、精制段和熔融段。塔内装有回转轴，冷却段内回转轴上装有刮刀，精制段回转轴上安装若干搅拌棒。原料以液态加入，沿塔上升到冷却段，该段从外部进行冷却，使萘结晶析出，析出的晶体一面与上升的母液逆流接触，一面在重力作用下沿塔下降到熔融段，这一过程由于两相逆流接触形成了良好的传质条件和晶体本身熔融再结晶的作用，从而达到了精制目的。精制后的结晶到达熔融段被加热而成为液体，一部分作为产品采出，其余作为回流液沿塔上升对下降的结晶起精制作用。塔顶采出晶析残液。通过调节冷却温度、加热量和产品采出量使结晶层的上端保持在冷却端下部的位置。

6.2.3　磷酸洗涤蒸馏法

A. П. Сахраров 等人提出用磷酸净化工业萘，工业萘中的吲哚与磷酸作用生成三聚体，喹啉与酸作用生成盐，茚和吲哚在磷酸作用下发生聚合、共聚、缩合和烃化反应。生成的产物分布在磷酸和熔融萘层之间。试验结果见表 6-13。

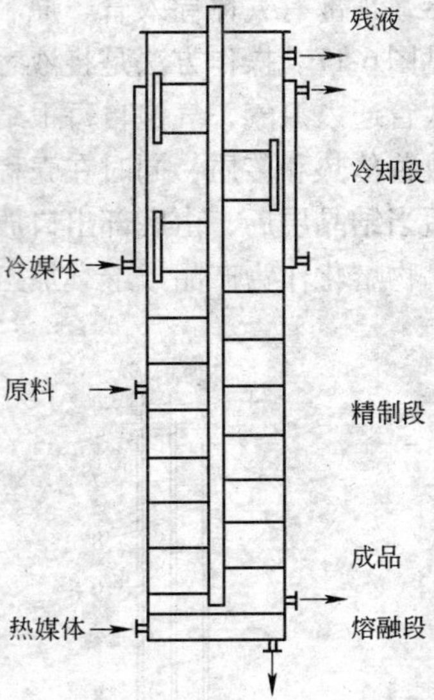

图 6-18　B. M. C 装置

表 6-13　磷酸净化萘的试验结果

萘	结晶点/℃	碘值	杂质的质量分数/%		
			吲哚	喹啉	硫杂茚
净化前	78.6	1.70	0.03	0.070	1.25
净化后					
加入 H_3PO_4（95%）的质量分数					
2%	79.0	1.01	0.008	0.008	1.08
3%	79.6	0.98		0.015	0.78
5%	79.4	0.97		0.010	0.68
7%	78.9	0.99		微量	0.65
加入 H_3PO_4（85%）的质量分数					
5%	79.5				0.70
加入 H_2SO_4（93%）的质量分数					
3%	78.7	1.03	微量	0.060	0.97
5%	78.8	1.03		0.054	0.82
7%	79.2	0.63			0.67

西伯利亚钢铁公司焦化生产的萘采用磷酸法净化，即向 90～95℃熔融萘中在搅拌下加入一定量的磷酸（85%～95%），混合 30min，放出净化萘，再进行普通蒸馏可以得到结晶点 79.6℃的精萘，产率为97%。

6.2.4 硫酸洗涤蒸馏法

采用质量分数为96%～98%的浓硫酸或硫酸-甲醛洗涤粗萘，将硫杂茚和不饱和化合物磺化、聚合成树脂状物质，碱性化合物与硫酸结合转入硫酸层，酚类在酸洗时存在于熔化的萘中，在随后的碱洗过程中除去。

工艺过程为：粗萘加热至 90～95℃熔化，然后在酸洗槽中分数次加入总量为4%（对粗萘）的浓硫酸，搅拌后静置分离，从底部排出硫酸盐基，上部排出的液体萘依次用热水和质量分数为10%～12%的氢氧化钠溶液洗涤。从碱洗分离器流出的液体萘再进行减压精馏，塔顶真空度保持 8.0～10.7kPa。从塔顶采出的精萘，经接受槽送入转鼓结晶机制成片状，其结晶点在 79.3℃以上。酸洗过程因萘磺化损失约4%～9%（对工业萘）。

在硫茚含量较高的粗萘中，为了深度地除去硫茚，少损失萘，采用硫酸-甲醛洗涤法为好。硫茚与甲醛发生如下反应：

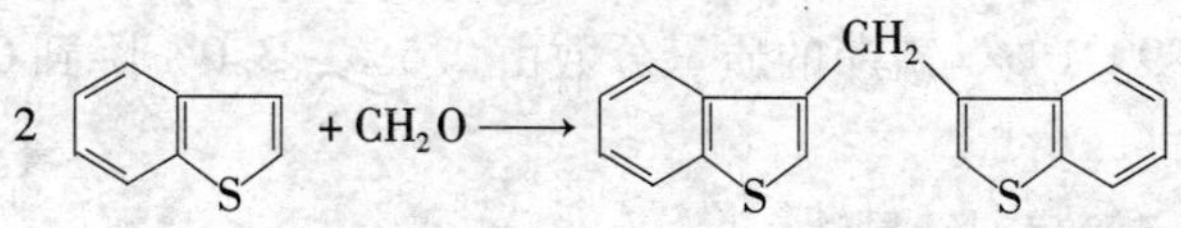

二硫茚甲烷

试验表明除去一分硫茚，有一分萘与甲醛反应，而用硫酸法时，在同样条件下这个比例为1∶6。

萘连续洗涤工艺流程见图6-19。该工艺由几个串联的混合器和沉降槽组成。在混合器中，试剂在 90～95℃下与熔融萘强烈反应，然后进入沉淀槽内。萘从每个沉淀槽上面流入下一个混合器内。第一个混合器的作用是用少量（1%～1.5%）浓硫酸聚合洗涤萘，以除去原料中的不饱和化合物和吲哚等。由这些化合

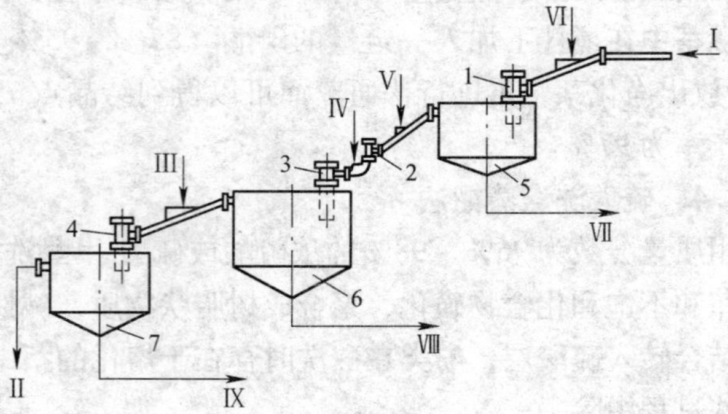

图 6-19　萘连续洗涤工艺流程

Ⅰ—粗萘；Ⅱ—洗萘；Ⅲ—10%的碱溶液；Ⅳ—工业甲醛水；Ⅴ—硫酸；
Ⅵ—浓硫酸；Ⅶ—废硫酸；Ⅷ—废硫酸和甲醛水的混合物；Ⅸ—废碱
1～4—混合器；5—聚合后沉淀槽；6—甲醛洗涤沉淀槽；7—萘中和后沉淀槽

物生成的树脂状物不易溶于萘，易溶于硫酸，可从废酸中排出。第二个混合器的作用是在硫酸存在下进行萘与甲醛水之间的反应，以除去原料中的硫茚。最后一个混合器的作用是碱中和萘，以排除含于萘中的酸性物质。经过洗涤后的萘，结晶点由78.2～78.4℃提高到79.6～79.7℃，纯度由96.0%～96.5%提高到99.0%～99.1%，硫茚的质量分数由2.5%～3.0%降到0.6%～0.8%。

6.2.5　溶剂结晶法

利用萘与杂质在醇类中溶解度的差异使萘得到净化。

波兰西里西亚工业大学煤化工研究所开发的甲醇溶剂结晶法于1984年在布拉霍夫尼亚焦油加工厂采用，年产8000t精萘。其工艺包括以下工序：工业萘以一定比例溶解在甲醇中；在塔式结晶器中以一定的降温速度结晶，并对晶体进行洗涤；晶体与母液分离；溶剂再生。另外针对硫茚与萘形成低共熔体的特点，添加少量酚类物质，由于酚羟基与硫茚形成较强氢键而有利于脱除硫茚。该法可以得到结晶点79.8～80.0℃的精萘，收率约为90%。

前苏联专利介绍的甲醇-丙酮两步结晶法以结晶点为71.2℃、含萘为84.0%的粗萘为原料，进行溶剂重结晶提纯。第一步以甲醇为溶剂，溶剂与原料质量比为1～1.5∶1，结晶最终温度为-10℃，得到纯度为98.83%，结晶点为79.5℃的萘；第二步以丙酮为溶剂，溶剂与原料质量比为1～1.5∶1，结晶最终温度为-5～-10℃，得到精萘纯度为99.81%，结晶点为80.1℃。第一步结晶分离后的母液进行蒸馏回收甲醇，残液含硫茚的质量分数为12%～15%，可用于生产纯硫茚。第二步结晶分离后的母液进行蒸馏回收丙酮，残液组成与粗萘相近，作为第一步结晶的原料。

加拿大专利介绍的甲醇-白土精制法以萘油馏分（结晶点61.0～69.5℃，含萘72.2%～82.5%）作为精制原料。用甲醇（甲醇∶原料质量比为2∶1）进行两次结晶。将第二次结晶得到的精萘熔融，放入压力容器中，用占原料质量的1%～10%的白土在80～100℃条件下精制处理。然后过滤，再蒸馏，得到结晶点为80.1℃，纯度为99.6%的精萘。

6.2.6 升华法

萘在远低于沸点时已具有较高的蒸气压。萘蒸气冷却时可不经过液相直接凝结成固体。利用这一性质，使原料中的萘与高沸点油类杂质分离，而得到纯度高的升华萘。工艺过程是将熔化后的粗萘装入蒸发器并保持115～125℃，液面上萘蒸气温度不应超过97℃，以免油类被萘蒸气带出而降低升华萘的纯度。萘蒸气进入升华室，室内温度40～50℃，萘即凝结成片状结晶。萘的升华也可以在减压下进行，以降低升华温度，增加升华速度。

6.2.7 萘的催化加氢精制

萘的加氢精制主要用于生产低硫萘，这种萘用于流化床生产邻苯二甲酸酐，可避免催化剂中毒，另外也适用于生产二萘酚、甲萘胺、H酸及苯胺染料中间体等化工产品。

6.2.7.1 加氢精制的基本原理

萘的催化加氢多采用Al-Co-Mo催化剂，也有采用Al-Ni-Mo

催化剂的。粗萘中主要含有硫茚及微量的苯甲腈、茚、酚类、吡啶碱及不饱和化合物，这些杂质在加氢过程的反应如下：

硫茚加氢生成乙基苯和硫化氢：

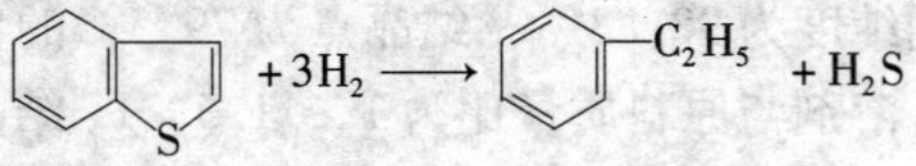

此反应是主要反应。

甲基苯腈生成二甲苯及氨：

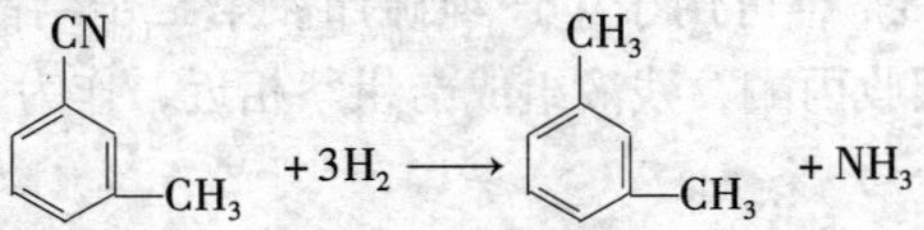

茚加氢生成茚满：

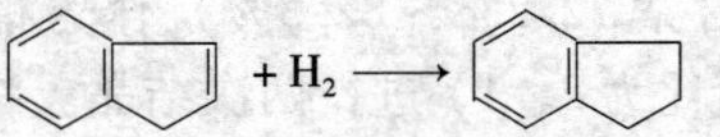

二甲基氧茚加氢生成二甲基乙基苯及水：

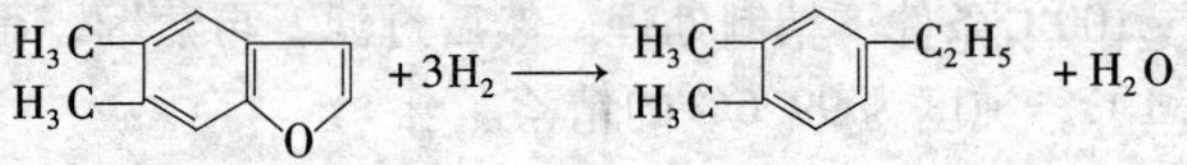

二甲酚加氢生成二甲苯及水：

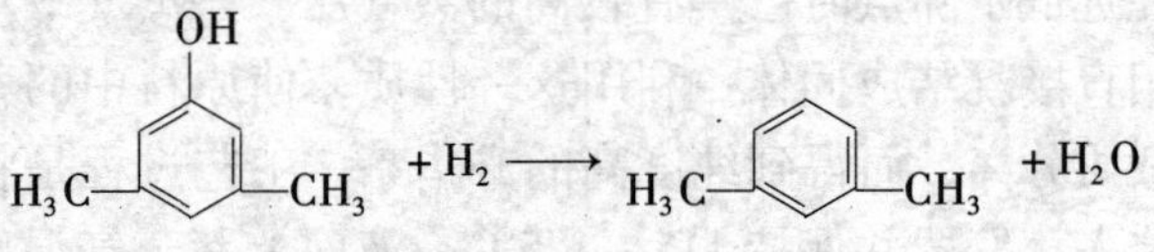

盐基加氢生成烷基苯及氨：

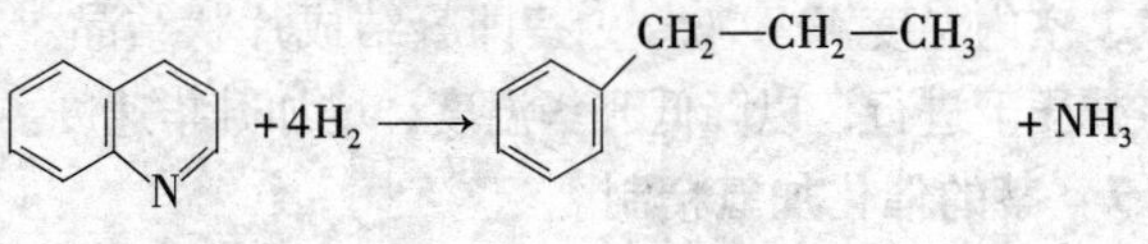

不饱和化合物的氢化：

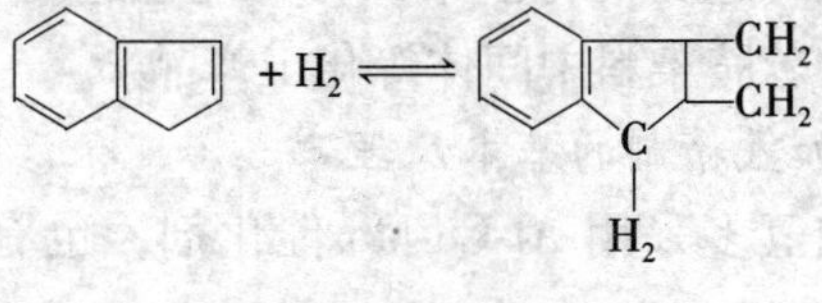

萘的氢化：

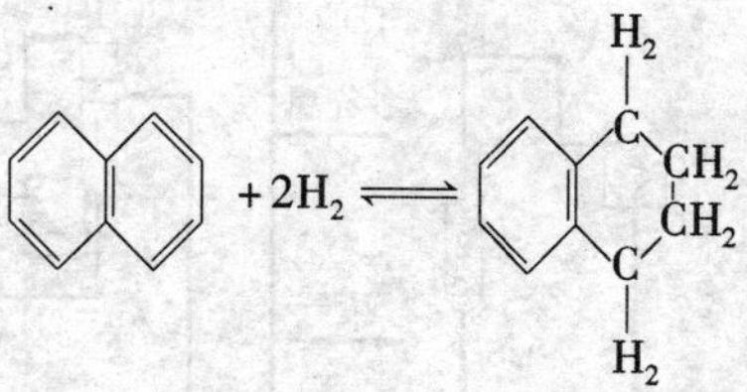

萘被加氢为四氢化萘的量与操作压力、反应温度及氢萘摩尔比等有关。当温度升高或压力降低时，便产生可逆反应。当萘转化为四氢化萘达到一定程度后，仍存在过量的氢时，一部分四氢化萘还会进一步加氢生成十氢化萘。在萘加氢净化过程中，不希望生成四氢萘，选择适当的加氢净化制度可以将四氢化萘的生成限制在0.3%以下（占加氢精萘）。

上述是加氢净化的主要反应，实际上还发生许多异构化、歧化及裂解等副反应，生成的产物有许多可在最后精馏时与加氢精制萘分开。

6.2.7.2 加氢精制的工艺流程

萘加氢精制的工艺流程见图6-20。

原料工业萘与含氢循环富气混合送至换热器经预热后，进入管式炉加热到所需的反应温度，然后进入固定床反应器。反应器内装有钴钼催化剂，在压力为1.4MPa，反应温度为440℃，液体空速为1.5～3h^{-1}下进行催化加氢。反应器流出物通过热交换器和冷却器至分离器，含氢富气于此分出并循环送至反应器。补充的氢气于循环压缩机前加入循环气系统。为了除去系统中的硫化氢，部分尾气必须放空。自分离器出来的液体直接送至提馏塔，自塔顶馏出的头馏分经冷凝冷却后进入分离器。自分离器逸出的轻油气中还含有硫化氢和氨等，分离器底放出乙基苯。由提馏塔底采出的产品为脱硫萘。

该法精制的萘硫含量为10～100mg/kg，结晶点在77.5～79℃之间。四氢化萘作为副产物存在，其质量分数约为1%。

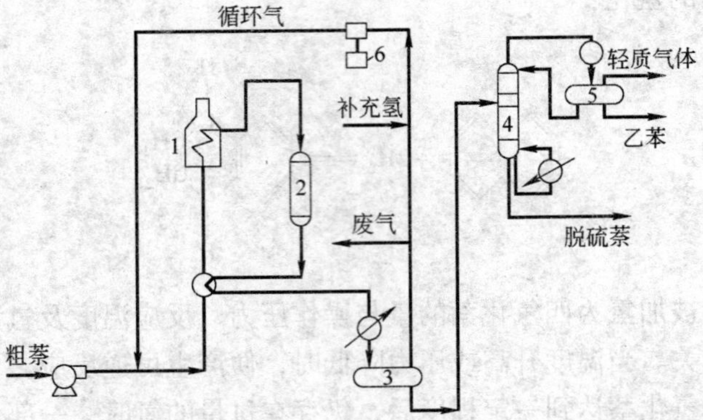

图 6-20　焦油粗萘加氢精制工艺流程

1—加热炉；2—固定床反应器；3—气液分离器；
4—提馏塔；5—分离器；6—循环气压缩机

参 考 文 献

[1] 梅山焦化厂，华东冶金学院. 工业萘精馏塔中萘及其同系物的分布规律[J]. 燃料与化工，1990，21（1）：41 ~ 45.

[2] 谈业贵. MWB 降膜结晶法精萘装置的工艺及生产[J]. 燃料与化工，1997，28（4）：214 ~ 216.

[3] 阎承伟，邓贻钊，赵树昌. 工业萘的结晶精制[J]. 煤化工，1992，58（1）：14 ~ 19.

[4] 魏文德. 有机化工原料大全. 第三卷[M]. 北京：化学工业出版社，1990.

[5] 魏文德. 有机化工原料大全 · 下卷[M]. 北京：化学工业出版社，1999.

[6] 甘李军，丁小川. 用降膜分布结晶法生产精萘[J]. 燃料与化工，2002，33（7）：209 ~ 211.

[7] [苏] 翟科夫 Д Д，巴茨 Б М 著. 焦化萘[M]. 王福成译. 北京：冶金工业出版社，1985.

[8] 任庆烂. 炼焦化学产品的精制[M]. 北京：冶金工业出版社，1987.

7 洗油馏分的精制

洗油馏分是煤焦油蒸馏切取的230~300℃的馏分，产率一般为无水焦油的4.5%~6.5%。洗油馏分主要用于洗涤吸收煤气中的苯族烃和从中提取喹啉类化合物、酚类化合物、甲基萘、二甲基萘、萘、吲哚、联苯、苊、氧芴和芴等产品。

7.1 洗油馏分的性质及组成

洗油馏分是复杂的多组分混合物，主要物理性质见表7-1。

表7-1 洗油馏分的物理性质

性质	数据	性质	数据
沸程/℃	230~300	比热容/kJ·(kg·℃)$^{-1}$	2.09
平均沸点/℃	265	闪点/℃	110~115
相对分子质量	约145	燃点/℃	127~130
密度(20℃)/g·cm^{-3}	1.040~1.060	自燃点/℃	478~480
蒸发热/kJ·kg^{-1}	约290		

洗油馏分利用毛细管气相色谱分析出149个组分。利用色谱、质谱和光谱联用分析出洗油馏分存在60种含氮盐基，其中主要是喹啉及其同系物、吲哚及其同系物。洗油馏分的酚类化合物中高级酚约占50%，如三甲基酚、α-萘酚及β-萘酚等。此外在洗油馏分中还含有硫化物，如噻吩、硫醚、硫杂茚、甲基硫杂茚以及有机二硫化物。

洗油馏分的性质和组成与焦油蒸馏的切取制度有关，各组分含量波动范围很大，见表7-2。

洗油馏分是多组分恒沸系统，同时又是多组分低共熔系统。吲哚和联苯、吲哚和苊、吲哚和沸点大于244.8℃的单甲基萘及沸点低于269.2℃的二甲基萘、2-甲基吲哚和沸点大于244.8℃

的单甲基萘及沸点低于269.2℃的二甲基萘都可以组成恒沸系统。洗油馏分中的主要低共熔物的熔点见表7-3。

表7-2 洗油馏分主要组成

组分名称	在洗油馏分中的质量分数/%		
	1	2	3
中性组分			
苯类高沸点同系物	0.48		
萘	19.10	14.56	12.0
α-甲基萘	5.48	9.74	7.85
β-甲基萘	8.11	16.98	15.66
二甲基萘	7.45	14.93	14.85
联苯	2.54	3.31	3.69
苊	12.73	12.11	19.0
芴	6.04	8.71	5.58
氧芴	4.49	7.34	14.22
蒽	0.79		
菲	0.96		
咔唑	0.52		
吲哚	1.73	1.1	1.0
酸性化合物			
酚	0.14	0.26	0.13
邻甲酚	0.24	0.18	0.08
间甲酚	0.32		}0.35
对甲酚	0.19	0.49	
二甲酚	0.76	0.70	0.40
高沸点酚	1.95	0.86	1.40
碱性化合物			
吡啶同系物	0.24	0.25	0.048
喹啉	1.15	1.20	5.57
喹啉同系物	1.39	1.45	1.90
其他盐基	2.02	2.10	
含硫化合物	3.22		
硫茚		0.16	

表 7-3　洗油馏分中的主要低共熔物的熔点

低共熔物	熔点/℃	低共熔物	熔点/℃
萘-β-甲基萘	26	β-甲基萘-α-甲基萘	-41
萘-α-甲基萘	-34.6	苊-芴	65
萘-苊	51	苊-氧芴	52
萘-2,7-二甲基萘	53	α-甲基萘-联苯	-40
萘-2,3-二甲基萘	54	β-甲基萘-联苯	27
萘-2,6-二甲基萘	60	2,6-二甲基萘-联苯	50
萘-芴	57	2,6-二甲基萘-氧芴	57
萘-吲哚	41.8		

洗油用作吸收煤气中苯族烃的吸收剂，在循环使用过程中，逐渐叠合使其相以分子质量增大，黏度提高，吸收率降低。研究表明最容易造成上述现象的主要因素是洗油中沸点高于270℃的苊、氧芴和芴等的存在所致。

洗油中各组分吸收苯族烃的能力依次是：甲基萘 > 二甲基萘 > 吲哚 > 联苯 > 苊 > 萘 > 芴 > 氧芴。洗油各馏分吸收苯族烃的能力依次是：甲基萘馏分（沸程235~250℃）>二甲基萘馏分（沸程250~270℃）>轻质洗油（沸程234~275℃）>原料洗油（沸程230~300℃）。各馏分聚合性能研究结果见图7-1。由图可见，二甲基萘馏分聚合性能最小，用作吸收剂可降低耗用量。二甲基萘馏分甲基萘含量低，但甲基萘和二甲基萘总含量高，并且

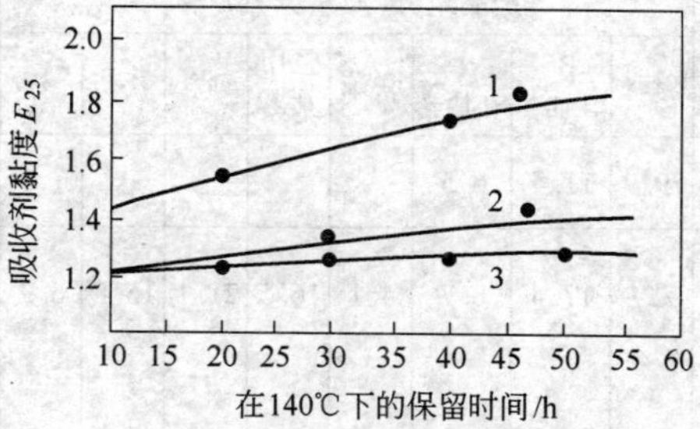

图 7-1　吸收剂的聚合性能

1—原料洗油；2—轻质洗油；3—二甲基萘馏分

苊、芴和氧芴含量低，所以对苯族烃吸收性能好。另外二甲基萘馏分含萘低，用作吸收剂还可以降低洗苯塔后煤气含萘量。综上所述，从洗油中提取宝贵的化合物，同时又改善了洗油作吸收剂的质量，因此，是洗油综合利用的有效途径。

洗油馏分分别用酸和碱洗涤，提取喹啉类化合物和酚类化合物后，其质量指标见表7-4。

表 7-4　洗油质量指标

指标名称	指　标
密度(20℃)/g·cm^{-3}	1.035 ~1.055
酚的质量分数/%	<3
萘的质量分数/%	<10
初馏点/℃	>230
270℃前馏出量/%	>85

7.2　洗油馏分的加工

7.2.1　洗油切取窄馏分的加工工艺

经过碱洗脱酚和酸洗脱喹啉盐基的洗油，在塔板数为60 ~70的三个浮阀塔内切取窄馏分，其工艺流程见图7-2。所得产品组成与规格见表7-5。

表 7-5　产品组成与规格

工艺名称	馏分名称	产品组分(质量分数)/%								产率/%	规　格
		萘	β-甲基萘	α-甲基萘	联苯	二甲基萘	苊	氧芴	芴		
洗油脱萘	萘油馏分	79.9	11.4	6.5						15 ~20	含萘≥74%
	低萘洗油	7.7	17.4	8.7	4.1	16.5	21.1	15.8	6.2	56 ~60	含萘≤8%，含酚<0.5% 300℃前馏出量≥90%
	脱萘残油						6.3	31.7	37.5	20 ~30	

续表 7-5

工艺名称	馏分名称	产品组分（质量分数）/%								产率/%	规格
		萘	β-甲基萘	α-甲基萘	联苯	二甲基萘	苊	氧芴	芴		
低萘洗油脱苊	轻质洗油	12.2	31.3	15.4	7.0	23	9.2	0.98		50～60	含苊＜10%，含萘＜15%，甲基萘＞40%
	苊油馏分	0.65	3.6	2.0	1.0	13	60	18.5	1.0	22～25	
	重质洗油	0.18	0.17	0.12		8.3	5.19	36.36	23.6	23～25	含苊＜10%，初馏点≤280℃
轻质洗油提取甲基萘	萘油馏分	65								5.4	
	甲基萘馏分	8.1	48.2	27.8	7.1	1.2				35～40	优级含萘＜5%，甲基萘≥75% Ⅰ级含萘＜10%，甲基萘≥70% Ⅱ级含萘＜15%，甲基萘≥70%
	中质洗油（二甲基萘馏分）	0.7	13.7	11.2	10.6	50.8	12.9	0.43		30～40	含苊≤18%，含萘＜2%
	轻质残油	0.40	8.0	7.3	9.0	55.2	20.1			23	初馏点≥250℃，干点≤268℃ 含苊＜18%，初馏点＞265℃
苊油馏分提取工业苊	工业苊		0.35	0.43			96.2	3.1		＞1.2	
	残油	0.9	6.4	4.4	2.4	20.4	38.4	22.9	3.6		

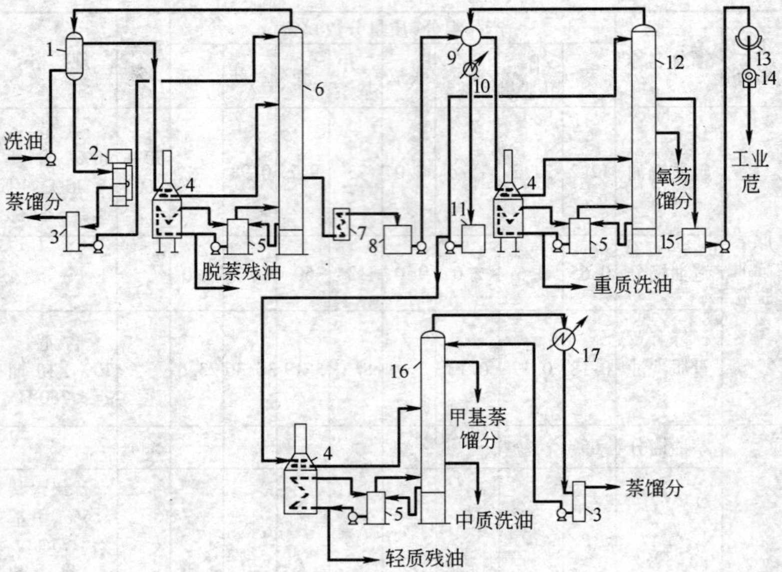

图 7-2　洗油切取窄馏分的工艺流程

1—预热器；2—气化冷凝器；3—回流柱；4—管式炉；5—蒸发器；6—脱萘塔；7—冷却器；8—脱萘洗油槽；9—换热器；10—冷却器；11—轻洗油槽；12—精馏塔；13—结晶机；14—离心机；15—苊馏分槽；16—精馏塔；17—冷凝冷却器

表 7-5 中所列产品中，萘油馏分是生产工业萘的原料，脱萘残油和重质洗油是提取氧芴和芴的原料，甲基萘馏分是提取 α-甲基萘和 β-甲基萘的原料，轻质残油和脱苊残油可混入低萘洗油中提取工业苊。中质洗油可作为回收苯族烃的吸收剂。

该工艺在鞍钢化工总厂实施。

马中全提出如图 7-3 所示的洗油加工工艺，该工艺与图 7-2 所示的工艺对比有以下特点：先切取轻组分，即萘馏分和甲基萘馏，后切取重组分，即中质洗油和苊馏分；苊馏分结晶过滤后的滤液直接作为后精馏塔原料；取消了残油这一中间产品，各塔只

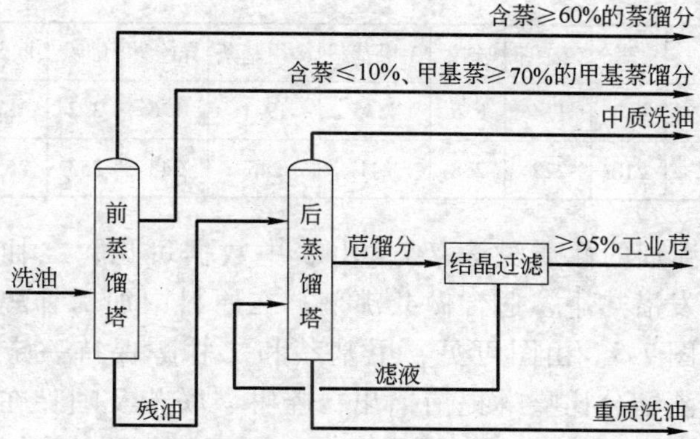

图 7-3　洗油加工工艺流程

有一处出料侧线。该工艺进行了半工业性试验，与原工艺加工同种洗油，在产品质量和产率基本相同的条件下，能耗比原工艺下降 20% 以上，并且设备减少，操作简化。

7.2.2　洗油恒沸精馏的加工工艺

采用的原料为工业萘塔底油，其组成见表 7-6，蒸馏曲线见图 7-4。由图可见各组分很难分开。

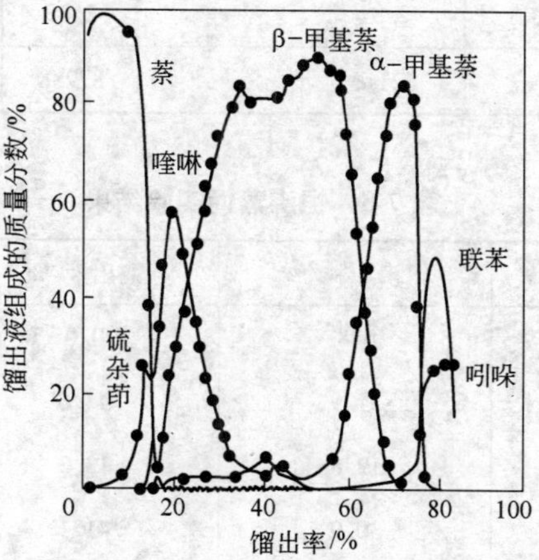

图 7-4　蒸馏曲线

表 7-6　原料组成

组 分	萘	硫杂茚	喹啉	β-甲基萘	α-甲基萘	异喹啉	吲哚	联苯	其他
质量分数/%	6.3	1.4	8.5	45.5	19.1	1.6	3.2	3.7	10.7
沸点/℃	218	222	238	241	245	243	253	255	

共沸剂的性质见表 7-7。由表中数据可见，二甘醇用量少，蒸发潜热小，适合做共沸剂。在原料中加二甘醇的蒸馏曲线见图 7-5。由图可见，甲基萘和二甘醇保持一定的组成作为恒沸馏分比喹啉提前馏出，喹啉、联苯及吲哚在甲基萘后分离出来，工艺流程图见图 7-6。恒沸蒸馏实验结果见表 7-8，产品质量见表 7-9。

表 7-7　共沸剂的性质

项 目	二甘醇		乙二醇	乙二胺（β-氨基乙醇）
	13kPa	0.1MPa		
共沸剂/原料	0.33	0.58	1.63	4.00
共沸温度/℃	157～159	225～226	190	171
比热容/kJ·(kg·K)$^{-1}$	2.31		2.35	2.77
蒸发潜热/J·g^{-1}	621.6		877.8	827.4

表 7-8　恒沸蒸馏实验结果

组分名称	恒沸原料/%	馏出液/%	残液/%
喹 啉	6.8	0.0	21.7
α-甲基萘	31.9	44.6	5.3
β-甲基萘	12.8	13.3	7.3
二甘醇	30.9	41.1	17.1
其 他	17.6	1.0	48.6

表 7-9　产品质量

名　称	纯度/%	凝固点/℃	色度（APHA）
β-甲基萘	>98	32.0	70
混合甲基萘（α的质量分数为53%）	>98	-14.0	80
混合甲基萘（β的质量分数为53%）	>98	-6.0	80
混合甲基萘（α的质量分数为70%）	>98	-15.0	70
α-甲基萘	>98	-15.0	70

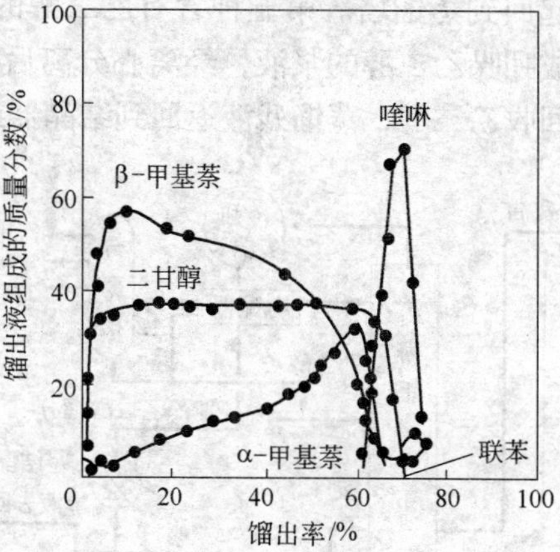

图 7-5　共沸蒸馏曲线

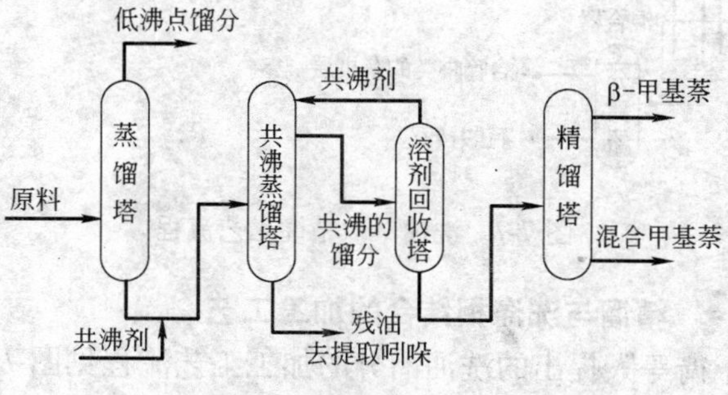

图 7-6　洗油恒沸精馏工艺流程

7.2.3 洗油萃取精馏的加工工艺

该工艺方案是美国的 Stephen E. Belsky 等人提出的，其工艺流程见图 7-7。脱酚脱盐基的洗油进入蒸馏塔底部，萃取蒸馏溶剂也送入蒸馏塔，抑制吲哚蒸气的形成，并使之不与甲基萘形成恒沸物，直至其他物质从塔顶馏出为止。塔底由重沸器循环供热，高沸点组分适当排出。塔顶的馏出物经冷凝冷却后到分配器，其中一部分作为塔顶回流，其余采出。最先采出的β-甲基萘馏分、α-甲基萘馏分和联苯二氢苊馏分在分离槽中分离成碳氢化合物相和乙二醇相。第四种馏分主要是乙二醇，它与分离槽下部的乙二醇一起回到蒸馏塔。第五种含有乙二醇的吲哚馏分至结晶器，在此形成吲哚乙二醇的浆液，经离心分离后得到吲哚晶体，母液用蒸馏法回收乙二醇，蒸馏残液返回到结晶器或蒸馏塔。

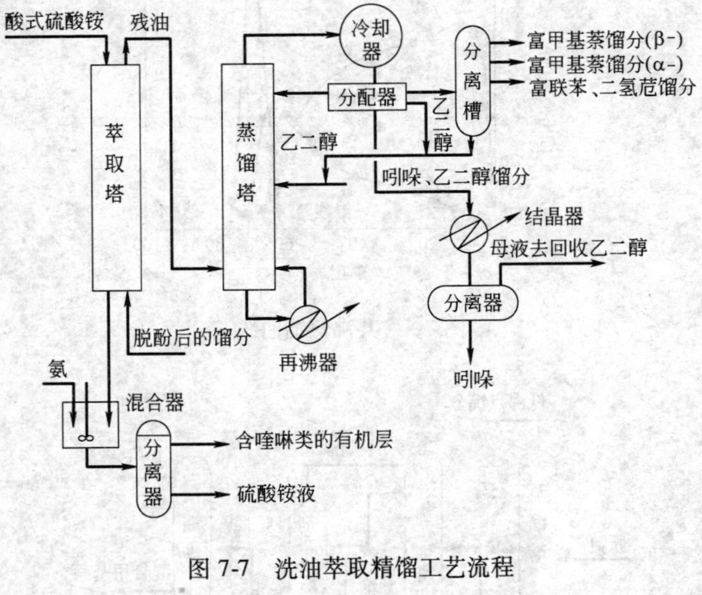

图 7-7　洗油萃取精馏工艺流程

7.2.4 精馏与洗涤相结合的加工工艺

柳内 衛等人提出的洗油馏分的加工工艺流程见图 7-8。原料组成见表 7-10，蒸馏曲线见图 7-9。

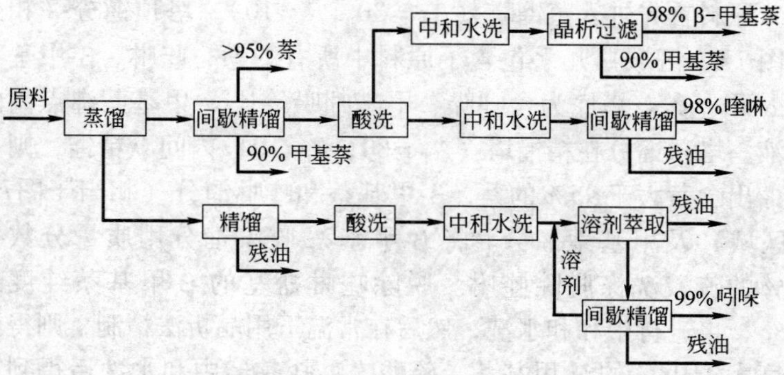

图 7-8　精馏与洗涤相结合的洗油加工流程

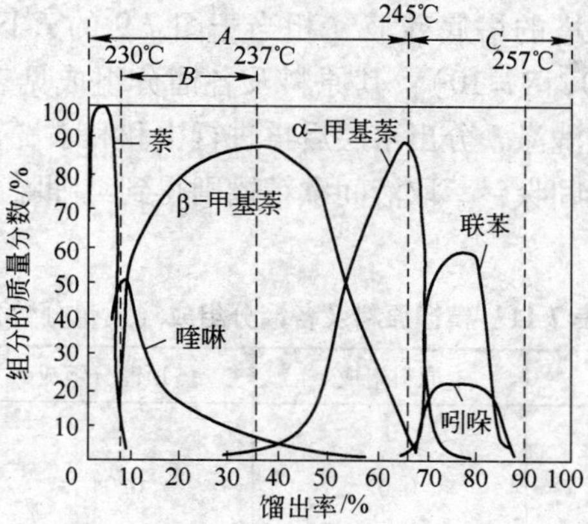

图 7-9　蒸馏曲线

$N_T = 80$，$R = 10$

表 7-10　原料组成（质量分数）　　（%）

组分名称	原料组成	塔顶组成	塔底组成
萘	6.64	10.21	0
喹啉	5.48	8.42	0.02
异喹啉	1.35	2.03	0.08
吲哚	2.96	0.19	8.10
β-甲基萘	35.83	54.69	0.81
α-甲基萘	13.96	20.41	1.99
联苯	7.66	0.27	21.39
其他盐基	10.06	12.30	5.89

原料首先进入蒸馏塔（$N_T=30$，$R=10$），塔顶馏分（相当于图7-9*A*区域）几乎包含了原料中所有的萘、喹啉、β-甲基萘和α-甲基萘。塔底为含吲哚、甲基吲哚等比α-甲基萘沸点高的残液。塔顶馏分在精馏塔（$N_T=80$，$R=10$）内间歇精馏，则可分馏出含萘大于95%的萘，β-甲基萘和喹啉馏分（相当于图7-9*B*区域）及甲基萘馏分。将β-甲基萘-喹啉馏分用质量分数为20%的硫酸洗涤脱除喹啉。脱除喹啉盐基的β-甲基萘纯度达95%，再进行中和和水洗，然后在常温下用晶析法精制，则得到纯度大于98%的β-甲基萘。硫酸喹啉盐基经中和水洗后得到粗喹啉。粗喹啉进行间歇精馏得到纯度达98%的喹啉。

连续蒸馏塔的塔底残液（相当于图7-9的*C*区域）送入精馏塔（$N_T=10$，$R=10$），其原料及各馏分组成见表7-11。塔顶馏分用稀硫酸洗涤，分出水层后再进行中和和水洗，然后用极性有机溶剂萃取吲哚，萃取液间歇精馏则得到纯吲哚产品，溶剂回收循环使用。

表7-11 精馏原料及各馏分组成（质量分数） （%）

组分名称	原料组成	塔顶馏分组成	塔底残液组成
萘	0	0	0
喹啉	0.02	0.04	0
异喹啉	0.08	0.14	0
吲哚	8.10	12.65	2.40
β-甲基萘	0.81	1.44	0.03
α-甲基萘	1.99	3.49	0.12
联苯	21.39	32.44	7.54
其他盐基	5.89	7.12	4.35

7.2.5 精馏与加氢脱硫和异构化结合的加工工艺

日本川崎钢铁公司以洗油为原料生产β-甲基萘的半工业化生产工艺流程见图7-10。原料洗油经蒸馏切除低沸点馏分后进入共沸蒸馏塔，采用乙二醇、二甘醇或乙醇胺为共沸剂除去原料中

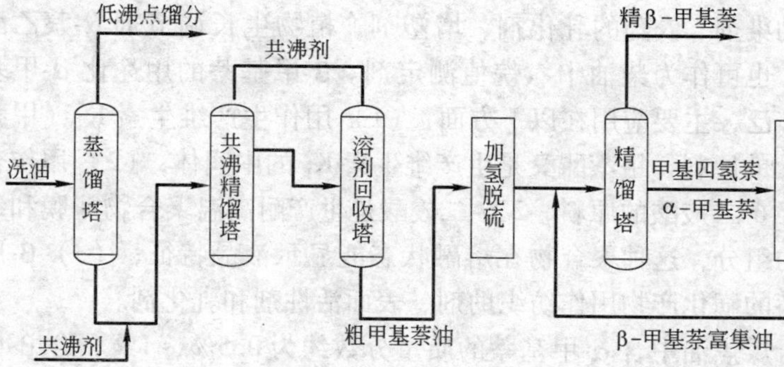

图 7-10　精馏与加氢脱硫和异构化结合的工艺流程

的含氮化合物，得到的粗甲基萘油再用加氢的方法去除其中的含硫化合物，如甲基苯并噻吩。在异构化装置利用 Y 沸石催化剂将 α-甲基萘异构化为 β-甲基萘，得到的 β-甲基萘富集油通过精馏得到高纯度的 β-甲基萘。四氢化萘的存在可以提高 α-甲基萘异构化为 β-甲基萘的选择性，并延长催化剂寿命，四氢化萘经脱氢后又返回甲基萘油中。用晶格常数为(24.3 ~ 24.4) $\times 10^{-10}$ mm 的 Y 沸石催化剂，气相温度为 400℃，α-甲基萘与 β-甲基萘之比为 31∶69，异构化收率达 50% 以上。

7.3　甲基萘的分离精制

7.3.1　甲基萘的性质及用途

甲基萘有两种异构体，即 α-甲基萘和 β-甲基萘。α-甲基萘为带蓝色荧光或淡黄色油状液体，有萘味，微溶于水，溶于乙醇、乙醚和丙酮等。沸点为 244.69℃，熔点为 -30.46℃，密度为 1.0203g/cm^3。熔融热为 6.95kJ/mol，蒸发热为 50.66kJ/mol，燃烧热为 5818kJ/mol。β-甲基萘为无色单斜晶体，不溶于水，易溶于乙醇、乙醚和苯等。沸点为 241.05℃，熔点为 34.57℃，密度为 1.0290g/cm^3，熔融热为 12.13kJ/mol。

α-甲基萘可用于合成甲基-二丁基磺酸钠（表面活性剂）、纤维助染剂、农药的乳化剂、增塑剂、植物生长调节剂 α-萘乙酸等，也可作为柴油十六烷值测定剂。β-甲基萘的用途比 α-甲基萘广泛，主要应用在以下方面：（1）用作生产维生素 K_3（甲萘醌）的原料，甲萘醌又是生产维生素 K_1 的中间体；（2）用作合成2,6-二羧酸的原料，2,6-二羧酸是生产耐高温聚合物薄膜和纤维的组分，这种聚合物在熔融状态能显示液晶特征；（3）β-甲基萘的磺化产物用作纺织助剂、表面活性剂和乳化剂。

煤焦油中含 α-甲基萘的质量分数约为0.5%～1%，含 β-甲基萘的质量分数约为1%～1.5%，主要集中在洗油馏分和萘油馏分。在洗油馏分中 α-甲基萘的质量分数约为5.5%，β-甲基萘的质量分数约为8.5%；在萘油馏分中 α-甲基萘的质量分数约为3.5%，β-甲基萘的质量分数约为5.5%。

分离提取甲基萘的原料一般是洗油、甲基萘油和工业萘塔底油。提取甲基萘的原料用精馏法外理很容易得到甲基萘的富集馏分。由甲基萘的富集馏分出发，单纯采用精馏法或晶析法提纯甲基萘是有限度的。例如 JP 昭 57—95923 专利提出将 β-甲基萘馏分用连续精馏法提纯，得到的 β-甲基萘纯度只有96.3%，收率为43.4%。JP 昭 57—95923 专利提出将 β-甲基萘馏分用晶析法提纯，得到的 β-甲基萘纯度只有96%，收率为50%，这是因为在 α-甲基萘和 β-甲基萘混合物中，若 β-甲基萘占17.5%，α-甲基萘占82.5%便形成共晶混合物，提高纯度有限度。因此多采用精馏法得到富甲基萘的窄馏分，然后再用结晶或共沸精馏等方法精制。

7.3.2 重结晶法

竹谷 彰二等对纯度大于90%的粗 β-甲基萘，为除去含硫和含氮有机物，采用乙醇胺重结晶法效果明显。乙醇胺加入量为原料量的2～4倍，在30～40℃下溶解，然后冷却结晶，β-甲基萘优先析出，过滤得到的结晶物中，几乎不含有硫和氮的有机物。实施例见表7-12。

表 7-12　乙醇胺重结晶结果（质量分数）　（%）

组分名称	原料组分	产品组成
β-甲基萘	96.5	99.5
α-甲基萘	0.9	痕
甲基噻吩	2.6	0.5
全　硫	0.49	0.094
碱性氮	0.00005	痕

寺尾 信一郎等提出用α-甲基萘和β-甲基萘为主的混合液，加入在常温下黏度低于 $15\times10^{-6}m^2/s$(15 cSt)的有机溶剂，如甲醇、乙醇、丙醇、已烷、甲苯等作稀释剂。在β-甲基萘的结晶母液中，结晶浓度因结晶温度和稀释剂的添加量不同而异，控制在质量分数为5% ~35%为好。小于5%收率低，大于35%母液流动性变小，不易操作。间歇式结晶工艺流程见图7-11。在带有搅拌器的结晶槽中，装入含有（质量分数）β-甲基萘75%，α-甲基萘23.5%的馏分7.7kg，甲醇2.3kg，然后用循环泵循环。当槽内温度为1.2℃，β-甲基萘开始析出，混合液结晶的质量分数达到22%，此时将母液用循环泵送到离心机，得到纯度为97%的β-甲基萘，经水洗后达98%。从离心机分出的7.8kg母

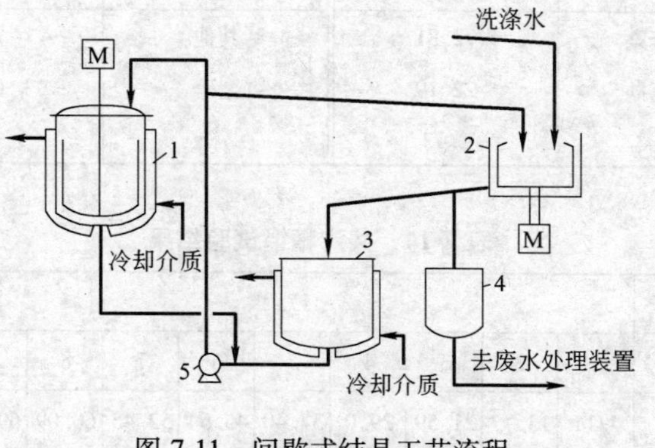

图 7-11　间歇式结晶工艺流程

1—结晶器；2—离心机；3—母液槽；4—水洗液槽；5—循环泵

液入母液槽，然后再导入结晶槽降低结晶温度，其余操作同前，则得到1.6kg纯度98%的β-甲基萘，总收率达66%。水洗液送水洗液槽去废水处理装置。

7.3.3 共沸精馏法

乙醇胺或烷基胺类具有与萘、甲基萘和二甲基萘共沸而与杂环化合物不共沸的性质。在α-甲基萘和β-甲基萘中，又具有与β-甲基萘选择性共沸的性质。这样可将原料中含有的萘和二甲基萘用蒸馏方法分离除去，然后加乙醇胺，在常压或减压下进行共沸蒸馏而得到高纯度的β-甲基萘，以例说明如下。

共沸精馏所用原料组成见表7-13。加入原料质量5倍的乙醇胺，在 $N_T = 50$，$R = 20$ 的填料塔内精馏，切取9个馏分，然后冷却结晶，离心分离，得到的结晶物组成见表7-14。由表中数据可见，从1~8馏分得到的结晶纯度均在94%以上，总计47.62g。若在常温下用水洗除乙醇胺，然后干燥，得到白色结晶47.05g，收率占原料中β-甲基萘的79.3%。β-甲基萘质量见表7-15。

表7-13 共沸精馏所用原料组成

组分名称	质量分数/%	组分名称	质量分数/%
β-甲基萘	72.81	其他	2.27
α-甲基萘	22.19	全硫	0.59
噻吩类	2.73		

表7-14 共沸精馏试验结果

蒸馏温度	<171℃									>171℃
馏　分	1	2	3	4	5	6	7	8	9	
馏出率/%	4.11	13.77	21.59	29.0	37.40	45.54	52.45	60.09	69.38	30.62
结晶物量/g	1.91	6.90	7.74	6.50	6.65	5.93	5.71	6.28	7.55	

续表 7-14

蒸馏温度		<171℃									>171℃
馏分		1	2	3	4	5	6	7	8	9	
组分的质量分数/%	β-甲基萘	99.65	99.63	99.49	99.02	98.52	98.27	97.89	94.75	81.47	21.42
	α-甲基萘	0.18	0.18	0.36	0.84	1.37	1.38	2.06	5.15	18.34	62.95
	噻吩类	检不出	检不出	检不出	检不出	检不出	检不出	检不出	检不出	检不出	5.60
	其他	0.17	0.19	0.15	0.14	0.11	0.35	0.05	0.10	0.18	10.01

表 7-15　β-甲基萘质量

组分(质量分数)/%				S 的质量分数/%	熔点/℃
β-甲基萘	α-甲基萘	噻吩类	其他		
98.2	1.6	检不出	0.2	0.019	33.9

7.3.4　化学精制法

7.3.4.1　$AlCl_3$ 精制法

甲基萘用于合成产品时，其中的含氮、含硫和含氧化合物必须受到限制，以防止催化剂中毒，抑制副反应。含氮化合物用酸洗和碱熔等方法容易除去，含硫化合物除去较困难。甲基萘中的硫化物以甲基噻吩为主，其沸点与甲基萘接近，又能与甲基萘共结晶析出，所以用精馏法和重结晶法都不能完全脱除硫化物。采用无水 $AlCl_3$ 加热处理后，用水或硫酸溶液将 $AlCl_3$ 提取出来，然后用结晶法精制，则能有效地除去甲基苯并噻吩，以例说明如下。

将 3000g β-甲基萘原料装入烧瓶中，再加入 68.6g $AlCl_3$（对 S 为 1 倍摩尔比），在 80℃下反应 60min，然后加入质量分数为 5% 的稀硫酸 300g，除去无水 $AlCl_3$ 后再加入 300g 质量分数为 5% 的氢氧化钠洗涤。洗净后的甲基萘经溶剂重结晶便可有效地除去硫化物。试验结果见表 7-16。

表 7-16 $AlCl_3$ 法试验结果

处理方法	组分(质量分数)/%				脱硫率/%
	β-甲基萘	甲基噻吩	二氢化噻吩	全 硫	
原料甲基萘	95	2.51	0.00	0.55	
洗净后甲基萘	95	0.18	0.55		
洗净后重结晶	99	0.09	0.04	0.03	95
原料甲基萘重结晶		1.21	0.00	0.27	51
原料甲基萘冷却结晶		1.43	0.00	0.31	46

7.3.4.2 硫酸—甲醛精制法

在甲基萘馏分中，首先加入硫酸进行反应，然后再加入甲醛进行反应，则可得到硫含量低的甲基萘。例如取200g纯度为97%、含硫质量分数为0.6%的β-甲基萘，在80℃下加浓硫酸3.6g反应30min，再加质量分数为37%的甲醛水溶液8g反应5h，反应后除去水层，油层用碱水溶液洗净得β-甲基萘176g，含硫质量分数为0.05%。

7.3.5 烷基聚合—精馏法

张曾、刘锋等采用烷基聚合—精馏法从洗油中提取α-甲基萘和β-甲基萘。烷基化剂是异丁烯、甲基叔丁基醚、叔丁醇、丁烯或丙烯中的一种或几种。催化剂可以采用固体酸，（如SO_4^{2-}/Fe_2O_3、SO_4^{2-}/ZrO_2、SO_4^{2-}/ZrO_2-SiO_2、SiO_2-ZrO_2等）或液体酸（如硫酸、磷酸或盐酸）。本发明的实施例是将含甲基萘的质量分数不低于60%的馏分送入烷化聚合反应器中，并向器内加入占原料质量6%的SO_4^{2-}/ZrO_2固体酸催化剂，然后升温到75℃，按原料质量的1%通入异丁烯1h。停止通入异丁烯后，升温到100℃，继续反应1.5h，放出物料，滤除催化剂，料液送入1号精馏塔，操作压力0.08MPa，塔底温度233℃±3℃，塔顶温度195℃±3℃，塔顶采出沸点小于β-甲基萘的轻组分，如萘、四甲基苯等。塔底物料送入2号精馏塔，操作压力0.06MPa，塔底温度225℃±3℃，塔顶温度182℃±3℃，塔顶采出质量分数不低于95%的β-甲基萘，塔底物料进入3号精馏塔，操作压力

0.04MPa，塔底温度 238℃ ±3℃，塔顶温度 195℃ ±3℃，塔顶采出质量分数不低于 95% 的 α-甲基萘，塔底物料主要是联苯、苊及烷基聚合产物等重组分。

7.3.6 加氢和磺化—缩合精制法

甲基萘油中主要含有苯并甲基噻吩和甲基硫茚等硫化物。日本川崎制铁化学事业部采用 Mo-Co/γ-Al_2O_3 催化剂加氢脱硫。加氢后的甲基萘中残存硫化氢、烷基苯、甲基四氢萘等，精馏后可得到纯度大于98% 的 β-甲基萘。磺化-缩合时，使用相当于甲基硫茚 8.7 倍的质量分数为 95% 的浓硫酸，含硫量可降到万分之1.72 以下，缩合时用 0.8 倍浓硫酸和 2.3 倍质量分数为 37% 的甲醛（均为摩尔比），含硫量降至百万分之 7.4。上述两种方法均可使 β-甲基萘产品符合标准要求。

7.3.7 冷冻结晶法

冷冻结晶法是利用化合物之间熔点不同进行提纯。

杨宝昌等将通过精馏切取的 β-甲基萘质量分数不小于 75% 的主馏分，在 -2 ~2℃ 下结晶 72 ~84h，形成结晶体后离心分离，滤饼加热熔化，过滤除去杂质，可获得纯度不低于 95% 的 β-甲基萘。也有报道精馏得到的质量分数大于 98% 的混合甲基萘，分级冷冻结晶得到产品。

7.4 吲哚的分离精制

7.4.1 吲哚的性质及用途

吲哚是 1910 年由 Weissgerber 在煤焦油中发现的，又名氮杂茚或苯并吡咯。吲哚为白色鳞片状晶体，沸点 253℃，熔点 53℃，密度 1.22g/cm^3，燃烧热 36500kJ/kg。吲哚溶于醇、醚及苯等有机溶剂，也溶于热水。吲哚暴露在空气中颜色逐渐加深并树脂化，加热至沸点时有分解现象。吲哚具有粪臭味，但极度稀释的吲哚具有花香味。

吲哚的结构式为 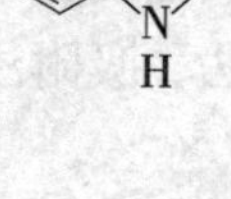

，按近代分子轨道理论，它是由

10 个 π 电子组成的一个连续封闭的共轭体系，其中两个电子由氮原子提供，其结构如图 7-12 所示。由于氮原子的自由电子对苯环及吡咯核的 π 电子共轭，吲哚呈弱酸性，但它又能在强无机酸存在下发生聚合，所以又呈弱碱性。吲哚倾向于亲电取代反应，取代基主要进入 3 位。

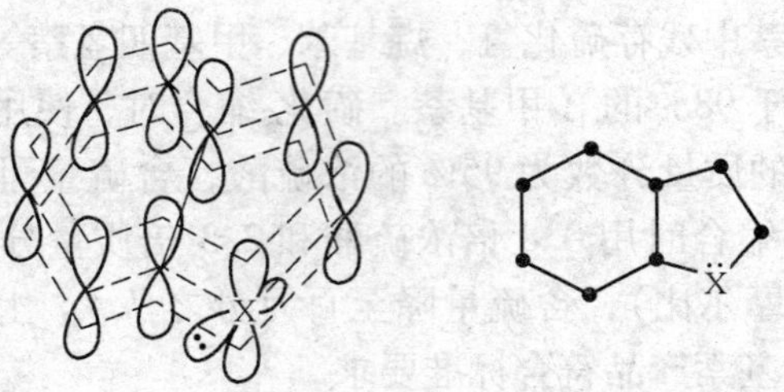

图 7-12　吲哚的分子结构

吲哚主要应用在农业化学、香料、医药和染料等方面。例如：合成 β-吲哚乙酸 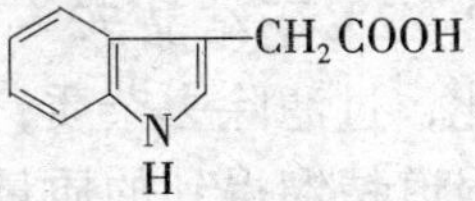

、β-吲哚丙酸 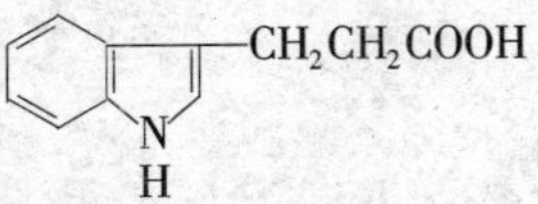

及 β-吲哚丁酸 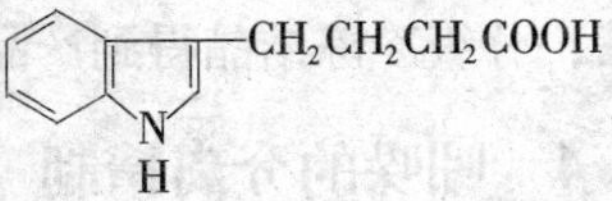

，这三种化合物都是植物生长激素；合成色氨酸 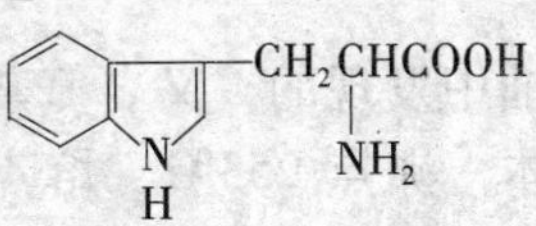

，它是动物生长所必需的一种氨基酸，也可用作抗缺乏蛋白症胃溃疡药；在香料生产中作香味保持剂；与甲醛缩合生产吲哚甲醛树脂等。

吲哚在煤焦油中的质量分数为 0.1% ~0.2%，主要集中在洗油馏分。

各国研究者发明了各种从煤焦油馏分中分离吲哚的方法。主要有碱熔法、溶剂萃取法、络合法、吸附法、酸聚合法、共沸精馏法和萃取精馏法等。

7.4.2 碱熔法

碱熔法是提取吲哚最早采用的方法，其基本原理基于吲哚呈弱酸性，与碱发生如下反应：

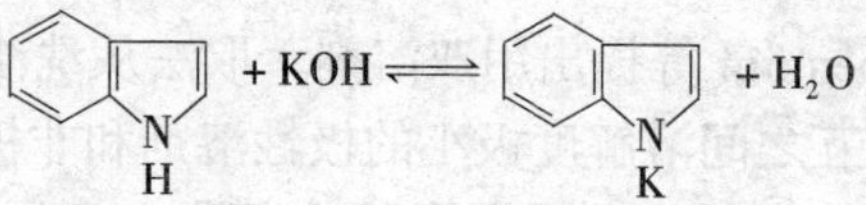

生成的碱熔物采用过滤等方法易从洗油馏分中分离出来，再经水解得到吲哚。其主要操作步骤为：

（1）向洗油的225～245℃的甲基萘（含吲哚约为5%）馏分中，加入理论量1.2倍的氢氧化钾，在155～240℃下反应至不再有反应水析出为止。

（2）分离出固体吲哚钾，用苯洗涤以除去中性油。

（3）吲哚钾在50～70℃，加水量为原料量2倍的条件下进行水解。为减少吲哚损失，在水层中加入苯，则得到吲哚的苯溶液。

（4）蒸馏吲哚的苯溶液，得到吲哚馏分。

（5）吲哚馏分经冷却结晶、压榨，即得到工业吲哚。工业吲哚用乙醇重结晶，即得到纯吲哚。

该法存在流程长，吲哚提取率低，污染环境及成本高的缺点。

7.4.3 溶剂萃取法

吲哚在极性溶剂中的溶解度大，这样的溶剂有：乙醇胺、二乙醇胺、三乙醇胺等羟胺类的胺系溶剂；二甲基亚砜等的亚砜系溶剂；N,N-二甲基甲酰胺、二甲基乙酰胺等酰胺系溶剂；N-甲基吡咯烷酮、N-乙基吡咯烷酮等吡咯烷酮系溶剂等。另外向有机溶剂中加适量水也可以提高萃取的选择性。洗油中的其他中性组分在非极性溶剂中的溶解度大，这样的溶剂有 C_5～C_{10}的烷烃或环烷烃。吲哚在几种溶剂中的溶解度见表7-17。

表 7-17　吲哚在几种溶剂中的溶解度　　(g/100g)

温度/℃	庚烷	乙醇胺	乙二醇	双甘醇	三甘醇	吡咯烷酮	二甲基亚砜
25	2.79	60.41	35.79	61.44	72.15	73.96	77.63
30	3.69	67.98	43.58	66.49	74.80	76.37	79.67

M. И. Зарецкий 等提出用双溶剂萃取法从洗油馏分中回收吲哚，即采用相互之间溶解度极小的极性溶剂和非极性溶剂作为萃取剂。利用人工配制的吲哚混合物（吲哚：α-甲基萘：β-甲基萘：联苯 = 1：4：4：1），研究了几种组分在庚烷——极性溶剂体系的相对分配系数β_i。

$$\beta_i = \frac{\alpha_1'}{\alpha_1''} \cdot \frac{x_i''}{x_i'}$$

式中，α_1'、α_1''为吲哚在萃取相和萃余相中的质量分数；x_i'、x_i''为萃取相和萃余相中其他组分质量分数（i = 2、3、4，分别代表β-甲基萘、α-甲基萘和联苯）。各组分的相对分配系数见表7-18。由表可见，吲哚在庚烷-乙醇胺、庚烷-三甘醇、庚烷-二甲基亚砜等组成的液-液系统中，能保证吲哚的选择性分配。其中庚烷-乙醇胺体系的分配系数最高，同时庚烷和乙醇胺相互间的溶解度小，在25℃时乙醇胺在庚烷中的溶解度是0.196，庚烷在乙醇胺中的溶解度是0.108。因此，推荐庚烷-乙醇胺作为萃取溶剂。此法采用连续式和间歇式操作均可。双溶剂逆流萃取连续式分离吲哚的原则流程见图7-13。

表 7-18　相对分配系数

极性溶剂	β_2	β_3	β_4
乙二醇	167	117	198
双甘醇	83	78	66
三甘醇	339	286	309
N-甲基吡咯烷酮	40	38	31
丙酮缩二乙砜	110	100	75
乙醇胺	381	399	336
二甲基亚砜	223	209	154
吡咯烷酮	126	124	108

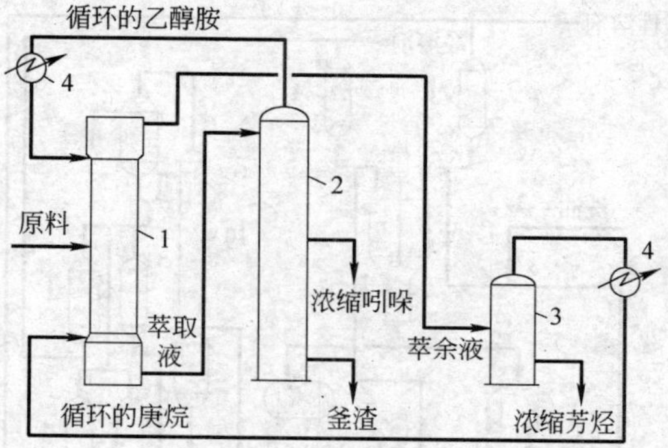

图 7-13　双溶剂逆流萃取连续式分离吲哚的原则流程
1—填料萃取柱；2—精馏柱；3—蒸发器；4—冷凝冷却器

按图 7-13 所示工艺进行试验的原料组成见表 7-19。进入填料萃取柱的物料质量比为：庚烷∶乙醇胺∶原料 = (2.2 ~ 2.5)∶(0.7 ~ 0.9)∶1，通过一级萃取吲哚提取率约达 90%，吲哚在萃取相中的质量分数为 7% ~ 8%。萃取液在 $N_T = 12$ 的玻璃填料蒸馏柱内蒸出乙醇胺，循环使用。操作条件：塔底压力 26.2kPa，回流比 $R = 2$，塔底温度 200 ~ 201℃。得到的吲哚浓缩液，在 $N_T = 12$ 的精馏柱内减压间歇精馏，$R = 5 \sim 6$，则得到纯度 99% 的吲哚。萃余液经简单蒸馏出庚烷，循环使用。得到的浓缩芳香族化合物，可采用精馏法分离其他组分。两段间歇式双溶剂萃取分离吲哚的工艺流程见图 7-14。

表 7-19　原料组成

组　分	质量分数/%	组　分	质量分数/%
联　苯	17.92	萘	11.38
α-甲基萘	17.15	甲基吲哚	0.11
β-甲基萘	22.37	其　他	25.78
吲　哚	5.29		

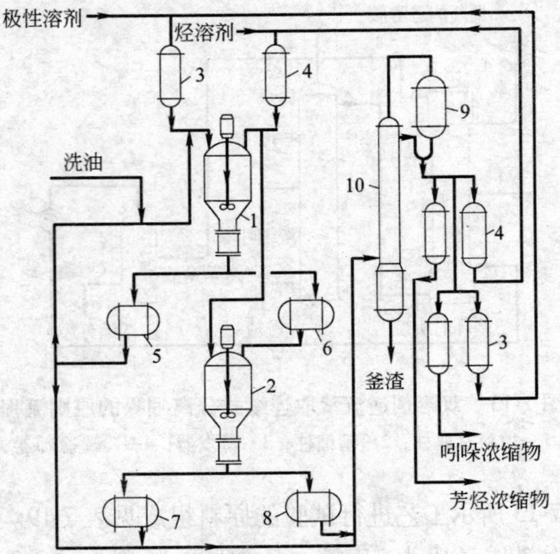

图 7-14　两段间歇式双溶剂萃取分离吲哚的工艺流程

1——段萃取器；2—二段萃取器；3—极性溶剂罐；4—烃溶剂罐；
5—上层溶液罐；6—下层溶液罐；7—吲哚溶液槽；
8—芳烃溶液槽；9—冷凝器；10—蒸馏柱

盐谷胜彦等的溶剂萃取试验结果见表 7-20。由表中数据可见，在非极性溶剂存在的条件下，适当提高水的加入量，可提高吲哚的选择度。从含有吲哚的水混合溶剂中回收吲哚，首先用蒸馏方法脱水，然后再回收溶剂。脱除溶剂后用精馏法分离得到吲哚和甲基吲哚。

表 7-20　溶剂萃取试验结果

溶剂名称	加水量/%（占极性溶剂）	k_{1ND}	$k_{2\text{-}HN}$	s
乙醇胺	无	0.07	9.24	132
	10	0.15	22.50	150
	20	0.27	43.20	160
	20（无己烷）	0.54	46.44	86

续表 7-20

溶剂名称	加水量/%（占极性溶剂）	k_{1ND}	$k_{2\text{-}HN}$	s
二甲基亚砜	10	0.23	0.46	20
	20	0.37	14.43	39
	20（无己烷）	1.77	30.09	17
2-吡咯烷酮	10	0.38	4.10	11
	20	0.37	7.40	20
	20（无己烷）	1.67	13.36	8

注：1. 试验用原料组成（质量分数）：α-甲基萘 20%，β-甲基萘 35%，二甲基萘 25%，吲哚 5%。

2. 选择度 $s=\frac{k_{2\text{-}HN}}{k_{1ND}}$，$k_{2\text{-}HN}$、$k_{1ND}$ 分别代表 β-甲基萘和吲哚的分配系数。

柳内 衛等提出的分离吲哚的工艺见图 7-15。该工艺得到粗吲哚纯度 84.9%，收率 92.5%，精制吲哚纯度 99%，收率 61%。

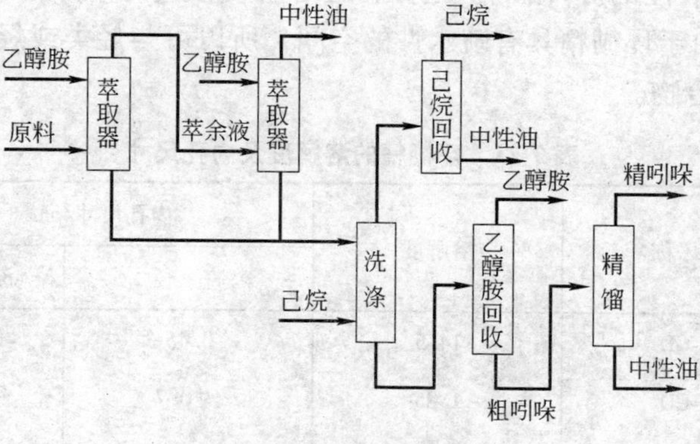

图 7-15　分离吲哚的原则流程

溶剂萃取法是回收吲哚比较成熟的方法，但目前所使用的萃取剂其选择性仍不很理想，造成目的产物损失，同时要回收大量的溶剂循环使用，导致生产成本高，尤其在原料中吲哚含量较低时，其缺点尤为突出。

7.4.4 络合法

利用环糊精络合法从洗油中提取吲哚是基于环糊精的大环分子特殊结构。环糊精（CD）又称环状淀粉，由6个葡萄糖分子构成的，称为α-环糊精；由7个葡萄糖分子构成的，称为β-环糊精；由8个葡萄糖分子构成的，称为γ-环糊精。环糊精（CD）的结构见图7-16。

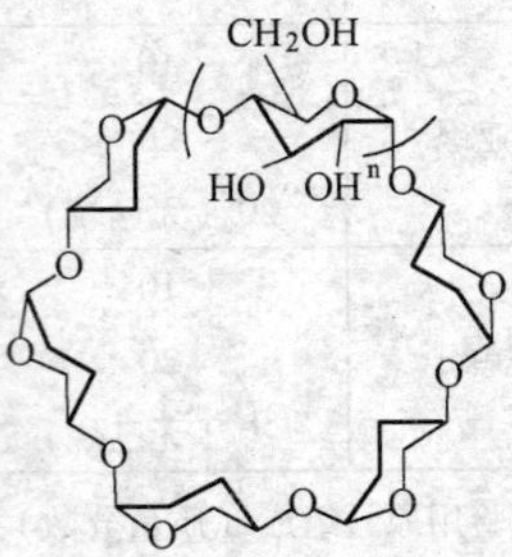

图7-16 环糊精（CD）的结构

n = 1:α-CD; n = 2:β-CD;

n = 3:γ-CD

环糊精具有圆筒状的构造，圆筒的上部（广口部分）排列着—OH基，下部（窄口部分）排列着—CH_2OH 基，所以环糊精分子整体是亲水性的，可溶于水。但环糊精圆筒的内部是疏水性的。环糊精在水中的溶解度及分子内孔尺寸见表7-21。由于环糊精具有疏水性的空间，所以可与烃类或烃基形成包含化合物。

表7-21 环糊精的溶解度及内孔尺寸

名　称	溶解度	内孔尺寸/nm	
		直　径	深　度
α-CD	14.5	0.45	0.67
β-CD	1.85	约0.7	约0.7
γ-CD	23.2	约0.85	约0.7

环糊精能从洗油中选择性地浓缩吲哚，与吲哚生成环糊精包含物。该包含物具有高度的稳定性。α-环糊精的配合作用见表7-22。由表中数据可见，洗油中的中性组分以很大程度被除去。这是因为喹啉类中的氮原子与环糊精中羟基形成

氢键，而吲哚中的—NH 基团的氢原子与环糊精中的氧原子形成氢键，它们与环糊精网络中心的作用比一般碳氢化合物强得多。

表 7-22　α-环糊精的配合作用　（%）

组　分	240～270℃洗油馏分	第一次配合	第二次配合
吲　哚	3.5	49.9	75.8
喹　啉	3.4	10.8	4.5
异喹啉	1.3	2.5	0.3
2-甲基萘	25.5	10.2	1.2
2-甲基喹啉	2.0	10.8	10.2
其　他	64.4	15.8	8.0

注：表中数据均为质量分数。

田中信、松浦明德提出用 β-环糊精溶液分离吲哚。将含吲哚的混合物与 β-环糊精水溶液接触，使生成的吲哚-β-环糊精包含物晶析出，将其与中性芳烃分离。如向 β-环糊精溶液中添加碱类或尿素类物质，将提高 β-环糊精包含物的溶解度，使其溶解在水溶液中，而中性芳烃几乎不溶解。含吲哚的 β-环糊精水溶液用与水不相溶，与吲哚不共沸且沸点差大的有机溶剂如醚类、酮类、卤代烃及芳烃萃取吲哚。萃取液用蒸馏法分离。为了提高吲哚纯度，在用溶剂萃取吲哚前，可用脂肪烃或环脂烃萃取非目的物。

7.4.5　酸聚合法

酸聚合法的基本原理基于吲哚呈弱碱性，易于质子化。光谱分析表明，吲哚的质子化主要发生在 β 位。质子化后的吲哚容易发生低聚反应：

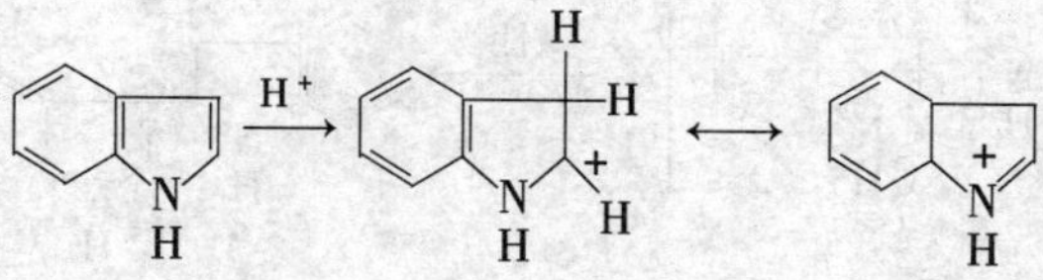

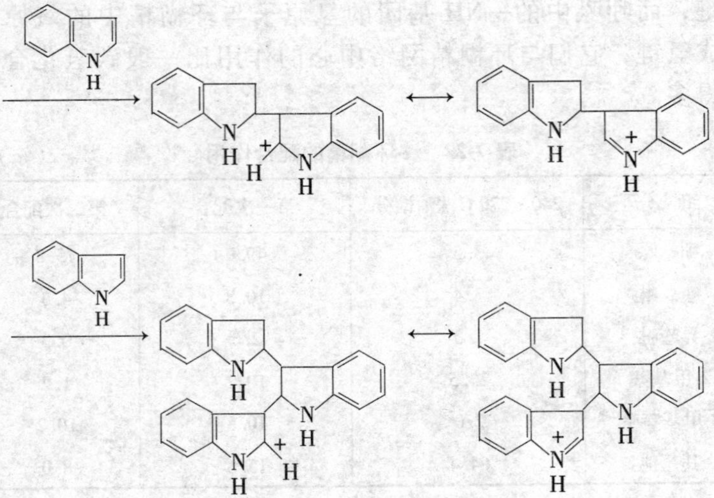

据此，田中信、竹尾节等提出用酸聚合法从煤焦油洗油馏分中提取吲哚。

酸聚合法主要包括以下步骤：

（1）酸聚合生成吲哚低聚物盐。将酸性较强的无机酸加入含有吲哚的洗油中，吲哚发生低聚反应生成二聚体和三聚体盐。使吲哚低聚物化用的酸有卤氢酸、硫酸及磷酸等供质子酸。

（2）吲哚低聚物盐脱酸。可以采用在芳烃存在下使吲哚低聚物盐和碱性物接触，或者将吲哚低聚物盐溶解于醇类中再向其中加入碱性物。碱性物可采用碱金属化合物、碱土金属化合物及氨化合物等。芳烃或醇类用简单蒸馏方法与吲哚低聚物分离。吲哚低聚物盐脱酸反应为：

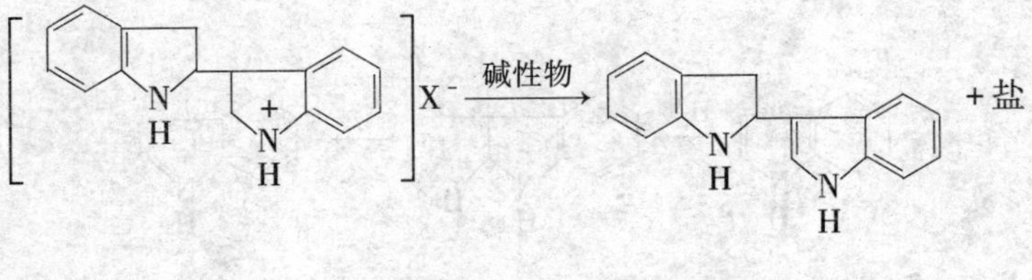

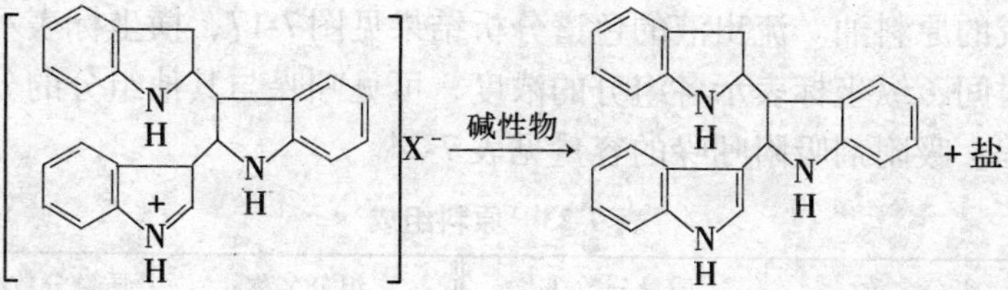

（3）吲哚低聚物的分解。一般在惰性气氛下将吲哚低聚物加热分解得到吲哚单体：

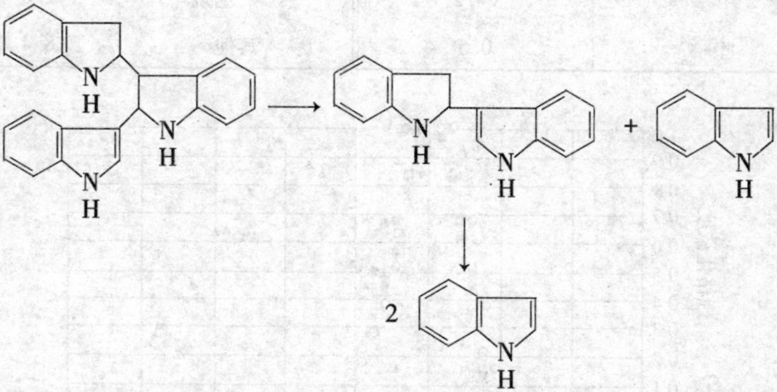

热分解得到的吲哚油进一步精制可以采用冷却结晶、重结晶、减压精馏及恒沸精馏等方法。

酸聚合法最突出的优点是在原料中吲哚含量较低的情况下，回收率大于90%。

辽宁科技大学与宝钢化工公司合作采用酸聚合法从甲基萘油馏分中提取的吲哚小试产品纯度大于99%。

7.4.6　吸附法

千崎 利英等提出采用Na或K置换的Y形煅烧沸石分子筛（质量比为 $SiO_2/Al_2O_3=5.5$）作为吸附剂。脱附剂可采用醚类、酯类或酮类等。分离过程利用固定床、流动床或模拟移动床均可。

Y形沸石在350℃煅烧4h，然后添入 ϕ8mm、*L*500mm的钢管内作为吸附柱，柱温保持80℃。脱附剂以5mL/min的速度从一端填充入柱内，另一端以5mL/min的速度供给如表7-23所示组成的原料油。流出液的色谱分析结果见图7-17，横坐标表示流出时间，纵坐标表示各组分的浓度，可见吲哚与其他组分的分离过程。吸附剂吸附吲哚的容量见表7-24。

表 7-23　原料组成

组分名称	质量分数/%	组分名称	质量分数/%
萘	1.9	吲哚	5.1
1-甲基萘	15.7	联苯	2.2
2-甲基萘	64.2	二甲基萘	2.0
喹啉	0.5	其他	8.4

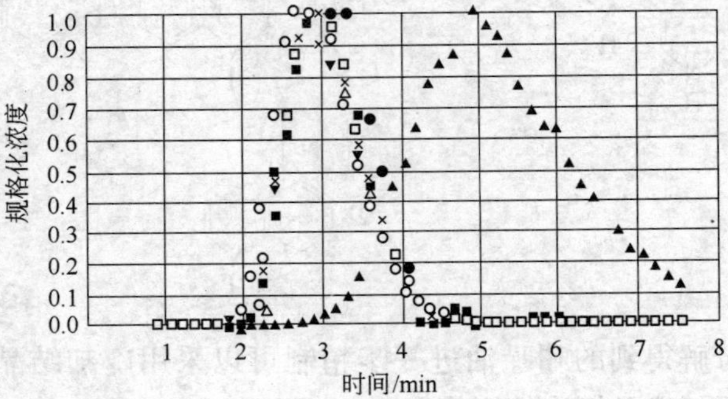

图 7-17　不同时间流出液的色谱分析

■—萘；×—喹啉；●—二甲基萘；□—β-甲基萘；

▲—吲哚；○—1,3,5-三异丙苯（内标物）；

▼—α-甲基萘；△—联苯

表 7-24　吸附容量

吸附剂	脱吸剂	每克吸附剂的吸附容量/mg	温度/℃
Na-Y 型	乙酸丁酯	75.2	80
K-Y 型	乙酸丁酯	80.3	80
K-Y 型	乙酸乙酯	97.8	60

7.4.7 共沸精馏法

竹谷彰二等采用原料为245~256℃的吲哚窄馏分，加入共沸剂二甘醇，其量为非目的物量的0.6倍以上。将该混合物在$N_T=50$，$R=10$的填料塔中蒸馏，塔顶温度在235℃下，非目的物甲基萘类、联苯、二甲基萘类、苊等中性成分及喹啉、异喹啉碱性成分与共沸剂共沸，在低于吲哚馏出温度下，几乎全部馏出，吲哚浓缩物以塔底油残留下来。加水分出二甘醇后的浓缩物经冷却结晶和萃取等方法可以得到纯度大于99%，收率约80%的吲哚产品。表7-25列出几种组分与二甘醇的共沸温度。

表7-25 几种组分与二甘醇的共沸温度

共沸组分	质量分数/%	共沸温度/℃
β-甲基萘	63.2	226.4
α-甲基萘	60.8	229.2
联　苯	54.4	232.4
喹　啉	70.0	232.5
2,6-二甲基萘	51.1	235.1
2-甲基喹啉	64.5	241.0
异喹啉	54.4	242.0
吲　哚	29.2	244.6

7.4.8 超临界萃取法

利用压力和温度控制密度和溶解度的变化，可以有效地利用萃取剂。柳町昌俊等将粗吲哚在压力为7~30MPa，温度为30~60℃条件下，用液体或超临界气体除去不纯物，可以得到高纯度吲哚。

超临界萃取工艺过程见图7-18。将粗吲哚送入萃取器，在压力为8MPa，温度为45℃的条件下，通入液态CO_2。萃取器和分离器内的物料组成见表7-26。在萃取器得到的纯度90.4%的吲哚，再用正己烷重结晶，则得到纯度99.7%的吲哚，回收率对粗吲哚为80%。

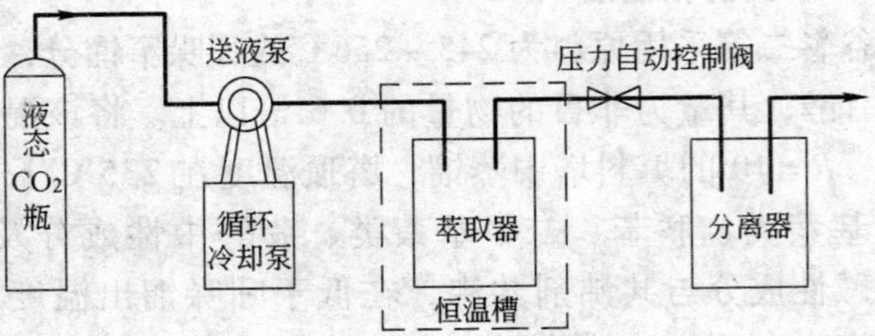

图 7-18　超临界萃取工艺

表 7-26　物料组成（质量分数）　　（%）

组　分	粗 吲 哚	萃 取 器	分 离 器
β-甲基萘	4.0	0.1	19.6
α-甲基萘	2.3	0.25	10.6
联　苯	7.2	1.04	32.0
二甲基萘	0.8	0.58	1.7
吲　哚	78.5	90.4	30.4
其　他	7.2	7.6	5.73

柳内 衛等将液-液萃取、超临界萃取、再结晶和脱色法联合应用在吲哚的提取与精制，其工艺过程见图 7-19。原料及产品组成见表 7-27。

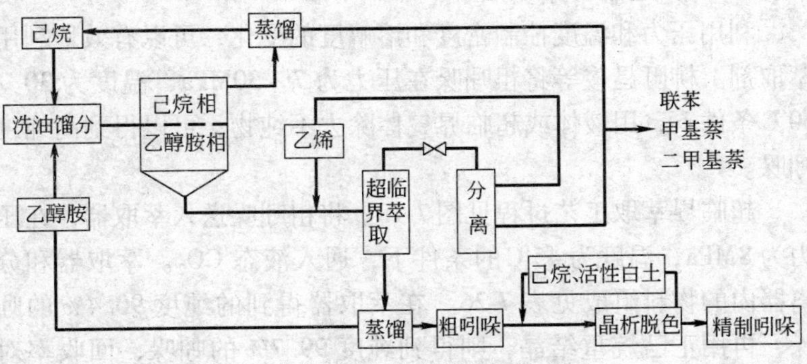

图 7-19　吲哚提取与精制简图

表 7-27 原料及产品组成（质量分数） （%）

组　分	洗油馏分	己烷相	乙醇胺相	超临界萃取相	分离相	粗吲哚	精制吲哚	粗吲哚（无临界）	精制吲哚（无临界）
乙醇胺			81.6	85.6	3.8	4.5		2.5	
己　烷		79.0							
喹　啉	3.4	0.6	1.1	0.4	10.3	1.7		5.1	0.1
异喹啉	4.1	0.7	1.2	0.8	12.2	3.6	0.1	6.8	0.5
吲　哚	10.7	0.5	12.2	13.0	14.2	88.9	99.9	64.7	99.0
β-甲基萘	23.5	5.5	1.8	0.2	19.4	1.0		7.8	0.2
α-甲基萘	18.8	4.5	0.8		11.6	0.1		4.1	0.1
联　苯	22.1	5.3	1.1		19.2	0.1		6.0	0.1
二甲基萘	17.4	3.9	0.4		9.3	0.1		3.0	

可见采用超临界萃取法精制，吲哚纯度大幅度提高。

7.4.9 压力结晶法

日本工业技术院公害资源研究所与神户制钢所利用压力晶析法精制吲哚。将质量分数为70%的吲哚混合液在200MPa压力及50℃温度的条件下结晶，便可得到纯度为99.5%以上的高纯度吲哚。当压力降到100MPa时，结晶中的杂质会溶解出来。反复上述操作可以得到纯度为99.99%～99.9999%的吲哚。

7.5 苊的分离精制

7.5.1 苊的性质及用途

苊是在1873年由Pierre E. M. Berthelot在煤焦油中发现的。苊具有萘和乙烷并合结构的稠环芳烃，又名萘并乙烷，萘嵌戊烷。

苊为白色或微黄色斜方针状结晶。沸点278℃，熔点96℃，密度1.2195g/cm^3，99℃时的密度为1.024g/cm^3。苊几乎不溶于水，微溶于甲醇、乙醇、丙醇和冰乙酸，溶于苯、甲苯、三氯甲烷和醚等。苊在几种溶剂中的溶解度见表7-28。

表 7-28　苊在溶剂中的溶解度　(g/100mL)

溶剂	10℃	20℃	30℃	40℃	50℃	60℃	70℃	80℃
乙醇		1.40						
甲苯	20.09	29.29	42.45	62.03	92.03	140.90	231.90	447.60
吡啶		21.90	33.50	51.00	66.80	124.70	217.60	419.40

煤焦油中含苊质量分数为1.2%～2.5%，主要集中在洗油馏分中，其质量分数为12%以上。煤焦油在蒸馏时，大部分苊烯通过氢转移被加氢变为苊：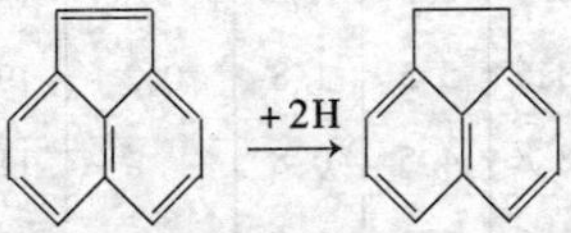

苊可直接用作烛蜡和硬蜡的添加剂以及橡胶和耐温电绝缘体的防老剂等。苊的转化产物如1,8-萘二甲酸酐、3,4,9,10-苝四甲酸二酐、1,4,5,8-萘四甲酸、苊醌和5-硝基苊等大多用于制造各种染料，苊烯、2,6-萘二甲酸等则用于生产树脂。

7.5.2　精馏—重结晶法

王军、刘文彬采用精馏—重结晶法从洗油中提取高纯度苊。该法是将含苊质量分数为8%～15%的洗油，在$N_T=45\sim60$的波纹板或不锈钢三角填料精馏塔内单塔减压精馏，塔压控制在0.05～0.06MPa，回流比控制在约15，当馏出温度达到235℃开始采苊馏分，温度达到245℃停止采出，则获得质量分数为65%～75%的苊馏分，收率约86%。

苊馏分采用无水乙醇重结晶，苊能溶于热醇中，在冷醇中溶解度小，而其他成分如二甲基萘、氧芴等在冷醇中的溶解度大，因而能有效地分离。无水乙醇与苊馏分质量比为（1～1.5）：1，将混合物加热至结晶全部溶解，再缓慢冷却至25～35℃，结晶20～50min，过滤，干燥，得到纯度99%以上的产品，滤液回收循环使用。

7.5.3　乳化结晶法

舒歌平等采用逐步升温乳化结晶法制备精苊，其特征是以含有乳化剂的水作连续相，乳化剂优选 HLB 值大于 12 的阴离子或非离子表面活性剂，如十二烷基苯磺酸钠或烷基酚聚氧乙烯醚（OP—10），在水溶液中的质量分数为 0.05%～3%。然后将粗苊和乳化剂溶液混合，使苊的质量分数在乳化液中约占 10%，将其在加热搅拌下逐步升温乳化成乳状液，升温速率为 6～10℃/min，最终乳化温度在 80～100℃。最后把制成的乳状液冷却至室温，经分离、洗涤、干燥得到产品。该法可以使粗苊纯度由约 80% 提高到 99% 以上，收率超过 94%。

以实施例说明如下：在 150mL 水中加 1.5g 十二烷基苯磺酸钠，再加入 15g 质量分数为 79.85% 的粗苊制成乳化液。以 6℃/min的升温速率搅拌加热到 90℃，经处理后得到精苊 11.9g，纯度 99.24%，收率 98.6%。

7.6 氧芴和芴的分离精制

7.6.1 氧芴和芴的性质及用途

氧芴是具有两个苯环和一个呋喃结构的杂环化合物，又名二苯并呋喃或联苯抱氧。芴是具有两个苯环和一个环戊二烯结构的稠环芳香烃，又名二苯并五环。氧芴和芴的主要性质见表 7-29。芴在几种溶剂中的溶解度见表 7-30。

表 7-29 氧芴和芴的性质

名称	密度 /g·cm^{-3}	沸点/℃	熔点/℃	外 观	溶解性
氧芴	1.168	287	82～83	白色或浅黄色针状结晶，有蓝色荧光	溶于苯、醚和乙醇，不溶于水
芴	1.181	297.9	115	白色片状结晶，真空中易升华	易溶于醚和冰乙酸，可溶于苯、二硫化碳和热醇，微溶于乙醇，不溶于水

表 7-30 芴在溶剂中的溶解度 (g/100mL)

溶剂	10℃	20℃	30℃	40℃	50℃	60℃	70℃	80℃
乙醇	1.32	1.82	2.30	3.10	4.27	6.40	9.85	16.60
甲苯	17.74	21.00	30.01	42.13	46.03	84.03	121.70	183.10
吡啶	16.28	24.40	33.28	47.12	66.70	95.24	138.40	208.20

氧芴可用作热载体以及食品和木材的防腐剂等。它的深加工产物，如氧芴2,3-酸可用于生产染料，3-氨基烷基氧芴可以制药，氯化氧芴可用作电绝缘材料的添加剂，磺化缩聚物可用作纺织助剂和湿润剂等。

芴可用于制取药物、合成树脂、染料和各种助剂。还可以用来生产洗涤剂、润湿剂、液体闪光剂、杀虫剂、感光材料和液晶化合物等。如9,9-双-(2′-羧基乙基)芴可用来制备聚酰亚胺树脂，2-二烃氨基乙酰芴酮可用作止痛剂和止痉挛剂，9-芴酮-2-羧基氨基醇酯可用作局部麻醉剂，2-二烃氨基甲基芴是止痉挛药、止痛药和降压药，5-芴甲酸是植物生长激素，双酚芴可作为高功能性聚合物的原料。

煤焦油中含氧芴为0.5%～1%，大部分集中在洗油馏分中，其质量分数约为10%。在重质洗油中的质量分数高达30%以上。

煤焦油中含芴为1%～2%，主要分布在洗油和一蒽油馏分中。在洗油馏分中质量分数为6%～9%，在蒽油馏分中质量分数约为2.4%。

7.6.2 氧芴的分离精制

氧芴的分离精制可以重质洗油为原料，采用60块浮阀塔盘精馏塔，切取280～286℃的氧芴宽馏分，氧芴质量分数为55%～65%。宽馏分在N_T=40的精馏塔再精馏切取氧芴窄馏分，其氧芴质量分数可达80%。

由氧芴窄馏分精制高纯度氧芴主要采用溶剂结晶法，所用的溶剂有乙醇、甲苯和α-甲基萘馏分等。以α-甲基萘作溶剂，氧芴窄馏分：α-甲基萘馏分＝5：1，冷却结晶，过滤分离，得到熔点为77～81.6℃，纯度为95%的氧芴。也可用过滤后的滤液作溶剂，加入质量比为氧芴窄馏分：滤液 = 1：(2～3)。

为了提取氧芴，也可采用先使氧芴在20℃下冷却结晶，离心过滤得到熔点54℃的粗氧芴，然后在乙醇中重结晶，质量比为粗氧芴：乙醇 = 1：1.5～2，则得到熔点约为83℃的氧芴。

7.6.3 芴的分离精制

芴的分离精制可用洗油精馏残油、重质洗油等为原料，将其采用精馏法切取富芴窄馏分，然后再用冷却晶析或溶剂结晶等方法精制。

7.6.3.1 冷却晶析法

高橋典等提出的冷却晶析法是采用含芴质量分数为40%～60%的富芴馏分，通过改变冷却速度，调整芴结晶粒度。在晶析时熔融的芴油要进行充分搅拌，使温度分布均匀热交换平稳地进行，以防芴晶粒结块。采用通用的分离方法得到的结晶再用C_1～C_3的低级醇洗涤以除去粒子间残留的不纯物。冷却速度与粒径和纯度的关系如下：

冷却速度/℃·min^{-1}	粒径/mm	纯度/%
0.3	1.2	93
0.6	0.6	85
1.2	0.2	82

结晶洗净的溶剂有人提出用溶解度参数为7～14.5的碳氢系溶剂，如乙醇、己烷和环己烷等。

吕苗等人从蒽油中提取的含芴质量分数为94.67%的工业芴用几种溶剂洗涤的效果见表7-31。由表中数据可见异丙醇的洗涤效果最好。

表 7-31 几种溶剂的洗涤效果

溶剂名称	工业芴：溶剂	产品纯度/%	芴收率/%
甲　醇	1：0.5	95.52	83.7
乙　醇	1：0.5	96.42	84.7
异丙醇	1：0.5	97.24	85.7

7.6.3.2 溶剂结晶法

C. H. Олвшанская 等提出用氯苯和二甲基甲酰胺两步溶剂结晶法。原料芴馏分组成(质量分数):苊 3.99%,氧芴 15.78%,芴 63.66%,甲基芴 13.76%,其余 2.81%。将此馏分和氯苯按 1∶1 ~ 1.5 的质量比加入带搅拌器和回流冷却器的反应器内,加热溶解并煮沸 30min,然后热过滤,滤液冷却到 25℃析出芴结晶,过滤分离得到纯度 92% 的工业芴。将此工业芴和含水质量分数为 10% ~15% 的二甲基甲酰胺按 1∶2 ~ 2.5 的质量比加入同一反应器内,再加热溶解并煮沸 30min,然后冷却到 25℃,析出的结晶经过滤、洗涤和干燥得到纯度 97.5% 的芴,收率 85.1%。

文中列出了二甲基甲酰胺中水的含量对净化程度和产率的影响见表 7-32。可见,采用含水质量分数为 10% ~15% 的二甲基甲酰胺作溶剂较为适宜。

表 7-32 二甲基甲酰胺含水量的影响

二甲基甲酰胺含水质量分数/%	产物中芴的质量分数/%	芴占原料资源的比例/%
5	87.8	78.0
10	97.5	84.8
15	97.7	85.3
20	96.4	87.1
25	95.0	90.0

曾有人推荐用白节油从芴馏分中分离芴,原料∶白节油质量比为 1∶0.45 ~ 0.6,得到的浆液加热到 90 ~95℃,然后冷却到 25℃,离心分离得到半富芴结晶,白节油母液再生回用。然后采用双溶剂萃取法处理半富芴结晶,其质量比为半富芴结晶∶白节油∶N,N-乙酰替二甲胺(含水质量分数为 15% ~ 20%) = 1∶(10.8 ~11.6)∶(3.3 ~ 3.9),萃取温度 55℃。当双溶剂的分配系数为 5.5,氧芴和苊的分配系数为 0.4,则选择性为 13.8。萃取后分离出的 N,N-乙酰替二甲胺液层冷却到 25℃,则析出芴

结晶，经离心分离和干燥后即为产品，N,N-乙酰替二甲胺可循环使用。试验结果见表7-33。

表 7-33 溶剂萃取试验结果

组分名称	原料/%	白节油重结晶产物的质量分数/%	白节油-N，N-乙酰替二甲胺双溶剂萃取产物的质量分数/%
芴	63.66	88.7	97
苊	3.99	0.2	
氧芴	15.78	6.3	
甲基芴	13.76	3.6	
未知物	2.71	1.2	

用白节油和白节油-N,N-乙酰替二甲胺双溶剂萃取所得产物产率分别为89.01%和90%，总产率大于80%。

贾春燕等以质量分数为95%的工业芴为原料，采用5种溶剂，在一定的条件下进行小试的试验结果见表7-34。由表中数据可见正丁醇作溶剂产品收率高。这是因为在60℃以下芴在正丁醇中的溶解度比另外几种溶剂小的原因。

表 7-34 几种溶剂的结晶试验结果

溶剂名称	产品纯度/%	收率/%	晶 形
甲醇	97.46	56.38	片状
乙醇	97.35	75.00	片状
甲苯	97.68	68.46	花状
邻二甲苯	97.14	80.00	花状
正丁醇	97.11	94.18	片状，粒度较均匀

贾春燕等又以质量分数为95%的工业芴为原料，以正丁醇作溶剂，考察了结晶条件对产品质量和收率的影响，其结果见表7-35。

表 7-35 正丁醇溶剂结晶条件试验结果

结晶条件		产品纯度/%	收率/%
工业芴：正丁醇（质量：体积）	5：5	96.75	98.24
	4：5	97.05	97.01
	3：5	97.11	93.00
降温速率 /min·℃$^{-1}$	25	97.10	93.44
	20	97.03	91.85
	15	97.14	89.67
结晶终温/℃	28	97.03	91.85
	30	97.14	89.67

注：每个结晶条件的考察，均在其他操作参数一定的情况下进行。

陈新撰文介绍了鞍钢化工劳服公司南台精细化工厂以含芴质量分数为20%～30%的重质洗油为原料，经间歇减压高效精馏得到含芴不小于60%的芴馏分，以二甲苯作溶剂，芴馏分：二甲苯质量比为1：0.8～0.9，放入釜中加热，全熔后降温结晶，然后依次经过滤器、离心机使芴结晶与二甲苯分离，而得质量分数为93%～95%的工业芴。二甲苯残液减压蒸馏回收循环使用，蒸馏残渣含芴质量分数约为50%回配原料。为了确定适宜的结晶终温，该厂以含芴质量分数为70%～72%的馏分1000kg，芴馏分：二甲苯质量比为1：0.9进行的试验结果见表7-36。该厂产品销往德国、日本和韩国等。

表 7-36 不同结晶终温的试验结果

结晶终温/℃	产品含芴的质量分数/%	产率/%
18～20	92.3～93.5	59～55
22～24	93.0～94.3	53～50
26～28	93.7～95.0	46～40
28～30	93.7～95.1	40～35

上述芴馏分在二甲苯和水（二甲苯：水质量比为1～0.8：0.8）中进行三相结晶，也可得到纯度93%～95%的工业芴。

采用溶剂结晶法经多次重结晶均可得到纯度不低于99%的精芴。

7.7 联苯的分离精制

联苯是两个独立苯环构成的多环芳香烃。呈白色或微黄色鳞片状结晶，沸点254.9℃，熔点68.84℃，密度70℃时0.9939g/cm³，几乎不溶于水，而溶于甲醇、乙醇和醚。

联苯可用作化工、医药、塑料和染料等工业的原料。热稳定性好，被广泛用作热载体。联苯与联苯醚的混合物（含联苯26.5%，联苯醚73.5%）载热温度可达300～400℃，也可用作核电站汽轮机体系的工作介质。联苯的加氢产物联环己烷，是喷气式飞机的燃料。

联苯在煤焦油中的质量分数为0.2%～0.4%，绝大部分集中在洗油馏分中，在洗油中的质量分数约为8%。

联苯的分离精制方法有钾融法、精馏法和共沸精馏法等。

7.7.1 钾融法

钾融法是从洗油中提取联苯和吲哚的成熟方法。首先将脱酚和脱吡啶的洗油在$N_T=20\sim25$的填料精馏塔内精馏，控制回流比$R=8\sim10$，切取245～260℃的联苯吲哚馏分，用钾融法脱除吲哚，得到的吲哚钾盐作为提取吲哚原料，分出的中性油作为提取联苯的原料。

从中性油中提取联苯，采用$N_T=20$的精馏柱，控制回流比$R=8\sim10$，切取252～262℃的联苯馏分，冷却结晶得到联苯粗品。然后粗品用乙醇重结晶，乙醇加入量为粗晶量的2倍，则得纯度大于90%的工业联苯。

7.7.2 精馏法

以中质洗油为原料，在$N_T=40$的精馏塔内切取联苯质量分数大于60%的联苯馏分，进行冷却结晶和抽滤，则得联苯粗品。粗品用乙醇重结晶去掉杂质得联苯产品。精馏得到的含联苯的质量分数为20%～59%的前后中间馏分，在$N_T=70$的精馏塔内进行二次精馏，切取质量分数大于60%的联苯馏分与前质量分数大于60%的联苯馏分合并处理。采用该法可得到熔点68～69℃，纯度大于95%的工业联苯。

7.7.3 共沸精馏法

利用乙二醇作共沸剂，联苯与乙二醇形成的共沸物沸点为230.4℃，吲哚与乙二醇形成的共沸物沸点为242.6℃，二者相差12.2℃，故可分离出联苯。

参 考 文 献

[1] 马中全. 从煤焦油洗油中提取萘馏分、甲基萘馏分和工业苊的工艺：CN，1078991A［P］. 1993.

[2] 何锡财. 从洗油中分离精制β-甲基萘［J］. 四川冶金，2007，29（2）：40～44.

[3] 张曾，刘锋，李崇，等. 从洗油中提取1-甲基萘和2-甲基萘的方法：CN，1721380A［P］. 2006.

[4] 陈启文，薛永强. 从洗油中提取2-甲基萘的方法［J］. 山西化工，2005，25（1）：20～22.

[5] 许杰，张威毅，房明，等. 甲基萘的应用与生产技术进展［J］. 石油技术与应用，2004，22（1）.

[6] 铃木利英. β-甲基萘的新颖生产法［J］. 武钢技术，1996（12）：12～14.

[7] 李健，马希博，赵明，等. 一种生产β-甲基萘的方法：CN，1974502［P］. 2006.

[8] 许斯丰. 轻质洗油加工研究［R］. 鞍钢化工总厂. 1984.

[9] Белоусова О А，Лехова Т В，Харлампович Г Д. Технологические Ограничения на Выделение Индивидуальных Компонентов Каменноугольной Смолы Методом Ректификации［J］. Кокс и Химия，1981（5）：117～120.

[10] 坚谷敏彦等. 甲基萘生产技术的改进［J］. 张国富译. 燃料与化工，1999，30（3）：147～148.

[11] 赵贵臣. 煤焦油的加工和综合利用［R］. 鞍山：中国金属学会焦化学术委员会，1984.

[12] 赵雁来，何森泉. 杂环化学导论.［M］. 北京：高等教育出版社，1992.

[13] 陈敏为，甘礼雅. 有机杂环化合物［M］. 北京：高等教育出版社，1990.

[14] 花文庭. 杂环化学［M］. 北京. 北京大学出版社，1991.

[15]［苏］N. H. 勃拉图斯著. 香料化学［M］. 刘树文译. 北京：轻工业出版社，

1984.
[16] 柳内 衛等．吸收油含有成分の分离方法．日本公開特許公報（A）平 2—202590，1990.
[17] 竹谷彰二，中村猛纪．インドールの製造方法．日本公開特許公報（A）平 1—157957，1989.
[18] Зарецкий М И. Веделение Индола из Фракций Каменоугольной Смолы Жидкостной Экстракцией［J］. Кокс и Химия. 1981（5）：37～41.
[19] Зарецкий М И. Получение Индола Высокой Чистоты из Каменноугольной Смолы［J］. Кокс и Химия. 1986（12）：32～34.
[20] Зарецкий М И. Выделение Индола из Коксохимического Сырья［J］. Кокс и Химия. 1988（2）：30～34.
[21] 青野正裕．インドール类の抽出分离方法．日本公開特許公報（A）：昭 63—135369［P］. 1988.
[22] 塩谷 腾彦．インドール类の抽出方法．日本公開特許公報（A）：昭 61—50966［P］. 1986.
[23] 柳内 衛．インドールの分离回收方法．日本公開特許公報（A）：平 2—200672［P］. 1990.
[24] 晴川孝治．炭素化合物回收方法．日本公開特許公報（A）：平 2—299269［P］. 1990.
[25] Taraka，Shin. Process for Extracting Indole：EP，454068［P］.
[26] Isamu Uemasu. Concentration of Indole in Coal tar Using α-Cyclodextrin as the Host for Inclusion Complexation［J］. Kluwer Academic Publisher，Natherlands，1989（6）：321～331.
[27] 田中 信等．インドールの回收方法．日本公開特許公報（A）：平 2—217953［P］. 1990.
[28] 田中 信，竹尾节．インドールの回收方法．日本公開特許公報（A）：昭 62—249968［P］. 1987.
[29] 田中 信，佐藤信之．インドールの製造方法．日本公開特許公報（A）：昭 64—3168［P］. 1989.
[30] 田中 信，佐藤信之．インドールの回收方法．日本公開特許公報（A）：平 2—149558［P］. 1990.
[31] 柳町 昌俊．高纯度インドールの製造方法．日本公開特許公報（A）：平 1—254660［P］. 1989.
[32] 关口 敬志．精インドヘルの製造方法．日本公開特許公報（A）：平 3—44369［P］. 1991.
[33] 赖卡特 C 著．有机化学中的溶剂效应［M］．唐培等译．北京：化学工业出版

社，1987.
[34] [日] 精细化学品辞典编辑委员会．精细化学品辞典 [M]．禹茂章等译．北京：化学工业出版社，1989.
[35] 肖瑞华，丁林，等．从煤焦油洗油中提取吲哚的研究 [J]．燃料与化工，1992，24 (2)；87 ~ 89.
[36] 张平．用酸聚合法从煤焦油洗油中提取吲哚的研究 [D]．鞍山：辽宁科技大学，1996.
[37] 高卫民．制取高纯度吲哚的研究 [D]．鞍山：辽宁科技大学，1997.
[38] 中村芳正，奥井信之．コールタールからの二環芳香族化合物の分离と利用 [J]．住友金属．1989，41 (1)：79 ~ 84.
[39] 高橋典，江本泰久．フルオレンの製造方法．日本公開特許公報 (A)：平 9—157188 [P]．1997.
[40] Ольшанская С Н，Литовиненко М С. Способ Выделения Флуорена：ссср，906984 [P]．1982.
[41] 宮沢誠，西田岱輔等．ジベンゾフランおよびフルオレンの製造方法．日本公開特許公報 (A)：平 1—224335 [P]．1989.
[42] 宮沢誠，西田岱輔等．フルオレンの製造方法．日本公開特許公報 (A)：平 1—216945 [P]．1989.
[43] 宮沢誠，西田岱輔等．アャナフテン、ジベンゾフランぉよフルオレンの製造方法．日本公開特許公報 (A)：平—226832 [P]．1989.
[44] Ольшанская С Н，Рудкевич М И. Способ Выделения Флуорена：SU，1532554 [P]．1989.
[45] 龚俊库．溶剂结晶法制取精芴的研究 [J]．燃料与化工．1998，29 (4)：213 ~ 215.
[46] 沈玉保．用工业芴制取精芴的研究 [D]．鞍山：辽宁科技大学，2002.
[47] 吕苗，伊汀，王仁远．从芘油中提取芴的研究 [J]．燃料与化工，2005，36 (5)：38 ~ 40.
[48] 贾春燕，尹秋响，张美景，等．芴溶解度的测定及溶液结晶法提纯芴的工艺研究 [J]．煤化工，2007 (4)：35 ~ 38.
[49] 陈新．从重质洗油中提取工业芴的工艺研究 [J]．鞍钢技术，2000 (10)：6 ~ 8.
[50] 王军，刘文彬．从洗油中提取高纯度苊的方法：CN，1651367A [P]．2005.
[51] 王仁远，吕苗，伊汀．苊的分离与提取的研究 [J]．精细与专用化学品，2005 (1)：13 ~ 18.
[52] 舒歌平，陈鹏，李文博．逐步升温乳化结晶法制备精苊：CN，1201815A [P]．1998.

8 蒽、菲、咔唑的提取与精制

蒽是 1832 年由 Jeall B. A. Dumas 和 Auguste Laurent，菲是 1872 年由 Rudolph Fettig 和 Eugen Ostermayer，咔唑是 1872 年由 Carl Graebe 和 Carl Glaser 在煤焦油的高沸点馏分中发现的。迄今为止作为化工原料的蒽、菲和咔唑都是从煤焦油中提取的。

蒽、菲和咔唑在煤焦油中的含量与炼焦温度、煤热分解产物在焦炉炭化室顶部空间的停留时间和温度条件有关。一般高温炼焦蒽在焦油中的含量约为 1.5% ~1.8%，菲约为 4% ~6%，咔唑约为 1% ~2%。

蒽主要用于制造染料，以蒽的氧化产物为原料可以生产蒽醌系列染料。蒽的氯化物聚氯蒽可用作杀虫剂。高纯蒽是一种半导体，受 336.3 ~400.0nm 波长的紫外光激发后便成为导体，故在核物理的研究中占有较重要的地位。

菲主要用于合成树脂、植物生长激素、还原染料和鞣料等。菲的氧化产物菲醌用于染料、杀菌剂和聚合抑制剂的生产；9,10-联苯二甲酸用于制取聚酯和醇酸树脂；9,10-二氢-9-菲甲酸是一种植物生长激素；菲经氢化制得的全氢菲，可用于生产喷气机燃料；菲经磺化制得的菲磺酸，可用作黏结剂和鞣料。

咔唑是生产硫化染料海昌蓝 R、硫化还原蓝 RNX、直接耐晒蓝 FFRL 等的原料；咔唑的硝化和氯化产物用于农药中间体生产杀虫剂；N-乙基咔唑和咔唑酚醛树脂是电器工业用的特殊塑料单体；咔唑可作为贵重矿石浮选剂、减水剂、润滑油和导热油的稳定剂、荧光增塑剂等的原料。

8.1 蒽、菲、咔唑的性质及分布

蒽是针状或片状单斜晶体，无色无味，固态和液态时都有明显的紫荧光，不纯时呈黄绿色，无荧光。在真空中易升华。不溶于水，溶于苯、醇、醚、四氯化碳和二硫化碳等有机溶剂。

菲是无色片状晶体，带有荧光，能升华，不溶于水，溶于乙醚、苯、氯仿、丙酮、二硫化碳、四氯化碳，微溶于乙醇、甲醇、醋酸和石油醚。

咔唑是无色小鳞片晶体，在紫外光下有荧光和磷光。不溶于水和无机酸，难溶于四氯化碳、二硫化碳，微溶于乙醇、乙醚、丙酮 、苯（热的）、氯代烃，溶于吡啶、糠醛、环己酮等。

蒽、菲、咔唑的物理性质见表 8-1。

表 8-1　蒽、菲、咔唑的物理性质

组分	分子式　相对分子质量 结构式	沸点/℃	熔点/℃	密度/g·cm^{-3}	升华温度/℃	比热容/J·(g·℃)$^{-1}$	熔融热/kJ·kg^{-1}	蒸发热/kJ·kg^{-1}	燃烧热/kJ·kg^{-1}
蒽	$C_{14}H_{10}$ 178.24 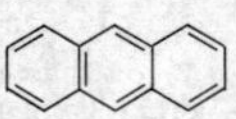	340	216～218	1.251	150～180	1.16	162	294	40105
菲	$C_{14}H_{10}$ 178.24 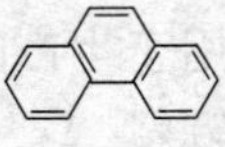	338.4 216～215 (1.6 kPa)	100～101	1.172	90～120	1.26	104	296	39348
咔唑	$C_{12}H_9N$ 167.21 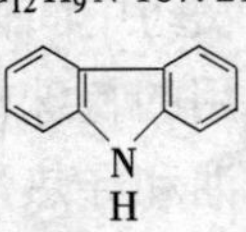	352～354	244～247	1.1035	200～240	—	176.3	370.6	37190

提取蒽、菲、咔唑的原料是粗蒽。粗蒽是以焦油蒸馏工段得到的蒽油馏分为原料提取的。前苏联焦化工作者利用气相色谱分析蒽油馏分含 194 种化合物，不同焦化厂蒽油组成见表 8-2。

表 8-2 蒽油组成（质量分数） （%）

组 分	A 厂一蒽油	B 厂蒽油	C 厂		D 厂	
			一蒽油	二蒽油	一蒽油	二蒽油
萘	4.1～5.3	2.3～3.1	7.1	6.6	4.9	6.0
β-甲基萘	0.7～1.0	0.5～0.6	1.3	1.1	0.6	0.5
α-甲基萘	0.4～0.6	0.4～0.7	0.7	0.4	0.3	0.2
二甲基萘	1.2～1.3					
联苯		0.3	0.4	0.3	0.3	0.3
苊	1.5～3.6	1.7～2.4	2.5	3.0	5.4	2.0
氧芴	1.4～3.2	1.4～1.5	2.0	2.1	2.5	2.2
芴	2.8～6.5	2.5～2.9	4.2	3.0	5.9	1.8
硫芴	1.8～2.3	1.9～2.5	3.2	1.5		
咔唑	3.3～4.0	2.0～3.9	6.4	3.8	11.6	8.4
菲	22.9～26.6	19.2～25.9	26.0	14.3	13.7	8.0
蒽	6.3～9.2	5.1～7.1	11.1	4.6	8.1	4.7
荧蒽	1.9～5.4	10.9～11.0	10.5	16.7	12.1	13.3
芘	0.5～2.0	6.0～7.4	5.3	11.6	9.8	12.3
2,3-苯并芴		0.8～0.9	0.7	1.1	1.3	2.1
1,2-苯并芴		0.7～0.8	0.6	0.9	0.5	1.0
1,2-苯并蒽		2.9～3.1	0.1	3.9		
䓛		2.6	0.1	3.3	2.3	13.3

由表中数据可见制取粗蒽的适宜原料是一蒽油或蒽油，现今多用一蒽油。

蒽油组成有两个特点，其一是主要组分的沸点接近，并形成复杂的共沸混合物；其二是某些组分倾向于组成双组分低共熔系和一系列共熔体。目前已掌握的双组分低共熔物的结晶温度见表 8-3。

表 8-3　双组分低共熔物的结晶温度

低共熔物	结晶温度/℃	低共熔物	结晶温度/℃	低共熔物	结晶温度/℃
萘-β-甲基萘	26.0	萘-芘	68	菲-芘	82
萘-α-甲基萘	-34.8	萘-蒽	76	荧蒽-咔唑	104
萘-苊	51	萘-咔唑	76	荧蒽-苊	64
萘-2,7-二甲基萘	53	α-甲基萘-β-甲基萘	-41	荧蒽-芴	70
萘-菲	50	苊-芴	65	荧蒽-芘	95
萘-2,3-二甲基萘	54	苊-氧芴	52	荧蒽-蒽	102
萘-荧蒽	57	菲-苊	53	蒽-芘	131
萘-2,6-二甲基萘	60	菲-硫芴	76	咔唑-芘	135
萘-芴	57	菲-荧蒽	74		

8.2　粗蒽的制取

粗蒽是一蒽油馏分（或蒽油馏分）经冷却、结晶和离心分离后得到的一种黄绿色结晶物，其质量指标见表 8-4。

表 8-4　粗蒽质量指标

指标名称	特　级	一　级	二　级
蒽的质量分数/%	≥36	≥32	≥25
油的质量分数/%	≤6	≤11	≤15
水分/%	≤2	≤3	≤5

制取粗蒽的工艺有两种，即蒽油馏分一段冷却结晶法和二段冷却结晶法。

8.2.1　一段冷却结晶法

蒽油一段冷却结晶工艺流程见图 8-1。将一蒽油馏分装入高置槽内，温度保持在 75～80℃，由此装入机械化结晶机内进行结晶。结晶机外部用冷却水喷洒冷却，机内用带刮刀的搅拌器搅拌。开始以 2℃/h 的降温速度进行冷却，经过 16～18h，物料温度从约 80℃降至 40～50℃，析出粗蒽结晶。然后再以 0.5℃/h 的降温速度冷却至 38～40℃。形成的结晶液送入离心分离机，反复进行给料和甩干，最后由刮刀卸出，经螺旋运输机送入粗蒽

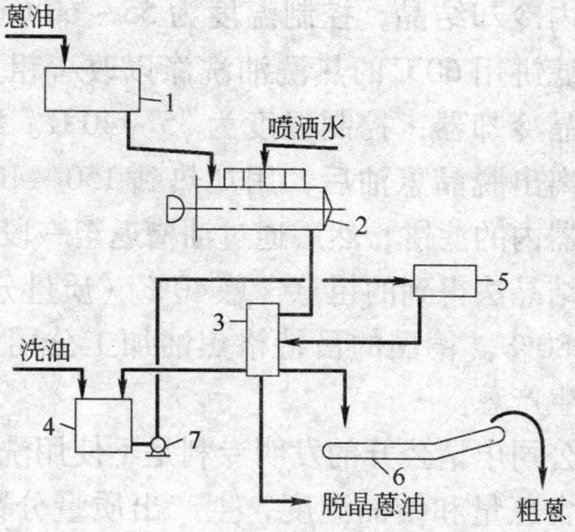

图 8-1　蒽油一段冷却结晶工艺流程

1—蒽油高置槽；2—机械化结晶机；3—离心分离机；4—洗网液中间槽；
5—洗网液高置槽；6—刮板输送机；7—泵

贮斗。洗网液自流入中间槽，循环使用，当其含蒽达到8%～9%，全部更换，送回一蒽油馏分槽或原料焦油槽。

8.2.2　二段冷却结晶法

蒽油二段冷却结晶工艺流程见图8-2。一蒽油馏分首先在一

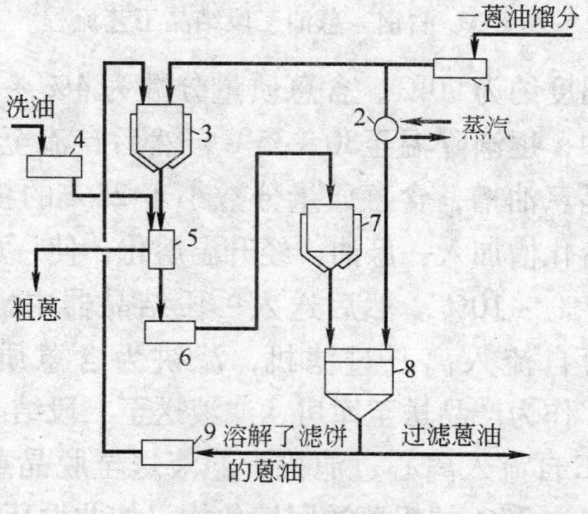

图 8-2　蒽油二段冷却结晶工艺流程

1—蒽油高置槽；2—加热器；3—一段结晶冷却器；4—洗油槽；5—离心分离机；
6—油槽；7—二段结晶冷却器；8—真空吸滤器；9—油槽

段结晶冷却器内冷却结晶，控制温度为55～60℃。结晶液送入离心分离机，滤饼用60℃的热洗油洗涤以改善粗蒽质量。离心液送入二段结晶冷却器，控制温度为35～40℃。结晶液送入真空吸滤器，分离出脱晶蒽油后，用加热到150～160℃的一蒽油馏分溶解吸滤器内的滤饼，然后通过油槽返至一段结晶冷却器。

二段冷却结晶法得到的粗蒽含蒽40%（质量分数），一蒽油中蒽回收率达80%。德国的吕特格焦油加工公司、比利时的沙巴厂采用该法生产蒽。

酒泉钢铁公司申请公开的发明专利是不使用洗油洗涤，通过提高一蒽油的含蒽量和结晶温度，生产出质量分数在40%以上的粗蒽，其工艺流程见简图8-3。

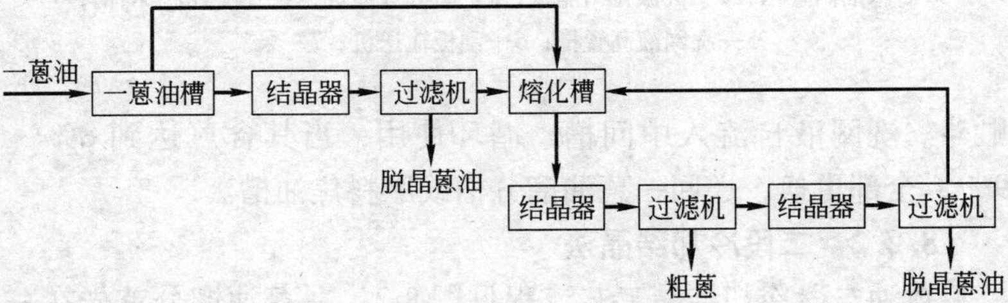

图8-3　酒钢一蒽油三段结晶工艺流程

首先将温度约为90℃、含蒽质量分数为4%～7%的一蒽油送至结晶器中，逐渐降温至30～35℃，然后自流至离心过滤机，滤液流至脱晶蒽油槽，含蒽质量分数小于25%的粗蒽送至熔化槽，同时向熔化槽加入一蒽油，经升温熔化，使一蒽油含蒽质量分数提高到7%～10%。然后送入一段结晶器中，逐渐降温至68～72℃，再自流入离心过滤机，滤饼为含蒽质量分数大于40%的粗蒽，作为产品送至库房，滤液送至二段结晶器中，温度降至30～35℃自流入离心过滤机，滤液送至脱晶蒽油槽，含蒽质量分数20%～25%的粗蒽送回熔化槽，如此循环运行。

鞍山钢铁公司申请公开的发明专利是不使用洗油洗涤的一蒽油二段结晶法生产出质量分数为38%～42%的粗蒽，其工艺流程见简图 8-4。

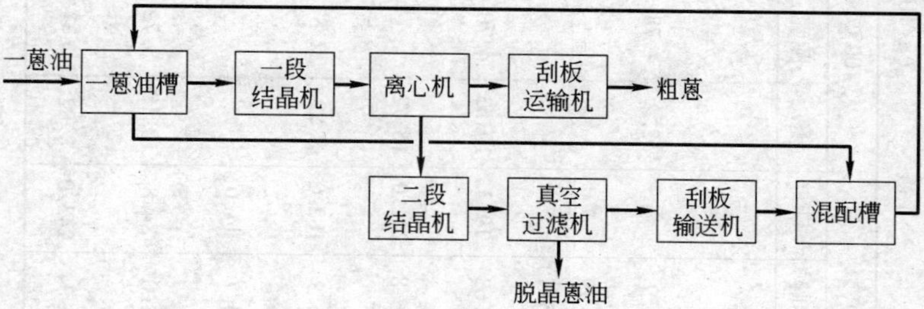

图 8-4 鞍钢一蒽油二段结晶工艺流程

首先将温度为 80 ~ 95℃，含蒽质量分数为 5% ~ 8% 的一蒽油送入一段结晶机，经缓慢冷却至 45 ~ 55℃进行一段结晶，结晶物自流至离心机，滤饼即为含蒽质量分数为 38% ~ 42% 的粗蒽，滤液经加热至 50 ~ 60℃送入二段结晶机，经缓慢冷却至 32 ~ 36℃进行二段结晶，结晶物送入真空过滤机，分离出含蒽质量分数为 20% ~ 22% 的半粗蒽，经刮板运输机送入混配槽与来自一蒽油槽的一蒽油均合，加热后返回一蒽油槽作为结晶原料，如此循环使用。滤液即为脱晶蒽油，常温下无结晶物析出，可达到木材防腐油的质量标准。

8.3 精蒽的制取

8.3.1 溶剂萃取法

根据蒽、菲和咔唑在不同溶剂中溶解度的差异，对粗蒽进行加热溶解、冷却结晶和离心过滤，将易溶成分富集到滤液中，难溶成分富集在结晶里，而使目的产物纯度提高。蒽、菲、咔唑在某些溶剂中的溶解度见表 8-5。

溶剂萃取和结晶操作一般为 2 ~ 5 次。根据溶剂抽提原理，在溶剂量一定的条件下，萃取效果以少量多次为好。为节省溶剂而又能取得好的萃取效果，一般采用逆流操作，即第一次萃取采用第二次萃取得到的母液，只是最后取得产品的一步采用新鲜溶剂。

表 8-5　蒽、菲、咔唑在某些溶剂中的溶解度　　(g/100g)

溶剂	15.5℃			30℃			50℃			80℃			100℃		
	蒽	咔唑	菲	蒽	咔唑	菲	蒽	咔唑	菲	蒽	咔唑	菲	蒽	咔唑	菲
苯	1.5	0.72	16.7	2.10	1.01	40.1	—	5.05		8.35 (75℃)					
甲苯	0.53	0.42	13.8	1.19	0.78	29.1	3.10	1.60		7.88	2.9		12.2	4.78	
二甲苯	0.68 (17℃)	0.41 (22℃)	24.2 (16.1℃)	1.3 (35℃)	0.76 (42℃)	48.23 (35℃)	2.19	1.12 (55℃)	87.88	5.79 (80.8℃)	1.99 (75℃)	397.35			
重苯 (165~185℃)	0.32	0.48	11.94	1.35	0.75	21.3	3.10	1.62	60.3	7.65	3.63	19.3	10.53	4.70	
轻吡啶盐基 (125~150℃)	0.85	12.45	25.54	2.15	16.9	38.0	4.10	26.74	78.9	11.22	66.8	241.0	16.72		
重吡啶盐基 (202~247℃)	0.38	2.72	20.0	1.40	4.1	24.5	2.98	10.57	64.7	7.87	16.54	182.0	8.82	22.87	
含水吡啶 (94~96℃)	0.0	0.42	0.43	0.0	0.81	1.32	0.001	1.9	7.4	1.53	4.7	11.0			
溶剂油 (145~165℃)	0.46	0.48	12.5	1.42	0.78	22.42	2.90	1.37	31.8	6.58	3.0	84.8	10.10	3.72	
重质苯 (152~179℃)	0.50	0.54	15.3	1.71	0.94	31.8	3.25	1.70	74.2	7.20	3.84	243.0	8.82	7.0	

续表 8-5

溶剂	15.5℃			30℃			50℃			80℃			100℃		
	蒽	咔唑	菲	蒽	咔唑	菲	蒽	咔唑	菲	蒽	咔唑	菲	蒽	咔唑	菲
200 号溶剂油	0.16 (16.3℃)		1.36 (16℃)	0.4 (37.5℃)		2.86 (29℃)	0.64		9.03	1.8 (79.9℃)		34.48 (70℃)			
三氯甲烷	0.83		18.70	1.64	0.6	29.2	7.10	1.08							
二硫化碳	0.52		26.42	1.62	0.44										
丙酮	0.55	6.12	15.08	1.42	9.74	28.4	2.48	62.4							
四氯化碳	0.58 (20℃)	0.10	14.0	0.79	0.15	19.0									
乙醚	0.70	2.54	8.93	1.03	2.90	15.24									
乙醇			4.3			5.8			9.5	0.45		10 (78℃)			
糠醛				1	4.5		2	6.75 (57℃)		3.7 (70℃)	11.5 (70℃)				
汽油	0.12	0.11	4.53	0.37	0.12	6.3	0.76	0.16							
N-甲基吡咯烷酮	3.75 (15.8℃)	65.04 (17℃)	96.0 (15.8℃)	5.94 (35℃)	70.57 (35℃)	144.54 (36℃)	8.46	75.43	205.34	17.27 (81℃)	89.48 (80.8℃)	327.29 (64.8℃)			
环己酮	1.41 (16℃)	16.5 (16℃)	56.52 (16.5℃)	3.23 (38℃)	13.0 (35℃)	96.64 (35℃)	4.07 (46.4℃)	15.12 (46℃)	126.42 (46℃)	10.65	23.99 (75℃)	264.23 (66℃)			

8.3.1.1　重质苯—糠醛法

采用重质苯—糠醛溶剂萃取粗蒽的工艺流程见图8-5。以含蒽32%的粗蒽为原料，按重质苯：粗蒽 = 1.25：1的质量比加入溶解釜，控制温度80～90℃，使菲全溶。然后放入结晶釜降温至45～50℃，析出结晶，经真空过滤得到含蒽60%～65%的一次滤饼和一次母液。一次滤饼用其质量1.3～1.4倍的三次母液，在90℃下进行二次溶解，再降温至45～50℃进行二次结晶，经真空过滤得到含蒽75%～80%的二次滤饼和二次母液。二次滤饼用其质量2倍的糠醛在90～95℃下进行三次溶解，再降温至45～50℃进行三次结晶，经真空过滤得到三次滤饼和三次母液。三

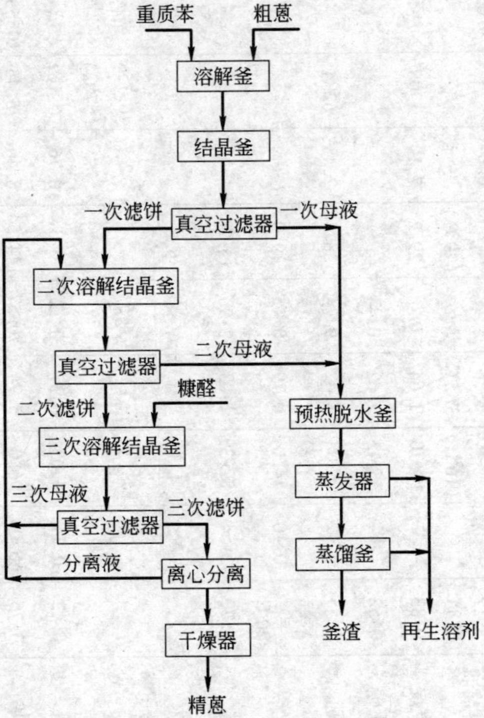

图8-5　重质苯—糠醛溶剂萃取粗蒽的工艺流程

次滤饼经干燥得到含蒽大于90%的精蒽。三次母液用作二次溶解的溶剂。一次母液和二次母液经预热脱水后在蒸发器内回收溶剂，余渣放入蒸馏釜进行简单的减压蒸馏回收剩余的溶剂。

该法工艺路线长，动力费用高，溶剂消耗大，污染环境。

8.3.1.2　丙酮法

本法以粗蒽为原料，其组成（质量分数）：蒽25%～30%，菲28%～30%，咔唑20%～25%。按逆流原理，将原料以1∶3的质量比在丙酮中进行三次溶解结晶，使菲和咔唑转移到丙酮溶液中，而蒽则富集在固体结晶中。其工艺流程见图8-6。

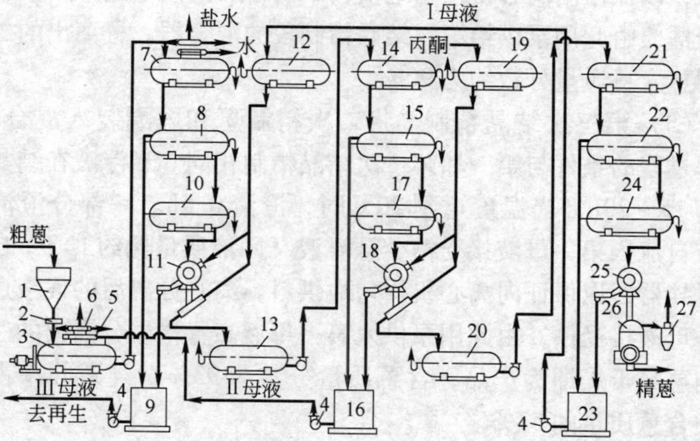

图8-6　用丙酮结晶法生产精蒽的工艺流程

1—贮斗；2—给料器；4—泵；5，6—冷却器；8，15，22—结晶器；9，16，23—母液接受槽；10，17，24—搅拌器；11，18，25—离心机；12，19—高置槽；3，7，13，14，20，21—混合器；26—干燥器；27—旋风分离器

（1）第一次结晶精制。将二次母液和粗蒽装入充氮的混合器中，在搅拌下混合器内的物料用间接蒸汽加热至30℃，保持1h后，在搅拌下送至另一混合器。在混合器内悬浮液被加热至

45℃，然后全部放入结晶器，在结晶器内冷却至30℃时，将悬浮液澄清0.5h。一部分澄清的母液自流入第三母液接受槽，小晶体悬浮液（固液质量比约1∶5）自流入搅拌器，以保证向离心机均匀地供料。离心分离后的残液送入第三母液接受槽，由此与一部分倾析液送去再生。分离出的一次精制蒽含蒽质量分数为75%～78%。

（2）第二次结晶精制。将一次精制蒽和一次母液装入混合器，溶解过程的条件与第一次结晶精制相同。悬浮液在结晶槽冷却15～20h，当温度达到30℃时澄清0.5h。一部分澄清的母液自流入第二母液接受槽。悬浮液（固液质量比约1∶7）自流入搅拌器，以保证向离心机均匀地供料。离心后的残液送入第二母液接受槽，由此用泵供给第一结晶精制段的混合器。分离出的二次精制蒽含蒽质量分数约为90%。

（3）第三次结晶精制。将二次精制蒽和丙酮装入混合器，溶解过程的条件与第一和第二次结晶精制相同。悬浮液在结晶槽冷却15～20h，当温度达到30℃时，澄清0.5h。一部分澄清的母液自流入第一母液接受槽。悬浮液（固液质量比约1∶9）自流入搅拌器，以保证向离心机均匀地供料。离心分离后的残液送入第一母液接受槽，由此用泵供入第一母液高置槽。分离出的三次精制蒽经干燥即为产品，含蒽质量分数为93%。纯蒽收率占原料中含蒽质量的53%。

（4）丙酮的再生。第三次母液已含有大量杂质，需要进行再生。由于丙酮从母液中再生后得到固体残渣，故需向第三次母液中加入特殊配制的蒽油作溶剂来溶解残渣，其油与残渣的比例为3∶1。残渣即是菲-咔唑馏分（包括溶剂），从丙酮蒸馏塔侧线采出，作为制取菲和咔唑的原料，或用于生产炭黑等。

为了防止丙酮蒸气与空气形成着火和爆炸危险的混合物，故凡与丙酮接触的设备都要预先以氮气排除空气，并始终充氮，防止空气进入。

8.3.1.3　多烷基苯-N-甲基吡咯烷酮二步溶剂萃取法

该工艺是华沙工业化学研究所和扎布日煤化学加工研究所合作开发的，其工艺流程见图8-7。

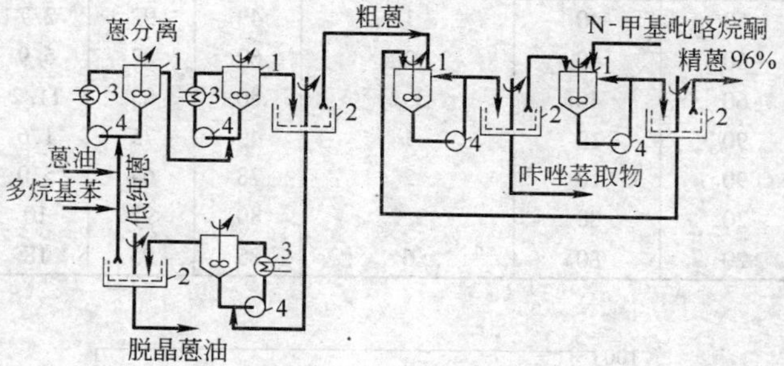

图8-7　多烷基苯-N-甲基吡咯烷酮法生产精蒽的工艺流程
1—萃取器；2—离心机；3—加热器；4—泵

第一步以蒽油为原料，多烷基苯为溶剂，进行溶剂萃取，离心分离得到含蒽40%（质量分数）的粗蒽，咔唑保留在粗蒽中。采用烷基苯的优点是离心残液直接可用作烧炭黑的原料。

第二步以粗蒽为原料，N-甲基吡咯烷酮为溶剂，进行溶剂萃取，粗蒽中的咔唑和菲与溶剂形成液体复合物，从而与蒽分离。离心分离后的固相，用甲醇洗涤，除去晶体表面的残余溶剂，便得到纯度为96%的精蒽，收率达80%以上。

含咔唑的离心液用减压蒸馏、萃取和结晶操作，可以得到纯度95%的工业咔唑，同时溶剂得到回收循环使用。

该法溶剂N-甲基吡咯烷酮的消耗低，产品纯度高。多烷基苯不回收与脱晶蒽油一起作为炭黑原料。

8.3.1.4　二甲基甲酰胺溶剂萃取法

日本的田中宽以二甲基甲酰胺为溶剂对含蒽和咔唑的原料进行萃取试验，试验结果见表8-6，溶剂比与产品收率和纯度的关系见图8-8和图8-9。

表 8-6　二甲基甲酰胺溶剂萃取试验结果

试验号	原料组分的质量分数/%		溶剂比（二甲基甲酰胺：原料）	咔唑		蒽	
	蒽	咔唑		回收率/%	纯度/%	损失率/%	纯度/%
1	60	40	1	49	92	2.7	74
2	60	40	2	69	87	6.9	82
3	60	40	3.2	80	83	11.2	87
4	90	10	1	49	75	1.6	94
5	90	10	2	78	64	5.0	98
6	20	80	3.2	80	97	10	53
7	20	80	6	85	95	18	58

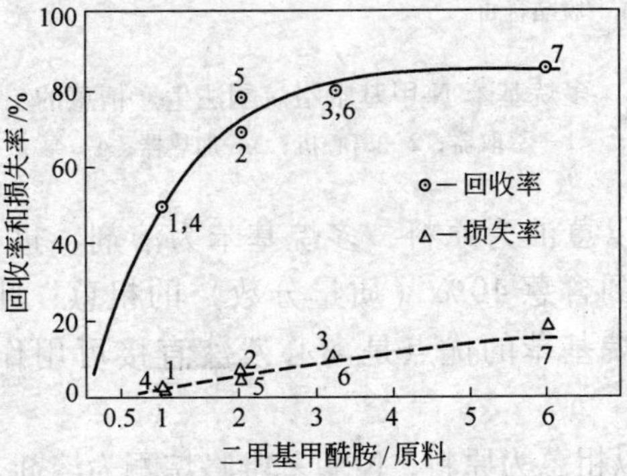

图 8-8　溶剂比与回收率的关系

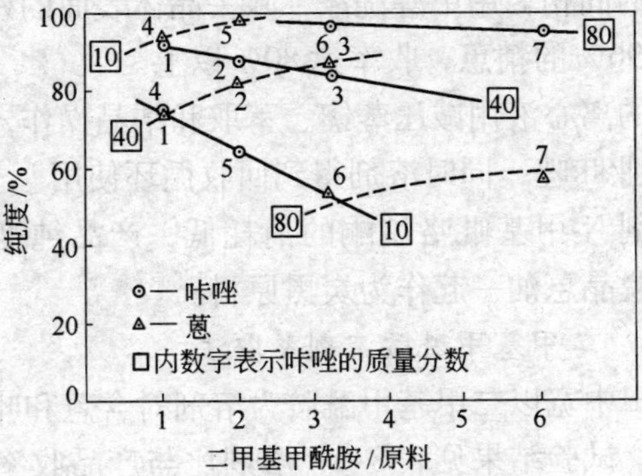

图 8-9　溶剂比与纯度的关系

由图8-8可见，随着溶剂比的增加，咔唑回收率增加，当溶剂比达到4以上，咔唑回收率基本不变。蒽的损失率随溶剂比的增加而增加，但其值不大。由图8-9可见，随着溶剂比的增加蒽纯度有所增加，咔唑纯度有所降低。

咔唑在二甲基甲酰胺的溶解度13.2℃为27.1g/100mL，50℃为38.5g/100mL。蒽在二甲基甲酰胺的溶解度20.9℃为0.72g/100mL，50℃为2.9g/100mL。可见，二甲基甲酰胺对咔唑的选择性很强。该法适用于从粗蒽中分离蒽和咔唑，原料中含菲也可以采用此法。

8.3.1.5 N-甲基-ε-己内酰胺萃取法

波兰J·Polaczek等人提出采用N-甲基-ε-己内酰胺加少量水的混合溶剂对粗蒽进行萃取,单程过程最终产品纯度可达96%,并且蒽的回收率高。以粗蒽为原料,其组成(质量分数)为:蒽38%,咔唑12.9%,菲10%,芴3.4%,其他有机杂质34.8%。以N-甲基-ε-己内酰胺和N-甲基吡咯烷酮作萃取剂的试验结果见表8-7。

表8-7 溶剂萃取试验结果对比

溶剂		产品组成的质量分数/%					蒽回收率/%
名称	水量/%	蒽	咔唑	菲	芴	其他	
N-甲基-ε-己内酰胺		95.50	1.08	0.54	0.50	1.38	93.1
	3	96.03	1.30	0.52	0.52	1.63	94.5
	5	95.20	1.50	0.82	0.68	1.80	95.2
	10	93.50	2.10	1.18	0.96	2.26	95.4
N-甲基吡咯烷酮		99.50	0.29	0.14	0.10		82.5
	3	97.30	0.80	0.73	0.80	0.37	86.3
	5	96.80	1.03	0.81	0.91	0.45	89.4
	10	96.50	0.93	0.57	0.85	1.15	91.7

N-甲基-ε-己内酰胺沸点高，在萃取过程和溶剂回收过程损失小。此外具有热稳定性高，腐蚀性小的优点。

8.3.1.6 极性-非极性双溶剂萃取法

О. Н. Павлович等提出利用两种互不相混的溶剂，即极性溶剂双甘醇，非极性溶剂 $C_{10}\sim C_{14}$ 链烷烃从一蒽油馏分提取高纯度蒽和菲的方法，其原理工艺流程见图 8-10。

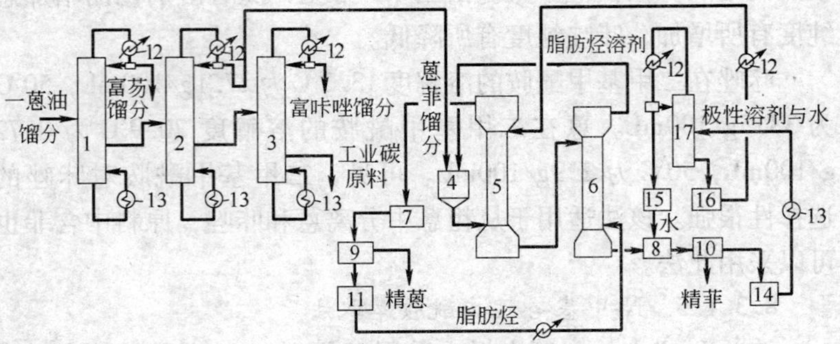

图 8-10　双溶剂萃取法工艺流程

1~3，17—精馏柱；4—混合槽；5，6—萃取器；7，8—结晶器；
9，10—离心机；11—脂肪烃槽；12—冷凝冷却器；13—加热器；
14—含水的极性溶剂槽；15—水槽；16—极性溶剂槽

一蒽油馏分经精馏柱 1，由塔顶分馏出低沸点的富芴馏分，塔底混合物送入精馏柱 2。由精馏柱 2 得到的蒽菲混合物送到混合槽，在 80℃不断搅拌情况下用非极性溶剂溶解（蒽、菲混合物∶溶剂 =1∶8.5)，非极性溶剂来自萃取器6，在混合物溶解之后送到萃取器 5 的底部，上部送入双甘醇。非极性溶剂∶双甘醇 = 1∶1，萃取温度 80℃。由萃取器上部引出的溶在脂肪烃中的蒽到结晶器，在 20~25℃下析出蒽结晶，经离心分离得到精蒽。脂肪烃溶剂送入萃取器 6 的底部，上部送入来自萃取器 5 的溶在双甘醇中的菲溶液。脂肪烃溶剂萃取双甘醇中剩余的蒽后进入混合器。溶有菲的双甘醇由萃取器下部排入结晶器，再经离心分离得到精菲。为了降低菲在双甘醇中的溶解度，减少菲的损失，在结晶器中加入 20~30℃的水，其量占双甘醇质量的 50%。菲结晶用水洗以除去表面吸附的溶剂。含有双甘醇和水的混合液在精馏柱中再生。为防止双甘醇分解，采用真空操作，压力为 6.64kPa。水从精馏柱顶部采出，双甘醇从底部排出循环使用。

该工艺采用的精馏柱 1 和 2 均为 $N_T=30$，$R=10$。萃取器 5 为 14 个理论分离级数，萃取器 6 为 6 个理论分离级数。在精馏阶段蒽和菲的提取率（占一蒽油馏分）相应为 93% 和 98%。在萃取阶段纯度 98% 蒽的产率为 98%，纯度 99% 菲的产率为 93.6%。这样，在该工艺中高纯度蒽和菲的收率均大于 91%。

О. Н. Павлович，Г. Б. лехова 等提出用极性溶剂 N-异丙苯硫酰胺、非极性溶剂癸烷逆流萃取蒽菲混合物，可以得到纯度 95% 的菲和 98% 的蒽。

蒽和菲在 N-异丙苯硫酰胺和癸烷中的溶解度见表 8-8。由表中数据可见，蒽和菲在癸烷中的溶解度比在 N-异丙苯硫酰胺中的溶解度随着温度的升高而增加得多。图 8-11 示出了相对溶解度与温度的关系。由图 8-11 可见，菲在癸烷和 N-异丙苯硫酰胺中的相对溶解度随温度的升高而增加，而蒽在癸烷和 N-异丙苯硫酰胺中的相对溶解度基本恒定。综上可以得出，随着萃取温度的升高，蒽和菲的分离将得到改善。但萃取温度大于 85℃，溶剂的相互溶解度显著增加，反而降低了蒽菲系统分离的选择性，见表 8-9。适宜的萃取温度为 80 ~ 85℃。蒽菲混合物：非极性溶剂：极性溶剂 = 1∶8∶(8 ~ 32) 比较适宜，见表 8-10，极性溶剂过多或过少都将使分离恶化，降低溶剂的选择性。

表 8-8　蒽和菲在溶剂中的溶解度

温度/℃	在 N-异丙苯硫酰胺中的质量分数/%		在癸烷中的质量分数/%	
	菲	蒽	菲	蒽
45	4.7	0.7	11.0	0.6
60	6.2	1.3	23.0	1.4
80	6.7	2.7	54.0	2.6
90	7.1	3.2	90.0	3.2

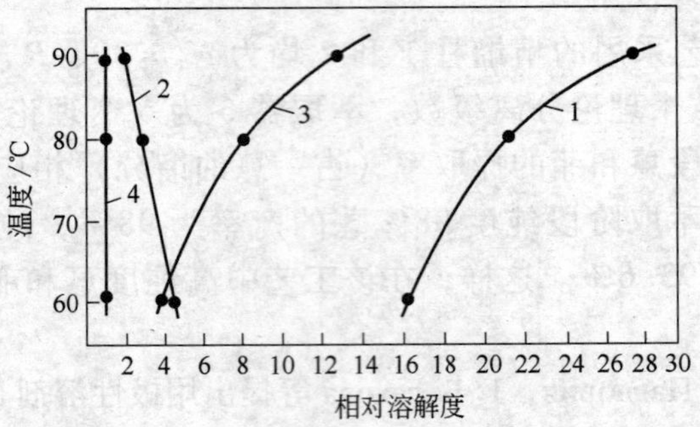

图 8-11　相对溶解度与温度的关系

1—菲与蒽在癸烷中的相对溶解度；2—菲与蒽在 N-异丙苯硫酰胺中的相对溶解度；3—菲在癸烷和 N-异丙苯硫酰胺中的相对溶解度；4—蒽在癸烷和 N-异丙苯硫酰胺中的相对溶解度

表 8-9　溶剂的相互溶解度

温度/℃	N-异丙苯硫酰胺在癸烷中的质量分数/%	癸烷在 N-异丙苯硫酰胺中的质量分数/%
60	5.6	3.9
80	6.3	4.4
90	8.6	9.2

表 8-10　溶剂比与选择性

蒽、菲混合物	非极性溶剂	极性溶剂	选择性
1	8	32	1.7
1	8	16	1.7
1	8	8	1.7
1	10	10	1.7
1	17	17	1.7
1	8	40	1.4
1	8	6	1.4

8.3.2 溶剂萃取—精馏法

8.3.2.1 溶剂油萃取—精馏法

捷克乌尔克斯煤焦油加工厂以一蒽油为原料，以苯加氢生产的溶剂油为萃取剂，经两段结晶和洗涤，得到富蒽和咔唑的半精蒽。半精蒽经减压精馏而获得精蒽。其工艺流程见图 8-12。

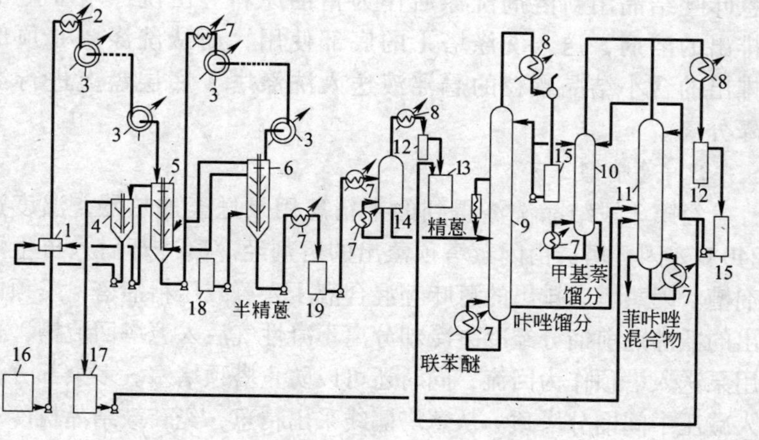

图 8-12　溶剂油萃取—精馏法工艺流程

1—混合器；2—冷却器；3—卧式结晶机；4—分离器；5—洗涤塔Ⅰ；6—洗涤塔Ⅱ；7—加热器；8—冷凝冷却器；9—蒽精馏塔；10—中间馏分塔；11—再生塔；12—分离槽；13—再生溶剂槽；14—闪蒸塔；15—回流槽；16——蒽油槽；17—含菲溶剂槽；18—新溶剂槽；19—中间槽

A　蒽结晶工艺

一蒽油用泵送至混合器，在此与分离器底排出的结晶液及洗涤塔Ⅰ来的循环溶剂相混合，温度降至 80℃，再经冷却器冷至 70℃后，依次进入 8 台容积为 $20m^3$ 的卧式结晶机冷却结晶，控制调节结晶温度，使结晶颗粒大于 0.2mm 的大于 98%。从第 8 号结晶机出来的温度为 20℃的结晶液进入洗涤塔Ⅰ。在此蒽结晶沉降底部，循环溶剂由最下一盘加入，向上流动，至顶盘流出，由泵送入混合器循环使用。洗涤塔Ⅰ顶部含蒽结晶的悬浮溶剂流入分离器再次分离。由分离器顶部排出的含菲溶剂入含菲溶剂槽，然后送入再生塔，回收溶剂并脱菲。

洗涤塔Ⅰ底部的蒽结晶用泵送至加热器熔化后，依次进入6台卧式结晶机，控制第6台结晶液温度为30℃，再入洗涤塔Ⅱ，在此进行洗涤、搅拌和沉降分离。洗涤塔Ⅱ底部的蒽咔唑结晶用新溶剂洗涤后作为精馏原料。由洗涤塔Ⅱ上部排出的溶剂，送入洗涤塔Ⅰ的底部使用，而从洗涤塔Ⅱ顶部排出的含小结晶颗粒的悬浮液送入洗涤塔Ⅰ底层盘上进行沉降分离。

B　蒽精馏工艺

经第2段结晶洗涤得到的半精蒽用泵送至加热器，温度达240℃入闪蒸塔。由闪蒸塔顶蒸出的溶剂经冷凝冷却后入再生溶剂槽。闪蒸塔底排出的蒽咔唑混合液压入蒽减压精馏塔，塔顶馏出的低沸点前馏分经冷凝冷却分离不凝性气后入蒽塔回流槽，再用泵送入塔顶作为回流，同时还可以防止塔顶堵塞。多余部分送入减压中间馏分塔顶。从蒽塔侧线采出精蒽，经转鼓结晶机冷却结晶成片状成品。蒽塔底的咔唑馏分排入减压再生塔与含菲溶剂在塔内混合蒸馏。塔顶馏出的溶剂经冷凝冷却入再生回流槽，部分送入塔顶作回流，其余入再生溶剂槽。塔底排出的菲咔唑混合物用作生产炭黑原料。

C　原料及产品质量规格

一蒽油　初馏点大于270℃，馏出50%大于330℃，馏出95%大于345℃；组成（质量分数）：蒽10%～12%，菲32%～38%，咔唑4%。

溶剂油　馏程165～190℃；组成（质量分数）：茚满78%，1,2,4-三甲苯1.9%，1,2,3-三甲苯1.2%，1,3,5-三甲苯1.0%，四氢萘18%，萘2%。

一段结晶物　组成（质量分数）：蒽50%，菲6%～8%。

二段半精蒽　组成（质量分数）：蒽70%，咔唑25%，甲基蒽5%，菲0.3%。

精蒽　组成（质量分数）：蒽95%，咔唑2%～2.3%，菲0.5%，二氢蒽1.2%～1.6%。

咔唑馏分　组成（质量分数）：咔唑80%～85%，甲基蒽和甲基咔唑5%，焦油类10%～12%。

D　主要操作条件

一蒽油槽温度	140℃
混合器后温度	80℃
入一段结晶机温度	70℃
出一段结晶机温度	20℃
入二段结晶机物料	11～12m^3/h
入二段结晶机温度	70℃
出二段结晶机温度	30℃
入一段结晶机一蒽油	4～5m^3/h
溶剂油	10～11m^3/h
入洗涤塔Ⅱ的溶剂油	10～10.5m^3/h

闪蒸塔　塔顶温度280℃，入塔原料温度240℃。

蒽精馏塔　塔顶温度155～165℃，塔底温度300～306℃，精蒽侧线温度260℃，塔顶压力12kPa，塔底压力32～35kPa，回流比5.4～6（占进料）。

中间馏分塔　塔顶温度112～117℃，塔底压力17～19kPa。

再生塔　塔顶温度110～115℃，塔底温度220～230℃，塔底压力19～20kPa，回流比0.16～0.24（占进料）。

蒽采出管用四氢萘保温，保温温度270℃。联苯醚换热器温度340℃。

该法的特点是以一蒽油为原料，简化了工艺；减压精馏过程有溶剂作稀释剂，解决了冷凝冷却器和真空系统易堵问题；溶剂消耗低；蒽回收率高，对一蒽油达60%。

B. C. Гуревич 提出用溶剂油作为萃取溶剂，蒽和咔唑很容易从粗蒽中分离出来。溶剂油的性质：密度（20℃）

0.873g/cm^3，沸程 139～172℃。原料粗蒽组成（质量分数）：蒽 32%，菲 14%，咔唑 24%，其余是嵌二萘、荧蒽和芘等。试验结果见表 8-11。

表 8-11 溶剂萃取试验结果

溶剂	原料：溶剂	产率/%	质量分数/%			占原料资源的产率/%		
			蒽	菲	咔唑	蒽	菲	咔唑
溶剂油	1：0.75	61.0	51	1	35	97.5	4.6	89.4
糠醛	1：1.5	51.5	57	2	31	91.8	7.9	66.7

溶剂萃取得到的蒽、咔唑混合物采用精馏法分离。在精馏前向混合物中添加溶剂油，使之形成浆液，这样可不必预先熔融混合物，也不必设高沸点热载体加热管线。另外，由于加入的溶剂油沸点比混合物低得多，在精馏时起到了降低精馏温度的作用，改变溶剂与原料比从 0.5～1，精馏温度降低 30～60℃。试验表明，蒽、咔唑混合物在理论塔板数 $N_T=20\sim25$，回流比 $R=9$ 的条件下精馏，可以得到含蒽质量分数为 80% 的蒽馏分，收率 40%～45%，蒽占资源 90% 以上。获得的蒽馏分，以馏分：溶剂油 = 1：1.25 的条件下重结晶，可以得到纯度 96%～97% 的精蒽，产率占资源的 96%。

8.3.2.2 粗汽油萃取—精馏法

FR.1401255 专利提出的方法是向蒽油中加入一种溶剂，在常温下只溶解菲，而蒽和咔唑几乎不被溶解。将分离出的蒽和咔唑混合物进行精馏获得纯度大于 95% 的精蒽和精咔唑，回收率大于 80%。所用溶剂为芳香族类，如甲苯、二甲苯及粗汽油等。其工艺流程见图 8-13。

该工艺以蒽油为原料，粗汽油为溶剂，采用如图 8-13 所示的工艺进行萃取操作，运行过程物料流组成见表 8-12。溶剂质量比蒽油：粗汽油为 1：0.8，结晶温度为 20℃。

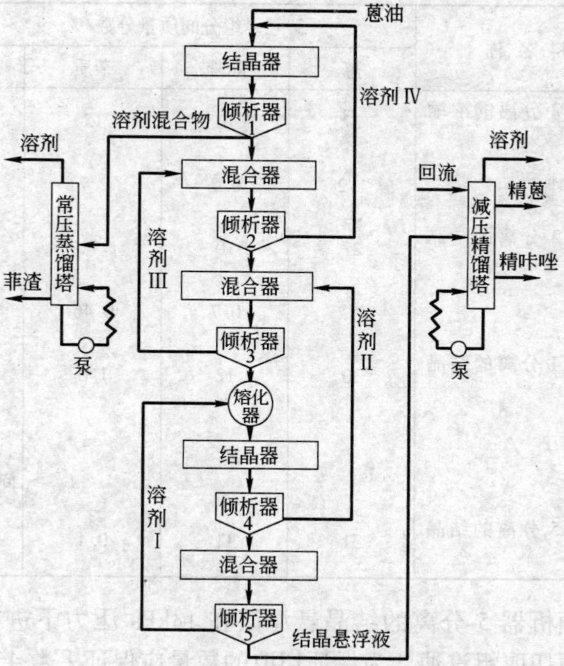

图 8-13　粗汽油萃取—精馏法

表 8-12　萃取过程物料流组成

物料名称	组分的质量分数/%			
	蒽	咔唑	杂质	粗汽油
蒽油	10	4	86 (其中菲占 30)	
溶剂Ⅳ	1.2	0.7	17	81.1
倾析器 1 分离的溶剂混合物	1.2	0.7	56	42.1
倾析器 1 分离的悬浮液	15	9	43	33
溶剂Ⅲ	1.2	0.7	5.1	93

续表 8-12

物料名称	组分的质量分数/%			
	蒽	咔唑	杂质	粗汽油
倾析器 2 分离的浓缩悬浮液	27	10	15	48
溶剂Ⅱ	1.2	0.7	2.7	97.4
倾析器 3 分离的结晶悬浮液	27	10	7	56
溶剂Ⅰ	1.2	0.7	0.46	97.64
倾析器 4 分离的结晶悬浮液	30	12	1.6	56.4
新溶剂				100（140～170℃间馏出 95%）
倾析器 5 分离的结晶悬浮液	31	11	0.4	57.6

由倾析器 5 分离的结晶悬浮液在 13kPa 压力下进行减压精馏，塔顶切取粗汽油，为保证切取的数量应保证上数 4 块塔板的温度为 250℃。从塔顶以下 8 块塔板切取精蒽，在进料口以下 32 块塔板切取精咔唑。塔底加热器应保证塔顶回流比为 6。

由倾析器 1 分出的溶剂送入具有 20 块塔板的常压蒸馏塔。塔顶采出溶剂，塔底排出菲渣，其组成（质量分数）为：蒽 2%，咔唑 1%，杂质 97%，其中菲占 34%。

该法的特点是不用真空吸滤和离心过滤分离结晶母液，蒽和咔唑产品纯度高，收率高。

8.3.2.3 苯乙酮萃取—精馏法

德国吕特格公司五海密路特精蒽生产厂采用粗蒽减压蒸馏-苯乙酮溶剂萃取法，其工艺流程见图 8-14。

原料粗蒽（组成（质量分数）：蒽 25%～30%，菲 30%～40%，咔唑 13%）熔化后，经加热炉加热至 150℃进入蒸馏塔中部，塔底残液加热至 350℃返回塔底循环供热。含蒽质量分数为

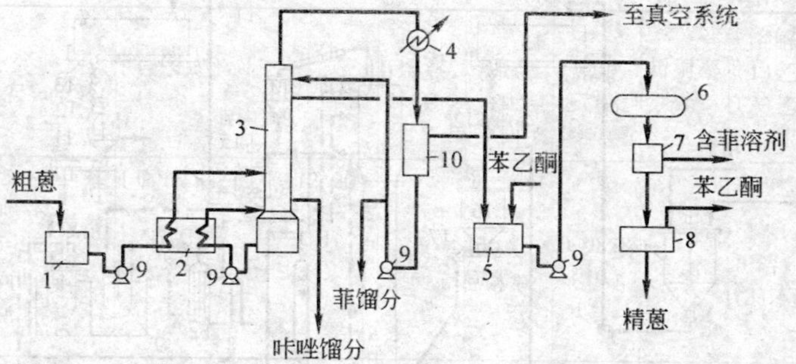

图 8-14　粗蒽减压蒸馏-苯乙酮溶剂萃取法

1—熔化器；2—加热炉；3—蒸馏塔；4—冷凝冷却器；5—洗涤器；6—结晶器；7—离心机；8—干燥器；9—泵；10—回流槽

1%～2%的粗菲从塔顶逸出，经冷凝后一部分回流，其余采出。含蒽质量分数为55%～60%的半精蒽从塔上部切取，含咔唑质量分数为55%～60%的粗咔唑从塔下部切取。

半精蒽与苯乙酮以1∶(1.5～2)的质量比加入洗涤器，温度维持在120℃，然后送到卧式结晶器，在10h内冷却至60℃，然后离心分离和干燥，得到纯度大于95%的精蒽。

该法特点是连续真空蒸馏，处理量大，同时得到三种富集馏分；苯乙酮选择性好，半精蒽只需洗涤一次便得到纯度大于95%的精蒽。

8.3.2.4　重质苯萃取—精馏法

鞍山焦化耐火材料设计研究院、吉林化工研究院与石家庄桥西焦化厂合作，在20世纪70年代建立了粗蒽重质苯萃取常压精馏的中试装置，其工艺流程见图8-15。

含蒽质量分数约为30%的粗蒽与溶剂按1∶2的比例装入洗涤器内，用蒸汽间接加热到80～90℃，搅拌0.5h，然后用泵打入结晶机。冷却到35℃后经离心分离得到一次脱菲半精蒽（蒽和咔唑的质量分数之和为90%左右）。离心母液流入含菲溶剂油槽，用泵打入脱菲蒸馏釜，蒸出的溶剂循环使用。釜内菲残油经

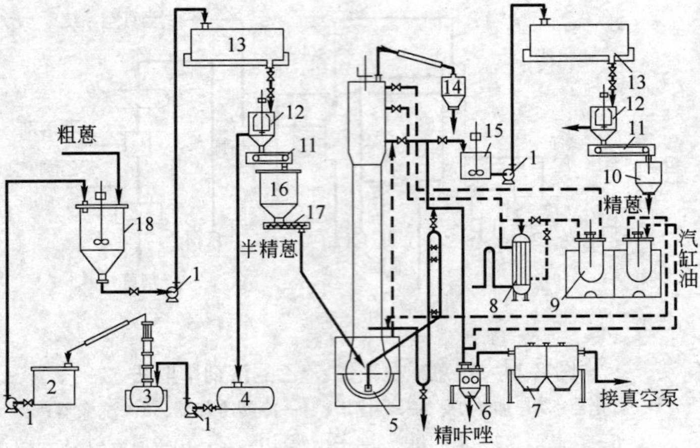

图 8-15　重质苯萃取—精馏法生产精蒽流程

1—泵；2—新溶剂油槽；3—脱菲蒸馏釜及柱；4—含菲溶剂油槽；5—乳化精馏釜及塔；6—转鼓结晶机；7—薄壁捕集器；8—管式冷却器；9—汽缸油加热器；10—干燥器；11—刮板运输机；12—立式离心机；13—机械结晶机；14—轻油槽；15—蒽馏分中间槽；16—半精蒽料仓；17—螺旋输送机；18—洗涤器

冷却结晶及离心分离后即得粗菲。脱晶油可用作工业燃料油。

半精蒽用螺旋输送机装入乳化精馏塔的蒸馏釜，蒸馏釜设有30mm宽的金属夹套，夹套内装有铅锡金属热载体。开始蒸馏时，馏出轻油及330℃前的馏分。当塔顶温度上升到330～335℃时，关闭位于∩形管下部的零位阀门，建立乳化层，进行全回流。当塔顶温度转为下降至最低点时，将温度稳定2h，开始由转鼓结晶机接取馏分。直到塔顶温度再上升到330℃时，将切取的馏分转入蒽馏分中间槽，槽内预先装入一定量的轻油。槽内温度保持在87～90℃，用泵送入机械结晶机，经冷却结晶后进行离心分离，再经干燥即得含蒽质量分数为90%以上的精蒽。

当蒽馏分的点样含蒽量下降，咔唑含量上升到质量分数为10%左右停止切取蒽馏分，改切蒽咔唑中间馏分、咔唑馏分和咔唑后馏分。这些咔唑馏分均放入转鼓结晶机，得精咔唑。于结晶机内升华的气体，由真空泵吸入薄壁捕集器捕集下来，尾气放空。当金属浴温度上升到550～600℃时停止加热，待稍冷却后出渣。

为了防止物料在塔和管路中凝结，采用热汽缸油夹套保温。

当时在该厂也同时建立了一套减压蒸馏装置，其工艺流程见图8-16。

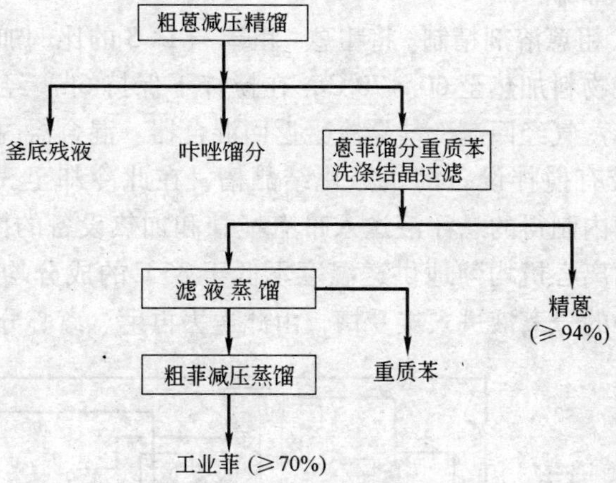

图 8-16　粗蒽减压精制工艺流程

将230～250℃加热熔化了的粗蒽用定量泵打入减压精馏塔中。塔底为卧式釜，用煤气直接加热，半连续操作。塔顶真空度为88～96kPa，相应温度为250～220℃，此时釜内真空度为61～72kPa，相应液相温度为310～290℃。塔顶连续采出前馏分和蒽菲馏分，塔底连续采出咔唑馏分，当釜中积存一定量残渣后，停止精馏放掉釜渣。

切取咔唑和釜渣后的蒽菲馏分和重质苯以1：（2～2.5）的质量比装入结晶机在90～95℃溶解洗涤，然后通水冷却到35～40℃，析出结晶。经过滤得到的滤饼再用重质苯溶解洗涤重结晶一次，经过滤干燥，便得到质量分数为94%～96%的精蒽产品。

滤液在浓缩釜蒸馏回收重质苯，当液相温度达到250℃回收溶剂过程结束。釜底液作为生产工业菲的原料。

8.3.3 共沸精馏法

蒽能与脂肪二元醇生成低沸点共沸物，而咔唑不能，这样可先用溶剂洗涤结晶除去菲，再用共沸蒸馏将蒽和咔唑分开。共沸剂可用双甘醇和乙二醇等。

采用双甘醇共沸精馏法生产精蒽工艺流程见图8-17，该工艺包括以下部分：

（1）粗蒽溶剂精制。将粗蒽：粗苯 = 1：3的比例加入混合器中，并将物料加热至60～70℃，在搅拌下保持6h。经放散管排出的粗苯蒸气经回流冷却器冷凝返回混合器。混合器内的物料用泵送入带有搅拌设备的机械化结晶槽，在此冷却至35～40℃。在结晶槽内制得的悬浮液送入带有搅拌和加热设备的搅拌器内，以保证向离心机均匀地供送温度不低于35℃的成分均匀的悬浮液。离心的分离液进入接受槽，由此送去再生。离心分离的结晶

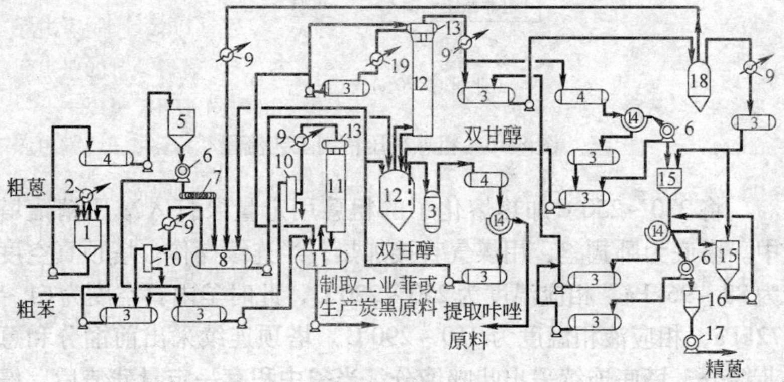

图8-17 共沸精馏法生产精蒽工艺流程

1—混合器；2—回流冷却器；3—接受槽；4—机械化结晶槽；5—搅拌器；6—离心机；7—螺旋给料器；8—混合器；9—冷凝冷却器；10—分离器；11—粗苯回收蒸馏釜和柱；12—共沸蒸馏釜和柱；13—分缩器；14—真空过滤器；15—水洗涤器；16—贮斗；17—真空干燥器；18—二甘醇回收蒸馏釜；19—冷却器

物含蒽质量分数约为55%，经螺旋给料器送入混合器，同时向混合器内加入双甘醇，其量为一次精蒽：双甘醇 = 1∶3。在连续搅拌和加热至100℃时，从混合器析出被一次精蒽夹带的粗苯蒸气，经冷凝冷却进入分离器，然后进入溶剂接受槽。

（2）共沸精馏。一次精蒽与双甘醇送入共沸间歇蒸馏釜精馏。在蒸出水分前，蒸馏釜要缓慢加热升温。然后从混合物中蒸出水分，经冷凝冷却进入接受槽。当分缩器后的蒸气温度达到200℃时，开始切取由蒽和双甘醇按1∶20至1∶30比例组成的共沸混合物。共沸混合物正常沸点范围在240～260℃。在切取共沸混合物过程中，要连续地向蒸馏釜送入双甘醇，以保持釜内恒定的液面和蒽与双甘醇共沸混合物的比例。当蒸馏到冷凝液中蒽与双甘醇的比例达到1∶60时，停止向釜内送入双甘醇，继续蒸出剩余的双甘醇。蒸馏结束，冷却后将釜渣排入接受槽。

（3）共沸混合物的结晶。共沸混合物的蒸气由精馏塔顶进入分缩器，以循环蒽油冷却，然后进入冷凝冷却器，以双甘醇冷却。冷却至150℃的共沸混合物进入机械化结晶槽，缓慢冷却到50～60℃，蒽呈结晶析出，然后真空过滤。双甘醇滤液经真空接受槽入滤液接受槽。滤饼进入离心机进一步分离双甘醇。

（4）热水洗涤。真空过滤滤饼中仍含有双甘醇，需要在洗涤器中，用3倍于结晶质量的90～95℃热水洗涤除去。经过两次洗涤，第二次真空过滤后的滤饼含水应小于45%，离心脱水后的滤饼含水小于12%。将含水的滤饼放入真空干燥器，干燥温度110～120℃，真空度61～67kPa，成品含水要求小于0.2%。

（5）溶剂回收。洗涤结晶后的粗苯送入溶剂再生蒸馏釜，回收的粗苯返回洗涤系统。釜底残液含有浓度较高的菲，可用于制取工业菲或生产炭黑。洗涤水和蒸出水中含有的双甘醇用蒸馏法处理。共沸蒸馏釜残液中含有的双甘醇，先冷却到80℃，分出固体残渣后，甘醇返回蒸馏釜循环使用。固体残渣含质量分数为50%～60%的咔唑和质量分数小于50%的双甘醇，可用于提取咔唑。

该法生产1t含蒽质量分数为93%的精蒽，需7t粗蒽，粗苯（150℃前）1.8t，双甘醇1.2t。溶剂耗量大，成本高。

田华、张超群等人以粗蒽为原料，利用焦化厂自产的轻苯和精苯工段的已洗混合分为溶剂进行一次萃取制取半精蒽，试验结果见表8-13。

表8-13 萃取试验结果

溶剂名称	萃取温度/℃	半精蒽组成的质量分数/%			回收率/%		菲去除率/%
		蒽	菲	咔唑	蒽	咔唑	
轻苯	30~60	50.7~54.5	3.8~5.1	20.6~25.9	>70	>70	>90
已洗混合分	30~60	47.0~51.0	4.1~5.3	22.8~25.8	>70	>70	>90

注：粗蒽组成（质量分数）为蒽25.2%，菲19.1%，咔唑12.1%。

以半精蒽为原料，以双甘醇为共沸剂，共沸剂∶半精蒽 = 7∶1（体积∶质量），进行共沸精馏。当精馏塔顶温度约为240℃时馏出恒沸物。恒沸物经冷却结晶，离心分离，得到滤液和滤饼。滤液返回蒸馏釜再利用，滤饼用70~80℃水洗脱除恒沸剂，经过滤分离和干燥，得到纯度大于93%的精蒽。洗水进行蒸馏脱水，回收共沸剂。共沸蒸馏至釜中物料无蒽为止，然后停釜将釜渣排入升华釜中。

釜渣在升华釜内被缓慢加热至200~240℃，渣料中的咔唑将升华出来，并在微负压下将其抽至升华室内，即可得到精咔唑。升华结束，釜内的残渣趁热排出，可配入重质燃料油中。

8.3.4 吸附法

俄罗斯的Kondratov V. K，Beljaeva G. F等提出用浮石常温液相吸附法制取精菲。试验所用的原料为纯度约90%的菲，内含蒽、咔唑、氧芴和芴等杂质。首先将原料溶解在苯和异辛烷混合溶剂中（苯∶异辛烷（体积比）= 0.82 ~ 1.22），原料∶混合溶剂 = 0.185 ~ 0.386。得到的黑色溶液通过NaX型浮石层，每克浮石通过的溶液速度为2.6~3g/h，操作温度为15~20℃。从得到的无色溶液中蒸出溶剂，则获得纯度95%~96%的精菲，产率占原料混合物资源的90%以上。重复净化可得到纯度大于

97%的精菲。溶剂再生可循环使用。

浮石的再生是用间二甲苯或邻二甲苯在134℃条件下洗涤，然后再用苯和异辛烷混合物在70～75℃的条件下进一步洗涤。从洗涤液中蒸出的二甲苯循环使用。

试验表明，混合溶剂苯和异辛烷（体积比）在0.82～1.22可获得最大选择性。体积比大于1.22，杂质开始解吸，致使菲的质量降低。体积比小于0.82，即异辛烷含量提高，大大降低菲的溶解性，若达到同样效果，必增加溶剂量，导致能耗增加，生产率降低。吸附温度在15～20℃可提高菲分离的选择性。

8.3.5 混合溶剂沉淀法

钟田、段礼和发明的混合溶剂沉淀法的基本原理是利用蒽、菲和咔唑的物理性质，即在不同溶剂中的溶解度及在混合溶剂中析出的先后顺序来达到精制的目的。

混合溶剂是指强极性溶剂和非极性溶剂的混合物。强极性溶剂可采用二甲基甲酰胺（DMF）、二甲基乙酰胺（DMAC）、N-甲基吗啉（N-MM），非极性溶剂可采用轻油、重芳烃、苯、甲苯及二甲苯等。极性溶剂和非极性溶剂按一定比例混合。混合溶剂中还含有乙醇、丙酮或丁醇等，用量为全部溶剂体积的30%～70%。沉淀剂是水。下面以实施例说明该法的具体操作步骤。

在装有搅拌器、回流冷凝管和温度计的三口烧瓶中，装入75g蒽渣、35mL DMF、50mL乙醇和25mL重芳烃，放入水浴中搅拌升温至70℃全部溶解后，加入7mL 70℃热水，搅拌10min，缓慢降温至45℃，此时溶液为悬浮液，过滤得到粗蒽和滤液。将粗蒽在常温下加80mL DMF，20mL水，洗涤过滤，得到纯度大于95%的黄绿色精蒽。将滤液倒入70mL水中，得到粗咔唑沉淀，过滤得到粗咔唑滤饼和滤液。

将粗咔唑滤饼用100mL重芳烃常温洗涤30min，过滤，得到滤饼。将滤饼加30mL DMF、40mL乙醇，于70℃溶解，再加3mL水，冷却降温至45℃，使溶液中含有的蒽全部沉淀出来，过滤，滤饼为精蒽。将滤液倒入装有70mL水的容器中，咔唑被沉淀出来，过滤，得到纯度大于95%的白色咔唑。

将分离掉的粗咔唑滤液减压蒸馏，溶剂回收重复使用，蒸馏残渣为菲渣。将菲渣用乙醇洗涤，可得到纯度大于98%的白色菲。

8.3.6 溶剂熔融结晶法

宝山钢铁股份有限公司申请公开的发明专利是采用溶剂熔融结晶法从蒽油馏分中提取低菲蒽油，为进一步制取高纯度的蒽、菲、咔唑提供优质原料，其工艺流程见图8-18。该流程由堆料结

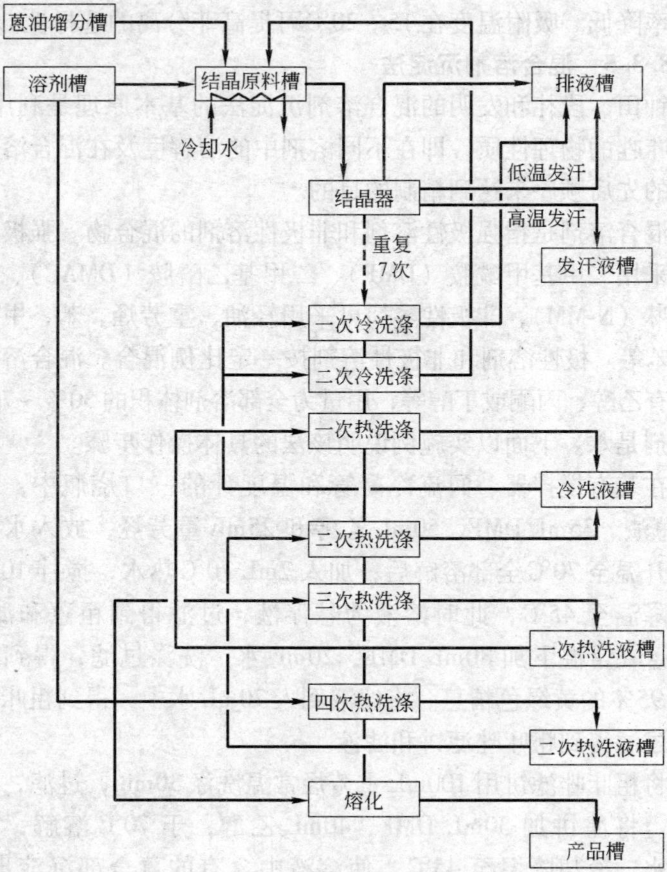

图8-18 溶剂熔融结晶法制取低菲蒽油的工艺流程

晶、冷洗涤、热洗涤和熔化工序组成，以实施例说明如下。

原料蒽油馏分主要组分的质量分数为：菲 19.93%，蒽 6.07%，咔唑 2.05%。溶剂主要组分的质量分数为：甲苯类 1%～5%，二甲苯类 70%～90%，三甲苯类 0.4%～3%，茚满 0.1%～1%，茚 0.1%～1%。

（1）堆料结晶。蒽油馏分和溶剂按质量比 1∶1 分别通过管道进入结晶原料槽，在此通过槽底部热交换管的冷却水，使温度降至 75℃后进入结晶器。在结晶器内经循环水和冷冻水逐步冷却降温，直至 7℃冷却停止。结晶器内含有菲等溶解物的溶剂通过管道排至排液槽。然后结晶器逐渐升温至 20℃，使存留在结晶器内含有少量母液的结晶体低温发汗，其发汗液通过管道排至排液槽。当结晶器温度由 30℃升至 66℃时，高温发汗停止，其发汗液通过管道送至发汗液槽。高、低温发汗时间为 90min，堆料结晶处理时间为 4.5h。

以上步骤再重复 7 次，最后一次取消发汗，即排放结束后结晶留在结晶器内，转入冷洗涤工序。

（2）冷洗涤。冷洗涤进行两次，冷洗涤液是由冷洗涤液槽储存的溶剂通过管道进入结晶器内，然后在 30℃条件下，平衡 15min。第一次洗涤液通过管道排至排液槽。排液组成的质量分数为：蒽 1.92%，咔唑 0.63%，菲 14.46%，其结晶体留在结晶器内，进行第二次冷洗涤。第二次洗涤液通过管道排至结晶原料槽。排液组成的质量分数为：蒽 1.68%，咔唑 0.5%，菲 8%，其结晶体留在结晶器内，进行热洗涤。每次洗涤过程耗时 1.5h。

（3）热洗涤。热洗涤进行四次：

第一次热洗涤用一次热洗涤槽内的溶剂，通过管道进入已升温的结晶器，其结晶体开始熔化，装料结束后继续加热，直到器内温度达到 83℃，利用平衡使物料浓度充分均匀，然后再改为冷却降温，冷却结束后向冷洗涤液槽排液。排液组成的质量分数为：蒽 2.76%，咔唑 0.77%，菲 7.37%。排液结束后，器内结晶转入第二次热洗涤。

第二次热洗涤用二次热洗涤槽内的溶剂，通过管道进入已升温的结晶器，其结晶体开始熔化，装料结束后继续加热直到器内温度达到85℃，利用平衡使物料浓度充分均匀，然后改为冷却降温，冷却结束后向冷洗涤液槽排液。排液主要组成的质量分数为：蒽2.35%，咔唑0.66%，菲3.72%。排液结束后，器内结晶转入第三次热洗涤。

第三次热洗涤用溶剂槽内的溶剂，通过管道进入已升温的结晶器，其结晶体开始熔化，装料结束后继续加热，直到器内温度达到87℃，利用平衡使物料温度充分均匀，然后改为冷却降温，冷却结束后向一次热洗涤槽排液。排液主要组成的质量分数为：蒽1.9%，咔唑0.48%，菲1.72%。排液结束后，器内结晶转入第四次热洗涤。

第四次热洗涤用溶剂槽内的溶剂，通过管道进入已升温的结晶器，其结晶体开始熔化，装料结束后继续加热，直到器内温度达到90℃，利用平衡使物料浓度充分均匀，然后改为冷却降温，冷却结束后向二次热洗涤槽排液。排液主要组成的质量分数为：蒽2.07%，咔唑0.54%，菲0.91%。排液结束后，器内结晶转入熔化。

（4）熔化。溶剂槽的溶剂，通过管道进入已升温的结晶器，然后开始熔化，熔化温度为120℃，其结晶体以熔融态排入低菲蒽油产品槽。低菲蒽油主要组成的质量分数为：蒽16.26%，咔唑4.64%，菲0.43%。

上述各工序均耗时5h。

实施例提纯工艺总耗时68h，蒽油馏分处理能力5.2t/h。

8.3.7 熔融结晶法

拉特格斯化学公开股份有限公司申请公开的发明专利是以粗蒽或蒽油为原料，在静态结晶器中进行纯化。以实施例说明如下。

将含有蒽的质量分数为7%，菲的质量分数为25.1%，咔唑的质量分数为3.3%的蒽油加热至约200℃，用泵将熔融物送至约200℃的板式结晶器中，然后缓慢冷却至100～20℃，蒽、菲和咔唑在结晶器表面结晶。在冷却至60～20℃后，从结晶器中排出非固化的残余油。然后缓慢加热结晶器表面的结晶层，在加热过程中，隙间液体及晶体中所含的杂质被熔融排出，这一过程称作发汗。发汗过程排出的熔融物约占结晶板上结晶物质量的10%，这部分可在粗蒽制备中再循环。

再次加热结晶板上残留的物质，全部液化后用泵送至第二个结晶器的结晶板上再次结晶。该结晶板的初始温度高于蒽-咔唑混合物的熔融温度，然后缓慢冷却结晶，接着进行如在第一个结晶器中所进行的发汗过程，排出物约占结晶物质质量的10%。发汗出的物质可以在第一个结晶步骤中循环使用。

再次熔融第二个结晶步骤中经发汗后剩余的结晶物，并送至第三个结晶器，重复上述过程。发汗出的物质可以在第二个结晶步骤中循环使用。结晶物熔融排出，主要组分质量分数蒽63%、咔唑33%、菲2%。

该法采用几个结晶步骤，根据所要求的产品质量确定，纯化在再次结晶步骤中的结晶和发汗温度比前一次步骤的温度升高。

由该法得到的结晶物在理论板 $N_T \geqslant 60$ 的填料精馏塔减压精馏，二甲基苯并呋喃等沸点低的组分由塔顶分馏出去，纯蒽馏分由塔上层侧线采出，纯咔唑馏分由塔下层侧线采出。

8.3.8 一步结晶—蒸馏法

法国BEFS公司的PROABD工艺是以一蒽油为原料，先结晶形成半蒽，然后通过减压蒸馏生产质量分数为96%的精蒽和质量分数为95%的精咔唑。

结晶在静态结晶箱内进行。结晶箱的传热蛇管内通入导热油。进入结晶箱前，导热油可以在加热器中用蒸汽预热，或在冷却器中用冷却水或乙二醇冷冻水冷却。结晶过程是利用熔点不同，将菲从混合物中分离出去。结晶分级进行。第一级结晶主要是晶体的积聚，第二、三级是晶体的提纯。每个操作周期约50h。

蒽油在进入结晶箱之前要先用溶剂油稀释，其目的是：降低流体黏度，使排液更彻底；降低操作温度；减少结焦聚合。但要控制溶剂油的加入量，过多产品收率低，过少产品纯度低。

结晶产品半蒽经纯溶剂油稀释后，进入外带热油夹套的减压蒸馏塔。塔上段产出精蒽，塔下段产出咔唑，塔顶采出溶剂油，部分回流，塔底产出渣油。塔底再沸器所需热量来自导热油加热炉。

结晶过程排出的母液和洗涤液在常压精馏塔中分离，塔顶产出的溶剂油重新利用，塔底排出菲油。塔底热源来自导热油加热炉。

该工艺以蒽油为原料，工艺得到简化；减压蒸馏塔顶回流液为溶剂油而不是蒽，避免了真空系统的堵塞；所选溶剂挥发性低，选择性好，消耗低，每产1t精蒽仅需0.015t溶剂。

8.3.9 溶剂冷却结晶法

宝山钢铁股份有限公司申请公开的发明专利采用古马隆-茚树脂生产过程中的闪蒸系统副产品闪蒸油为溶剂，其主要组成的质量分数为：1,2,4-三甲苯7%～22%，1,3,5-三甲苯8%～14%，1,2,3-三甲苯1%～5%，古马隆2%～8%，茚5%～14%，茚满5%～16%，苯0%～5%，甲苯1%～5%，萘2%～8%，苯乙烯1%～4%，甲基萘0%～2%，间对二甲苯2%～6%，邻二甲苯3%～6%。密度为0.9～0.93g/cm^3，初馏点124～132℃，200℃馏出率不小于90%，干点201～207℃。精制原料为质量分数约为90%的粗咔唑，其中含有2-甲基蒽、蒽和菲等杂质。

首先将粗咔唑与闪蒸油按质量配比1∶3～1∶5加入到反应釜中，升温至130～140℃，保温1～2h，并需有回流冷凝设备以使部分闪蒸油的轻组分回流。然后将溶解后的溶液排入结晶器中，冷却速度为5～15℃/h，冷却至10～25℃，咔唑析出。将咔唑溶液转入离心机中，滤液返回古马隆树脂装置进行蒸馏回收，咔唑产品在恒温干燥箱内干燥，干燥温度60～80℃，干燥时间3～5h。

该法得到的咔唑产品纯度约为99%，收率大于90%。

参 考 文 献

[1] Гуревич Б С. Способ Получения Технического Антрацена [J]. Кокс и Химия. 1982 (6): 28 ~ 31.

[2] Гуревич Б С. Комплексная Схема Переработки Антраценсодержащего Сырья с Полученией Антрацена[J]. Карбазола и Фенантрена[J]. Кокс и Химия. 1983(1):27 ~ 30.

[3] Павлович О Н, Лехова Г Б. Способ Разделения Антраценфенантреновой Смеси: SU, 1293166 [P]. 1987.

[4] 石仁里. 蒽精制工艺方法的比较 [C]. 炼焦化学文集. 北京: 化学工业出版社, 1989: 281 ~ 294.

[5] 苑元, 王曾辉, 高晋生. 咔唑的理化性质和加工利用 [J]. 燃料与化工, 1997, 28 (4): 226 ~ 228.

[6] 张超群, 田华, 等. 从粗蒽中提取精蒽和精咔唑的研究 [J]. 燃料与化工, 1999, 30 (2): 68 ~ 70.

[7] 田中寛. アントラヤンとカルバゾールの分离法. 日本公開特許公報 (A): 昭58—103327 [P]. 1983.

[8] Kondratov V K, Beljaeva G F, et al. Method of isolation of phenanthrene from anthracenecontaining mixtures: RU, 2043324 [P]. 1995.

[9] Качурин О И, Охрименко З А. Выделение Фенантрена из Сыргого Антрацена [J]. Кокс и Химия. 1984 (10): 40 ~ 42.

[10] フ. Polaczek 等. 蒽精制方法. Pat: PRL, 149672 [P]. 1990.

[11] Павлович О Н. Способ Получения Высокопроцентных Антрацена и Фенантрена из Антраценовой Фракции Каменноугольной Смолы. Кокс и Химия. 1984 (10): 40 ~ 42.

[12] [苏] 别洛诺什柯 A M 著. 炼焦化学新产品及工艺 [M]. 曲法泉, 王福成译. 北京: 冶金工业出版社, 1982.

[13] 程述云, 史伟. 从蒽油中提取粗蒽的方法: CN, 1080276A [P]. 1994.

[14] 袁庸夫, 钟烈德, 李健, 等. 一种从一蒽油中提取粗蒽的二段结晶法: CN, 1161951A [P]. 1997.

[15] 托马斯 · W · 比特纳, 乌尔里希 · 克尼珀斯, 康拉德 · 施托尔岑贝格, 等. 通过熔融结晶制备蒽和咔唑: CN, 1487910A [P]. 2004.

[16] 袁康人, 顾镇钧, 张金涛, 等. 从煤焦油蒽油馏分中提取低菲蒽油的工艺: CN, 101130479A [P]. 2008.

[17] 孙剑, 李乃民, 周杰. 精制咔唑的工艺方法: CN, 101130517A [P]. 2008.

[18] 钟田, 段礼和. 一种精制蒽菲和咔唑的新方法: CN, 1121103A [P]. 1996.

9 荧蒽、芘和䓛的提取与精制

荧蒽是1878年由 Rudolph Fittig 和 Ferdinand Gebhard，芘是1871年由 Carl Graebe，䓛是1870年由 Carl Graebe 从煤焦油中发现的。

荧蒽在煤焦油中的含量约为2.5%，芘和䓛在煤焦油中的含量均在2%左右。

荧蒽主要用于生产荧光染料，也可作为非磁性金属表面探伤的荧光剂。芘主要用于生产1,4,5,8-萘四羧酸，1,4,5,8-萘四羧酸是制取热稳定性好的周萘酮颜料的原料。䓛可作为制取棕黄色还原染料的原料，也可作为非磁性金属表面探伤的荧光剂。另外这些多环芳烃还有可能用于制取有机半导体。

9.1 荧蒽、芘和䓛的性质及分布

荧蒽是无色或带黄绿色针状晶体，不溶于水，微溶于冷乙醇，可溶于二硫化碳和醋酸，易溶于醚。

芘是淡黄色单斜片晶，不溶于水，易溶于苯、乙醇、醚和二硫化碳等。

䓛是白色斜方晶体，不溶于水，极难溶于醚，微溶于二硫化碳和冰醋酸，难溶于醇，可溶于热甲苯，易溶于浓硫酸。真空下易升华。在紫外线下呈紫色荧光。

荧蒽、芘和䓛的物理性质见表9-1。

表9-1 荧蒽、芘和䓛的物理性质

组分＼性质	分子式	结构式	相对分子质量	沸点/℃	熔点/℃	密度/g·cm^{-3}	比热容/J·(g·℃)$^{-1}$	蒸发热/kJ·kg^{-1}	燃烧热/kJ·kg^{-1}
荧蒽	$C_{16}H_{10}$	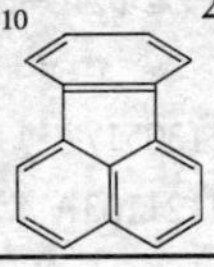	202.2	382	109～110	1.252		329.1	39132

续表 9-1

组分＼性质	分子式	结构式	相对分子质量	沸点/℃	熔点/℃	密度/$g \cdot cm^{-3}$	比热容/$J \cdot (g \cdot ℃)^{-1}$	蒸发热/$kJ \cdot kg^{-1}$	燃烧热/$kJ \cdot kg^{-1}$
芘	$C_{16}H_{10}$	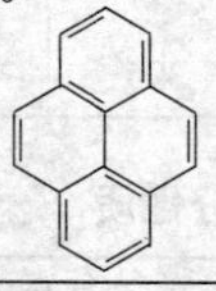	202.26	393	150.6	1.277	1.13	739.4	38780
䓛	$C_{18}H_{12}$	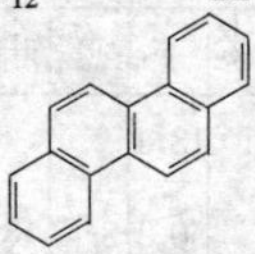	228.30	448	255.8 ~ 256.3	1.274	1.11	304.8	39743

提取荧蒽、芘和䓛的原料是二蒽油和沥青馏出油等。蒽油中荧蒽、芘和䓛的含量见表 8-2。沥青馏出油中荧蒽、芘和䓛的含量见表 9-2。

通常是将上述原料采用减压精馏的方法切取为相应的窄馏分，然后再通过溶剂结晶法提纯。减压精馏切取的窄馏分分别见表 9-3 ~ 表 9-5。

表 9-2　沥青馏出油中各组分的质量分数

组分名称	质量分数/%	组分名称	质量分数/%
菲	14.3 ~ 15.1	䓛	1.8 ~ 2.0
咔唑	8.2 ~ 10.1	苊	0.53 ~ 0.88
荧蒽	6.0 ~ 6.6	酚-甲酚	0.2 ~ 0.4
芘	4.4 ~ 4.85	硫	<0.5
蒽	2.6 ~ 2.8		

表 9-3　荧蒽窄馏分性质

原　料	荧蒽馏分产率/%	初馏点/℃	馏出物的质量分数/%							质量分数/%	
			369℃	374℃	378℃	382℃	385℃	389℃	404℃	荧蒽	芘
沥青馏出油	5.7	367		9.45	49.5	80.9	96.5			68.0	
蒽　油	14.5	360	11.8	4.8				80.4	92	49.6	9.16

表 9-4　芘窄馏分性质

原　料	芘馏分产率/%	初馏点/℃	馏程温度/℃			芘的质量分数/%
			馏出 10%	馏出 50%	馏出 95%	
沥青馏出油	7.2	385	387	389	396	54.3
蒽　油	5.8	380	383	387	395	39.6

表 9-5　沥青馏出油减压精馏的窄馏分性质

馏分名称	产率/%	密度/$g \cdot cm^{-3}$	初馏点/℃	馏程温度/℃			组分的质量分数/%				
				馏出 10%	馏出 50%	馏出 95%	菲	蒽	咔唑	荧蒽	芘
头馏分	16.4	1.083	263	266	310	363	18.1				
菲馏分	15.8	1.147	310	318	342	358	50.1	8.4	18.2	1.94	
菲-荧蒽馏分	8.0	1.136	330	335	356	375	34.5	4.3	21.7	10.0	0.4
荧蒽馏分	5.0	1.148	374	376	380	389	5.8			50.5	5.5
荧蒽-芘馏分	6.5	1.163	377	380	388	396				26.0	8.5
芘馏分	9.0	1.165	385	388	395	410				15.0	37.5
芘-䓛馏分	7.7	1.164	420	422	438	482				0.6	0.9

9.2　荧蒽、芘和䓛的精制

9.2.1　荧蒽的精制

荧蒽生产工艺流程见图 9-1。以二蒽油或沥青馏出油为原料，在 $N_T=20$ 的精馏塔减压精馏则得到质量分数为 50% 的荧蒽馏分。将荧蒽馏分放入带搅拌器和加热器的结晶器中，并加入溶剂进行重结晶，得到的粗荧蒽经离心分离脱油后，再返回结晶器进行溶剂重结晶。重结晶次数依原料和产品质量确定。溶剂送入蒸馏釜再生。

荧蒽重结晶试验结果见表 9-6。

9.2.2　芘的精制

工业芘生产工艺流程见图 9-2，主要包括沥青馏出油的精馏、芘馏分的结晶、粗芘的再结晶和溶剂的再生工序。

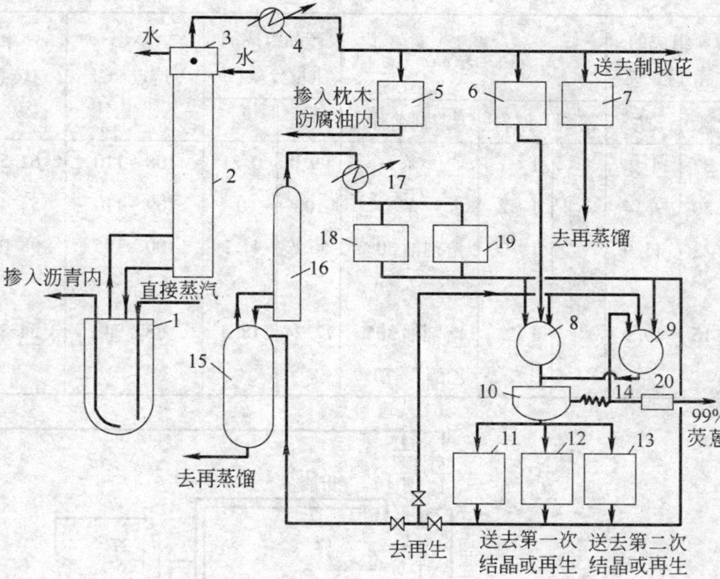

图 9-1 萤蒽生产工艺流程

1—蒸馏釜；2，16—精馏塔；3—分凝器；4，17—冷凝器；5—小于 375℃馏分贮槽；6—萤蒽馏分贮槽；7—中间馏分贮槽；8，9—结晶器；10—离心机；11，12，13—母液槽；14—螺旋运输机；15—溶剂蒸馏釜；18，19—酒精和溶剂油贮槽；20—干燥室

表 9-6 萤蒽重结晶试验结果

原料组成的质量分数/%		溶剂结晶			产品组成的质量分数/%		熔点/℃	产率（对萤蒽）/%
萤蒽	芘		溶剂∶原料	溶剂名称	萤蒽	芘		
65.6	13.8	第一次重结晶	1∶1	苯	92.87	11.27	100～106	67.33
50.37	3.33		1∶1	苯	97.5	9.14	101.5～108.5	62.15
44.37	22.86		1∶1	溶剂油 30% 乙醇 70%	50.22	45.9	99～103	99.0
41.33	19.5		1∶1	溶剂油 30% 乙醇 70%	60.16	19.9	75～84	80.3

续表 9-6

原料组成的质量分数/%		溶剂结晶			产品组成的质量分数/%		熔点/℃	产率（对荧蒽）/%
荧蒽	芘	溶剂：原料		溶剂名称	荧蒽	芘		
92.87	11.27	第二次重结晶	1：1	苯	99.0	0.81	108～110	62.5
97.50	9.14		1：2	苯	100	0	109～110	53.4
50.22	45.9		1：2	溶剂油 30% 乙醇 70%	56.6	41.2	100～105	98.0
60.16	19.9		1：2	溶剂油 30% 乙醇 70%	77.24	18.5	88～94	54.2

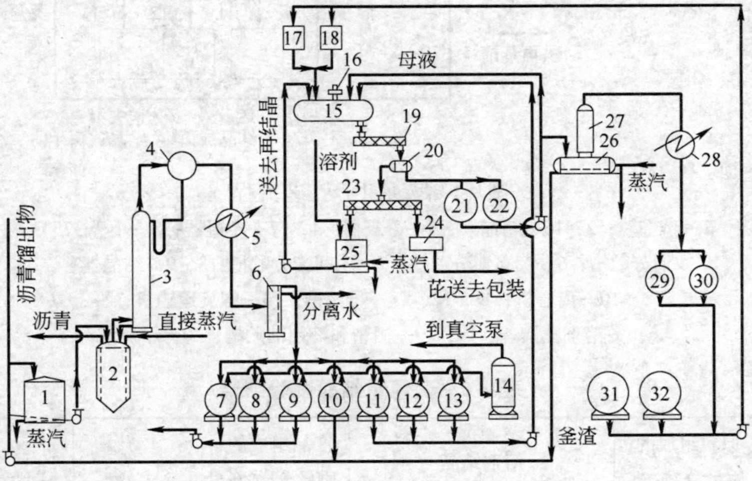

图 9-2　工业芘生产工艺流程

1—沥青馏出油槽；2—蒸馏釜；3—精馏柱；4—分缩器；5，28—冷凝冷却器；6—分离器；7～13—馏分槽；14—缓冲罐；15—结晶器；16—搅拌器；17，18，29～32—溶剂槽；19，23—螺旋输送机；20—离心机；21，22—离心母液接受槽；24—干燥器；25—混合槽；26—溶剂再生釜；27—溶剂再生柱

9.2.2.1　沥青馏出油的精馏

将沥青馏出油用泵送入明火加热的蒸馏釜内，首先在常压下

脱水，然后在减压下切取馏分，所得馏分组成见表9-7。

表9-7 馏分的主要组分

馏分	组分的质量分数/%					备注
	菲	蒽	咔唑	荧蒽	芘	
头馏分	18.1					生产炭黑原料；再精馏提取菲
菲馏分	50.1	8.4	18.2	1.94		生产工业菲原料
菲-荧蒽馏分	34.5	4.3	21.7	10.0	0.4	再精馏提取菲和荧蒽
荧蒽馏分	5.8			50.5	5.5	生产荧蒽原料
荧蒽-芘馏分				26.0	8.5	再精馏提取荧蒽
芘馏分				15.0	37.5	生产工业芘原料
芘-䓛馏分				0.6	0.9	配入精制焦油或铺路柏油

9.2.2.2 芘馏分的结晶

将精馏得到的芘馏分按1∶1.2的质量比与溶剂混合。溶剂采用质量分数为75%的乙醇和25%的煤焦油溶剂油配制的混合物。结晶是在连续搅拌下进行，温度由70℃左右降到25～30℃的持续时间为30多小时。析出结晶的悬浮液经螺旋输送机由结晶器排入离心机。离心分离液送去再生或掺入溶剂中供芘馏分结晶用。根据芘馏分原料的纯度和对芘产品质量的要求，可采用一段或两段再结晶。芘重结晶试验结果见表9-8。

表9-8 芘重结晶试验结果

原料		原料∶溶剂	溶剂名称	产品含芘质量分数/%	收率(占馏分中芘)/%	熔点/℃
名称	含芘质量分数/%					
芘馏分	37.5	1∶1.2	乙醇 75% 溶剂油 25%	76～80	44.5	116～132
粗芘	76～80	1∶1	乙醇 75% 溶剂油 25%	90～92	41.2	130～150

9.2.2.3 溶剂的再生

将离心母液送入再生装置以回收溶剂循环使用。再生乙醇的质量分数必须大于85%。从母液中蒸出乙醇和溶剂油以后，含有芘的釜渣与沥青馏出物一起蒸馏。

9.2.3 䓛的精制

以沥青馏出油精馏切取的400～420℃的䓛馏分，或以370～440℃的二蒽油切取的400℃前馏出物小于50%，445℃前大于50%的䓛前馏分为原料，进行溶剂结晶精制。

䓛馏分用苯、甲苯或苯与三甲苯混合溶剂以1∶1比例混合，加热溶解，冷却结晶，过滤得粗结晶，再用洗油重结晶两次，即得粗䓛。粗䓛加2%～5%质量的顺丁烯二酸酐，溶于干净的洗油（1∶5），加热125～135℃，使苯并（a）蒽和并四苯与顺酐缩合而除去，然后经冷却、过滤和苯洗涤，即得白色或浅黄色䓛结晶，熔点254～255℃，纯度95%以上。

参 考 文 献

[1] 王兆熊，高晋生，等．焦化产品的精制和利用［M］．北京：化学工业出版社，1989.

[2] 炼焦化学卷编辑委员会．中国冶金百科全书：炼焦化工［M］．北京：冶金工业出版社，1992.

10 煤焦油组分的氧化

煤焦油组分的氧化反应主要是指在氧化剂存在下，有机化合物分子中增加氧或减少氢的反应。应用比较多的方法是气相空气氧化法，其次是液相氧化法。

10.1 气相空气氧化法

气相空气氧化法是将有机物与空气的混合气体在高温下通过固体催化剂，使有机物发生氧化生成目的产物。该法后处理比较简单，反应介质对设备没有腐蚀性，消耗少，比较经济，适于连续化工业生产。但由于反应温度高，又是强烈放热的，因此必须严格控制反应条件，抑制副反应，提高氧化反应的选择性。同时要求有机原料和反应产物具有足够的热稳定性。另外该法不易筛选出能满足多方面要求的性能良好的催化剂。

气相空气氧化反应通常是在列管式固定床或流化床反应器中进行，反应器的结构比较复杂。反应器内必须有传热装置及时移走反应热，以维持适宜的反应温度。

10.1.1 气相催化氧化原理

气相催化氧化通常按下列过程进行，见图 10-1。

10.1.1.1 反应物氧和煤焦油稠环芳烃分子在催化剂表面和孔内扩散

在反应条件下，催化剂颗粒周围由反应物分子、生成物分子和稀释剂分子形成稳定的滞流层，反应物分子必须穿过滞流层才能到达催化剂颗粒外表面，这个外扩散速率的大小及其施加的影响与流体的流速、催化剂颗粒的粒度、传送介质的密度及黏度等有关系。反应物氧和煤焦油稠环芳烃分子向孔内扩散是指发生在催化剂颗粒内部，从外表面孔口处向孔内表面转移，将反应物分子带至活性中心的扩散。无论是外扩散还是内扩散，其扩散的动

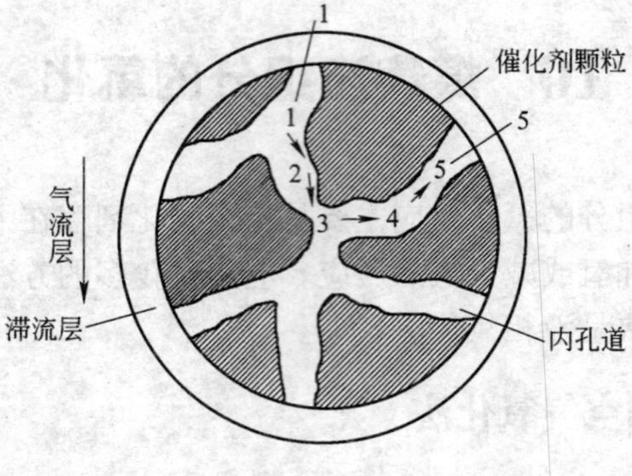

图 10-1　催化氧化反应过程示意图

1—反应物的扩散；2—反应物的化学吸附；3—被吸附分子的相互作用；4—反应产物的脱附；5—反应产物的扩散

力都是浓度差。

10.1.1.2　反应物氧和煤焦油稠环芳烃分子在催化剂表面的吸附

反应物分子通过扩散到达催化剂活性表面附近时，可进行化学吸附与活性表面相互作用产生新的物质。煤焦油稠环芳烃气相催化氧化采用的主催化剂基本是 V_2O_5。V_2O_5 是具有氧缺陷（缺位）的 n 型半导体过渡金属化合物，其吸附属 n 键吸附，即被吸附的粒子从催化剂表面上俘获自由电子而构成的吸附键，此时粒子成为负离子。这是由于被吸附的粒子的电子受主能级（吸附能级）处在半导体的费米能级（电子的电化学势）之下，所以半导体的电子向被吸附的粒子移动，这一移动继续到费米能级平衡为止。在 n 型 V_2O_5 上吸附氧，氧是以电子受主形式吸附在氧化物表面，氧离子填入表面负离子空位，并从邻近结点上的 V^{4+} 取得电子，使晶格上出现 V^{5+}，氧的这种活化吸附对氧化物催化性能有直接影响。在一些催化剂上已确定了氧的几种吸附形式，即 O_2^-、O^- 及 O^{2-} 等。各种离子可能依下式转化：

$$O_{2(吸)} \xrightarrow{e^-} [O_2^-]_{(吸)} \xrightarrow{e^-} 2[O^-]_{(吸)} \xrightarrow{2e^-} 2O^{2-}_{(晶)}$$

上述电子转移通常在大于300℃条件下发生。

经试验得出 O_2^- 及 O^- 是反应能力强的吸附态氧，$O^{2-}_{(晶)}$ 稳定性好，反应性较 O^- 差。大量催化氧化结果表明：选择性氧化涉及有效的晶格氧，即 $O^{2-}_{(晶)}$，无选择性氧化反应中吸附氧和晶格氧都参与反应。煤焦油稠环芳烃分子在 V_2O_5 表面上主要作为电子给予体吸附在正离子上面。

10.1.1.3 被吸附在催化剂表面上的反应物分子相互作用

反应物分子之间的相互作用是通过电子转移进行的。电子转移是通过反应物在化学吸附时与催化剂之间的电子转移来实现的。Mars 和 Vankrerelen 提出的催化剂循环如下：

$$M^{n+} \cdot O^{2-}(\text{催化剂}) + R \longrightarrow RO^{+} + M^{(n-1)+}(\text{还原态})$$

$$2M^{(n-1)+}(\text{还原态}) + O_2 \longrightarrow 2M^{n+} \cdot O^{2-}(\text{催化剂})$$

10.1.1.4 反应物从催化剂表面脱附

为使目的产物不至于过度氧化，催化剂对目的产物的吸附能力要弱，即容易脱附。为此，在催化剂中配入助催化剂和采用惰性载体以利于反应产物的脱附。

10.1.1.5 反应产物从孔内扩散到反应气流中

脱附是吸附的逆过程，是与图 10-1 中的步骤 1 方向相反的扩散过程。

10.1.2 煤焦油稠环芳烃催化氧化用催化剂的化学组成及其作用

10.1.2.1 主催化剂 V_2O_5

V_2O_5 属斜方晶系，晶体中每个钒原子被 6 个氧原子包围，实际上只有 5 个氧原子配位，这 5 个氧原子保持各种不同的 V—O 键长，见图 10-2，其中 $V—O_1$ 键最长（0.281nm），比其他键弱，最容易断裂。长的 $V—O_1$ 键切断后，便具有双键的性质，通常以 V ═O

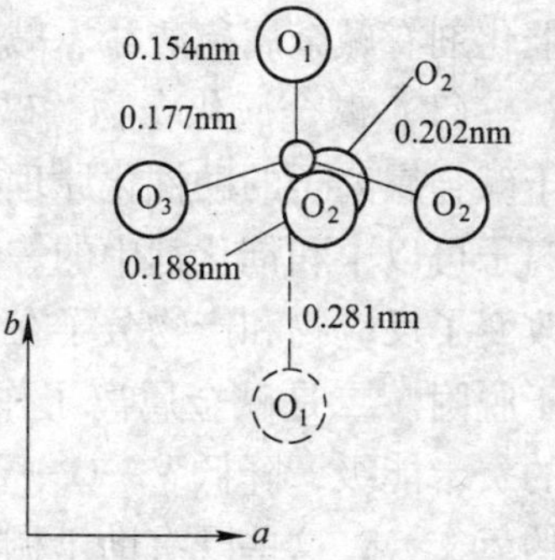

图 10-2 与 V 原子配位的氧原子
实线表示 5 个强 V—O 键；虚线表示弱键；实线 $V—O_1$ 键具有双键性

表示。这种具有双键性质的氧原子富有极大的反应性能，容易脱落而参与氧化反应。这种脱掉氧的阴离子缺位附近的 V^{5+} 变为 V^{4+}。在高温下，吸附的氧原子可以向体相中的缺位扩散，使 V_2O_4 和 V_2O_5 两种结构容易互相转化。也可以这样理解：双键氧同反应物生成氧缺位，气相氧又填充缺位使之消失，如此循环往复，这就是 V_2O_5 作为氧化反应优良催化剂的原因。

V_2O_5 脱落活性氧的过程如下：

$$V_2O_5 \longrightarrow V_2O_{4\frac{1}{3}} + \frac{1}{3}O_2$$

$$V_2O_{4\frac{1}{3}} \longrightarrow V_2O_4 + \frac{1}{6}O_2$$

$$V_2O_4 \longrightarrow V_2O_3 + \frac{1}{2}O_2$$

活性氧氧化有机物的过程如下：

$$V_2O_5 + \text{有机物} \longrightarrow V_2O_3 + \text{氧化产物}$$

$$V_2O_3 + O_2(\text{空气}) \longrightarrow V_2O_5$$

但单组分的 V_2O_5 活性高，易产生深度氧化。

10.1.2.2　助催化剂

为了防止目的产物过度氧化，必须加入助催化剂。常用的助催化剂有碱金属硫酸盐、碱金属氧化物、TiO_2 及 P_2O_5 等。

（1）碱金属化合物。碱金属化合物是良好的助催化剂，对于碱金属离子的助催化原理有几种普遍接受的观点：一是碱金属离子可以中和催化剂中的一部分酸性中心，使其酸性降低，因而改变了反应物和产物分子在催化剂表面的吸附性，使反应产物易于脱附。二是碱金属离子作为电子型助剂，可以改变 V═O 键的费米能级，降低 V—O—V 的键能，提高了催化剂与气相之间的氧交换，这些既有助于稠环芳烃内环位的选择性吸附，也有助于表面吸附态的亲电氧进入碳氢化合物分子转化为亲核的晶格氧，从而提高了晶格氧的活性。三是碱金属的加入使晶格中 V 的价态发生了改变，使 V^{5+} 和 V^{4+} 成为一定比例，从而提高了选择性。四是有人认为，碱金属离子加入催化剂中，会引起其几何结构的改变，形成了分子式 $M_xV_2O_5$ 的骨架结构，同 V_2O_5 的斜晶形相同。在催化剂中，碱金属离子占据了氧化物晶格中 V—O—V 面的孔隙，见图 10-3。

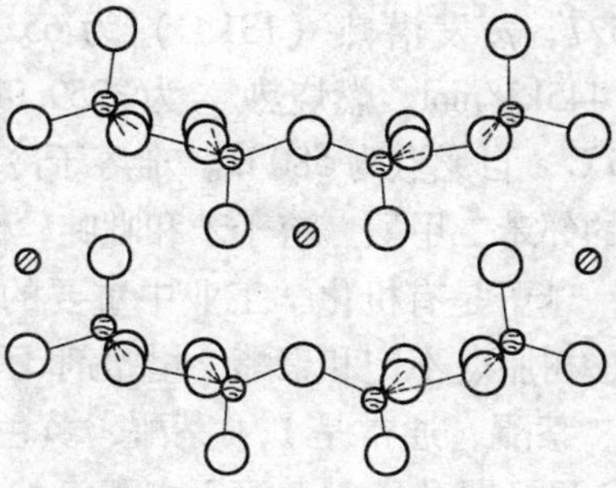

图 10-3　碱金属离子分布

另外，实践证明碱金属的原子量越大，助催化效果越好，铯和铷碱金属化合物的助催化效果最好。但因价格昂贵，工业上并不采用。

（2）TiO_2。TiO_2 是重要的助催化剂。V_2O_5 中加入 TiO_2 后发生如下反应：

$$V_2O_5 \longrightarrow V_2O_x + \frac{\xi}{2}O_2$$

所以 TiO_2 对 V_2O_5 的改性除提高 V_2O_5 的分散度和增加表面积外，还由于它们之间的相互作用，使 V_2O_5 的晶形、结构、活性中心和电子性质改变。TiO_2 与 V_2O_5 作用后，可以使 V—O_1 键松动，使部分 V^{5+} 变为 V^{4+}，有利于形成稳定的 V^{5+}/V^{4+} 比例。V^{4+} 的增加意味着脱氢数目增加，当 V^{4+} 达到一定比例时，脱氢中心与供［O］中心耦合，发生协同作用，使催化剂呈现良好的活性。

（3）P_2O_5。V_2O_5 中加入 P_2O_5，一方面降低了 V_2O_5 的表面酸度，提高了选择性；另一方面 P_2O_5 结构与 V_2O_5 相似，可以生成置换固溶体，从而减弱了 V ═O 键的活性，增强了催化剂的选择性。

10.1.3　萘制取邻苯二甲酸酐和 1,4-萘醌

邻苯二甲酸酐（o-benzene dicarboxylic acid anhydride）简称苯酐，白色针状结晶，沸点为 285℃，熔点为 130.8℃，相对密度为

1.527，蒸发潜热（131℃）为 65.3kJ/mol，熔融热（131℃）为 23.445kJ/mol，燃烧热$_{(固)}$为 3259.9kJ/mol。易升华，闪点为 152 ~ 165℃，自燃点为 580℃。难溶于冷水，易溶于热水并生成强腐蚀性的邻苯二甲酸。溶于苯和吡啶，微溶于乙醇和乙醚。

苯酐是有机化学工业中重要的基本原料之一，主要用于生产醇酸树脂、不饱和聚酯、增塑剂、医药、农药、高级油漆及染料等。

萘醌，通常是 1,4-萘醌，黄色晶体，熔点为 127℃，温度超过 100℃即升华。微溶于水和汽油，加热时易溶于乙醇，溶于乙醚、氯仿、苯、冰醋酸和二硫化碳。

萘醌用于制染料、药物、杀菌剂，也可作为合成橡胶和树脂的聚合调节剂。

10.1.3.1　萘的氧化反应机理

萘催化氧化的过程是一个复杂的平行、串联反应过程。反应发生、发展的途径可能有以下几种：

主反应：

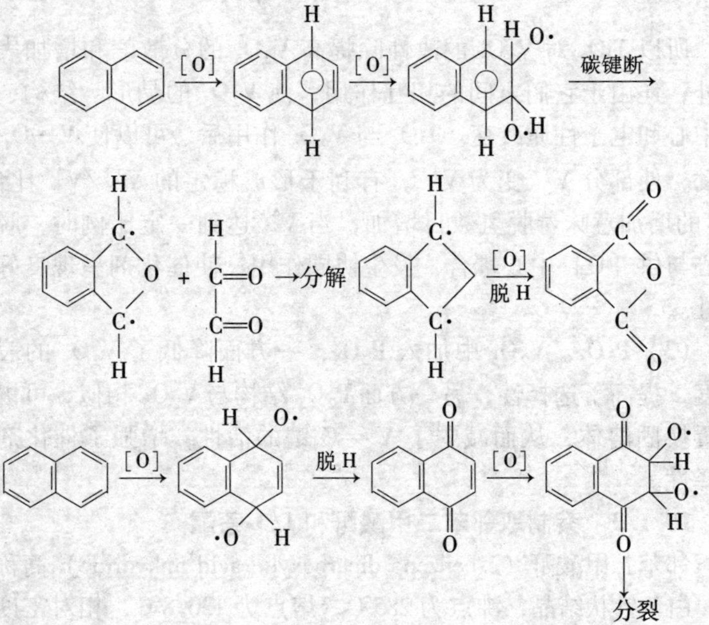

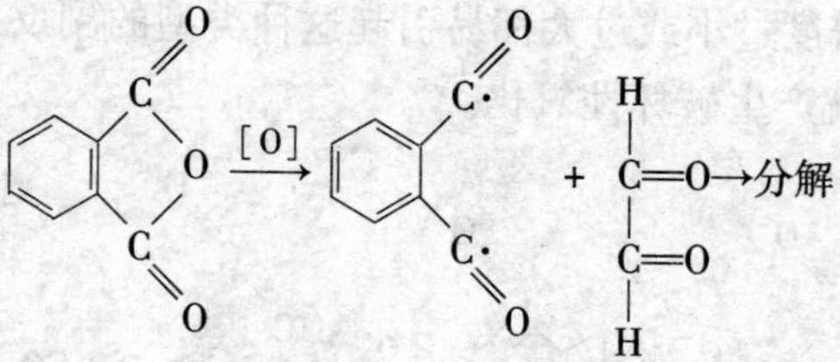

副反应：

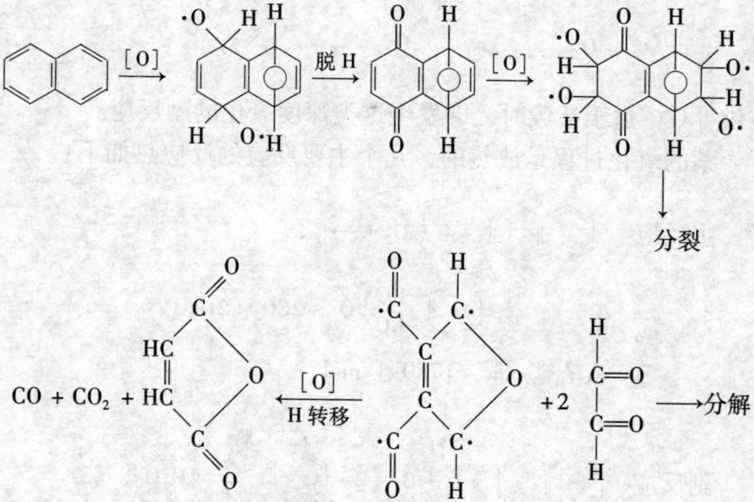

在供［O］密度太大时易发生这一类副反应。

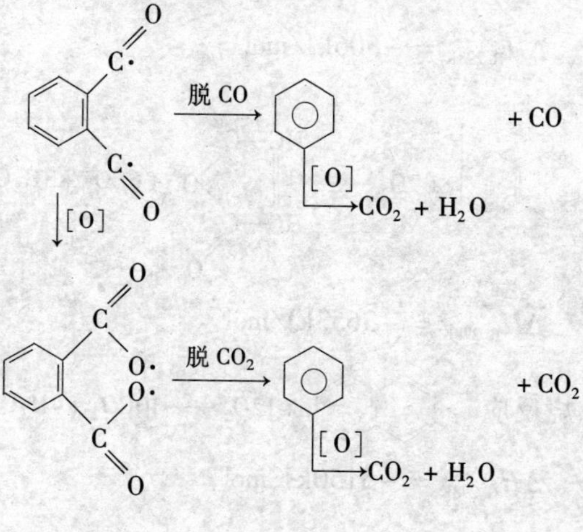

在供［O］密度过小或过大都易引起这种类型的副反应，即不能迅速地闭环就产生破坏性氧化。

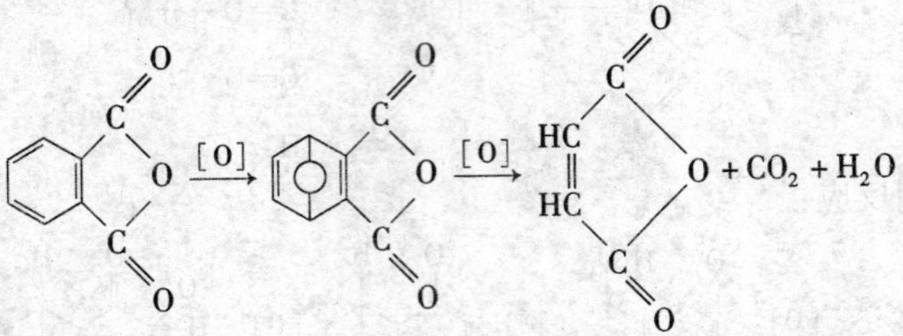

在供［O］过于活泼时，即发生这类深度氧化的副反应。

萘的氧化过程是放热的，几个主要反应的反应热如下：

主反应

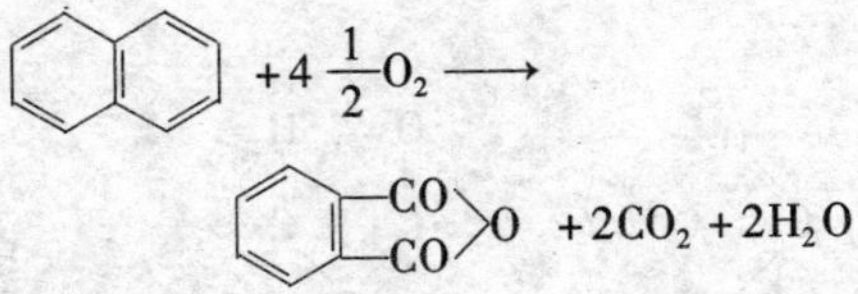

$$\Delta H_{R.298K} = -1789\text{kJ/mol}$$

副反应

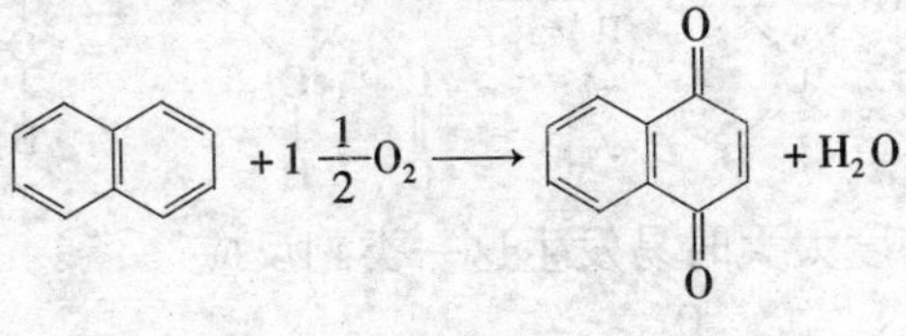

$$\Delta H_{R.298K} = -506\text{kJ/mol}$$

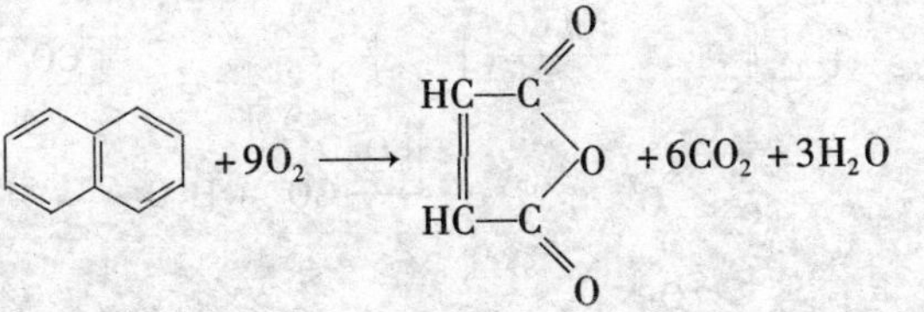

$$\Delta H_{R.298K} = -3653\text{kJ/mol}$$

完全燃烧反应

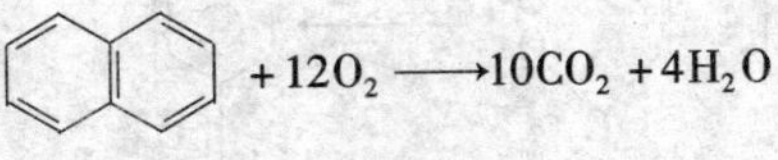

$$\Delta H_{R.298K} = -5150\text{kJ/mol}$$

从反应机理可知，萘氧化的进行以供［O］开始，然后脱氢、键裂等步骤都较容易进行。另知苯酐和萘醌基本是平行生成的，一氧化碳和二氧化碳主要是顺序反应产物。萘氧化产物的组成与萘转化率的关系见图 10-4。

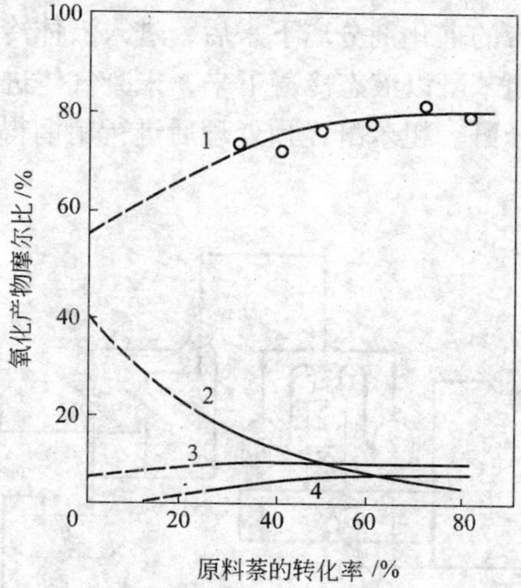

图 10-4　萘氧化产物的组成与萘转化率的关系

1—苯酐；2—萘醌；3——氧化碳和二氧化碳；4—顺酐

几种产物的氧化速度常数如下：萘 $K_N-1.00$，萘醌$K_Q-4.0$，苯酐 $K_P-0.03$，顺酐 $K_M-0.67$。可见萘醌最不稳定，其氧化速度为萘的 4 倍，是苯酐的 133 倍，是顺酐的 6 倍。反应中生成的萘醌有 50% ~75% 转化为苯酐，25% ~50% 转化为顺酐。苯酐进一步氧化的反应速度最低，特别是当气相中还有萘存在时，它氧化分解的可能性很小。

10. 1. 3. 2　萘氧化制取苯酐的工艺

萘制取苯酐的工艺有流化床气相氧化法和固定床气相氧化法。流化床气相氧化法的特点是催化剂处于流化状态下进行反应，传质传热效果好，床层温度分布均匀，原料气中萘含量较高，萘与空气比约为1：10。

美国的SWB流化床气相氧化法的工艺流程见图10-5。空气经预热后压缩进入流化床底部，同时喷入熔化的萘，气化后与空气混合，通过流化状态的催化剂层，经反应生成苯酐。反应器内装有列管式冷却器，以水为热载体移出反应热。反应气体经旋风分离器，将携带的催化剂分离下来后，进入液体冷凝器，在此有40% ~60%的粗苯酐以液态冷凝下来，未凝气体进入转换冷凝器进一步分离粗苯酐。粗苯酐经预处理后进行精馏得精苯酐。尾气经水洗后放散。

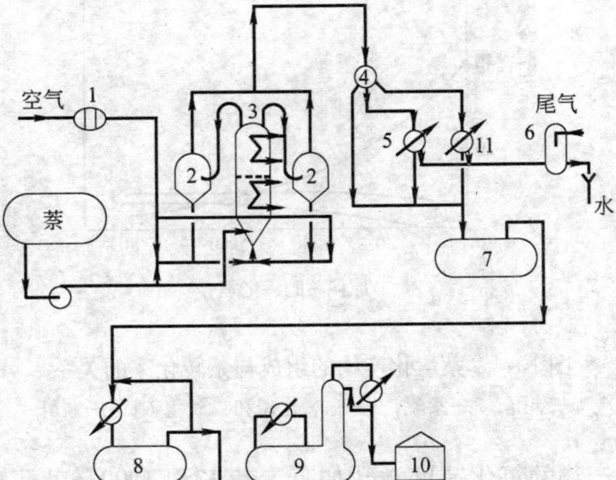

图10-5 SWB法工艺流程

1—预热器；2—旋风分离器；3—反应器；4—液体冷凝器；5—冷凝器；6—洗涤塔；7—粗苯酐贮槽；8—预分解器；9—精馏釜；10—精苯酐贮槽；11—转换冷凝器

流化床反应器见图10-6。反应器为圆筒形，预热的空气经喷嘴将萘雾化后喷入反应器，经下部和中部的两个凹形多孔分布板进入催化剂床层使催化剂保持流化状态，形成两个浓相区，并有溢流管相通。两个浓相区均设有U形立式冷却管束移出反应热。反应器上部设有三级高效旋风分离器，捕集的催化剂经料管返回浓相区。

转换冷凝器内装翅片管和带小孔的气体分布板，进行冷凝操作时，向翅片管内通入50～60℃的冷油，使管外的气体从170℃降至60℃，有99%以上的苯酐被冷凝在翅片管壁上，进行热熔操作时向翅片管内通入190℃的热油使结晶的苯酐熔融成液体，流入粗苯酐贮槽。

预分解器的作用是将粗苯酐在真空下，于280～285℃下处理8～12h，使其中的邻苯二甲酸脱水成酐，萘醌分解。也可同时加入添加剂如NaOH、KOH、Na_2CO_3 和 H_2SO_4 等，在加热过程使杂质缩合为不挥发的高聚物。然后进行减压精馏，塔顶产品为精苯酐，送至精苯酐贮槽。

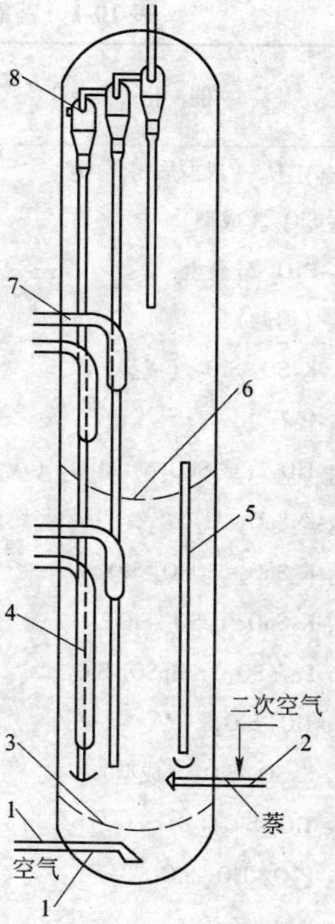

图10-6　流化床反应器示意图

1—空气入口;2—萘喷嘴;3—下分布板;4—下部U形冷却管束；5—溢流管；6—上分布板;7—上部U形冷却管束；8—Ducon型三级旋风分离器

该工艺采用 V_2O_5-K_2SO_4-SiO_2 催化剂，空气∶萘＝(7.8～10)∶1(质量比)，反应压力为0.185MPa，热点温度为350～370℃，接触时间为0.4～0.5s，苯酐收率以100%萘计为100%。

现将文献报道的有关固定床和流化床催化氧化反应条件列于表10-1和表10-2。工业苯酐的质量指标见表10-3。

表 10-1 萘氧化制苯酐固定床催化剂

催化剂	反应温度/℃	接触时间/s	萘体积分数/%	苯酐收率/%
V_2O_5-Al_2O_3（成型后熔 V_2O_5）			0.75	84.5
V_2O_5-SiO_2（成型）	440			85
V_2O_5-P_2O_5-硅藻土	535	1.16		109
V_2O_5（熔融）	560		0.8	100
V_2O_5-K_2SO_4-SiO_2（成型）	385~400	3.6	0.6	100~103
V_2O_5-轻石	400	1.0	0.46	98
V_2O_5-TiO_2（或 SnO_2）-Al_2O_3（成型）	450	0.1	0.96	91~94
V_2O_5-K_2SnO_3-Al_2O_3	410	0.2	1.05	98
V_2O_5-K_2SnO_3-$TiOSO_4$-SiO_2	407	0.2	1.0	99.3
V_2O_5-K_2SnO_3-$CeSO_4$-SiO_2	410	0.2	1.0	104
V_2O_5-$Fe_2(SO_4)_3$-$MnSO_4$-SiO_2				90~105
V_2O_5-TiO_2-SiO_2	450	0.7		81
V_2O_5-K_2SO_4-SiO_2（成型）	350		0.68	102
V_2O_5-TiO_2-SiC	440			89
V_2O_5-P_2O_5-TiO_2-SiC	440			93
V_2O_5-SnO_2-轻石	335~350	1.0	0.4	95
V_2O_5-K_2SO_4-TiO_2（成型）	380		0.5	96
V_2O_5-K_2SO_4-$(NH_4)_2SO_4$-P_2O_4-SiO_2（成型）	365	2.8~3.6	0.7	104
V_2O_5-SiC	415	0.6	1.2	96~98
V_2O_5-K_2SO_4-CdO-SiO_2（成型）	350	2.4	0.95	105

表 10-2 萘氧化制苯酐流化床催化剂

催化剂	反应温度/℃	接触时间/s	萘体积分数/%	苯酐收率/%
V_2O_5（熔融）20~40 目	565	0.5	0.75	100
V_2O_5（熔融）40~60 目	537	0.7	1.45	99
V_2O_5-$K_2S_2O_7$-CeO_2-Ag_2O-SiO_2	330~336	5~8.5	1~2	100

续表 10-2

催化剂	反应温度/℃	接触时间/s	萘体积分数/%	苯酐收率/%
V_2O_5-K_2SO_4-SiO_2	350	约 11	0.87	100
V_2O_5-K_2SO_4-SiO_2	345	约 4		103
V_2O_5-$K_2S_2O_7$-Ag_2O-SiO_2	345	17	2.1	100 ~ 105
V_2O_5-$K_2S_2O_7$-Ag_2O-SiO_2 ($SO_2/K_2O=2$)	350	10 ~ 20	1.45	107
V_2O_5-$K_2S_2O_7$-SiO_2	335	10	1.0	108
V_2O_5-K_2O-SO_3-SiO_2	335 ~ 380	10		103
V_2O_5-$K_2S_2O_7$-$Na_2S_2O_7$-SiO_2	330	10	1.45	95
V_2O_5-K_2O-SO_3-SiO_2	335		1.0	108

表 10-3　工业苯酐质量指标

指　标	美国	日本	中国
苯酐的质量分数/%	99.8	99.5	99.7
熔融色度/Hazen	15	<50	<60
热稳定性（250℃加热 2h）/Hazen	30		
邻苯二甲酸/%	≤0.1	≤1.0	≤0.6
被氧化物质（以顺酐计）/%	0.05		
灰分/%	0.0002	0.1	
苯甲酸/%	≤0.1		
溶解性(在 1：20 苯溶液中)	完全溶解	完全溶解	
凝固点/℃	130.9	130	130.5
萘醌/%	0.0002		

10.1.3.3　萘氧化制取 1,4-萘醌的工艺

萘氧化制取萘醌的工艺与制取苯酐的工艺基本相同，关键是提高反应的选择性。催化剂均采用钒-钾复合型，载体为大孔径小表面积的硅胶或碳化硅。由于萘醌易进一步氧化，所以萘的转化率不能太高，有一定量萘存在能起到对萘醌的保护作用。表

10-4 列出了几种生产工艺参数。

表 10-4 萘醌生产工艺参数

公司名称	催化剂	反应条件			产品产率/%		
		盐浴温度/℃	萘的体积分数/%	空速/$L \cdot h^{-1}$	萘醌	苯酐	萘
日本川崎化成固定床工艺	V_2O_5-K_2SO_4-$K_2S_2O_7$-SiO_2	400	0.7	3000	51	55	6
日本蒸馏工业固定床工艺	V_2O_5-K_2SO_4-$K_2S_2O_7$-$FeSO_4$-SiO_2	420	0.6	1400	51	42	14
日本新日铁化工固定床工艺	V_2O_5-K_2SO_4-SiO_2	360	0.8	1000	40	42	27
美氰胺（Yanamide）沸腾床工艺	K_2O-V_2O_5-SiO_2	350～400	1.2	5600	35	49	30
瑞士汽巴（Ciba）固定床工艺	V_2O_5-K_2SO_4-SiO_2 加萘、尿素与硬质酸	380	0.35		52	44	17

从粗萘醌中回收萘醌，是将粗萘醌中的邻苯二甲酸酐进行水解生成邻苯二甲酸，以有机溶剂如甲苯进行萃取，再碱洗除去残留的邻苯二甲酸，经蒸馏回收溶剂，得到 1，4-萘醌产品。

对含有邻苯二甲酸的水解液进行结晶，析出邻苯二甲酸，经过滤、脱水得到苯酐产品。

表 10-5 为日本萘醌的质量指标。

表 10-5 萘醌的质量指标

名　称	指　标	名　称	指　标
外　观	黄色针状结晶或绿褐色粉末	密度/$g \cdot cm^{-3}$	1.42
纯度/%	>93		
熔点/℃	128.5	干燥减量/%	<0.6

10.1.4 苊氧化制取1,8-萘二甲酸酐

1,8-萘二甲酸酐（1, 8-naphthodicarboxylic acid anhydride）简称萘酐。萘酐是重要的染料中间体，如经氨化、碱熔和皂化制取的3,4,9,10-四甲酸二酐是合成一系列高级染料的中间体。经转位生产的2,6-萘二甲酸，用于制取高性能树脂、纤维和薄膜,应用在高科技领域。此外,还具有杀真菌特性,农药上用作种子保护剂。

10.1.4.1 苊制取1,8-萘酐的氧化反应

主反应：

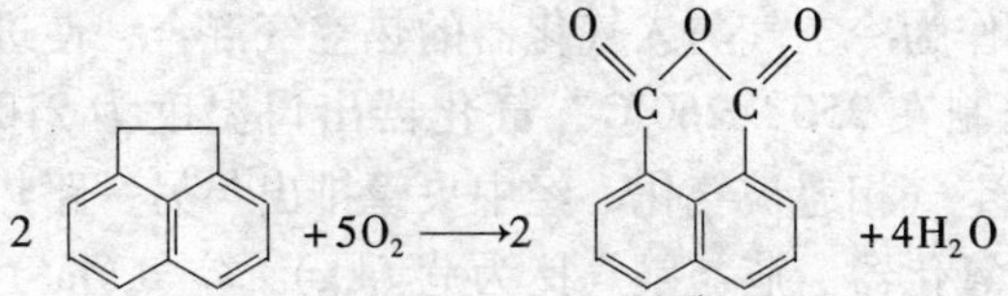

副反应：

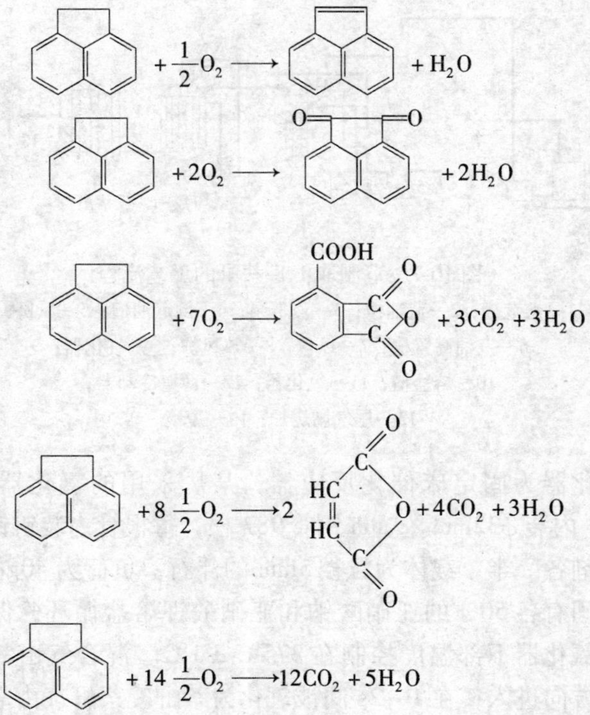

在氧化过程中，若氧化不完全则生成苊醌和苊烯，若氧化过度芳环被破坏则生成苯三甲酸和顺酐，甚至完全燃烧生成水和二氧化碳。决定氧化深度的主要因素是催化剂的选择性及工艺条件。

10.1.4.2 苊制取1,8-萘酐的工艺

苊制取1,8-萘酐的工艺流程见图10-7。工业苊在熔苊槽中熔化成液态，用泵送到苊高位槽，保持温度110～120℃，定量送入气化器。空气由鼓风机经风包分两路送出。一路送至热风炉，被加热到320℃±10℃的热空气再分别送入氧化器和气化器。另一路作为冷空气与入气化器的热空气混合，使进入气化器的热空气控制在250～260℃，气化器出口温度为210～220℃。液态苊与热空气相遇被气化，经中央管排出与另一路热空气会合后一同进入氧化器。苊与空气比为苊（kg）：空气（m^3）=1：40。不能气化的残渣定期由底部排出。

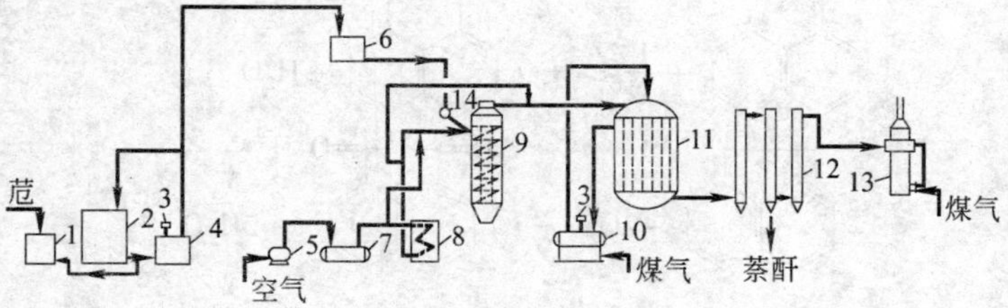

图10-7　苊制取1,8-萘酐的工艺流程

1—熔苊槽；2—苊油槽；3—液下泵；4—倒苊油槽；5—风机；6—苊油高置槽；7—风包；8—热风炉；9—气化器；10—熔盐槽；11—氧化器；12—薄壁冷却器；13—尾气燃烧炉；14—窥镜

氧化器为固定床催化反应器，某厂采用的氧化器 *D*1800，*H*3440，内装 ϕ32mm×3mm 钢管987根，每根管内装钒钾和钒锡型催化剂各一半，载体为粒径5mm的浮石，负荷为40g/(h·L)苊。管间有各50%的亚硝酸钠和亚硝酸钾熔盐循环，保持温度均匀。氧化器下部温度控制在375℃±1℃。混合气由氧化器顶部切线方向进入，在1～2s间被氧化为萘酐。萘酐气由氧化器底

部逸出，含萘酐约 $20g/m^3$。萘酐气经薄壁冷却器冷却后为絮状固体产品，其酸值为96%～98%，初熔点不小于271℃，全熔不小于274℃，一级品的质量分数为98%，二级品的质量分数为96%。产品收率约为75%。

近年出现的 V_2O_5-TiO_2 系催化剂使产品质量和收率有很大提高。如北京焦化厂，采用了 V_2O_5-TiO_2 系以无釉瓷环为载体的表面涂层催化剂，其氧化温度为330～380℃，空速为1000～$2000h^{-1}$，催化剂负荷为30～50g/(h·L)，产品质量分数99%以上，产品收率88%以上。

10.1.5 芴氧化制取芴酮

芴酮（fluorenone）是浅黄色晶体，不纯时有荧光。沸点为341.5℃，熔点为84℃，相对密度 d_4^{99} 为1.1300。不溶于水，能溶于醇、醚、苯、二硫化碳、四氢呋喃及丙酮等有机溶剂。

芴酮是基本的有机合成原料，用途广泛。在医药工业，用于合成抗癌药、交感神经抑制剂和止痉挛剂等；在农业，用于合成除草剂和杀虫剂等；在染料工业，用于合成芳香二胺染料；在塑料工业，用于合成双酚类产品，作为聚合过程的稳定剂和增塑剂，用于制取功能性高分子材料，还可作为合成树脂和改质剂的原料；在静电复印业用于制作感光材料；在食品工业，用于合成芳香二胺防腐剂等。

10.1.5.1 芴制取芴酮的氧化反应

德国的 H. Borcher 和 M. Baems 研究芴催化氧化的反应动力学应用的各反应步骤如下：

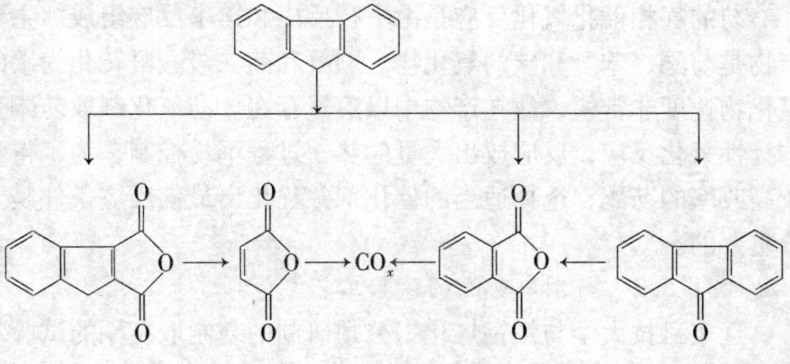

芴的氧化反应可用下述方程式描述：

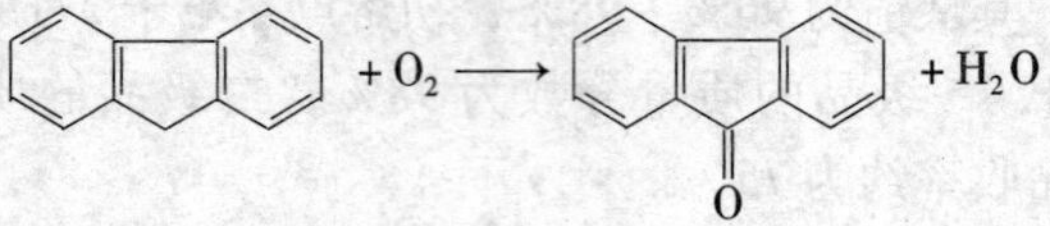

$$\Delta H_{R.298K} = -457\text{kJ/mol}$$

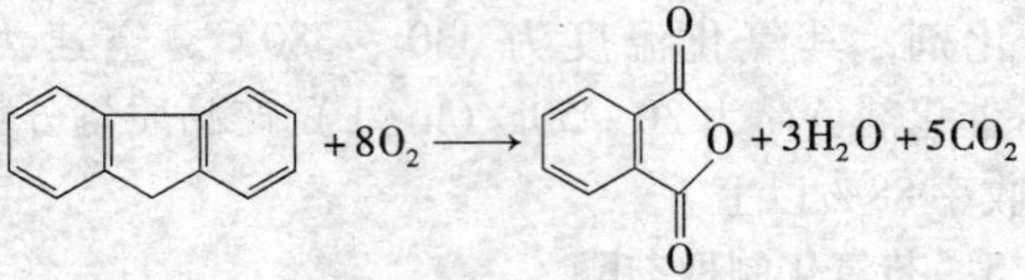

$$\Delta H_{R.298K} = -3336\text{kJ/mol}$$

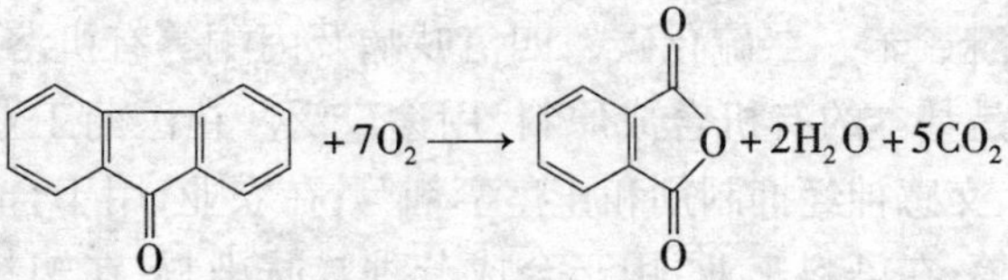

$$\Delta H_{R.298K} = -2879\text{kJ/mol}$$

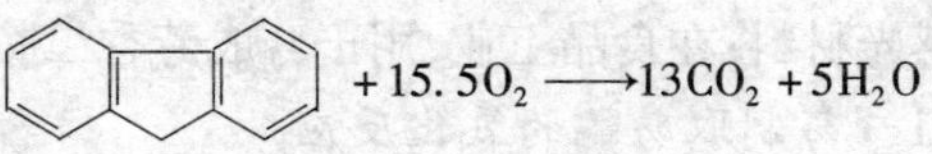

$$\Delta H_{R.298K} = -6507\text{kJ/mol}$$

芴的气相催化氧化反应是由平行反应和连串反应组成。主要产物是芴酮、苯酐和碳的氧化物。顺酐和茚二羧酸酐转化为碳的氧化物速度非常快，故在产物中以痕量存在。芴氧化制取芴酮为选择性氧化反应，反应放出大量的热，过程不易控制，为了得到较高收率的芴酮，选择适当的催化剂并优化出最佳反应条件是十分重要的。

10.1.5.2 芴制取芴酮的试验工艺

辽宁科技大学与攀钢煤化工公司研制的芴制取芴酮的试验装

置见图10-8。芴的气相催化氧化反应在电加热的固定床反应器中进行。反应器为 ϕ32mm×3.5mm 的钢管，位于恒温带的催化剂床层高为600mm。原料芴经熔化后，流经窥镜处与预热过的空气混合，并随热空气流带入气化室。经气化后的芴与热空气一并进入反应器进行催化氧化反应。反应气经空气冷却，析出结晶沉淀后，再经水洗后放散。该装置所得芴酮纯度大于95%，芴的转化率大于99%，选择率大于80%。

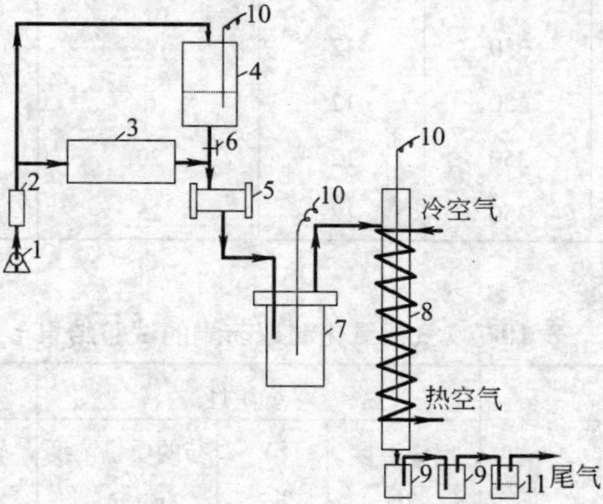

图10-8　制取芴酮的小试流程

1—空气泵；2—流量计；3—空气预热器；4—熔化器；
5—窥镜；6—控制阀；7—气化器；8—反应器；
9—空冷器；10—热电偶；11—洗涤器

F. Majunke 等人在气相氧化芴为芴酮的 V_2O_5-Fe_2O_3-Cs_2SO_4 催化剂的表征所采用的试验见表10-6。试验在电加热的固定床反应器上进行，无载体，反应温度在350～400℃范围，芴的初始浓度为0.18mol/m^3，氧的浓度8.8mol/m^3。由表中数据可见，添加铯芴酮的选择性明显提高。

米田 忠弘等人采用钒钛系催化剂气相氧化芴为芴酮的试验见表10-7。试验在固定床反应器（内径为25mm的不锈钢管）上进行，采用非活性载体。

表 10-6　催化剂组成与芴酮的最大选择率

催化剂原子比 V：Fe：Cs	煅烧		S_{BET} /$m^2 \cdot g^{-1}$	芴酮最大选择率 /%
	温度/℃	时间/h		
1：1.4：0.06	350	12	1	99
1：1.4：0.0	350	12	3	70
1：1：0.06	350	12	1	97
1：1：0.0	350	12	3	62
1：0.77：0.06	350	12	2	95
1：0.13：0.06	350	12	4	85
1：0.13：0.0	450	12	6	64
1：0.74：0.06	350	12	20	95
1：0.74：0.0	350	12	25	80

注：*S* 为比表面积。

表 10-7　气相氧化制取芴酮的试验结果

催化剂组成质量比	反应条件			反应结果	
	反应温度 /℃	SV /h^{-1}	芴的质量浓度 /$g \cdot m^{-3}$	转化率 /%	选择率 /%
V_2O_5：TiO_2：Na_2O：P_2O_5 20：80：5：1	390	6000	15	98.7	87.6
V_2O_5：TiO_2：Cs_2O 4：96：1.5	350	3000	33.3	99.0	86.8
V_2O_5：TiO_2：Cs_2O：K_2O 8：92：2：1	385	1500	33.3	99.0	89.7
V_2O_5：TiO_2：Li_2O：K_2O 10：90：0.5：2.5	365	1000	33.3	99.7	88.1
V_2O_5：TiO_2：Cs_2O：Rb_2O 6：96：3：1	345	3000	45	99.8	89.8

10.1.6　蒽氧化制取蒽醌

蒽醌（anthraquinone）是淡黄色针状晶体，沸点为379.8℃，熔点为 286℃，密度为 1.438g/cm^3，熔融物的相对密度为 d_4^{294}1.067，熔融热为 32.57kJ/mol。易升华，升华时温度不得超过 400℃，在约 450℃明显分解。闪点为 185℃，不溶于水，难溶于乙醚、乙醇和氯仿，溶于热苯。不易被氧化，能被卤化、硝化和磺化。

蒽醌主要用于染料的生产，蒽醌染料是数量最多，应用最广的染料。主要有蒽醌还原染料，如还原蓝 RSN；蒽醌媒染染料，如茜素；蒽醌活性染料，如活性艳蓝 X-BR；蒽醌分散染料，如耐晒桃红 B。此外还可用作纸浆蒸解助剂、植物油异构化催化剂及镍电镀加速剂。

10.1.6.1 蒽制取蒽醌的氧化反应

主反应：

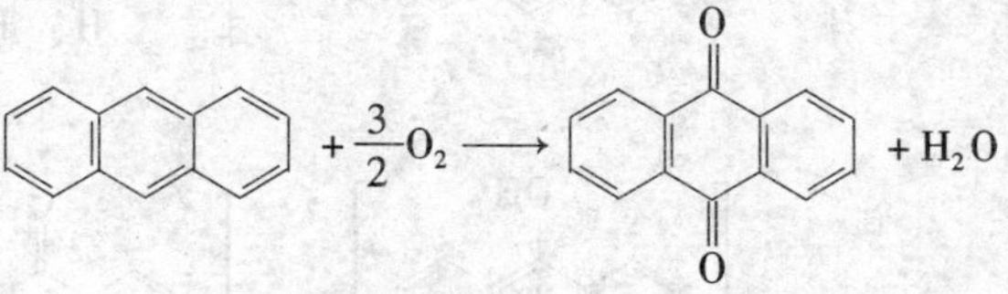

$$\Delta H_{R.298K} = -3316\text{kJ/kg}$$

副反应：

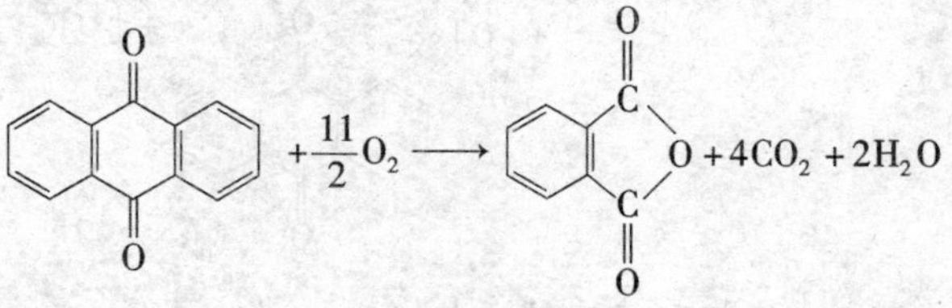

$$\Delta H_{R.298K} = 21357\text{kJ/kg}$$

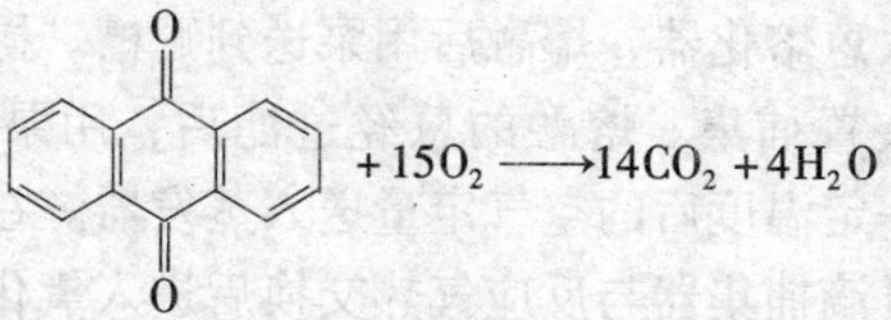

$$\Delta H_{R.298K} = -31120\text{kJ/kg}$$

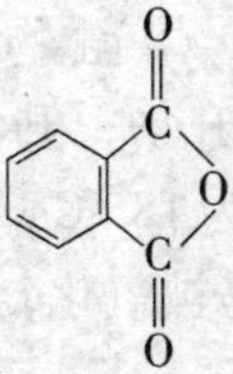 $+7.5O_2 \longrightarrow 8CO_2 + 2H_2O$

$$\Delta H_{R.298K} = -22039\text{kJ/kg}$$

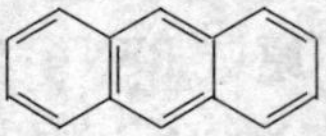 $+\frac{33}{2}O_2 \longrightarrow 14CO_2 + 5H_2O$

$$\Delta H_{R.298K} = -39607\text{kJ/kg}$$

从蒽到蒽醌的反应历程：

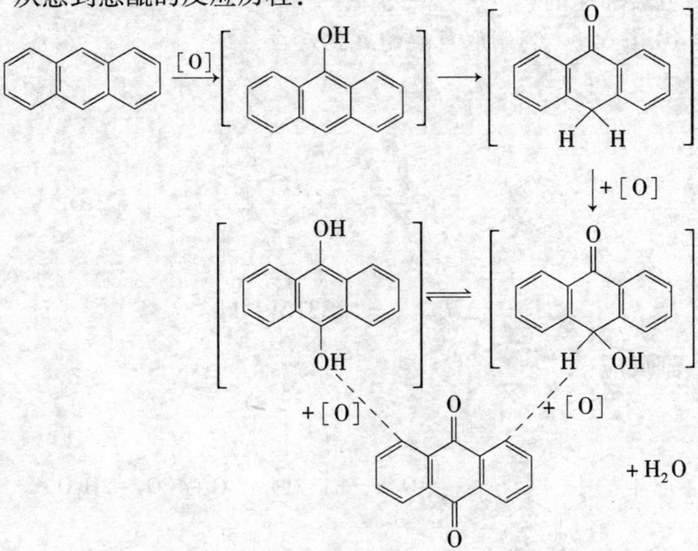

10.1.6.2　蒽制取蒽醌的工艺

（1）日本某厂蒽制取蒽醌采用的工艺流程见图10-9。

精蒽装入蒽熔化器，熔融后用泵送到贮槽。操作中的气体和粉尘用集尘装置捕集。熔融的蒽经过滤后，用泵定量加入蒸发器。预热到一定温度后的空气定量送入蒸发器。在蒸发器形成的原料气，经雾滴捕集器与反应气热交换后进入氧化器。氧化器生成的反应气经热交换器降温后，进一步在预冷器冷却至露点，在

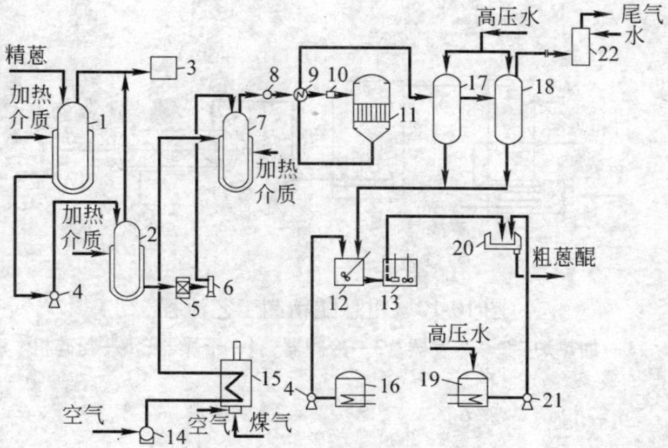

图 10-9　蒽制取蒽醌的工艺流程

1—蒽熔化器；2—蒽贮槽；3—布袋除尘器；4—泵；5—蒽过滤器；6—计量加料泵；7—蒸发器；8—雾滴捕集器；9—热交换器；10—开车用加热器；11—氧化反应器；12—浆状物槽；13—浆状物加热器；14—鼓风机；15—空气预热炉；16—碱槽；17—预冷器；18—冷凝器；19—高压水槽；20—分离机；21—高压水泵；22—洗涤器

冷凝器凝缩为针状结晶。排出的尾气经吸收塔洗涤后放散。

在预冷器和冷凝器捕集的蒽醌结晶用高压水流洗落，汇集于浆状物槽。在浆状物槽加入所需要的苛性钠，将浆状物送入加热器进行加热溶解除去溶于碱中的部分。碱处理后的浆状物进行过滤，滤饼再用温水洗涤，则得到粗制蒽醌，纯度大于98%。

粗蒽醌的精制工艺见图 10-10。将粗蒽醌装入蒸发器，从加热炉导入过热蒸汽，同时用煤气加热使蒽醌升华。在冷凝器中，蒽醌与水分离。蒽醌结晶在干燥器干燥，在粉碎机粉碎为成品蒽醌，纯度大于99%。

（2）德国某厂采用的工艺流程见图 10-11。原料采用纯度95%的工业蒽，借助蒸汽和预热过的空气使液态蒽在气化器中气化，再与另一部分空气一同进入反应器。从反应器排出的反应物用空气急冷使蒽醌呈粉末形式凝结沉积，熔融后再真空精馏则得

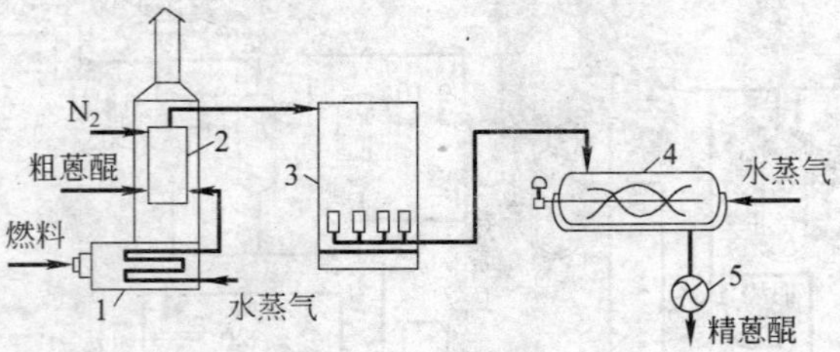

图 10-10 粗蒽醌精制工艺流程

1—加热炉；2—蒸发器；3—冷凝器；4—干燥器；5—粉碎机

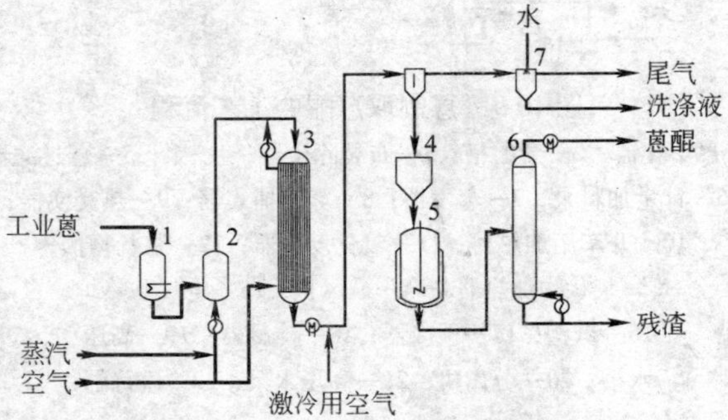

图 10-11 蒽的气相氧化流程

1—熔融罐；2—气化器；3—多管反应器；4—粗蒽醌罐；5—熔融和聚合罐；6—真空精馏塔；7—气体洗涤器

到纯度为99%的蒽醌。

（3）I. G. Farben A. G 法工艺流程见图 10-12。在大于 270℃下，将气化的蒽和热空气及水蒸气混合，从氧化器底部导入。在氧化器中分层堆放 1400L 催化剂。反应温度由各层的加压循环水管来控制，在反应器的下部即发生反应。反应器下部温度为390℃，上部温度为 339℃。催化剂由钒酸铵和氯化铁制备而成。空气流速为 $2150m^3/h$，气相浓度为纯度 94% 的蒽 $20g/m^3$。反应气体离开反应器后，先通过热交换器与二次空气换热，再依次通过薄壁冷凝器、冷却箱和粉尘过滤器而排放。产品纯度为 99.6%。

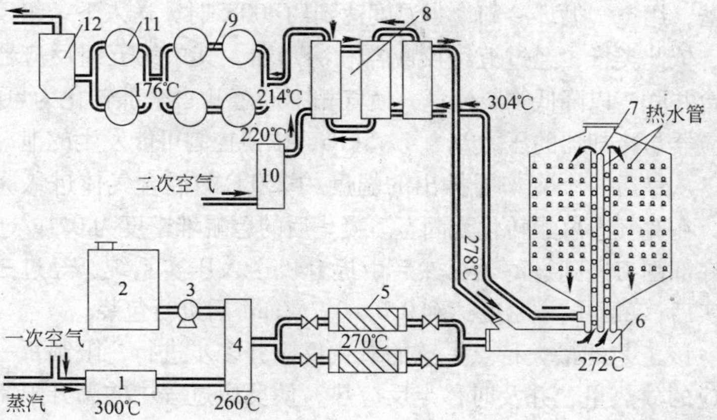

图 10-12　I. G. Farben A. G 法蒽醌生产工艺

1—加热器；2—熔融槽；3—泵；4—蒸发器；5—过滤器；6—混合器；7—氧化器；8—热交换器；9—薄壁冷凝器；10—预热器；11—链轮收集器；12—填料过滤器

（4）瑞士 CIBA-GEIGY 公司的工艺流程见图 10-13。首先将质量分数 96% 的精蒽送入熔化器，在 240℃ 的条件下变为液态。熔化器内设盘管并与熔化器夹套相连，内充联苯醚作热载体。液态精蒽经过滤除去杂质后送到蒸发器，用 1. 2MPa 蒸汽加热呈气态。气态精蒽、水蒸气与热空气混合进入第一组反应器，在约 400℃ 下通过固定床催化剂层，使蒽氧化成蒽醌。反应后的混合气体进入冷

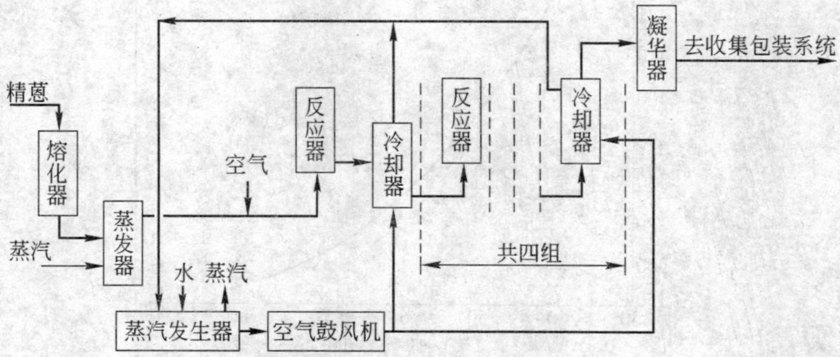

图 10-13　蒽的气相氧化流程

却器，用空气循环冷却，当温度达到约400℃时，送入下一组反应器，依此类推，经过五组反应器和冷却器。其中第五组反应器为两台并联，以降低物料流速，使气相中的蒽几乎全部转化为蒽醌。反应器与冷却器的压力差为4～5kPa，以便控制可能发生的泄漏方向。从最后一个冷却器排出的温度约250℃的混合气体进入凝华器，在此气态蒽醌转化为固态。凝华后的蒽醌堆密度为0.1g/cm^3，由底部刮刀送到过滤器，然后由提升机送入压实系统，经过三级压实后，蒽醌的堆密度达到0.6～0.7g/cm^{3}后进行包装。

该工艺的最大特点是蒽的氧化反应分多步进行，限制每一步反应的放热量，并及时移走反应热，使反应过程中的温升限制在一个较小的范围内，使副反应减弱，提高蒽醌收率。

各反应器的床层温度和温升应严格控制。温度过高，会引起蒽氧化过度，副反应增强，成品中苯酐、萘酐杂质增多；温度过低，反应不完全，原料中的咔唑、吖啶不能被充分氧化。

蒽蒸气与空气的质量比在1∶40左右，相当33.3g/m^{3}空气。空气过多，副反应增加，反应的选择性降低；空气过少，蒽蒸气含量过高，容易进入爆炸危险区，反应失控，见图10-14。反应物中混入过热蒸汽的目的之一就是扩大安全区的范围。

蒽氧化制取蒽醌用各种催化剂的试验结果见表10-8，蒽醌的

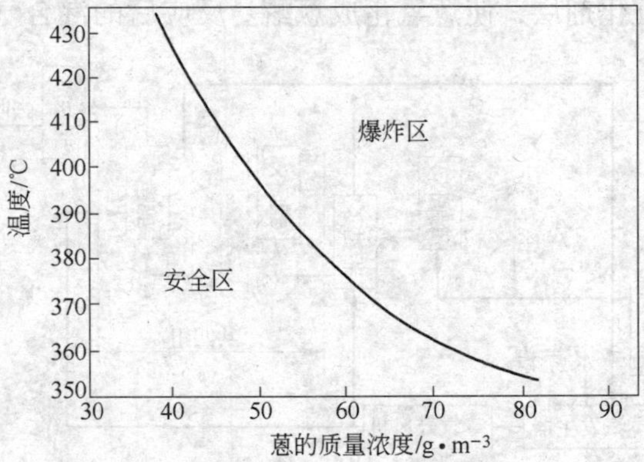

图10-14　蒽的安全质量浓度

表 10-8　蒽氧化制取蒽醌用各种催化剂的试验结果

试验号	催化剂组成 摩尔比	担体 平均直径 5mm	煅烧条件		反应条件			蒽醌收率 /%	未反应蒽 /%	原料 蒽纯度 /%
			煅烧温度 /℃	煅烧时间 /h	空速 $/h^{-1}$	气相质量浓度 $/mg \cdot L^{-1}$	盐浴温度 /℃			
1	V_2O_5 : K_2SO_4 : Na_2SO_4 100 : 15 : 10	碳化硅	500	4	8000	33	420	96.1	2.9	99
2	V_2O_5 : K_2O : Cs_2O 100 : 20 : 5	浮石	450	4	8000	33	420	101	0	99
3	V_2O_5 : K_2O : Li_2O : Rb_2O 100 : 10 : 10 : 5	氧化铝	420	2	8000	33	410	97.7	4.2	99
4	V_2O_5 : TiO_2 : Cs_2O : K_2O 10.9 : 100 : 2.2 : 1.5(质量比)	碳化硅	450	8	7000	33	400	101.6	0.6	99
5	V_2O_5 : TiO_2 : K_2O : Na_2O : P_2O_5 : Nb_2O_5 2.5 : 100 : 1.5 : 1.0 : 1.0 : 1.0(质量比)	碳化硅	450	5	5000	33	400	106.8	0.3	99
6	V_2O_5 : Ce_2O : K_2O : TiO_2 8.7 : 2 : 1 : 100(质量比)	浮石			8000		420	94.2		98.5
7	V_2O_5 : B_2O_5 : K_2SO_4 : SiO_2 6 : 10 : 25 : 59(质量比)	浮石			3000		380	89.9		98.5
8	V_2O_5-K_2SO_4-$MnSO_4$-Fe_2SO_4	浮石					400～410	81.3		85～86

质量指标见表 10-9。

表 10-9 蒽醌质量指标

指标名称	优等品	一级品	合格品
外　观	黄色或浅灰至灰绿色结晶（粉末）		
初熔点/℃	≥284.2	≥283	≥280
纯度/%	≥99.0	≥98.5	≥97.0
灰分/%	≤0.2	≤0.5	≤0.5
干燥减量/%	≤0.2	≤0.5	≤0.5

10.1.7 菲氧化制取菲醌

菲醌（phenanthrenequinone）是橙红色针状晶体，沸点为 360℃（升华），熔点为 208.5 ~ 210℃，密度为 1.405g/cm³。不溶于水，微溶于乙醚，溶于热乙醇、冰醋酸、苯酚、苯和硫酸等。在浓硫酸中溶解呈暗绿色。能与亚硫酸氢钠生成可溶于水的加成物，可利用这一性质进行菲醌的提纯。菲醌与 2，4-二硝基苯肼定量生成芳腙，利用这一性质可定量测定菲醌的纯度。

菲醌主要用作农药、植物生长调节剂、磁性记录材料中的阻蚀剂、纸浆防腐剂、高分子材料光敏聚合中的光敏剂和合成染料中间体等。菲醌进一步氧化得到联苯二甲酸（DPA），可用于制取聚酯树脂和聚酰胺树脂。

Ворожцев 等研究了不同催化剂对菲的气相催化氧化反应的影响指出，只有采用含 V_2O_5 的催化剂，才能生成菲醌和邻苯二甲酸酐。

菲比蒽易于氧化，氧化时菲醌产率低，副产物多，氧化反应如下：

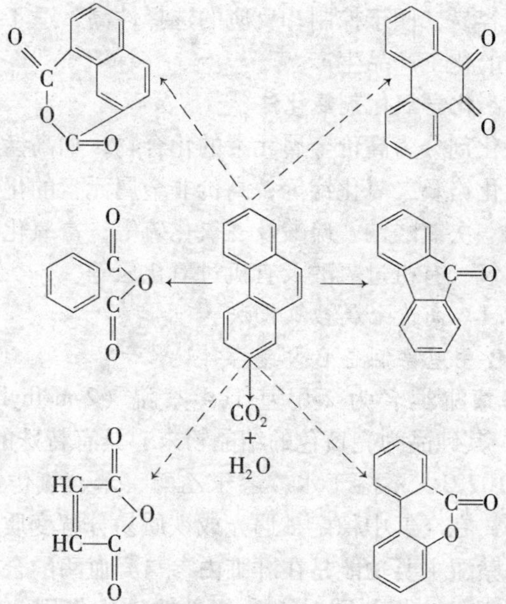

据美国专利介绍，采用催化剂组成的质量比为 V_2O_5 : K_2SO_4 : SiO_2 = 10 : 68 : 22，空气量为 1g 原料 344L，菲醌产率为 38%。华东化工学院采用工业菲作原料，自制催化剂组成的质量分数为：V_2O_5 32.8%，MoO_3 10.0%，K_2SO_4 7.08%，P_2O_5 0.0354%，CuO 0.0354%，NiO 0.24%，CsO 10.61%，其余为浮石。空气量为每 1g 原料 78L，空速为 6640L/h，催化剂负荷为 85g/(L·h)，接触时间为 0.544s，菲醌产率对 100% 菲计为 27.9%，氧化产物含菲醌为 17% ~ 22%，蒽醌为 26% ~ 36%，苯酐和顺酐为 8% ~ 15%，未反应的菲为 15% ~ 25%。利用菲醌与 $NaHSO_3$ 生成可溶于水的加成物，再用 Na_2CO_3 分解的方法提纯，菲醌纯度可达 97%。

10.2 液相氧化法

液相氧化法根据氧化剂的不同，分为利用化学氧化剂的液相氧化法和利用空气或氧气的液相氧化法两种。液相氧化法反应温度低，操作容易，便于控制，反应的选择性高，适于应用在产量小和价值高的化工产品生产。

10.2.1 化学氧化剂氧化法

化学氧化剂分为高价金属元素的化合物，如高锰酸钾、重铬酸钠、三氧化铬及二氧化锰等；高价非金属元素的化合物，如硝酸、氯酸钠、次氯酸钠、硫酸及三氧化硫等；富氧化合物，如过氧化氢、臭氧、有机过氧酸及有机过氧化氢等。

10.2.1.1 高价金属盐氧化法

A 由β-甲基萘制备β-甲基萘醌

β-甲基萘醌学名为2-甲基-1,4-萘醌（2-methyl-1, 4-naphthquinone）。其纯品为亮黄色的结晶粉末，具有特殊的刺激气味，熔点105～107℃，不溶于水，溶于乙醇、苯、氯仿、四氯化碳和植物油等，在空气中稳定，遇光或铁质易分解变质。

β-甲基萘醌主要功能是在肝脏内参与凝血酶的合成，有效的防治畜禽出血性疾病，同时也参与骨骼矿化作用，它是合成K系维生素的重要中间体。β-甲基萘醌的亚硫酸盐常用作畜禽饲料的添加剂，称作维生素K_3。

鞍山热能研究院以β-甲基萘为原料，采用间歇氧化法制取K_3。首先将电解再生后的氧化液加入氧化釜内，然后边搅拌边加入β-甲基萘及催化剂。反应结束后冷却过滤，滤液经电解再生循环使用，滤饼即为β-甲基萘醌。将β-甲基萘醌和亚硫酸氢钠按比例投入磺化釜，反应结束后冷冻离心分离，即得粗制品K_3（β-甲基-1,4萘醌亚硫酸氢钠三水合物）。将粗制品用溶剂重结晶即得精制品K_3。反应如下：

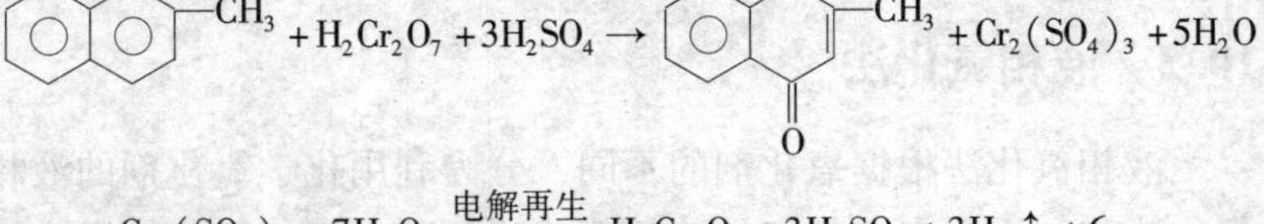

$$Cr_2(SO_4)_3 + 7H_2O \xrightarrow{\text{电解再生}} H_2Cr_2O_7 + 3H_2SO_4 + 3H_2\uparrow + 6e$$

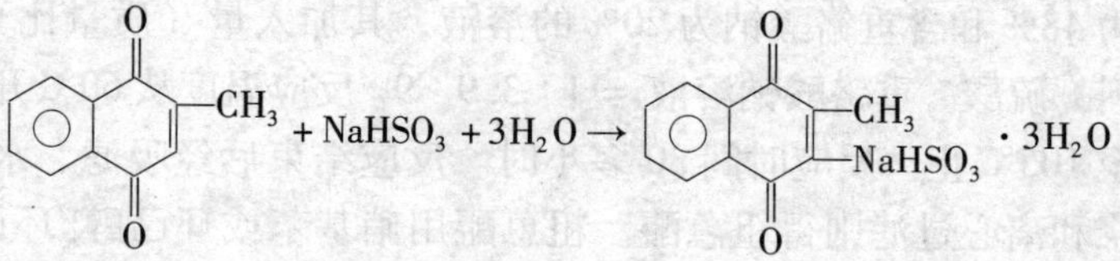

该工艺在1kg反应物中加入mg级的相转移催化剂，使反应温度降低了20℃，反应时间缩短1倍，反应物产率提高30%以上，产品质量好。

宋成盈等人采用上述方法推荐的最佳工艺条件为：β-甲基萘：Cr氧化液质量比 = 1∶4.5，Cr（VI）的浓度为2.875mol/L；氧化液酸值为30%；相转移催化剂四丁基溴化铵添加量占反应液质量的0.02%；反应温度为60℃；反应时间为4h。β-甲基萘醌收率大于60%，质量分数为98%。

黄科润等提出在普通搅拌的条件下，利用四价高铈的强氧化性将β-甲基萘氧化成β-甲萘醌：

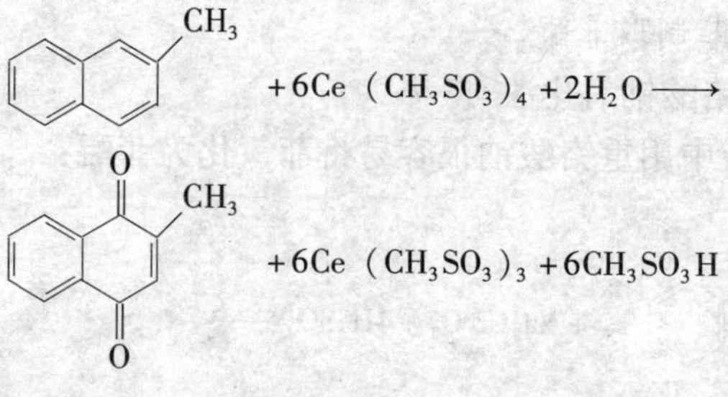

通过小试确定的适宜反应条件是：β-甲基萘与 Ce^{4+} 的质量比为1∶8，相转移催化剂十二烷基硫酸钠用量为β-甲基萘质量的10%，反应温度为60℃，反应时间为2h，β-甲萘醌的收率达68%。

B　由蒽制取蒽醌

德国拜耳年生产能力1100t的蒽醌生产厂即采用间歇化学氧化法。

其工艺过程如下：首先将94%～95%的粉状蒽加入带搅拌器的反应釜中，加水和适量润湿剂打浆，然后分批交替地加含硫酸为48%和含重铬酸钠为20%的溶液，其加入量（质量比）为原料：硫酸：重铬酸钠溶液 = 1：3.9：9。反应温度从60℃开始，升至105℃止。反应时间30多小时。反应结束后经吸滤、水洗、打浆和离心过滤则得粗蒽醌。粗蒽醌用硝基苯或环己醇/环己酮进行重结晶，可以得到纯度大于99%的精蒽醌。

氧化反应如下：

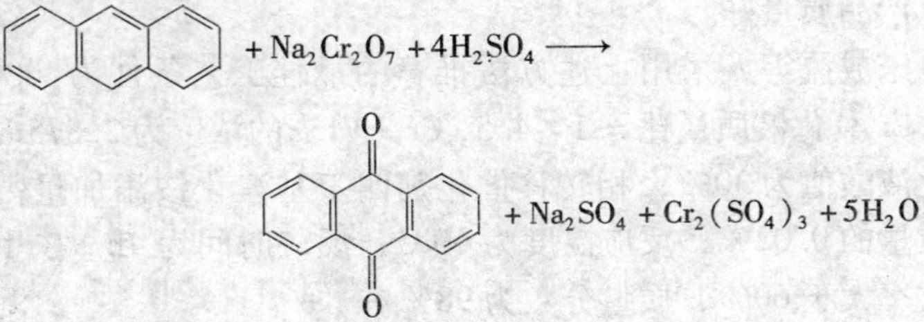

三价硫酸铬可作鞣革剂使用，或用电化学氧化使其再生循环使用。

C　由菲制取菲醌

a　重铬酸钠氧化法

在硫酸中用重铬酸钠很容易将菲氧化为菲醌：

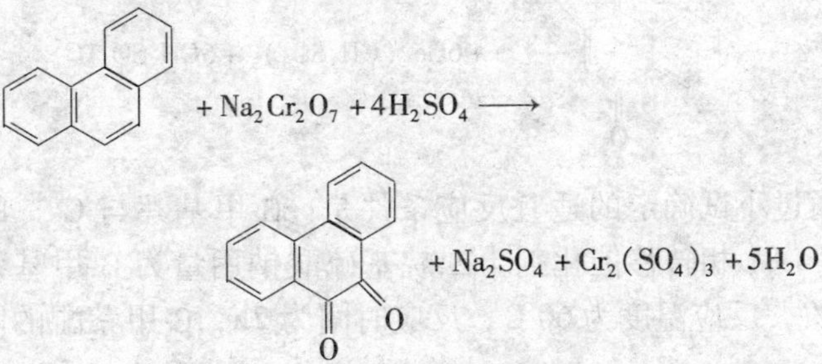

据德国专利介绍，在用重铬酸钠氧化菲时，加入微量的 $[(C_2H_5)_4N^+][C_8H_{17}SO_3^-]$ 作催化剂，菲醌的收率可提高到90%，纯度92%。小试条件：178g 工业菲，500g $Na_2Cr_2O_7$，400g H_2O 和0.1g$[(C_2H_5)_4N^+][C_8H_{17}SO_3^-]$，在80～85℃与950g浓硫酸反应3h。

该法反应条件温和，收率较高，但氧化剂价格高，存在三废处理问题。

b　$KBrO_3$ 氧化法

安玉良、孟庆波以纯度90%的工业菲为原料，以 $KBrO_3$ 为氧化剂，在乙酸介质中菲氧化为菲醌。通过小试确定的较佳反应条件为：反应温度110℃，氧化剂配比2.25，底物菲的浓度0.45mol/L，反应时间1.5h。反应结束后，将反应液倾入水中，得到黄色沉淀，经过滤、水洗、干燥得固体菲醌。主反应如下：

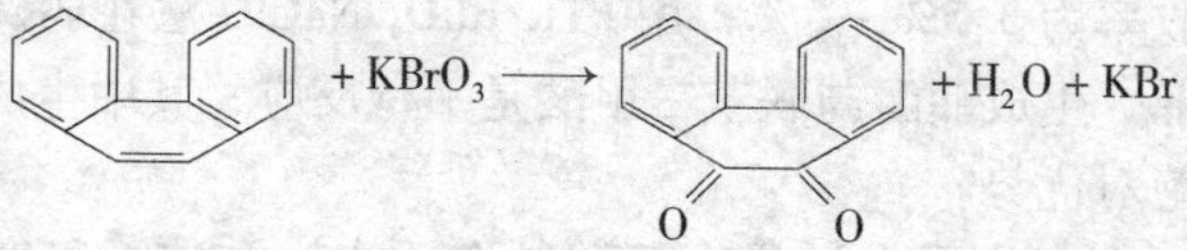

他们在上述试验的基础上，又采用了四乙基溴化铵（TBA）作相转移催化剂，通过小试确定的较佳反应条件为：反应温度85℃，TBA配量占菲质量的1.25%，水的配量占溶剂质量的6%。所得产品纯度大于61%，收率88.2%，比不加TBA提高了6.5%。

氧化菲为菲醌，溶剂对反应的影响很大。如采用苯、四氯化碳和三氯甲烷作溶剂时，反应速度慢，只生成少量的菲醌；采用质量分数为36%的乙酸作溶剂时，反应速度较快，得到黄橙色产品，但有较多的黑色杂质，产品收率只有40%；采用冰醋酸产品收率达85%以上，经减压蒸馏后，可重复使用。

c　PTC-RuO_4-NaClO 氧化法

RuO_4 具有很强的氧化能力，为了减少钌的用量，降低成本，利用辅助氧化剂将钌化合物氧化成 RuO_4，在其与有机基质发生氧化反应后生成低价的 RuO_2，又与辅助氧化剂作用重新生成 RuO_4。因此，在系统中虽然与有机基质发生反应的是 RuO_4，但消耗的是辅助氧化剂。常用的钌化合物有 $RuCl_3 \cdot 3H_2O$ 和

$RuO_2 \cdot xH_2O$，常用的辅助氧化剂有溴酸盐、高锰酸盐、高碘酸盐和次氯酸钠等。近年又出现了向系统中加入相转移催化剂，使这一方法更趋完善。

姚蒙正和王晓岚对 PTC-RuO_4-NaClO 法氧化菲制菲醌的反应条件进行了研究，得出以下结果：溶媒选用四氯化碳，相转移催化剂选用季铵盐，辅助氧化剂为次氯酸钠；反应温度 5～10℃，反应液 pH 值为 8.5～9.0，次氯酸钠浓度不低于 1.0mol/L，菲：次氯酸钠 = 1∶5(摩尔比)，钌催化剂配比 1%，相转移催化剂配比 1%。在上述条件下进行试验，菲醌收率为 80%～82%，联苯二甲酸收率为 3.5%～5%；用 PTC-RuO_4-NaClO 法在弱碱性介质中氧化菲，生成菲醌与联苯二甲酸是平行反应，其中生成菲醌的反应占绝对优势。

Landolt 研究了在过量次氯酸钠介质中，在沸腾温度下菲的氧化反应，提出了如下机理：

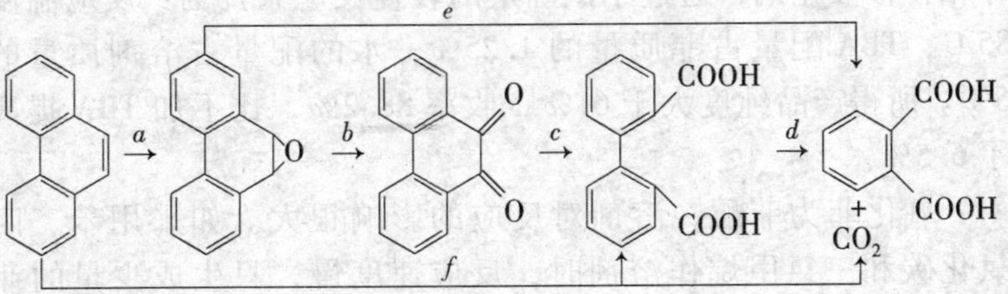

菲的氧化由一系列串联反应组成，当介质为强碱性时，*c* 反应速度快，即菲醌易于进一步氧化成联苯二甲酸，当介质为弱碱性时，*a*、*d* 反应速度快，联苯二甲酸容易降解生成邻苯二甲酸和二氧化碳。

D　由菲制取联苯二甲酸

联苯二甲酸是合成树脂、增塑剂、医药、农药和染料的原料。

姚蒙正、曲勇采用相转移催化-四氧化钌-次氯酸钠法将菲氧化成联苯二甲酸，其过程可用下述图描述：

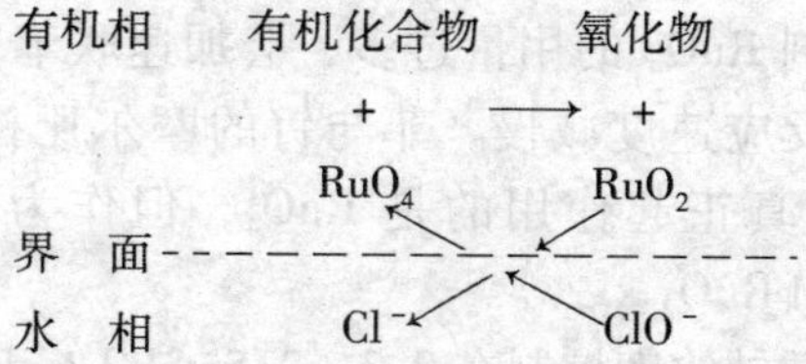

RuO_4 是一种强氧化剂，易溶于许多有机溶剂中，在反应过程中形成的黑色 RuO_2 沉淀迁移到两相界面，被水相中的 ClO^- 又氧化成 RuO_4，因此，氧化反应是在有机相或两相界面进行的。主要反应如下：

$$2ClO^- + RuO_2 \longrightarrow RuO_4 + 2Cl^-$$

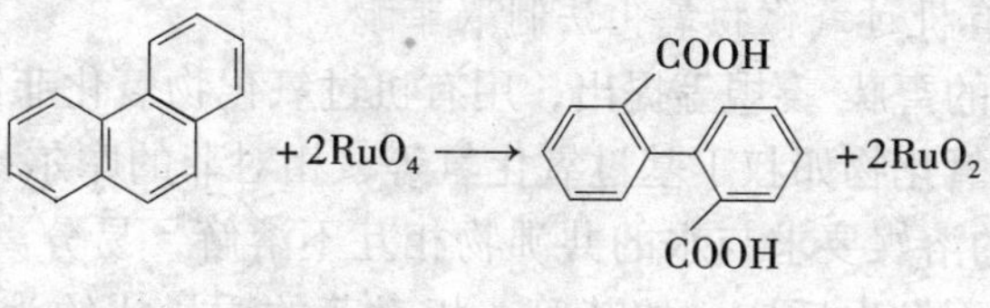

通过小试得到以下结果：

（1）在强碱性介质中联苯二甲酸基本是稳定的。试验证明，当 pH 值为 8 ~9 时，联苯二甲酸很快发生分解。

（2）比较了氯仿、四氯化碳、二氯甲烷、二氯乙烷、三氯乙烯和四氯乙烯为溶剂进行菲的氧化时表明，采用含不饱和键的三氯乙烯或四氯乙烯为溶剂时，可加速在强碱介质中的反应速度。

（3）相转移催化剂季铵盐的通式是 $R_1R_2R_3R_4N^+X^-$，其中 R_1、R_2、R_3、R_4 可以是烷基或苄基，X^- 为 Cl^- 或 Br^-。试验表明，当（$R_1+R_2+R_3+R_4$）碳原子数等于 15 ~20 效果较好，反应时间在 8h 内就可完成，最快的只需 1h；当 20 <（$R_1+R_2+R_3+R_4$）碳原子数 < 15 时，则反应时间均较长。例如，采用 $(C_2H_5)_3C_6H_5CH_2N^+Cl^-$ 或 $C_{18}H_{37}(CH_3)_3N^+Cl^-$，反应时间均需 30h 以上，若采用 $C_{14}H_{29}(CH_3)_3N^+Cl^-$，则反应时间可缩短到 4h 以内。菲与相转移催化剂的摩尔比为 0.05 ~0.1。

（4）氧化剂 RuO_4 的用量过多，会加速联苯二甲酸的分解，用量过少，则反应速度减慢。菲与钌的摩尔比控制在 0.005 ~ 0.1。在反应中真正起作用的是 RuO_4，但作为原料也可加入 $RuCl_3 \cdot 3H_2O$ 和 RuO_2。

（5）次氯酸钠浓度控制在 0.3 ~ 2.5mol/L，菲与次氯酸钠的质量比为 1∶5 ~ 15。

该法的优点是反应条件缓和，在室温下可进行；水相用亚硫酸氢钠处理钌，催化剂接近定量回收，有机溶剂可蒸馏回收再用；联苯二甲酸收率达 85% 以上，纯度不低于 99%。

10.2.1.2 富氧化合物氧化法

A 有机过氧化物氧化法制取菲醌

日本的齊藤 義規等提出，用有机过氧化物氧化菲制取菲醌，采用的过氧化物如叔丁基过氧化氢等，相对菲的摩尔比为 0.5 ~ 4。采用的溶媒要求与水的共沸物相互不溶解，易分离，与有机过氧化物不发生反应，如苯等，相对菲的质量比约为 10。采用的催化剂希望能溶在有机溶媒中，如乙酰丙酮钼等，相对菲的摩尔比为 0.003 ~ 0.1。反应温度 60 ~ 100℃。反应生成的水要及时排出反应系统，与水分离后的溶媒要不断返回反应系统，否则反应不能正常进行。小试结果见表 10-10。

表 10-10 有机过氧化物氧化菲的试验结果

试验号	1	2	3	4	5	6	7
原料菲纯度/%	99.9						92.5
溶媒	苯						联苯
反应时间/h	4	6	8	10	12	14	10
菲转化率/%	45.5	55.5	64.0	70.5	75.8	79.8	70.1
9,10-菲醌选择率/%	91.5	90.8	90.0	88.5	85.2	80.0	85.8
联苯酸选择率/%	7.5	9.0	9.7	10.9	14.0	18.8	13.3
菲醌纯度/%	98.8	98.2	97.5	96.3	94.5	90.2	93.3

由表中数据可见，菲的转化率越低，菲醌的选择率越高。菲醌的选择率达 80% 以上，只经过冷却和晶析便可得到纯度大于

90%的菲醌。

陈文祥以乙酰丙酮钒和乙酰丙酮钼作催化剂，采用叔丁基过氧化氢和异丙苯过氧化氢等为氧化剂，采用苯、氯苯和二氯甲烷为溶媒，反应结束后蒸出溶媒，剩余物用苯重结晶，得到熔点206~207.5℃的菲醌，产率达85%~90%。小试例如下：将2g菲，0.033g乙酰丙酮钒和100mL氯苯溶剂一起加入到200mL的反应瓶中，然后将温度缓慢升到100℃，再慢慢滴加3.5mL叔丁基过氧化氢，反应3h结束。减压抽尽氯苯溶剂，用苯进行重结晶，过滤，干燥，得产物熔点为206~207.5℃，产率为90%。

该法菲转化率高，副产物少，氧化剂价廉，对环境污染小，但催化剂的制备较复杂。

以乙酰丙酮钒为例说明如下：将20g V_2O_5 加入到50mL蒸馏水中，慢慢加入35mL质量分数为96%的硫酸和100mL乙醇。反应混合物在不断搅拌下加热到回流温度，溶液开始为淡绿色，最后呈深蓝色，反应约30min。然后将反应液过滤到另一反应器中，再加入50mL乙酰丙酮，在不断搅拌下滴加质量分数约为15%的碳酸钠水溶液以中和此反应，冷却产生沉淀，过滤、干燥，得产物48g。

B　过氧化氢氧化法制取β-甲基萘醌

诸爱士等人采用乙酸与过氧化氢在硫酸作用下得到过氧乙酸，然后再以β-甲基萘为原料，过氧乙酸为氧化剂，冰醋酸为反应介质，在70℃反应1.5h，得到质量分数为98%的β-甲基萘醌，熔点为102~104℃。

刘兴泉等采用钛硅分子筛（TS-1）为催化剂，以30%过氧化氢为氧化剂，以冰醋酸为反应介质，在70~85℃下反应2~4h，β-甲基萘的转化率达83%，β-甲基萘醌的选择性达94%以上。

吕君等采用过氧化氢为氧化剂，冰醋酸为溶剂，在不加任何催化剂的条件下氧化制备β-甲基萘醌。小试反应条件为：反应温度80℃，反应时间4h，反应物起始质量分数4.54%，β-甲基萘与过氧化氢摩尔比为1∶10。反应结束后，用CH_2Cl_2萃取，萃取液用饱和的$NaHCO_3$水溶液洗至中性，常压蒸出CH_2Cl_2，则得粗产品。β-甲基萘转化率79.43%，β-甲基萘醌选择率41.05%。氧化反应如下：

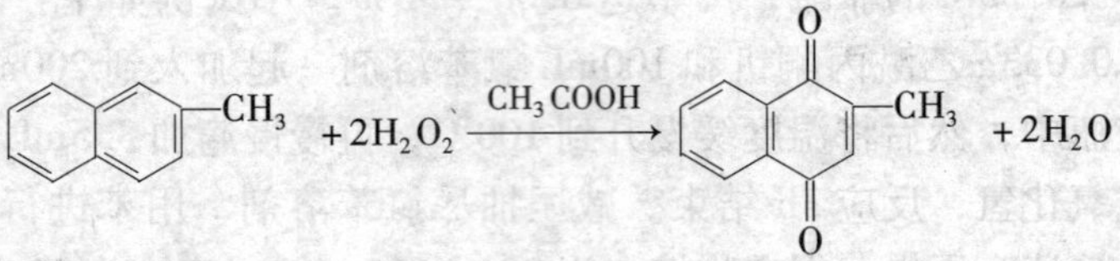

10.2.2 空气氧化法

10.2.2.1 由芴制取芴酮

A 以强碱为催化剂的空气氧化法

以固体氢氧化钠、氢氧化钾或质量分数大于40%的浓碱液为催化剂，在吡啶、二甲基亚砜、四氢呋喃等溶液中可以将芴氧化为芴酮。溶剂的最少用量取决于芴在其中的溶解度，以吡啶为溶剂，芴与吡啶的质量比为1∶3～1∶5，以二甲基亚砜为溶剂，芴与二甲基亚砜的质量比为1∶4，以四氢呋喃为溶剂，芴与四氢呋喃质量比为1∶4～6。反应温度为30～60℃，反应时间3～5h。空气或氧气供给量与物料量和搅拌速率有关。溶剂通过蒸馏可以回收重复使用。碱催化剂因物料带入的水和反应生成的水而被稀释，但可以加固体碱调节其浓度再用。该法芴酮产率占理论产量的92%以上。

B 以强碱和相转移催化剂的空气氧化法

辽宁科技大学化工学院采用该法由工业芴制取芴酮的半工业化试生产，芴的转化率达99%以上，选择率达98%。采用的强碱为氢氧化钠或氢氧化钾等，采用的相转移催化剂如季铵或季磷的卤化物，其用量占芴质量的2%～3%。反应温度约70℃，反应时间3～4h。溶剂采用苯类化合物，反应生成的水最好被溶剂带出，以使分离出的碱液重复使用。空气用量供给充足，反应时间短，空气过量也不会发生过氧化现象，但增加动力消耗。分离出的溶剂相蒸出溶剂得粗芴酮，粗芴酮再经溶剂重结晶得质量分数大于99%的精芴酮。

10.2.2.2　由菲制取菲醌

张永华以钴盐、锰盐、溴化物和少量铈盐为催化剂，在戊酸中用氧气氧化菲为菲醌。小试的物料质量配比为 菲：钴盐：锰盐：溴 化物 = 90：1：1：0.07，菲的质量浓度30～50g/L，反应温度120～130℃，氧气压力1.0～1.2MPa。所得产品质量分数约为89%，产率为80%～81%。

在液相中用氧气催化氧化芳烃制取醛、酮、羧酸，一般以醇或有机酸为溶剂。这是因为醇或有机酸可以通过氢键与氧缔合，使氧气在反应液中溶解，有利于氧化反应的进行。另外，溶剂含水量应限制在不使反应体系形成多相，催化剂不应转入水层，若转入水层则催化效率降低。

原料中含有咔唑、硫芴、氧芴、蒽等杂质将使菲的转化率显著降低。因此，该法不能以工业菲为原料。

参 考 文 献

[1] 王桂茹. 催化剂与催化作用［M］. 大连：大连理工大学出版社，2000.

[2] 黄仲涛. 工业催化［M］. 北京：化学工业出版社，1994.

[3] 邝生鲁. 现代精细化工高新技术与产品合成工艺［M］. 北京：科学技术文献出版社，1997.

[4] 洪仲苓. 化工有机原料深加工［M］. 北京：化学工业出版社，1997.

[5] Laslaw Mlcczko，Ulrich Pannek. Reaction Engineering Simulations of a Fluidized-Bed Reactor or Selective Oxidation of Fluorene to 9-Fluorenone［J］. Chem. Eng. Technol. 1994，17：169～178.

[6] Holgar Borchert，Manfred Baerns. Kinetische Charakterisierng Von Mit Cs_2SO_4 Dotierten V_2O_5-Fe_2O_3-Katalysatoren for die Fluoren-Oxidation Zu Fluorenon［J］. Stud. Surf. Sci. Cat，1992，164（7）：654～655.

[7] Majunke F，Borcher H，Baerns M. Catalytic Oxidation of Fluorene to 9-Fluorenone Development and Characterization of Catalysts. New Frontiers in Catalysis Proceedings of the 10th International Congress on Catalysis. 1992，707～717.

[8] 米田忠弘，忠原三郎. フルオレノンの製造方法. 日本公開特許公報（A）：昭

60—233038［P］. 1985.
［9］崔丽婕. 用工业芴制取芴酮的研究之一，气相氧化催化剂制备条件的研究［D］. 鞍山：辽宁科技大学，1998.
［10］赵海超. 用工业芴制取芴酮的研究之二，固定床单管放大试验研究［D］. 鞍山：辽宁科技大学，1999.
［11］齊藤 義規等. 9，10-フエナンスレンキノンの製造方法. 日本公開特許公報（A）昭60—255747，1985.
［12］齊藤 義規等. 9，10-フエナンスレンキノンの製造方法. 日本公開特許公報（A）昭60—239432，1985.
［13］陈文祥. 菲醌的合成：CN，86108444（A）［P］. 1988.
［14］姚蒙正，王晓岚. 菲的氧化反应研究——用 PTC—RuO_4—NaClO 法制取菲醌［J］. 染料工业，1992（5）：17～24.
［15］张永华. 液相催化氧气氧化菲制取菲醌［J］. 染料工业，2001，38（3）：45～46.
［16］姚蒙正，王晓岚. 菲醌的合成［J］. 化学试剂，1992，14（6）：367～368.
［17］姚蒙正，曲勇. 菲的综合利用［J］. 大连理工大学学报，1989，29（6）：31～36.
［18］Landolt R G. Chem. lnd. 1980（7）：292.
［19］水恒福，张德祥，张超群. 煤焦油分离与精制［M］. 北京：化学工业出版社，2007.
［20］伊藤 育夫，佐藤 利雄，山口 浩通. フルオレノンの製造方法. 特開平，7-82206［P］.
［21］三宅 隆敏，五十嵐 健. フルオレノンの製造方法およびそれに用いる酸化觸媒. 特開平，7-82207［P］.
［22］橋本 圭司，山田 光昭. フルオレノンの製造方法. 特開平，6-211729［P］.
［23］Marlin E. West Columbia，Richard P. Kolonko. Process for making fluorenones. USP，5545760［P］.
［24］周建荣. 芴氧化制 9-芴酮［J］. 上海化工，2005，30（7）.
［25］熊裕堂，夏炽中，金硕. 以氢氧化钾作催化剂空气氧化芴制芴酮［J］. 山西化工，1989（2）：17～18.
［26］肖瑞华，赵雪飞，王国岩. 用工业芴制取芴酮的小试研究报告［R］. 辽宁科技大学，2002.
［27］高卫民，钟声，肖瑞华. 芴液相氧化制取芴酮的研究［J］. 燃料与化工，1999（3）66～67.
［28］龚俊库，高秀红，高素华，等. 芴酮制备方法. CN，1266840［P］. 2000.
［29］张鑫，李鹏飞，王振，等. 芴类化合物制备 9-芴酮类化合物的方法.

CN1962597 [P]. 2006.

[30] 黄科润，黄春林，邹红. β-甲基萘氧化法制备 β-甲萘醌 [J]. 化工科技与开发，2005，34 (4)：13 ~ 14.

[31] 刘兴泉，唐毅，林晓静，等. K 系维生素中间体 β-甲基萘醌合成的研究进展 [J]. 化工科技，2003，11 (2)：49 ~ 54.

[32] 徐克勋. 精细有机化工原料及中间体手册 [M]. 北京：化学工业出版社，1998.

[33] 宋成盈，王留成，赵建宏，等. Cr (Ⅵ) 氧化 2-甲基萘制备 2-甲基-1，4-萘醌的工艺研究 [J]. 精细石油化工，2001 (4)：10 ~ 12.

[34] 诸爱士，孙军. 维生素 K_3 合成工艺研究 [J]. 科学通报，2001，17 (3)：37 ~ 41.

[35] 吕君，赵雪飞，康士刚，等. 环境友好方法合成 2-甲基-1，4-萘醌的研究 [J]. 化工中间体，2005 (7)：18 ~ 23.

[36] 安玉良，孟庆波. 以 $KBrO_3$ 为氧化剂液相氧化菲制菲醌 [J]. 冶金能源，2001，20 (6)：13 ~ 18.

[37] 刘芝平，薛永强，王志忠. 用高锰酸钾氧化工业菲制备菲醌 [J]. 山西化工，2004，24 (4)：29 ~ 30.

[38] 贾晓辉，薛永强. 高效液相催化氧化菲制取菲醌 [J]. 南华大学学报（理工版），2004，18 (2)：19 ~ 24.

[39] 杨建民. 用气相氧化法生产蒽醌技术 [J]. 燃料与化工，2005 (2)：42 ~ 43.

[40] 李长珍，邵忠亮，李明华. 利用世界先进技术发展蒽油深加工 [R]. 山东济宁煤化工公司，2002.

[41] 姚蒙正，曲勇，菲用相转移催化氧化法制联苯二甲酸：CN，1046326A [P]. 1990.

11 煤焦油组分的化学加工产品

11.1 萘制减水剂

工业萘、粗萘、甲基萘均可作制取减水剂的原料。萘系减水剂在混凝土中的掺量为0.2%～1.5%，其作用是使混凝土快干，增强。

11.1.1 萘制减水剂的原理

萘制减水剂的反应如下：

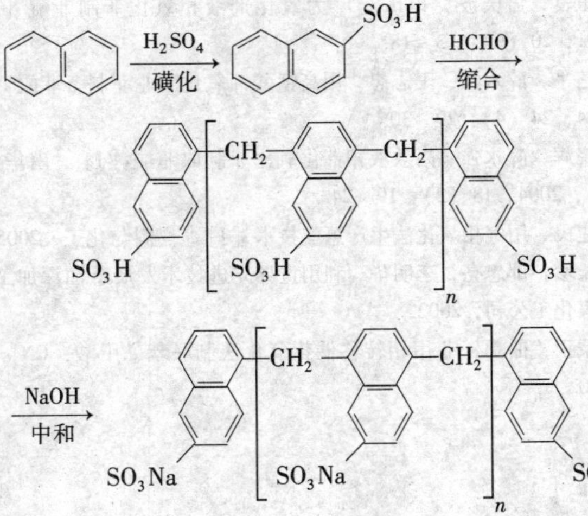

萘的磺化是亲电取代的可逆反应。磺化条件不同，磺基—SO_3进入位置不同，而生成α-萘磺酸、β-萘磺酸、二磺酸和多磺酸等。如在35～60℃时，用质量分数为98%的硫酸磺化，主要产物是α-萘磺酸，转化率约达96%；在160～165℃时，则主要生成β-萘磺酸，转化率达85%以上。

萘磺酸与甲醛缩合是亲电结合反应，而磺酸根是吸电子基团，它的存在降低了萘环的反应活性，相比之下α-萘磺酸比β-

萘磺酸更容易降低反应活性，不利缩合反应的进行，而多磺酸则更不利。因此，为了缩合反应的进行，必须选择合适的磺化条件，包括硫酸浓度、投酸时的温度、投酸时间、反应温度和反应时间，才能得到较高比例的β-萘磺酸。

减水剂的缩合度 n 为 9～13 为好。水解加水量、酸度、甲醛量、缩合温度和缩合时间对 n 均有影响。

11.1.2 生产工艺

11.1.2.1 磺化

磺化在磺化釜中进行。萘与质量分数为 98% 的硫酸摩尔比控制在 1∶1.2 ～1.3，釜温达 130℃以上，在搅拌下缓慢加入硫酸，以防温升过快。磺化温度控制在 160～165℃，磺化时间为 2～3h，料液酸度约为 30%。

11.1.2.2 缩合

缩合在缩合釜中进行。缩合前加适量水使α-萘磺酸水解，去掉α位的磺酸基，以利于缩合反应的进行。水解温度约 110℃，以防β-萘磺酸水解。水解时间约 30min。加水过多，酸度低，不利反应进行，总酸度小于 30%。反应如下：

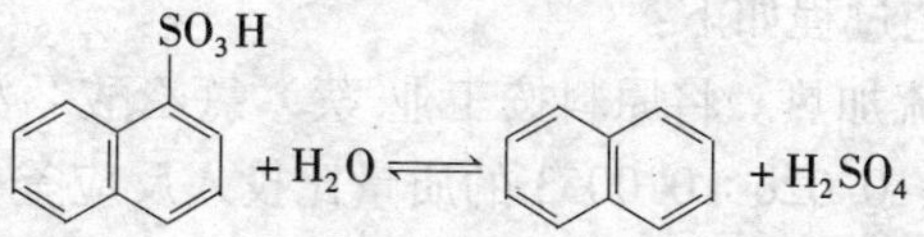

缩合过程总酸度大，β-萘磺酸易聚合，产品相对分子质量大，产品流动度大，但酸度大于 30%，流动度无明显增加，且物料过稠不易搅拌。缩合温度 95～105℃，缩合时间 2.5～4h，萘与甲醛摩尔比 1∶0.9。

11.1.2.3 中和

缩合反应结束后，温度降至 60℃，用质量分数为 30% 的 NaOH 溶液中和至 pH 值为 7～9，使萘磺酸转为钠盐，以增加产品分散性。加碱液要缓慢，以防放热冲料。

液体减水剂是褐色，固含量约为 40%（质量分数）。若将液体减水剂在旋转干燥炉内快速高温干燥则得粉剂。

11.2 萘制 α-萘乙酸

α-萘乙酸（α-naphthylacetic acid，通用名 NAA），分子式为 $C_{12}H_{10}O_2$，相对分子质量为 186.21。纯品为白色针状结晶，熔点 134.5～135.5℃，易溶于甲醇、乙腈、三氯甲烷、乙醚、丙酮等有机溶剂，几乎不溶于冷水（20℃水中溶解度为 0.24g/L），易溶于热水。

α-萘乙酸是一种重要的精细化工产品，是农业及园艺上使用最广泛的人工合成生长素之一，是广谱型植物生长调节剂，其主要功能是促进细胞分裂，扩大、诱导形成不定根，增加座果，促进新陈代谢和光合作用，加速生长发育，增强抗性。α-萘乙酸药效温和，对人畜无毒性。精制的 α-萘乙酸还是重要的医药合成中间体。

以萘为原料制取 α-萘乙酸比较成熟的方法是萘与氯乙酸缩合法。该法主催化剂可用 Fe_2O_3、Fe 粉、$AlCl_3$、Al 和 MnO_2 等，助催化剂多采用 KBr。

生产工艺过程如下：

（1）回流加热。将原料按工业 萘：氯乙酸：溴化钾：氧化铁 =3.3：1：0.026：0.0053 的质量比投入反应釜中，然后加热使温度缓慢上升至 190～200℃，在此温度下回流 11～15h，再加热使温度缓慢上升至 218℃再回流 11h 以上，检查回流管上口无氯化氢气体放出反应结束。反应如下：

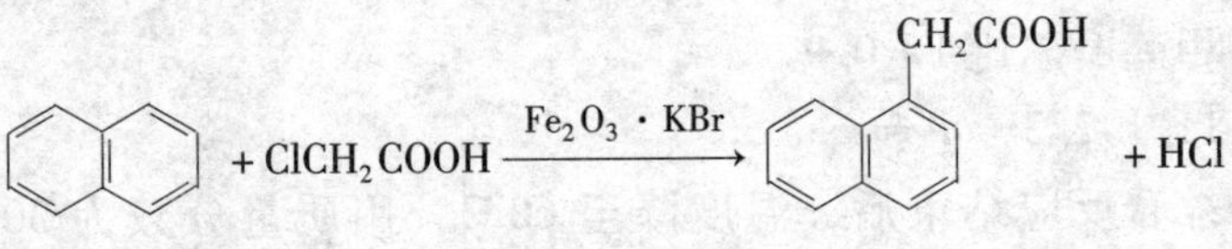

（2）中和除萘。上述反应工业萘的加入量是理论量的 2 倍多。萘过量的原因有以下几点：将萘当成溶剂，减少反应中的炭化现象；防止 1，5-萘二乙酸的生成；防止溴化钾与氯乙酸反应生成氯乙酰多羧基乙酸，此种化合物在 200℃左右变成游离基 $\cdot CH_2—COO(CH_2COO—)_nCH_2COOH$，它很容易与萘发生缩合反应。因此反应结束后必须除去剩余的萘。

首先将反应釜中的反应物降温至 180 ~ 200℃，然后导入中和釜。中和釜内放入质量分数约为 3% 的稀碱液，搅拌中和，并使反应物冷却至约 40℃，未反应的萘结晶析出，再经真空抽滤，滤液为 α-萘乙酸钠溶液。反应如下：

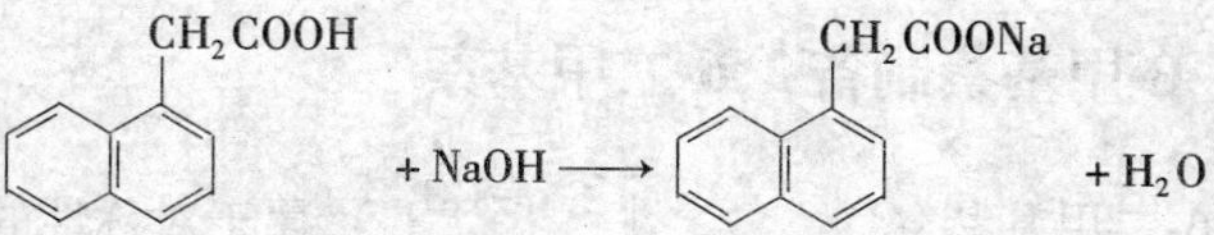

（3）酸化。将所得的 α-萘乙酸钠溶液加入质量分数为 10% 的盐酸酸化，控制 pH 值为 6.6 ~ 6.8，并通蒸汽煮沸，以使杂质油状物上浮捞出。再加盐酸至无白色结晶析出为止。然后加水冷却至常温，经真空抽滤即得 α-萘乙酸粗制品。反应如下：

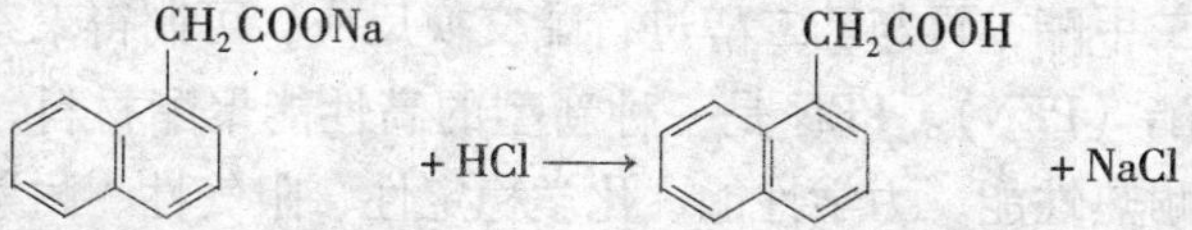

（4）精制。将粗制品加水煮沸溶解，再加水冷却至常温，抽滤便得 α-萘乙酸精制品，经干燥便为成品。

该法收率较低，一般为 40% ~ 50%。

马冰洁、唐洪波采用纳米级复合金属混合物 Fht 为主催化剂，KBr 为助催化剂，进行萘与氯乙酸的缩合反应制取 α-萘乙酸，其收率约为 61%。小试过程是将萘、氯乙酸加入装有搅拌器、温度计和回流冷凝器的烧瓶中，加热升温至物料熔融，在一定温度下加入催化剂，缓慢升温至回流温度，至反应结束。然后将反应物料降温至 95℃，加入一定量的氢氧化钠溶液，控制 pH 值为 9 ~ 10，煮沸 50min，再冷却、过滤，得 α-萘乙酸钠溶液。然后将 α-萘乙酸钠溶液酸化、过滤、洗涤、干燥，即得产品。较佳的反应条件是：萘：氯乙酸 = 3：1（摩尔比），Fht：KBr =

1∶3，Fht 用量为萘量的 0.52%，反应温度为 180～224℃，反应时间为 25h。

张袖丽等以三氯化铁为主催化剂，溴化钾为助催化剂，进行萘与氯乙酸的缩合反应制取 α-萘乙酸，其收率为 53.9%。通过小试获得的较优反应条件是：萘与氯乙酸（摩尔比）约为 2.5，主催化剂与助催化剂（摩尔比）为 0.4，萘与氯乙酸质量和与催化剂总质量比为 32.5，反应时间为 15h。

11.3　β-甲基萘制备 2,6-二甲基萘

2,6-二甲基萘（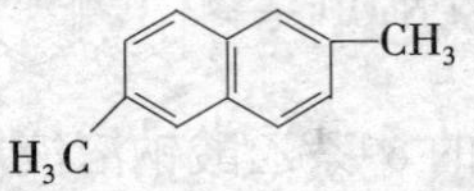）属于对称性的烷基芳烃，这种对称性是使得由其制取的聚合物具有线性结构的必要条件，因此对称性的烷基芳烃被称作“特异化学品”。

2,6-二甲基萘氧化后生成 2,6-萘二甲酸，经酯化得到 2,6-萘二甲酸二甲酯，再与乙二醇进行酯交换反应，可制得聚萘二甲酸乙二醇酯（PEN）。PEN 是一种新型的高性能聚酯材料，它具有优越的耐热性能、力学性能、化学稳定性、阻气性、耐紫外线和辐射等特性，应用前景广阔。因此，以 β-甲基萘、混合甲基萘及萘为原料制备 2,6-二甲基萘的技术开发，受到国内外化学化工工作者的重视。

目前由 β-甲基萘制备 2,6-二甲基萘主要采用烷基化和歧化方法。下面仅介绍一下主要的研究成果。

11.3.1　烷基化法制备 2,6-二甲基萘

烷基化法是指利用取代反应或加成反应，在有机化合物分子中的氮、氧、碳、金属或非金属硅、硫等原子上引入烷基 R—或芳烃基的反应。β-甲基萘烷基化是指在第 6 位碳原子上引入甲基的反应。采用的方法主要是甲醇烷基化法和转移甲基化法。

11.3.1.1　甲醇烷基化制备 2,6-二甲基萘

甲醇烷基化主要是以浮石分子筛为催化剂进行烷基化反应。

Weitkamp 等人研究发现：沸石晶体尺寸在0.05~2.0μm 时，烷基化反应可以在300~350℃下进行，并能获得较高的转化率；甲醇烷基化反应是过渡态择形反应，反应为扩散控制，催化剂尺寸的选择是决定反应的关键。当以中孔浮石 HZSM-5 和 HZSM-15 为催化剂，在400℃进行β-甲基萘甲醇烷基化时，二甲基萘的选择性可达90%以上，而2,6-二甲基萘可达50%以上。

Komatsu 等人研究发现：降低沸石催化剂的酸强度和用2,4-二甲基喹啉使催化剂中毒，均可以有效地抑制β-甲基萘的异构化，提高2,6-二甲基萘的选择性。

徐海升等人研究发现：在 ZSM-5、HY 和 HM 等沸石催化剂上进行甲醇烷基化反应时，催化剂表面酸浓度越大，β-甲基萘的反应活性越高；弱酸中心占有的比例越多，2,6-二甲基萘的选择率越高。

白雪峰、刘文彬等提出了在超临界反应条件下甲醇烷基化制备2,6-二甲基萘。它是以萘、β-甲基萘或混合甲基萘为原料，以甲醇为烷基化剂。物料的配比（摩尔比）为β-甲基萘：甲醇：均三甲苯 =1：1 ~2：2 ~3。采用Co^{2+}、Mn^{2+}、Mg^{2+}等离子部分交换的HZSM-5(SiO_2：Al_2O_3 = 50：1）等沸石分子筛为催化剂，使用前必须在氮气气氛下，于500℃以上活化2h。混合物在温度为400~500℃，压力为5~9MPa的条件下，以0.5~1h^{-1}的反应空速通过催化剂床层，进行烷基化反应制备2,6-二甲基萘。

均三甲苯为惰性溶剂，基本不参与反应，并与β-甲基萘及甲醇互溶。反应条件是在大于或等于惰性溶剂临界温度和临界压力下进行。在这种情况下流体溶解能力强，扩散系数大，使结焦前驱体通过萃取脱离催化剂表面，并迅速扩散到催化剂外表面，及时地带离反应区，从而可以有效地抑制催化剂的积炭，延长其寿命。此外，临界流体还可以使反应物在催化剂表面上的内扩散和外扩散速度加快，提高催化剂的反应效率和反应活性。

11.3.1.2 转移烷基化制备2,6-二甲基萘

转移烷基化通常以三甲苯、四甲苯、五甲苯等多甲基苯及三

甲基萘、四甲基萘、五甲基萘等多甲基萘为烷基化剂，以卤代烃为溶剂，在 Lewis 酸及沸石分子筛催化剂存在下制备 2,6-二甲基萘。

Hagen 等人以 Lewis 酸和 Bronsted 酸或其混合酸为催化剂，对萘和 β-甲基萘转移烷基化反应结果表明，β-甲基萘是最合适的原料，$AlCl_3$ 为最佳催化剂，氯甲烷为最佳溶剂。反应的适宜温度为 40℃。在最佳条件下，2,6-二甲基萘收率达 28.74%，2,6-二甲基萘/2,7-二甲基萘的选择率大于 60%。

吴伟以 β- 甲基萘∶转移烷基化剂∶溶剂(摩尔比) = 1∶1.2 ~ 1.6∶2 ~ 6 组成的混合物，在 400 ~ 500℃ 和 3 ~ 9MPa 的超临界反应压力下，以 0.1 ~ 1h^{-1} 的空速，通过改性的浮石分子筛催化剂床层进行转移烷基化一步制备 2,6-二甲基萘，β-甲基萘的转化率达 50% 以上，2,6-二甲基萘的选择性可达 20% 以上。

浮石分子筛催化剂稳定性好，腐蚀性小，容易回收使用，但使用过程易积炭失活，因此反应需要在较高的温度和压力下进行。为克服上述不足，一种负载型催化剂的研究已有报道，如吴伟等人以 HY 沸石分子筛负载无水 $AlCl_3$ 制备了负载型催化剂，对 β-甲基萘转移烷基化催化反应研究表明，与 HY 相比，负载后的 HY 浮石分子筛对 2,6-二甲基萘具有更高的选择性。

11.3.2 歧化法制备 2,6-二甲基萘

β-甲基萘歧化通常是指在催化剂酸性中心上形成的 β-甲基萘正碳离子进攻另一个 β-甲基萘分子，进行烷基转移而生成一个分子的 2,6-二甲基萘。β-甲基萘歧化多采用固体酸催化剂，近年一种环保型的离子液体催化剂得到了应用。

Takeshi 等和沈剑平等对 β-甲基萘在 HZSM-5 上的歧化反应进行的研究发现：β-甲基萘歧化反应是在 HZSM-5 的孔内进行，具有非常好的择型性，而 β-甲基萘和 2,6-二甲基萘及 2,7-二甲基萘的异构化反应则在外表面进行，而且外表面酸性中心的多少决定异构化反应的难易；HZSM-5 可以有效地控制 α，α 位 (1,4-,1,5-,1,8-) 二甲基萘的生成，产物中 2,6-二甲基萘和

2,7-二甲基萘可超过热力学平衡组成，但由于其孔径小，限制了甲基萘的传递，选择性虽高而转化率很低，反应活性下降很快。

贾同林等对甲基萘在β-沸石上进行歧化反应的择形性研究发现：反应温度低于300℃时，只能发生异构化反应，双分子歧化反应被完全抑制；在较高温度下则可以发生歧化反应，在β-沸石上的歧化反应主要是通过β，β位烷基转移方式进行，其他方式的烷基转移则被中间过渡态限制所制约；降低酸中心强度，将会提高歧化产物中2,6-二甲基的比率。

吴伟、白雪峰采用20～40目的HZSM-5沸石分子筛催化剂，在超临界条件下进行β-甲基萘的歧化反应表明：HZSM-5催化剂孔道结构独特，选择性好，这是由于2，6-二甲基萘的分子运动直径（0.55nm）比α，β-二甲基萘（1,2-/1,3-/1,6-/1,7-二甲基萘）和α,α-二甲基萘(1,4-/1,5-/1,8-二甲基萘）的分子运动直径（0.65nm）小0.1nm，与HZSM-5的孔径基本相当；以均三甲苯为溶剂，β-甲基萘∶均三甲苯＝1∶4，反应温度420～440℃，反应压力6.0MPa，此时均三甲苯的温度和分压超过其临界温度（364℃）和临界压力（3.1MPa），由于超临界流体优良的溶解能力和高的扩散性，会将反应产物和焦前体及时地萃取下来，并迅速带出反应区，使反应活性和催化剂使用寿命延长；β-甲基萘歧化反应使催化剂酸中心数减少。反应在常压下进行8h后，催化剂的强酸和弱酸中心基本消失，反应的转化率降至1.23%。反应在超临界条件下进行70h后，催化剂的强酸中心基本消失，但仍保持一定的弱酸中心，反应转化率可维持在14%以上。

白雪峰等人利用离子液体催化β-甲基萘歧化制备2,6-二甲基萘，离子液体催化剂采用吡啶型铝酸盐离子。通过小试得到的最佳反应条件是：反应温度120～140℃，反应时间3～3.5h，n_1(β-甲基萘)∶n_2(均三甲苯)＝1∶4～7，离子液体催化剂占混合液质量分数为12%，歧化反应在惰性气体保护下进行。该法的优点主要是：反应条件温和，离子液体催化剂在使用条件下几乎没有蒸气压，不易流失；反应产物与离子液体催化剂不相混溶而自动分层，使分离过程容易进行；催化剂选择性能好；催化剂性能稳定，可以循环使用，无环境污染。

11.4　喹啉制8-羟基喹啉

8-羟基喹啉（8-Hydroxy quinoline），分子式为 C_9H_7NO，相对分子质量为145.16，结构式为 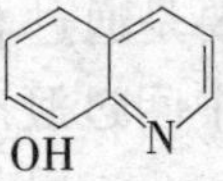 纯品为白色晶体，熔点72～74℃，沸点267℃，密度1.03g/cm^3 不溶于水及乙醚，易溶于乙醇、丙酮、氯仿及苯，也易溶于无机酸及碱液中，碱性溶液呈黄色。化学性质活泼，在一定的pH值下，能与很多金属离子形成难溶的螯合物。

8-羟基喹啉是重要的有机合成中间体。它的卤化，硝化及N-氧化物是合成药物、农药、染料及其他功能材料的中间体。如将8-羟基喹啉键合在高分子树脂上，使其高分子化，在分析、材料、电致发光及导电聚合物等方面有广阔的应用前景。8-羟基喹啉又是性能优异的金属离子螯合剂，应用在金属元素的化学分析、金属离子的萃取、光度分析和金属防腐。

以喹啉为原料制取8-羟基喹啉主要采用磺化碱融法。磺化碱融法由以下工序组成。

11.4.1　喹啉的磺化

喹啉的磺化是在40℃以下将喹啉慢慢加到质量分数为65%的发烟硫酸中，然后加热到120℃反应，反应结束后，冷却，加水稀释过滤出8-喹啉磺酸。反应如下：

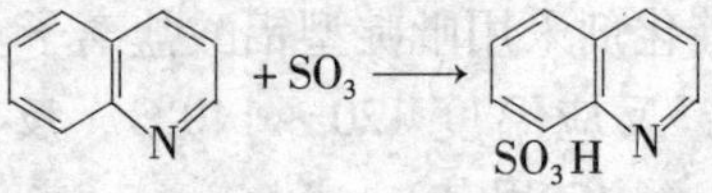

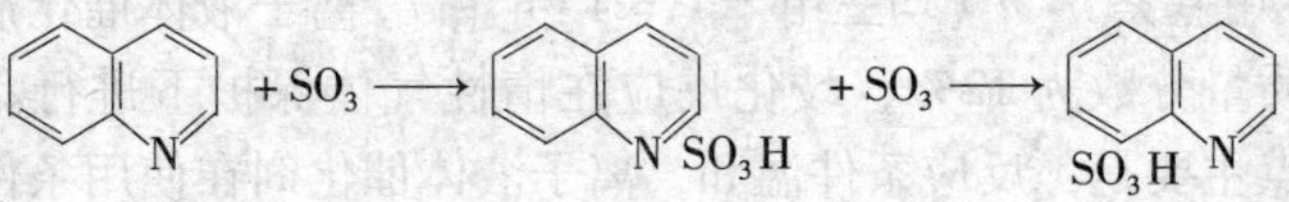

发烟硫酸 SO_3 是有效的磺化剂，它是强的亲电子试剂。

喹啉磺化时有 5-喹啉磺酸生成，它在水中的溶解度比 8-喹啉磺酸大，所以加水析出 8-喹啉磺酸时，5-喹啉磺酸会留在母液中。

喹啉磺化依原料配比、磺化剂浓度、反应时间、反应温度和操作过程不同，产品质量和收率有很大差异。

原料配比与采用的发烟硫酸浓度有关，如发烟硫酸质量分数（游离 SO_3 浓度）为 65%，喹啉与发烟硫酸质量比为 1∶2，反应温度为 120～130℃，反应 2～3h；发烟硫酸质量分数为 40%～45%，喹啉与发烟硫酸质量比为 1∶3，反应温度约 130℃，反应 2h。

喹啉易在 5、6、7、8 位发生磺化，生成何种同分异构体依反应条件而定。采用硫酸磺化，易得 6-喹啉磺酸。采用发烟硫酸磺化易得到 8-喹啉磺酸，如果酸过量或反应时间过长会使其异构化为 7-喹啉磺酸。

20 世纪 90 年代日本学者提出了新的磺化工艺，喹啉与废酸生成盐，在低于 40℃ 时滴加液态 SO_3，加热到 180℃，反应 2h，可生成收率为 67.2% 的 8-喹啉磺酸。

8-喹啉磺酸纯品为棱柱形无色晶体，粗制品为白色或微棕色晶粉。不溶于乙醇、丙酮、四氯化碳、苯等有机溶剂，微溶于水，易溶于吡啶喹啉等有机碱及浓的无机强酸强碱溶液。味苦无臭。

11.4.2 8-喹啉磺酸的碱融

碱融有高温碱融法和中温碱融法，碱融温度在 230～360℃，并在充分搅拌下进行，反应速度快，反应时间短，但会有一些 8-喹啉磺酸分解，碱融过程中喹啉的气味比较大。生成的 8-羟基喹啉易被空气氧化，在碱融初期由物料带入的水起保护作用，在碱融后期应在碱融物的表面通入适量的水蒸气起保护作用。碱融结束后，降温，加水溶解，上层棕色液层是喹啉可回收，下层水液用硫酸中和到 pH 值为 7，则得 8-羟基喹啉。

碱融反应如下：

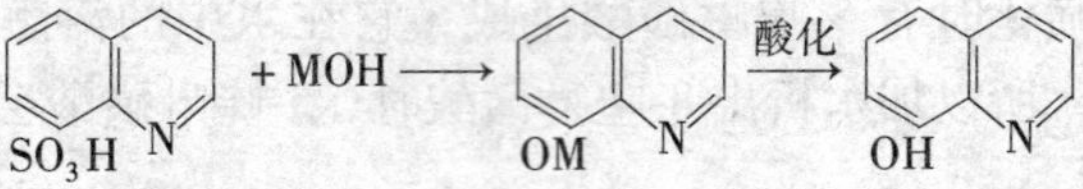

碱融用 KOH 和少许 NaOH 混合物，可以降低碱融温度和增加反应流动性，但 KOH 价格高。单独使用 NaOH，碱融温度在 300～350℃，若温度低，物料流动性差，反应慢，收率低。

碱融过程的主要影响因素是配料比、碱融温度、反应时间及搅拌速度等。

前苏联学者 Б. Г. Ясникий 和 В. А. Орибopгa 提出的适宜碱熔条件为：反应温度 245℃，反应时间 10min，物料摩尔比为 8-喹啉磺酸：NaOH：KOH = 1.0：0.9：2.6。试验过程如下：在 1L 反应器中加 39mL 水，18gNaOH，73gKOH，搅拌加热到 245℃，再加 121g 湿 8-喹啉磺酸，反应 10min，停止搅拌，冷却到 100℃，加入 400mL 沸水，100℃下保持 30min。将混合物倒入 800～1000mL 水中，搅拌冷却中和到 pH 值为 7.0～7.2，过滤，水洗，干燥，得 73g 8-羟基喹啉，产率 96%。

碱熔过程容易生成黏稠的糊，或形成团块，搅拌效果差，导致局部过热，发生聚合等副反应，目的产物收率低。为此，英国、日本学者提出了在有机溶剂中进行碱熔的工艺。日本学者采用甲基萘馏分作溶剂。该馏分对碱的热稳定性好，流动性好，常温下为液态，容易分离和精制。试验过程如下：将 100g 甲基萘馏分、20g NaOH，20g 8-喹啉磺酸混合，加热到 220℃，搅拌反应 4h，反应结束后，冷却到 20℃加水，过滤，分离出水层并加浓盐酸调至中性，经结晶、过滤、水洗、蒸馏，得纯度 98% 的 8-羟基喹啉 12.8g，产率 90.1%。

11.4.3 8-羟基喹啉的精制

8-羟基喹啉的精制有水蒸气蒸馏法、溶剂蒸馏法和重结晶法。

11.4.3.1 水蒸气蒸馏法

水蒸气蒸馏时，直至馏出液无白色沉淀析出为止。馏出液冷却至室温后抽滤，干燥后得粗品。粗品再用乙醇重结晶则得精品。该法能耗高，如在常压，99℃，蒸馏1kg 8-羟基喹啉需消耗112kg 水蒸气，过剩的热量还需用冷却剂带走，这无疑增加了过程进行的时间和设备容积。

11.4.3.2　溶剂蒸馏法

有机溶剂的气化潜热比水小得多，所以能耗低，易于处理大批量物料。前苏联学者 Б. Г. Ясникий 和 В. А. Орибopora 提出的溶剂蒸馏法的试验过程如下：在0.5L 蒸馏瓶内装50mL 异丙醇和73g 工业8-羟基喹啉，在1L 装有回流冷却器的接受器内装200mL 异丙醇。蒸馏瓶和接受器被加热蒸出醇，赶走系统的空气，然后提高蒸馏瓶的温度到267℃，蒸出的8-羟基喹啉溶解到接受器沸腾的醇中，然后冷却到18～20℃，则析出8-羟基喹啉，过滤，再用异丙醇洗涤，在55℃下干燥，得到65g 精8-羟基喹啉，产率占工业喹啉的93.6%。

11.4.3.3　重结晶法

8-羟基喹啉可以用乙醇、丙酮、石油醚（沸点60～80℃）等重结晶提纯。

11.5　苊制3,4,9,10-苝四甲酸二酐

3,4,9,10-苝四甲酸二酐（3，4，9，10-perylenetetracarboxylic acid anhydride），分子式为$C_{24}H_8O_6$，相对分子质量为392.32，棕红色粉末，熔点大于300℃，溶于碱溶液。

3,4,9,10-苝四甲酸二酐是重要的染料、有机颜料的中间体，利用它合成的还原染料如还原大红 R 等，具有耐热、耐晒、着色快等特点。还用于合成树脂。

3,4,9,10-苝四甲酸二酐的合成过程包括氨化、缩合和水解。

11.5.1　氨化

以苊的氧化产品1,8-萘二甲酸酐为原料，向其中加入质量分数为10%的氨水，在90～95℃反应2～4h。将反应液浓缩、冷却、过滤和烘干后，即得1,8-萘二甲酰亚胺粗品。

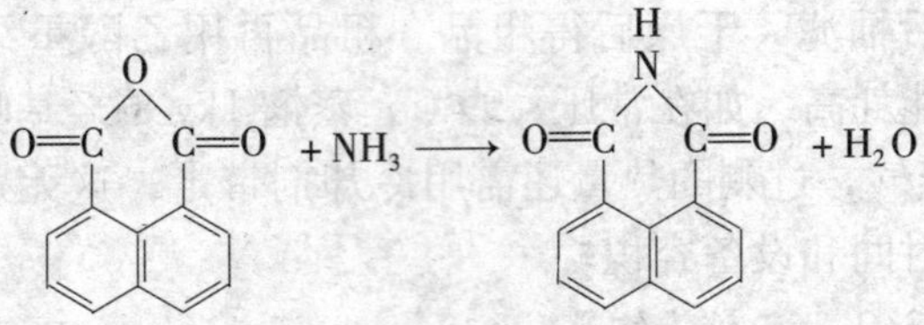

粗品的精制过程是将其溶解于约 80℃ 的热碱溶液中，趁热过滤，再向滤液中滴加质量分数为 10% 的乙酸调整滤液酸度为 11% ~12%。此时 1,8-萘二甲酰亚胺即以沉淀析出，经过滤，水洗滤饼至中性，烘干后得精制 1,8-萘二甲酰亚胺。

11.5.2 缩合

缩合是将强碱溶液、1,8-萘二甲酰亚胺和溶剂加入反应器，边搅拌边升温，待温度达到 205 ~215℃ 反应约 7h。然后将反应液冷却至室温，过滤。将滤饼转入适量水中，通入空气氧化，再经酸化，过滤，水洗至中性，烘干后即得 3,4,9,10-苝四甲酰二亚胺粗品。

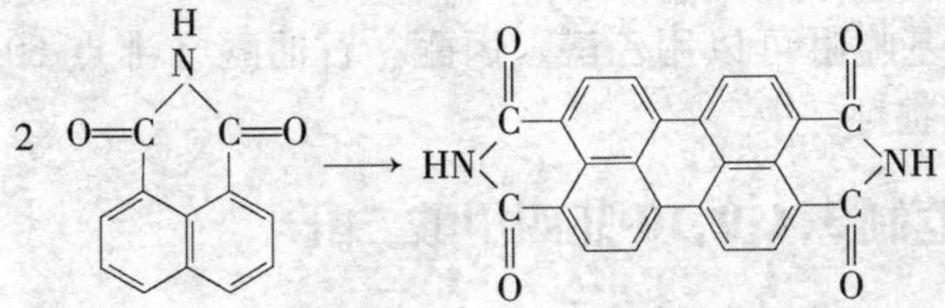

11.5.3 水解

水解是将 3,4,9,10-苝四甲酰亚胺粗品和质量分数 98% 的浓硫酸混合，在温度 210 ~215℃ 反应 1.5 ~2h，然后冷却、过滤，滤饼水洗至中性，干燥后即得 3,4,9,10-苝四甲酸二酐。产品纯度达 90%，产率以 1,8-萘二甲酸酐计约为 85%。

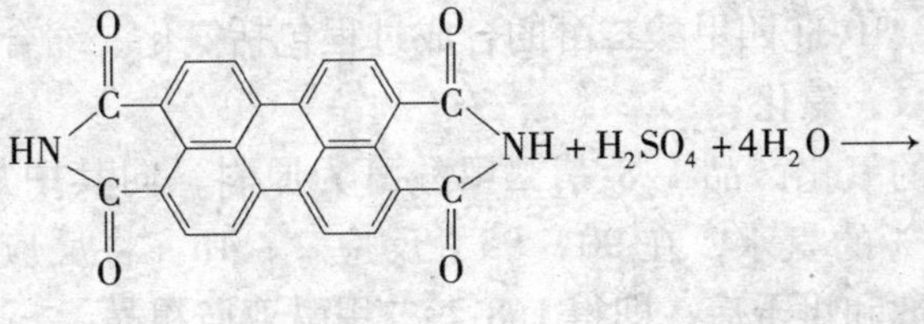

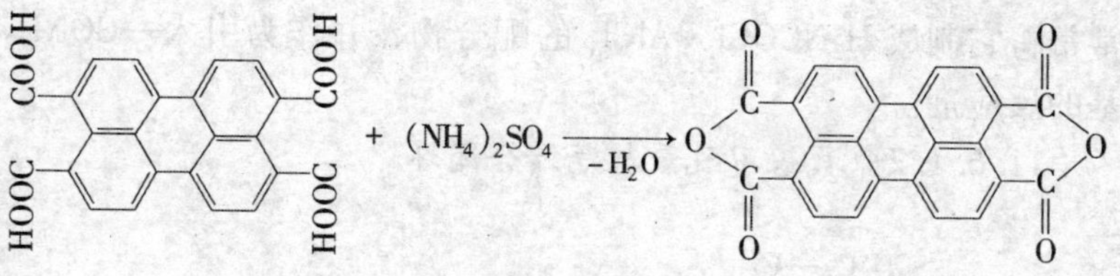

11.6 苊制1,4,5,8-萘四甲酸

1,4,5,8-萘四甲酸(1,4,5,8-naphthalenetetracarboxylic acid),分子式为$C_{14}H_8O_8$，相对分子质量为304.21。纯品为白色叶片状或针状晶体。无特定熔点，若快速加热，则在200~250℃分解，若慢速加热，则在140~150℃生成萘四甲酸酐。稍溶于水和热乙醇，难溶于苯、氯仿、二硫化碳和乙醇，溶于丙酮水溶液。

1,4,5,8-萘四甲酸是重要的染料、有机颜料中间体。利用它可以合成色泽鲜艳、牢度好的一系列还原染料、分散性染料和汽车涂料用高级有机颜料。此外，还可以用它作为合成耐高温高分子材料的单体，用于聚酰亚胺类高分子材料的生产。

以苊为原料合成1,4,5,8-萘四甲酸，通常是选择合适的酰化剂及催化剂进行付氏反应，再经水解、氧化而成。下面以德国IG公司发表的专利介绍其中两种合成基本过程。

11.6.1 氨基甲酰氯法

11.6.1.1 氨基甲酰氯的制备

氨基甲酰氯的制备可采用光气法或尿素法。

光气法的反应原理如下：

$$COCl_2 + NH_3 \xrightarrow[\text{吸热}]{400\sim500℃} H_2NCOCl + HCl$$

尿素法的反应原理如下：

$$H_2N-\overset{\overset{\displaystyle O}{\|}}{C}-NH_2 + 2HCl \xrightarrow[\text{吸热}]{350℃} H_2NCOCl + NH_4Cl$$

氨基甲酰氯在放置时会慢慢转变为三聚氰酸，并放出 HCl，因此常常将它制成 $H_2NCOCl \cdot AlCl_3$ 的配合物，并作为引入—$CONH_2$ 基的反应剂。

11.6.1.2　氨基甲酰氯与苊缩合闭环

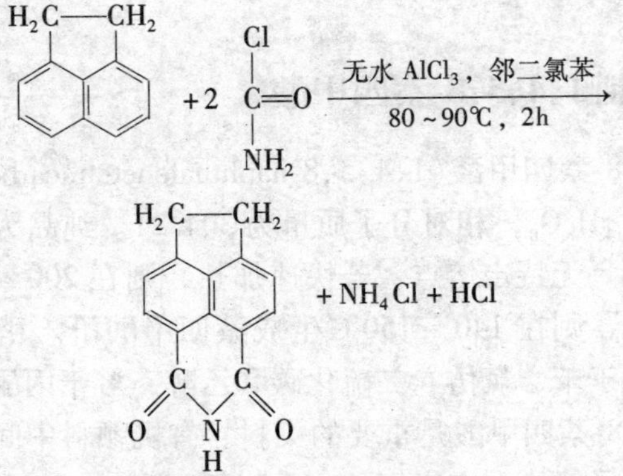

11.6.1.3　苊 4,5-二甲酰亚胺的氧化

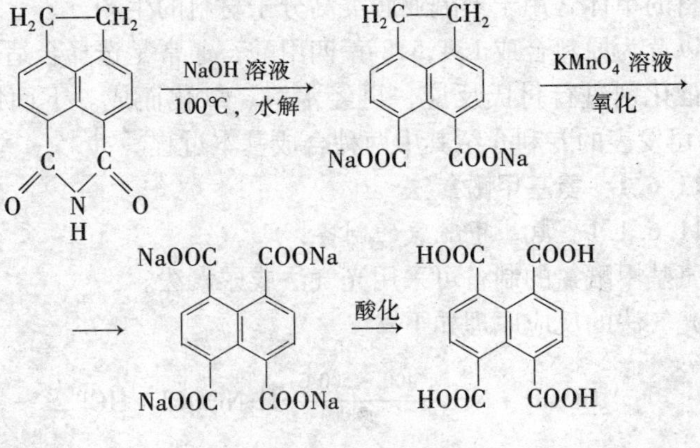

此法得到 50%～55% 的粗品，以苊计算总收率只有 42%。

11.6.2　双乙烯酮法

11.6.2.1　苊与乙酰乙酰氟的缩合、闭环

乙酰乙酰氟是由双乙烯酮在过量的液态氟化氢中制得，并接

着与苊直接反应，其反应原理如下：

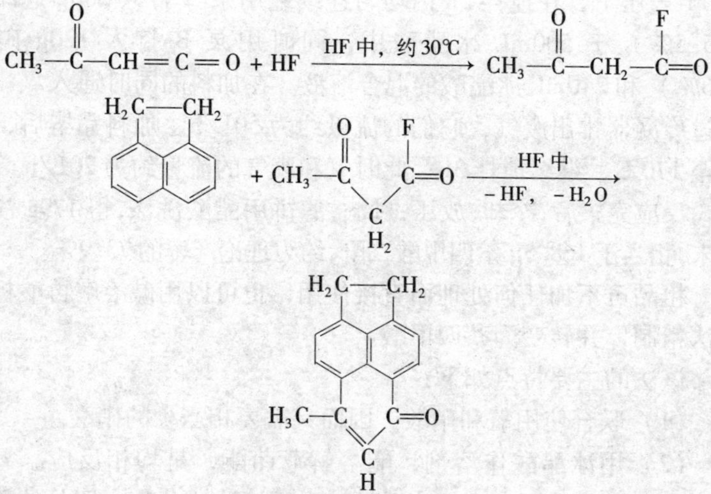

5-甲基苊茚酮-7

此法双乙烯酮用量要过量5%～30%。氟化氢质量分数最好是98%～100%，用量为苊的3～10倍，用过的氟化氢可以用蒸馏法回收套用。下面将该专利的实例之一摘录如下：

在反应器中加入30.8份苊，在－10℃加入100份无水氟化氢，在此温度和搅拌下加入20份双乙烯酮，升温至室温并继续搅拌7h。在蒸出氟化氢和乙酰乙酰氟以后，向残余物中加水，过滤，洗涤和干燥，得44g黄绿色结晶。根据紫外分光光度计分析，产品的纯度为80%，按苊计算粗品的理论收率为80%。

将粗品在四氯化碳中回流以除去杂质，而最好是在甲醇中重结晶，可得到熔点152℃的精品32～43份。

11.6.2.2　5-甲基苊茚酮-7氧化为萘四甲酸

采用氧-硝酸液相氧化法的专利中产率最高的一个操作实例介绍如下：

在Cr-Ni-Mo合金钢高压釜中加入300mL冰醋酸、1g醋酸钴四水合物、1g 醋酸锰四水合物、2g 乙酰基乙酸钒酰，在 140℃ 和 11 表压下，在搅拌 2h 内均匀连续地用泵 A 打入 200g 苊茚酮（95.5%）于 500mL 冰醋酸中，同时用泵 B 打入 120g 硝酸（96%）和 240mL 冰醋酸的混合溶液。在加料的同时通入氧，并经过冷凝器排出废气，它们的流量约为 50L/h。加料完毕后，升温至 170℃，继续搅拌 3h，此时氧和废气的流量约为 20L/h。

反应完毕后，冷却，放压，过滤，滤饼用醋酸洗涤，得 179g 浅色粉末，相当于 168.5g 萘四甲酸二酐，约为理论产率的 73.9%。

粗品可不加任何处理而直接使用，也可以用碱溶解再酸析的方法精制，并转变为萘四甲酸。

该法的主要特点如下：

（1）联合使用氧和硝酸，因而只需要相当少的硝酸。

（2）用冰醋酸作溶剂，能溶解苊茚酮，是均相反应。氧化产物萘四甲酸二酐不溶于冰醋酸，易用过滤法分离。回收的醋酸在精馏除去水分后可以回收套用。

（3）操作压力控制高于醋酸在反应温度下的蒸气压，最好在 0.4～2.0MPa。

（4）使用钒、钴、锰混合催化剂或钒催化剂催化效果好。

11.7 苊制荧光增白剂

苊经氧化脱水生产的 1,8-萘酐具有很高的 π 电子共轭度，且分子完全处在同一平面上，因此其荧光量子参数和强度高，具有发出鲜艳荧光的结构基础。将其经亚胺化后制得的 1,8-萘酰亚胺是一个荧光发色团，吸收紫外线后可发出弱的蓝紫色荧光，引入取代基团后，尤其是在 4 位或 4 位和 5 位上引入给电子性的取代基团后，则荧光就非常强烈，利用这一性质，人们开发了许多以它为母体的荧光增白剂，使产品的白度增加或增亮，并将其单独列为一类称为萘酰亚胺类型。

萘酰亚胺类荧光增白剂的光化学稳定性及热化学稳定性好，可用于聚酯纤维和塑料的增白。萘酰亚胺类荧光增白剂引入杂环如嗯唑环、三唑环等，得到含有多个发色团的新型荧光增白剂，应用于一些高科技领域的工业材料。

制取萘酰亚胺类荧光增白剂的原料主要有两种，一是1,8-萘二甲酸酐的卤代化合物，如4-氯-1,8-萘二甲酸酐、4-溴-1,8萘二甲酸酐、4,5-二氯-1,8 萘二甲酸酐；二是1,8-萘二甲酸酐的硝基化合物，如4-硝基-1,8-萘二甲酸酐。原料不同其合成荧光增白剂的工艺路线也不同，下面以张彤等采用硝化合成法为例说明合成反应过程。该反应过程包括硝化、氧化脱水、酰胺化、还原、乙酰化，然后再经分离、提纯、干燥制得产品。

11.7.1 硝化

硝化反应生成4-硝基苊，反应如下：

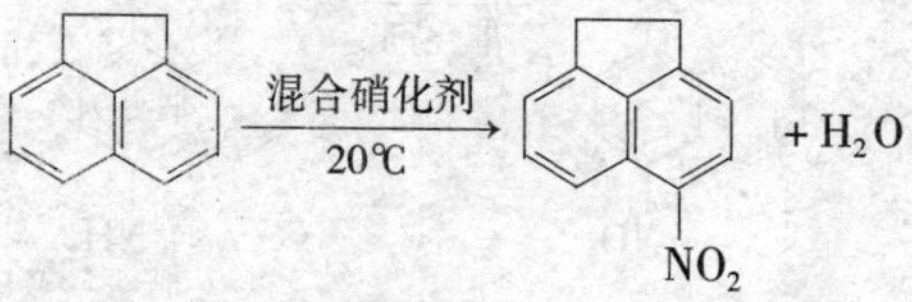

11.7.2 氧化脱水

采用重铬酸盐为氧化剂，该氧化剂在浓硫酸中使用具有较强的氧化能力：

$$2Na_2Cr_2O_7 + 8H_2SO_4 \longrightarrow 2Cr_2(SO_4)_3 + 2Na_2SO_4 + 8H_2O + 3O_2\uparrow$$

采用此氧化剂将硝基苊氧化成羧酸，然后加热脱水生成硝基萘酐，其反应如下：

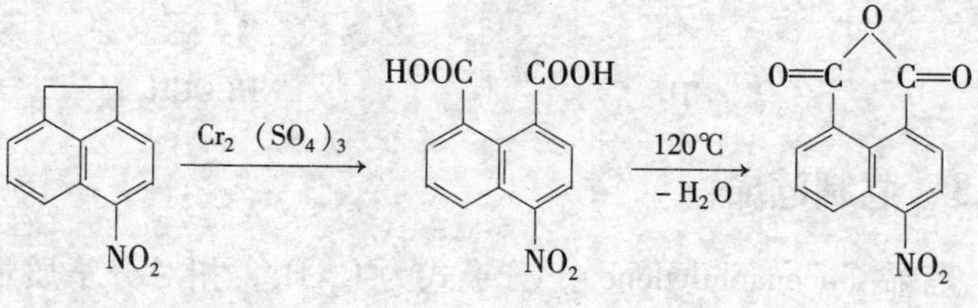

11.7.3 酰胺化

酰胺化反应生成N-丁基-4-硝基-1，8-萘酰亚胺，反应如下：

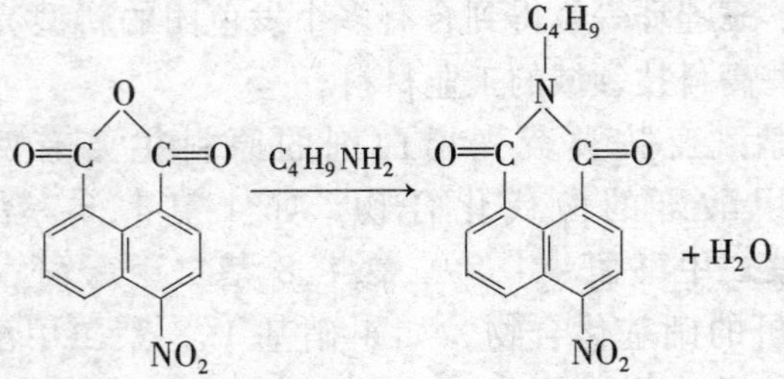

11.7.4　还原

还原剂有采用氢、水合肼或氯化亚锡的，使硝基转化为胺基，生成 N-丁基-4 氨基-1,8-萘酰亚胺，反应如下：

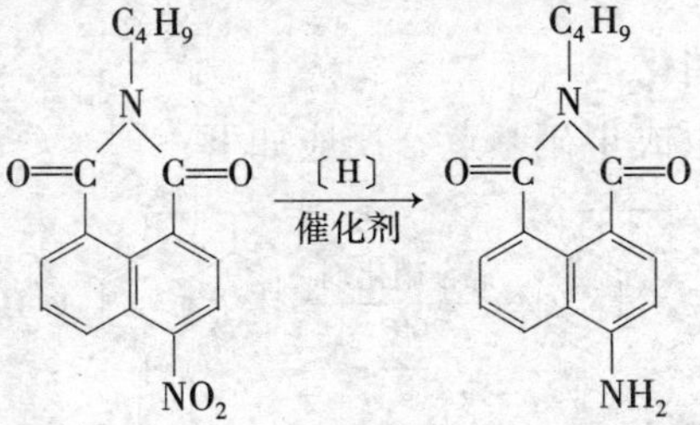

11.7.5　乙酰化

采用乙酰酐酰化，生成 N-丁基-4-乙酰氨基-1,8-萘酰亚胺，即荧光增白剂，反应如下：

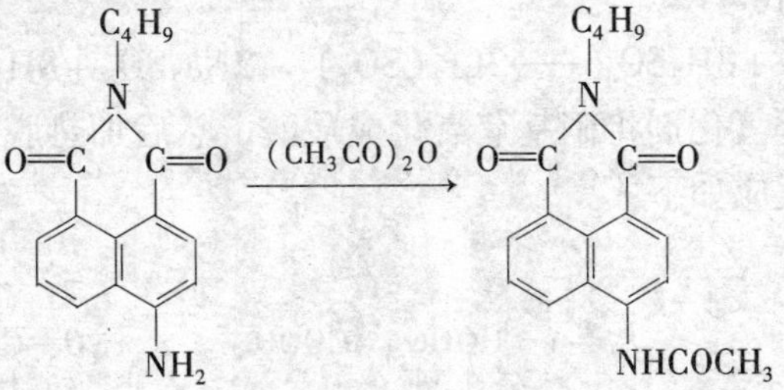

11.8　苊制苊烯

苊烯（acenaphthylene），分子式为 $C_{12}H_8$，相对分子质量为 152.2。纯品为金黄色至黄色结晶体，熔点 92 ~ 93℃，沸点 265 ~275℃（部分分解），156 ~ 160℃（3.73kPa），密度 0.8988

g/cm³（熔点下）。易溶于乙醇、甲醇、丙醇、乙醚、石油醚、苯，不溶于水。

苊烯易于进行聚合反应和共聚反应而生成具有耐酸、碱性，热稳定性和耐火性好的合成材料，如电绝缘材料、离子交换树脂和染料等。

制取苊烯的主要方法是在催化剂存在下苊脱氢成苊烯：

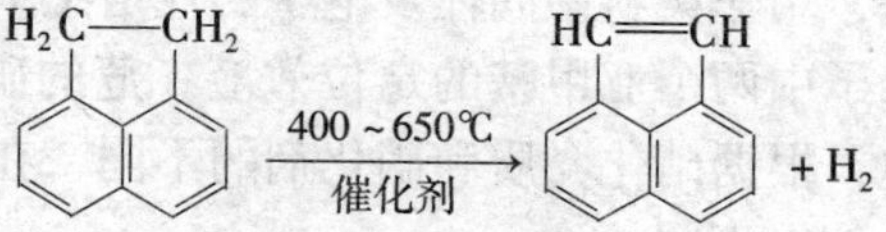

通常是将工业苊投入熔融釜，用蒸汽间接加热使之熔化。用压缩空气将液苊压入螺旋气化混合器，用蒸汽加热气化，蒸汽与苊蒸气混合进入过热炉，过热至450±20℃，进入脱氢反应器，进行催化脱氢反应。然后冷凝、干燥而得粗苊烯。粗苊烯用乙醇溶解，除去碳化物和机械杂质，冷却、结晶、干燥而得成品。所用催化剂为氧化锌（85%）、氧化钙（5%）、硫酸钾（5%）、铬酸钾（3%）、氢氧化钾（2%）。

乌克兰煤化学研究所的Л·П·Столярснко等发现在真空下脱氢效果较好，试验结果见表11-1。

表11-1　真空度对脱氢的影响

压力/Pa	苊烯质量分数/%	产率/%
10666	70.0	55.6
9332	83.8	60.2
1333	98.1	81.6
1067	99.3	83.6

注：使用K-5催化剂，粒度3～7mm。

可见，剩余压力在1067～1333Pa时，反应进行得较完全。随着真空度的降低，苊烯的质量及其产率也降低。产品苊烯质量分数为97.5%～98.5%，用乙醇或甲醇（质量比1∶1）重结晶一次；可得到纯度为 99.5% 以上的苊烯。

11.9 苊制 5-硝基苊

5-硝基苊（5-nitroacenaphthene），分子式为 $C_{12}H_9NO_2$，相对分子质量为 199.22。纯品为黄色针状结晶，熔点 101.5 ~ 102.5℃，溶于醇、醚、油类及热水。遇浓硫酸呈蓝紫色。主要用于有机合成，用作染料中间体及电子工业增感剂。

由于苊分子中两个亚甲基的定位效应，苊的硝化是以进入 5 位和 3 位为主，根据硝化介质和硝化剂的不同，在产物中这两个组分的相对比例也不同。

以硝酸作硝化剂制取 5-硝基苊的小试例如下：将 40g 苊溶于 200mL 1,2-二氯乙烷中，在 25℃ 下于 1.5h 内滴加 16mL 质量分数为 70% 的硝酸，搅拌 1h 后，升温至 70℃ 反应 1h，冷却至室温，过滤，先甲醇洗再水洗至中性，干燥得黄色固体即 5-硝基苊，熔点 96 ~98℃，产率约 70%。

以硝酸铈铵作硝化剂制取 5-硝基苊的小试例如下：将 0.1542g 苊，2mL 质量分数为 90% 的醋酸，1mL 聚乙二醇放入反应瓶内。将 0.8809g 硝酸铈铵溶解在 1.5mL 质量分数为 60% 的醋酸中，在磁力搅拌下，将此液滴加入反应瓶内，在 40 ~50℃ 反应 2h，然后放置 14h 后，将其倒入 10mL 水中，则析出黄棕色固体，经过滤，水洗，即得 5-硝基苊粗品，再用乙醇重结晶，干燥，得 5-硝基苊精品，熔点 101.5 ~ 102.4℃，产率 83%。该法由于加入了聚乙二醇，提高了反应的选择性。

苊的硝化反应如下：

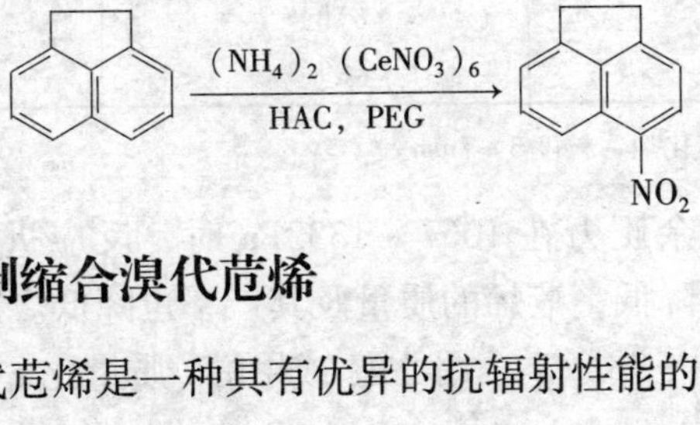

11.10 苊制缩合溴代苊烯

缩合溴代苊烯是一种具有优异的抗辐射性能的阻燃剂，可应用于核及热能辐射条件下的设施，如反应器、增殖器、离子辐射发生器等所使用的电线、电缆的阻燃和抗辐射。

缩合溴代苊烯的结构式为：

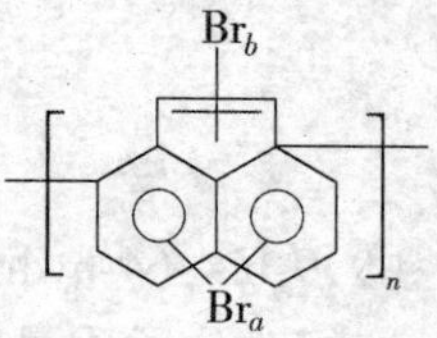

$a=0\sim2\quad b=1\sim6\quad n=1\sim10$

其基本结构单元是：

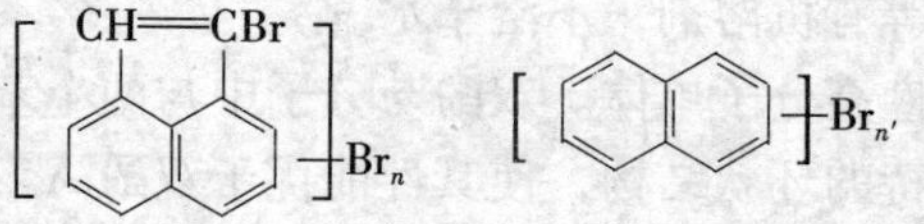

$n,\ n'\geqslant1$

缩合溴代苊烯质量分数约为63%，熔点130～160℃，可以和高聚物熔融共混；环外具有双键，在与高聚物混炼过程可以接枝到聚合物链上，因而特别稳定，燃烧中也不升华，阻燃效果好。缩合溴代苊烯的稠环体系具有较好的共振稳定性能，可以作为能量转换剂，使辐射能不被聚合物吸收，从而减少或抑制聚合物降解。

李松岳等提出的合成缩合溴代苊烯的方法是以氯化溴为溴化剂，在温度小于25℃常压条件下将 Cl_2 通入 Br_2 中即可，溶于原料苊的溶剂为卤代链烃或卤代芳烃，如 CCl_4、C_6H_5Cl 等。将苊溶于溶剂中，向体系中加入溴化剂，在引发剂或紫外光作用下进行苊侧链溴化反应。引发剂可以是过氧化物或偶氮化合物，如过氧化苯甲酰胺或偶氮二异丁腈等。紫外光可以采用紫外灯作光源。侧链反应温度为60～100℃，搅拌反应约1h。然后冷却至室温，向体系中加入Lewis酸催化剂进行侧链溴化后的缩合反应。Lewis酸常选用金属卤化物，如 $AlCl_3$、$TiCl_4$、$FeCl_3$ 等。反应2h后缩合反应基本结束。然后进行芳环溴化，向体系中加入溴化剂，升温至60～80℃，反应5～6h。最后在强碱溶液条件下，采用相转移催化剂如三辛基甲氯化铵、四丁基铵等脱HBr成双键，反应温度70～80℃，反应时间约3h，则得到产品溶液。将得到的产品溶液逐滴加入含有表面活性剂的热水中，水温约90℃，蒸出溶剂，产品以棕红色粉末状沉淀下来，过滤，烘干，则为最终产品，产率90%以上。

11.11 芴制双酚芴

双酚芴学名9,9-双（4-羟苯基）芴［9,9-bis（4-hydroxyphenyl）fluorene，BHPF］，分子式$C_{25}H_{18}O_2$，相对分子质量350.4，白色粉末状物质，熔点223.7～224.1℃，可溶于乙腈、甲苯、二甲苯、二氯甲烷等有机溶剂，不溶于水。

双酚芴是功能性高分子单体。双酚芴分子中与两个苯酚相连的是芴环，这种独特的环状结构，使其性能优于双酚A。双酚芴可应用于耐热性材料、分离膜材料和光学材料中，或以其为原料制取聚合物，其特点是具有优良的透明性、坚韧性、耐热性、绝缘性、溶解性和成型性。目前双酚芴在环氧树脂、聚碳酸酯、聚醚和聚酯等方面的应用令人关注。

双酚芴是以芴酮（芴制芴酮见10章）和苯酚为原料，在酸性催化剂存在下经缩合反应而制得：

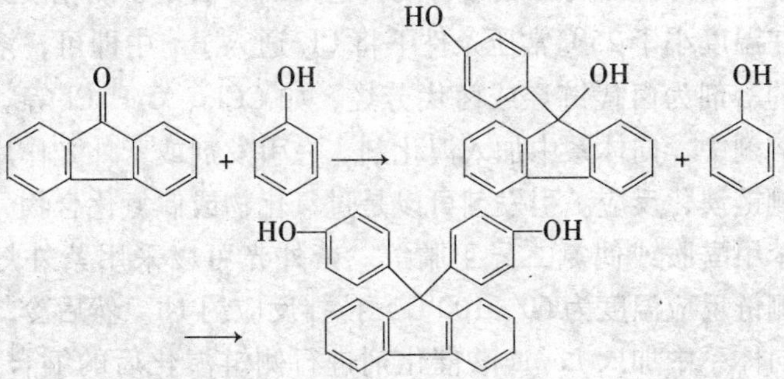

双酚芴的制取方法主要有氯化氢法、巯基磺酸法、杂多酸催化合成法等。

11.11.1 氯化氢法

该法是20世纪90年代，美国Orth winfried及日本寺本武郎等开发。

Orth winfried 以气体氯化氢为催化剂，巯基羧酸为助催化剂，n_1(苯酚)：n_2(芴酮)：n_3(氯化氢) = (6 ~ 10)：1：0.38，反应温度55℃，反应时间8h，收率80%，重结晶后纯度达到99.9%。由上述物料配比可见苯酚用量很大，这样苯酚起到溶剂的作用，在温度较低的情况下，使反应仍在液态下进行，避免了因温度过高加剧副产物的生成，同时也保证获得较好的产品收率。

寺本武郎等的小试过程是在4口烧瓶中放入100g芴，400g酚及3g β-乙基酮酸，边搅拌边加热到50℃，使芴完全溶解。然后导入盐酸气体0.1L/min，反应约5h，中止通气，再通入氮气10L/min，以赶出反应器内残留的盐酸气。接着在9.33kPa，130~140℃条件下蒸出酚，再返回到常压冷却至50℃后加入100g甲醇，搅拌1h，然后缓慢加入400g水使结晶析出，过滤后滤饼用水洗涤，再重结晶，减压干燥得156g双酚芴，收率80.2%。产物中双酚芴生成率达96%，2,4-双酚芴生成率达4%。

也有采用金属氯化物作助催化剂的，即在通入氯化氢气体的同时加入二价、三价或四价金属氯化物，n_1(苯酚)：n_2(芴酮)：n_3(氯化氢)：n_4(氯化锌) = 20：10：5：1，反应温度70℃，反应时间4h，产品收率97%。

氯化氢法的技术较为成熟，原料消耗低，产品质量好，但设备多，并且需要贵重的耐腐蚀性材料。

11.11.2 巯基磺酸法

该法是1995年美国道化学公司针对无机酸作催化剂存在严重腐蚀问题而提出的改进方法。

巯基磺酸类催化剂可由下式表示：

$$(HS)_a—\theta(SO_3H)_b$$

式中，θ可为亚烷基或环烷基；a、b可从1~20中选择。

巯基磺酸类催化剂具有较高活性，在低于苯酚熔点的温度下也能以较高的反应速率和选择性进行反应，但为使反应在液相条件下进行，温度过低需添加溶剂。一般反应温度控制在15~

60℃，以防温度过高导致副反应发生。

以巯基丙磺酸为催化剂，n_1（苯酚）∶n_2（芴酮）∶n_3（巯基丙磺酸）= 15∶1∶0.05，反应温度55℃，反应时间3～6h，转化率96%～99%。该法不用加助催化剂，产品质量好，收率较高。

11.11.3 杂多酸催化合成法

王军等人提出以磷钼、磷钨、硅钼杂多酸中的一种作催化剂，杂多酸的分子式为 $H_3PW_{12}O_{40}$、$H_4SiW_{12}O_{40}$、$H_3PMo_{12}O_{40}$、$H_4SiMo_{12}O_{40}$、$H_8PMo_{11}O_{39}$、$H_8SiW_{11}O_{39}$、$H_6P_2Mo_{18}O_{62}$，以巯基乙酸或巯基丙酸作助催化剂，使苯酚与芴酮进行缩合反应。重结晶用溶剂为甲苯、乙醇等。

小试实施例是将4g芴酮、16.7g苯酚、0.15mL β-巯基丙酸、1.65g磷钨杂多酸依次加入带回流冷凝器的烧瓶中，在搅拌下进行反应。反应温度120℃，反应时间10h。反应结束，趁热过滤，回收催化剂，滤液用甲醇水溶液洗涤，析出结晶，抽滤、干燥，并用甲苯重结晶，过滤、真空干燥，得白色双酚芴晶体，纯度达99.8%，收率70%。

11.12 芴酮制2,4,7-三硝基芴酮

2,4,7-三硝基芴酮（2,4,7-trinitro-9-flurenone）是以芴酮为原料经硝化反应得到的产物，分子式为 $C_{13}H_5N_3O_7$，相对分子质量为315.21，其结构式为

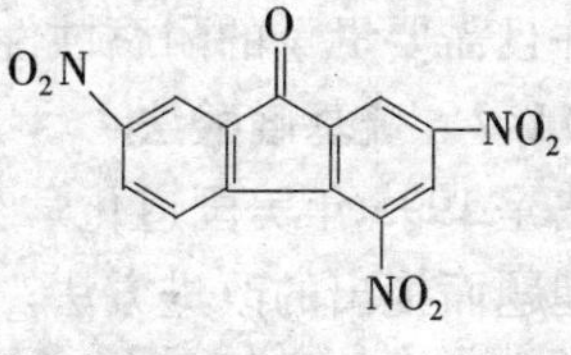

，熔点175～176℃，溶于水、乙醇、乙醚。

2,4,7-三硝基芴酮是一种电子亲和势较高的电子受体，可形成电荷转移配合物，在有机光电材料领域的应用研究较多。如聚乙烯咔唑三硝基芴酮电荷转移复合物有机光导材料可应用在激光印刷系统；将三硝基芴酮高浓度掺杂树脂做电荷传输层的正充电有机光导体，由于无臭氧产生和充电稳定性好，一直是电子照相

领域材料开发的热点；三硝基芴酮分子中有三个—NO_2 基团，在还原过程中—NO_2 能可逆地转化成基团阴离子，可与 Li^+ 结合成配合盐，因而三硝基芴酮可作为锂电池正极，1mol—NO_2 在完全还原时可转移 6mol 电子，因此 2,4,7-三硝基芴酮作锂电池正极将有较高的理论比容量。

芴酮的硝化反应不用纯硝酸，因为均相硝化反应容易发生爆炸，因此采用混酸。混酸由 45% HNO_3、45% H_2SO_4 和 10% 水组成。加入硫酸，芴酮首先被磺化，然后再以硝酸基置换磺酸基，这样容易生成多硝基化合物。加入少量的水可控制反应，以防由于高的反应热发生芴酮的分解或副产物生成，但加水量大于 20% 反应几乎不发生。

用混酸硝化，其平衡反应式为：

$$H_2SO_4 + HNO_3 \longrightarrow HSO_4^- + H_2NO_3^+$$

$$H_2NO_3^+ \longrightarrow H_2O + NO_2^+$$

$$H_2O + H_2SO_4 \longrightarrow H_3O^+ + HSO_4^-$$

总的反应式为：

$$2H_2SO_4 + HNO_3 \longrightarrow NO_2^+ + H_3O^+ + 2HSO_4^-$$

因此在硝酸中加入强质子酸硫酸可以生成更多的 NO_2^+，从而大大提高其硝化能力，使反应速率增大；硝酸被硫酸稀释后，氧化能力降低，不易产生氧化的副反应；混酸中的硝酸接近理论量，硝酸几乎全部被利用；硫酸比热容大（1.001J/(g·℃)），可吸收硝化反应中放出的热量，避免局部过热现象，使反应温度易于控制；浓硫酸能溶解芳香族化合物，增加了有机物与硝酸的混合程度，使硝化反应易于进行；混酸对铸铁的腐蚀性很小，因而可使用铸铁设备作反应釜。

下面以实例说明 2,4,7-三硝基芴酮的制备过程。在容器中装入 13.144g 混酸，再缓慢加入 562.5g 芴酮，同时冷却，以防温度上升到 55℃以上。反应结束后再冷却到 25℃，加 875g 水，则形成 2,4,7-三硝基芴酮选择性沉淀出来。再冷却到 10 ~ 15℃，搅拌过滤。滤饼用2000mL，温度15℃，质量分数为85%的硫酸洗涤，过滤可除去同分异构体、二硝基芴酮、四硝基芴酮等，洗液呈深黄色。滤饼放入90℃热水洗涤热过滤，滤饼再用65℃水洗涤，最终过滤洗水pH值为7，表明除去了自由酸，得到高纯度2,4,7-三硝基芴酮。

反应全过程要在回流温度以下进行，即低于55℃，反应时间为10～18h。

沉淀用水的添加量取决于混酸的组成和摩尔分率，并对2,4,7-三硝基芴酮纯度起决定作用。添加水的过程中，温度控制低于60℃，以保持温和的放热过程，同时也可防止硝酸挥发。反应物加水后进一步降温到10～15℃或更低，2,4,7-三硝基芴酮损失很少。

硫酸对2,4,7-三硝基芴酮溶解性很小，而对副产物异构物，特别是二硝基芴酮和四硝基芴酮具有很高的溶解性。硫酸质量分数为80%较好，低于70%，其他副产物便溶解，2,4,7-三硝基芴酮纯度低。在低于20℃下酸洗，2,4,7-三硝基芴酮溶解性很小，而副产物异构体溶解性增大。

11.13 芴制9-芴甲醇

9-芴甲醇（9-fluorenemathanol），分子式为 $C_{14}H_{12}O$，相对分子质量为196.24，白色针状晶体，熔点104～107℃。溶于苯。

9-芴甲醇是制备氨基保护剂的重要原料，同时本身也是重要的药物，对抗药性恶疟及鼠疟有较好的治疗作用。

以芴为原料制备9-芴甲醇，通常采用二步合成法。

第一步是在强碱催化剂的作用下，使芴9位上的一个氢以质子的形式脱去，生成的芴负离子再与甲酸乙酯反应，生成9-芴甲醛：

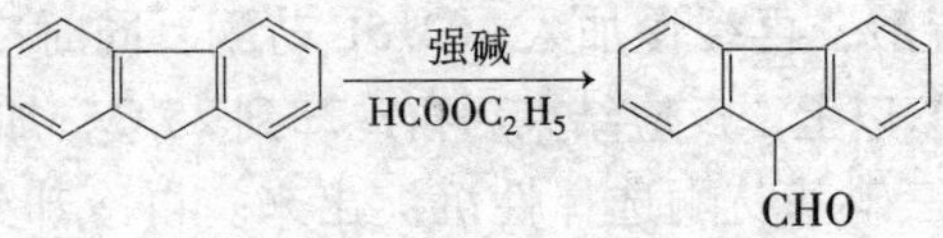

所用的强碱催化剂一般为氢化钠、乙醇钠、乙醇钾等。

第二步是使用还原剂将9-芴甲醛还原成9-芴甲醇：

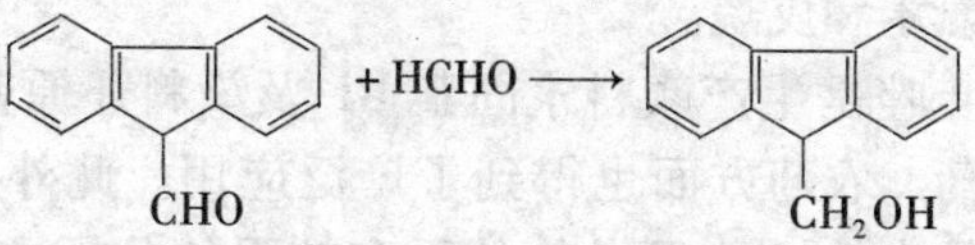

所使用的还原剂有硼氢化钠、硼氢化钾、甲醛等。

下面以张秀云等所进行的小试说明制备过程。

第一步将纯度为95% ~97%的芴4.2g、质量分数为16%的乙醇钠的乙醇溶液15 ~16mL、环己烷和二甲基亚砜的混合溶剂50mL和1g聚乙二醇PEG600加入装有回流冷凝管的三口瓶中，在搅拌下加热至回流温度后，反应4 ~4.5h，然后降温至53℃，加入3 ~3.5mL的甲酸乙酯，继续反应2.5 ~3h后，加入一定量的水终止反应。整个过程需通氮气保护，避免9-芴酮生成。将反应液静置分层，上层主要为环己烷，下层为9-芴甲醛的碱性水溶液。上层采用蒸馏法回收溶剂。

第二步将得到的9-芴甲醛的碱性水溶液，在室温搅拌的情况下，加入3 ~4mL质量分数为38%的甲醛水溶液反应，则有大量9-芴甲醇晶体析出，反应30 ~40min结束。将反应混合物用质量分数为10%的盐酸调至中性，经过滤后，将滤饼在60℃真空干燥1h，得到4.15g 9-芴甲醇的粗产物，其质量分数为87%，产率75%。

第三步采用溶剂重结晶法提纯。首先按粗产物：甲苯：石油醚 = 1∶4∶2的质量比溶解，然后进行热过滤，将滤液冷却至5℃，过滤、真空干燥，得到纯度约为98%的一次提纯产物，收率78%。将一次提纯产物按与乙醇的质量比为1∶6.5溶解、过滤，按乙醇∶水 = 1∶1.2的质量比往滤液中加析出剂水，并将其冷却至5℃，再过滤、真空干燥，则得到纯度大于99%的9-芴甲醇，收率85%。

11.14 咔唑制N-乙基咔唑

N-乙基咔唑（N-ethylcarbazole），分子式 $C_{14}H_{13}N$，相对分子

质量 195.24，白色针状结晶，熔点 68～71℃，沸点 190℃（1.333kPa），密度 1.059g/cm^3。不溶于水，易溶于热乙醇、乙醚、丙酮、氯苯和戊烷。

N-乙基咔唑是生产颜料永固紫 RL 及染料还原蓝 GNX 的中间体。在医药、农药方面也得到了广泛应用。此外，由于 N-乙基咔唑具有较大的 π 电子共轭体系和较强的分子内电子转移特征，所以被用作光电材料正在深入研究开发。

N-乙基咔唑合成方法，概括讲可以分为相转移催化合成法和非相转移催化合成法。前者反应温度低，反应时间短，产品质量较好，收率较高。在此仅介绍相转移催化（PTC）合成法。

11.14.1 N-乙基咔唑的 PTC 合成原理

咔唑与溴乙烷进行的 N-烷基化反应是亲核取代反应过程。而咔唑难溶对反应产生严重的障碍。所谓 PTC 过程，就是利用在非均相系统中，有一定分配系数和平衡萃取能力的相转移催化剂，将非均相系统介质产生的反应基质的活泼质点，由一相转移到另一相，从而促使反应顺利地进行。

对于咔唑的 N-烷基化过程可以用下式表示：

$$(1)\ HY_{有机相} + Na^{\oplus}OH^{\ominus} \rightleftharpoons Y^{\ominus}_{锚合在相界面} + \underset{(相界面)}{Na^{\oplus}} + H_2O$$

$$(2)\ [Q^{\oplus}X^{\ominus}]_{有机相} + Y^{\ominus}_{锚合在相界面} \rightleftharpoons [Q^{\oplus}Y^{\ominus}]_{\substack{有机相\\(两相)}} + X^{\ominus}_{水相}$$

$$(3)\ [Q^{\oplus}Y^{\ominus}]_{有机相} + RX \longrightarrow RY + \underset{(有机相)}{[Q^{\oplus}X^{\ominus}]}_{有机相}$$

上述反应过程是在强碱介质中进行的 PTC N-烷基化过程。这里的亲核试剂 HY（咔唑）是在溶于有机相后，在水相强 NaOH 的作用下，被脱去质子形成 Y^- 离子，并被“锚合在相界面”，进而又与有机相中的相转移催化剂 $Q^{\oplus}X^{\ominus}$形成离子对 $Q^{\oplus}Y^{\ominus}$，最后与另一亲电反应试剂 RX（溴乙烷）在有机相内完成反应。显然上述的解释不能用经典的 starks PTC 循环表达，目前只有按现有的观点，将它归于强碱中弱酸的 PTC N-烷基化过程。

11.14.2 主要影响因素

11.14.2.1 烷基化试剂

选择卤代烷烃作为烷基化试剂是比较合适的，其中溴代烷烃活性高，价格低；碘代烷烃活性最高，但价格高。在相同条件下，引入正卤代烷烃时，反应速率会有如下顺序：$CH_3Br > C_2H_5Br > C_3H_7Br > C_4H_9Br$。

11.14.2.2 PTC 两相体系

浓的强碱性水溶液是非常需要的，质量分数为50%的NaOH水溶液很适宜，它起去质子剂的作用，也有利于相转移催化剂在有机相中的分配。体系中的有机相所选用的溶剂应该不溶于水，以免产生活性很低的高度水合的离子对，而且必须是非质子的，以防与离子对的阴离子形成氢键。同时应该有一定的溶解某些反应底物和萃取离子对的能力。苯是N-烷基化常用的效果较好的溶剂。由质量分数为50%的NaOH水溶液和苯组成的相转移两相体系能成功地负载咔唑的N-烷基化反应。

11.14.2.3 相转移催化剂

N-烷基化常用三乙基苄基氯化铵（TEBA）等烷基季铵盐作相转移催化剂。选择季铵盐相转移催化剂应该考虑其季铵盐阳离子萃取反应底物阴离子形成离子对进入有机相的能力。这与季铵盐阳离子上携带的不同取代的烷基，以及由此引起的亲脂性有关。此外，相转移催化剂的对称性、负离子种类、离子对进入有机相后的水合程度等，也会影响反应速率。

11.14.2.4 反应温度

PTC N-烷基化是放热过程。除了反应热外，反应生成的水还会产生浓碱的稀释热。但这对咔唑的N-乙基化，在一定范围内，温度的变化不会对反应产生严重影响。对常压快速进行的PTC过程，温度的选择一般主要考虑反应物和体系的沸点，反应装置均设有回流冷凝部件。常压下宜控制在90℃以下。

11.14.2.5 物料配比

使用卤代烷烃作烷基化剂，其用量基本上是等分子比的。考虑反应后生成的N-乙基咔唑在有机相中易于溶解分离，一般卤代烷烃与咔唑的摩尔比在1∶1.1左右。TEBA与反应物的摩尔比在1∶0.1～1。NaOH与咔唑的摩尔比在1∶5～10。

11.14.2.6 搅拌与反应时间

在碱性非均相体系中烷基化必须有一定的搅拌强度，以增加相界面，提高传质速率。

反应时间要根据投料量、设备以及搅拌效果而定。工业生产中为达到大于99%的转化率及大于90%的收率，3～10h的反应时间均有。

11.14.3 PTC法合成工艺

PTC法合成N-乙基咔唑采用的烷基化剂主要有溴乙烷和硫酸二乙酯，采用的碱液有NaOH和KOH。反应如下：

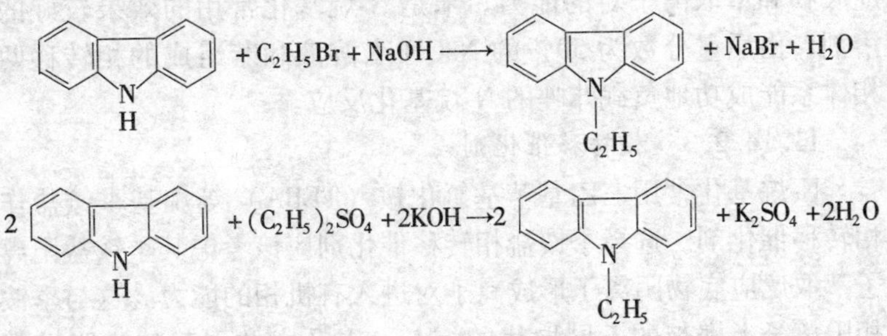

下面以小试为例说明合成工艺。在装有搅拌器、回流冷凝管、温度计及滴液漏斗的四口烧瓶中，加入纯度为96.68%的咔唑69g，苯200mL，TEBA 3.4g，质量分数为50%的NaOH碱液191.6g，控制温度在30～38℃之间，在约20min内逐渐加入48g溴乙烷。加料速度以反应温度不超过40℃为宜。搅拌速度控制在700～800r/min。反应终止时间以反应液静置分层后下层水相变清透明，两相交界带仅含极少量固体颗粒为止，大约需1.5h。分出上部褐色油层，以少量苯萃取出残留于碱水层中的产物后并入上部油层。然后以质量分数小于10%的盐酸中和并水洗油层至中性，再用少量苯萃取洗涤水中产物后合入油层。将油层用滤纸过滤，然后蒸馏回收苯。将咖啡色稠油状物用质量分数为95%的乙醇重结晶，过滤，水洗，在55℃以下热风干燥，便得到N-乙基咔唑针状晶体76.7g，收率约98%。

蒸馏回收的苯、乙醇以及经适当补充了NaOH、TEBA的下层碱水溶液可再次循环使用数次。

孙剑采用聚乙二醇-400作相转移催化剂，以溴乙烷为乙基化剂，KOH作浓碱液，以工业咔唑为原料合成N-乙基咔唑的中试结果为产品纯度达98%以上，收率为88%左右。

罗学才、黄永明等对相转移催化合成N-乙基咔唑过程碱浓度的影响研究表明，液体氢氧化钠具有双重作用：一是氢氧根离子在界面与咔唑形成咔唑负离子，该负离子立即与季铵正离子形成离子对进入有机相，或氢氧根与季铵离子形成离子对进入有机相再与咔唑形成离子对。在离子对中的咔唑负离子很裸露，立即与溴乙烷作用形成目标产物；二是高浓度的碱溶液本身可作为吸水剂，减少有机相中的含水量，使咔唑负离子溶剂化的程度很小，提高裸露程度，增加反应活性。采用反应物的摩尔比为咔唑：氢氧化钠：溴乙烷：季铵盐A＝1：3：1.15：0.03，反应温度约72℃，反应时间4h的条件下，考察碱的浓度对收率的影响结果见表11-2。从表中数据可见，适当提高碱的浓度，碱液的吸水性增强，所以收率提高，而浓度过高，在反应温度下可能会使季铵盐受到破坏，影响收率。

表11-2　碱的浓度对收率的影响

NaOH的质量分数/%	收率/%	NaOH的质量分数/%	收率/%
40	82	60	94
50	86	70	88

11.15　咔唑制永固紫

永固紫（pigment permanent violet）是一种具有二噁嗪结构的高级紫色有机颜料，其色彩鲜艳，着色力强，分散性佳，耐光耐热耐候性好，对酸碱及溶剂抗耐性好。因此，被广泛应用于涂料、油墨、橡胶、塑料和合成纤维的着色。

由咔唑制取永固紫的工艺由乙基化、硝化、还原、缩合、闭环步骤组成。

11.15.1　乙基化

咔唑乙基化制备 N-乙基咔唑，主要采用两种乙基化剂，即硫酸二乙酯和溴乙烷。

11.15.1.1　硫酸二乙酯乙基化

此法是将咔唑溶于甲苯中，在氢氧化钾和聚乙二醇存在下，与硫酸二乙酯反应，则得乙基咔唑，反应如下：

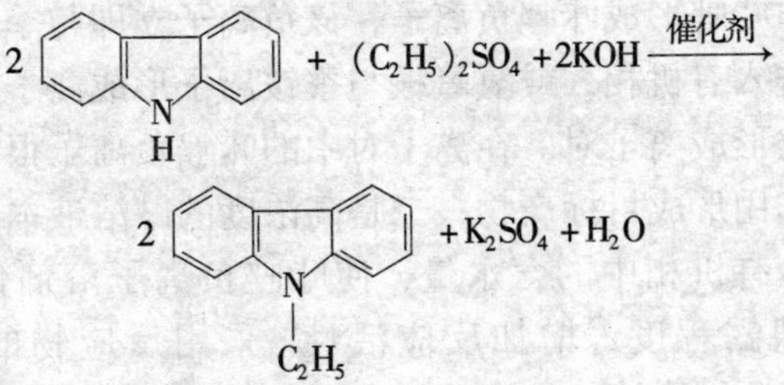

反应温度约 107℃。反应时间约 4h。反应后冷却至 50℃ 加水水解以除去多余的硫酸二乙酯，然后过滤，滤渣弃之。油相蒸馏回收甲苯，蒸馏残余物冷却即得 N-乙基咔唑。

11.15.1.2　溴乙烷乙基化

在反应釜中投入咔唑和苯，在碱、苄基氯化胺存在下与溴乙烷反应，生成乙基咔唑，反应如下：

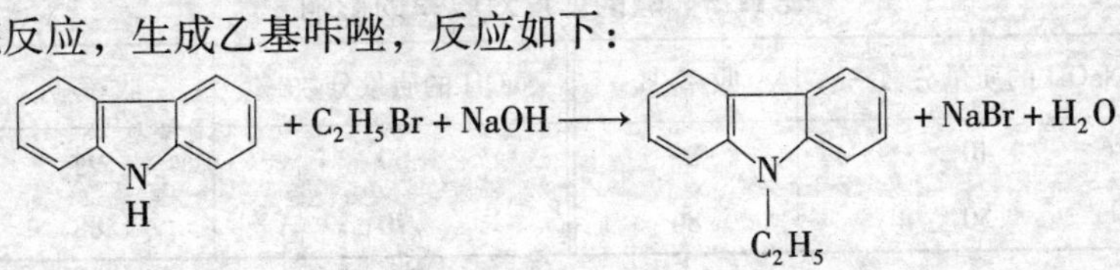

反应在搅拌下进行，有回流的情况下停止加热，维持温度 40 ~ 45℃。反应结束，升温至 100 ~ 120℃ 回收纯苯，回收完毕静置分层，放掉下层浓碱去套用，然后加水洗涤，温度控制在 70 ~ 100℃，静置分去水层，再用酸中和至 pH 值为 7 ~ 8，再冷却到

40℃以下，放料吸滤，用清水冲洗吸干，得中间产品 N-乙基咔唑。

物料质量配比为液碱：咔唑：催化剂：纯苯：溴乙烷 = 8 ~ 10：4：0.08：2：2.8。

11.15.2 硝化

硝化是指由 N-乙基咔唑制备 3-硝基-9-乙基咔唑的过程。硝化剂有采用混酸和硝酸的。

采用混酸作硝化剂，首先将 N-乙基咔唑和三氯乙烷加入反应釜，搅拌溶解并冷却至 5℃，然后加入混酸（浓硫酸与浓硝酸的摩尔比为 0.31：1.24）进行反应。滴加混酸温度保持在 0 ~ 5℃。滴加完毕后继续搅拌反应 0.5h，再用质量分数为 5% 的 NaOH 中和至 pH 值为 7。然后过滤，滤饼用三氯乙烷洗涤，再用质量分数为 2% 的拉开粉溶液及温水洗涤，干燥后即为 3-硝基-9-乙基咔唑。硝化反应如下：

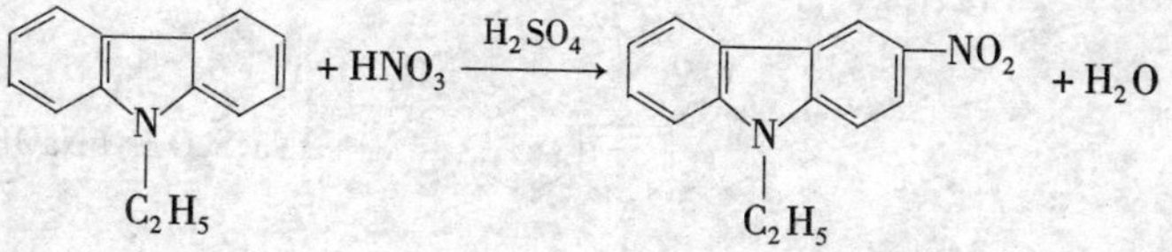

采用硝酸作硝化剂，首先将氯苯和 N-乙基咔唑加入反应釜，然后滴加质量分数为 37% ~38% 的硝酸，滴加完毕后控制反应温度 28 ~30℃，反应 6 ~8h。反应结束后，用浓碱中和至 pH 值为 7 ~8，中和速度确保温度不超过 35℃。中和结束，冷却至 15℃以下，放料吸滤，滤饼用 2% 拉开粉液洗涤，再水洗至滤液无色，甩干，即得 3-硝基-9-乙基咔唑。

滴加硝酸时，如出现温度突跃，应停加，并开冷盐水冷却至 28℃后恢复滴加。物料质量配比为氯苯：N- 乙基咔唑：硝酸 = 5：4.6：6.7。此法与上述方法相比，由于提高了滴加酸的温度，所以缩短了加酸和反应时间。

也有采用质量分数为 65% ~68% 的硝酸，反应温度控制在 10 ~15℃。

11.15.3 还原

还原是指由 3-硝基-9-乙基咔唑制备 3-氨基-9-乙基咔唑的过程。还原剂为硫化钠。首先将 3-硝基-9-乙基咔唑、乙醇、硫化钠和聚乙二醇加入反应釜中，然后升温至 77 ~ 83℃，至回流状态，使其回流 4 ~ 5h，完毕后静置，将上层母液吸入结晶锅中，下层滤渣弃之。然后升温蒸馏回收乙醇。乙醇回收完毕，加水，在搅拌下冷却至 30℃ 以下，放料甩滤，水洗滤饼至滤液清，则得还原物 3-氨基-9-乙基咔唑。

物料质量配比为 乙醇(95%)：硫化钠(52%)：硝基物 = 2：5.6：4.3。还原反应如下：

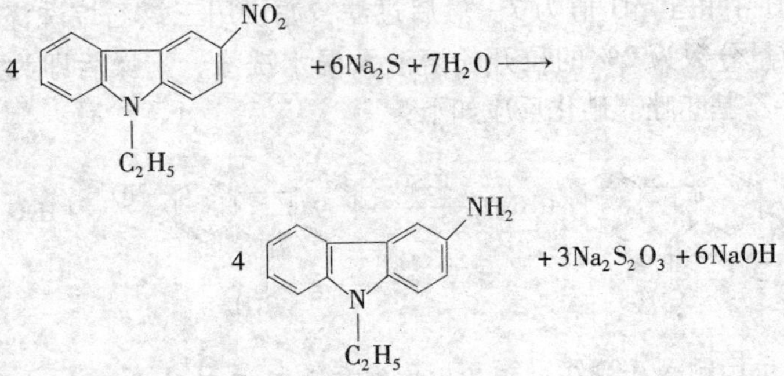

11.15.4 缩合

缩合是指由 3-氨基-N-乙基咔唑制备永固紫缩合物。首先将邻二氯苯和 3-氨基-9-乙基咔唑加入反应锅，升温脱水，温度升至 130℃视脱水完毕。然后冷却至 35℃，投加四氯苯醌。温度控制在 35 ~ 40℃，滴加三乙胺，滴加完毕，维持 3 ~ 4h 得永固紫缩合物。缩合反应如下：

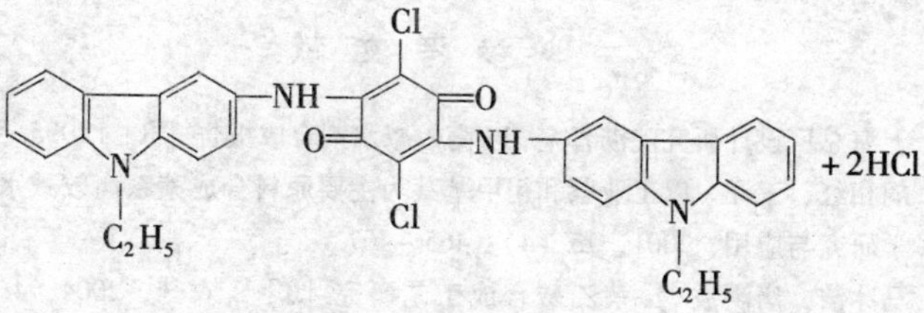

11.15.5　闭环

闭环是指由永固紫缩合物制备永固紫粗品的过程。首先将缩合物压入闭环锅中，升温至 135 ~ 150℃时加入苯磺酰氯，放低沸物氯化氢再升温至 175℃停止加热，在 175 ~ 185℃之间维持温度 5 ~ 6h。然后自然冷却至 135 ~ 150℃，放入 0.3 ~ 0.6MPa 的压滤槽中，滤饼在压力下用少量 N，-N-二甲基甲酰胺清洗和质量分数为 2% 拉开粉液洗涤，压干后再用水洗至洗涤水无色。然后将滤饼送去干燥，温度控制在 45 ~ 60℃，含水不大于 0.5%，干燥结束，即得永固紫粗品。闭环反应如下：

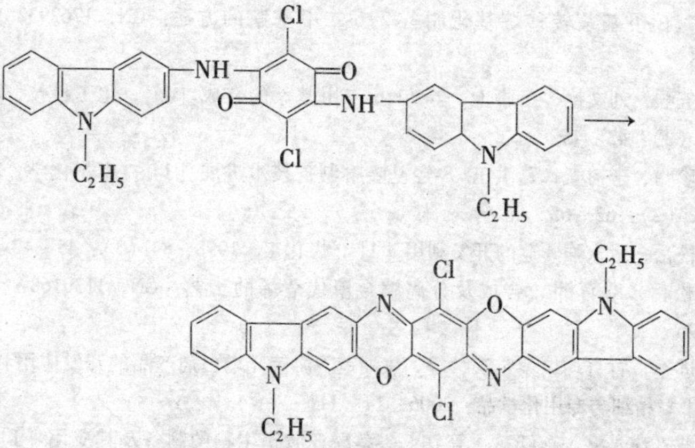

缩合和闭环的物料质量配比为邻二氯苯：3-氨基-N-乙基咔唑：四氯苯醌：三乙胺：苯磺酰氯 = 70：6：4：3：3.3。

永固紫粗品经球磨、水洗、压滤、干燥、粉碎等工序得永固紫精品。

参考文献

[1] 上海总厂设计研究院沥青室. PJ高效减水剂合成报告［R］. 1995.

[2] 胡相红，王洋. 以工业萘和粗甲基萘为主要原料合成萘系高效减水剂［J］. 化学研究与应用，2001，13（4）：465～467.

[3] 马冰洁，唐洪波. α-萘乙酸合成工艺研究［J］. 农药，2004，4（9）：412～416.

[4] 丁益，王百年，韩效钊，等. α-萘乙酸合成方法及应用前景［J］. 安徽化工，2004，129（3）：17～18.

[5] 张袖丽，韩效钊，丁益，等. 用萘和氯乙酸合成萘乙酸的研究［J］. 安徽农业大学学报，2007，34（1）：134～137.

[6] 吴伟，白雪峰. 超临界条件下β-甲基萘的歧化反应［J］. 石油学报，2006，22（4）.

[7] 白雪峰，李艳伟，刘宁生. 离子液化催化β-甲基萘歧化制备2,6-二甲基萘的方法：CN，1660726［P］. 2005.

[8] 白雪峰，吴伟. 以萘和甲基萘为原料制备2,6-二甲基萘［J］. 煤化工，2006（6）：18～20.

[9] 吴伟. β-甲基萘转移烷基化制备2,6-二甲基萘的方法：CN，1762932［P］. 2006.

[10] 金玉顺，刘文艳，王康士，等. 2,6-二甲基萘的合成［J］. 化工科技，2006，14（2）：43～45.

[11] 张珍明，李树安，葛洪玉. 8-羟基喹啉制备技术进展［J］. 广州化学，2007，132（2）：62～65.

[12] 李松岳，张永强. 芘的开发利用［J］. 煤化工，1998，84（3）：45～47.

[13] 李松岳，欧育湘. 合成及分离缩合溴代芘烯的工艺：CN，1130168A［P］. 1996.

[14] 黄进军，竹百均，蔡定汉，等. 焦油芘下游荧光增白剂产品的开发应用和发展［J］. 精细与专用化学品，2006，14（11）：1～4.

[15] 柳波，沈永嘉，李红斌，等. 1，8-萘酰亚胺衍生物的制备及其应用［J］. 染料工业，1995，32（2）：26～27.

[16] 张彤，章祥麟，李斌. 焦油芘系荧光增白剂的合成研究［J］. 煤化工，1996，76（3）：48～50.

[17] 陈明强，胡莹玉，沈永嘉. 芘的硝化反应［J］. 染料工业，2001，38（1）：21～23

[18] 朱惠琴. 合成5-硝基芘的一种新方法［J］. 化学试剂，2002，24（1）：45～46.

[19] 王国良，张穗忠. 用萘酐合成染料中间体苝二酐的研究 [J]. 燃料与化工，1997，28 (5)：269~271.
[20] 唐培堃. 1，4，5，8-萘四甲酸的合成路线 [R].
[21] 寺本武郎，大西清高，高山毅. ビスフ|ノールフルオレンの製造 [J]. アロマライックス，1992，44 (11、12).
[22] 刘传玉，梁泰硕，苏东姝，等. 芴酮在合成功能高分子方面的应用 [J]. 化学与粘合，2003 (3)：134~136.
[23] 张秀云，陈叶飞. 芴的深加工产品及应用 [J]. 煤炭科学技术，2006，34 (10)：88~90.
[24] 高庆平，王军，李占双，等. 双酚芴的合成及应用进展研究 [J]. 化工科技，2005，14 (1)：58~61.
[25] 王军，刘文彬，李占双，等. 用杂多酸催化合成双酚芴的方法：CN，1775720A [P]. 2006.
[26] 崔月艺，华寿南. 2，4，7-三硝基-9-芴酮阴极特性研究 [J]. 山东师大学报，2000，15 (2)：157~161.
[27] 蒲嘉陵，焦文化. 用三硝基芴酮高浓度掺杂树脂做电荷传输层的正充电有机光导体 [J]. 感光科学与光化学，1997，15 (4)：303~307.
[28] Albert Bloom，Boston Mass. 制取2,4,7-三硝基芴酮的方法：USP，3，721，713 [P]. 1973.
[29] 张秀云，陈叶飞，李乃民. 一种制取9-芴甲醇的方法：CN，1884242A [P]. 2006.
[30] 陈叶飞，张秀云. 9-芴甲醛还原成9-芴甲醇方法的探讨 [J]. 精细化工原料及中间体，2006 (9)：31~33.
[31] 龙康侯，蹇敦龙，简志刚. Fmoc-Cl 的制备 [J]. 化学试剂，1988，10 (6)：376.
[32] 周祖新，顾建生. 氢化钠催化法合成芴甲醇 [J]. 化学试剂，2003，25 (6)：373~374.
[33] 姜业朝. 芴甲醇合成方法的改进 [J]. 宝鸡文理学院学报（自然科学版），2002，22 (3).
[34] 罗海航，杨锦宗，左新举，陈玉中. 相转移催化合成 N-烷基咔唑以及 N-乙基咔唑的工业化生产 [J]. 染料工业，1994，31 (5)：21~27.
[35] 罗学才，黄永明，高士详，等. 相转移催化合成 N-乙基咔唑 [J]. 上海染料，1996，(3)：38~39.
[36] 吴建中，张为民. N-乙基咔唑的合成 [J]. 江苏化工，1991 (3)：28~29.
[37] 孙剑. N-乙基咔唑的中试研究 [J]. 宝钢技术，2004 (4)：37~38.
[38] 王洪钟，刘亚华，周心如. 永固紫 RL 的合成工艺研究 [J]. 化学世界，1997

(8)：412～414.
[39] 杨连飞，茅志宏，王思源．永固紫 RL 的生产工艺：CN，1916081A [P]. 2007.
[40] 谢秋生．永固紫 RL 及其中间体的合成 [J]．染料与染色，2003，40 (4)：198～200.
[41] 孙雄平，蒋晓庄，宋悦佳．优质紫色颜料——永固紫 R [J]．上海化工，1994，19 (1)：12～15.
[42] 黄仲九，房鼎业．化学工艺学 [M]．北京：高等教育出版社，2002.

12 煤焦油沥青的加工利用

煤焦油沥青是焦油蒸馏提取馏分后的残留物。煤焦油沥青（简称沥青）常温下为黑色固体，无固定的熔点，呈玻璃相，受热后软化继而熔化。按其软化温度高低可分为低温、中温和高温沥青。沥青的性质及组成与炼焦煤的性质、炼焦工艺条件、焦油蒸馏条件及沥青的生产工艺有关。沥青的质量指标见表 12-1。

表 12-1 煤焦油沥青的质量指标

序号	指标名称	中国					前苏联			日本
		低温沥青		中温沥青		高温沥青	A	Б	В	
		一类	二类	电极用	一般用					
1	软化温度/℃（环球法）	30~45	>45~75	>75~90	>75~95	>95~120	65~70①	67~73①	85~90①	78~85②
2	甲苯不溶物/%			15~25	<25		24~28	25~31	≥31	16~27
3	灰分/%			0.3	0.5		≤0.3	≤0.3	≤0.3	≤0.3
4	水分/%			5.0	5.0	5.0				
5	挥发分/%			60~70	55~75		59~63	58~62	53~57	
6	喹啉不溶物/%			10			≤6	≤8	≤12	1~5

①用水银法测定。

②用空气立方法测定。

低温沥青（俗称软沥青）用于建筑、铺路、电极炭素材料和炉衬黏结剂，也可用于制作炭黑和作为燃料用。中温沥青用于生产油毡、建筑物防水层、高级沥青漆、改质沥青和沥青焦等产品。沥青经过特殊处理还可用来制取针状焦和沥青炭纤维等新型炭素材料。高温沥青主要用来生产电极焦及各种炭素材料的黏结剂等。

12.1 沥青的性质

12.1.1 沥青的物理性质

沥青的物理性质包括黏滞性、塑性、表面张力及密度等。

12.1.1.1 黏滞性

黏滞性是沥青在外力作用下，抵抗发生形变的性能指标。各种沥青的黏滞性变化范围很大，主要由沥青的性质和温度而定。

表征沥青黏滞性的指标是黏度，它表示液体沥青在流动时的内部阻力。测定沥青绝对黏度的方法比较复杂，在实际应用中多采用相对黏度来表示。测定相对黏度的主要方法是恩格勒黏度计，或称恩氏黏度计。

恩氏黏度 E_t 与运动黏度 ν_t（cm^2/s）之间的关系，可用下式表示：

$$\nu_t = 0.075E_t - \frac{0.063}{E_t} \quad (12\text{-}1)$$

沥青的动力黏度与温度具有指数性质的关系。这是因为在加热温度升高时，沥青由玻璃状态转为液流状态过程中，发生分子间的键变弱和分子外层结构的桥键断裂，不断有新的结构成分掺入，而使黏滞流的活化能条件改变所致。不同软化温度的沥青黏度与加热温度的关系见图 12-1。

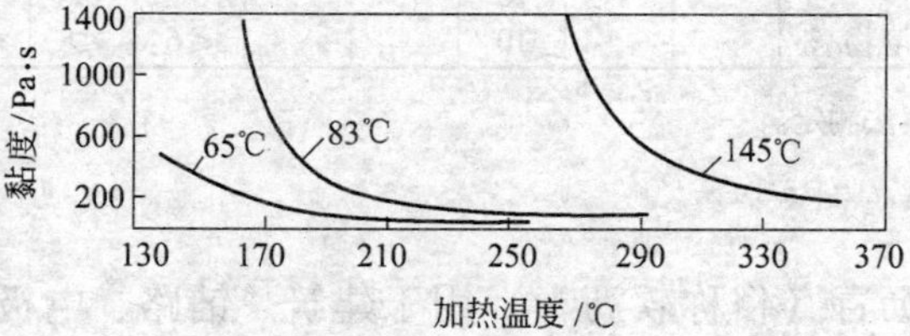

图 12-1　不同软化温度的沥青黏度与加热温度的关系

沥青的动力黏度也可用如下公式计算：

在 135～165℃范围

$$\lg\eta_{60} = 92.4414 - 35.63\lg t \tag{12-2}$$

$$\lg\eta_{67} = 81.555 - 31.39\lg t \tag{12-3}$$

$$\lg\eta_{70} = 93.1906 - 35.813\lg t \tag{12-4}$$

式中，η_{60}、η_{67}、η_{70}为软化温度在60℃、67℃、70℃时沥青黏度，Pa·s；t为温度，℃。

在165～200℃范围

$$\eta_{60} = (1.7966\lg t - 4.7057)^{-1} \times 10^{-3} \tag{12-5}$$

$$\eta_{67} = (1.984\lg t - 5.218)^{-1} \times 10^{-3} \tag{12-6}$$

$$\eta_{70} = (2.3385\lg t - 6.1502)^{-1} \times 10^{-3} \tag{12-7}$$

12.1.1.2 塑性

沥青在外力作用下，产生变形而不破坏，除去外力后，则仍保持变形后的形状不变。这种可以承受由于外力所产生的应力，不致在变形情况下发生破坏的能力，称为塑性。

沥青的塑性小，并随着软化温度的增高而减小。沥青的塑性通常是用在一定条件下，能够拉成细丝的长度表示，即伸长度，或延伸度。软化温度为75℃沥青的延伸度在25℃时为0.15cm，在45℃时为0.20cm，在55℃时为0.40cm。

12.1.1.3 表面张力

表面张力是表示液体表面状态特性的量，数量上等于形成单位面积时所消耗的功。沥青的表面张力与其黏滞性、温度和化学组成有密切关系。

不同软化温度沥青的表面张力与加热温度的关系见图12-2，

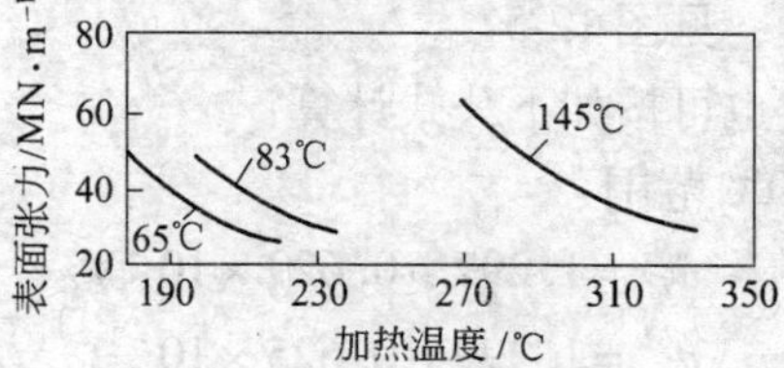

图12-2　不同软化温度沥青（示于曲线旁）的表面张力与加热温度的关系

沥青的性质见表12-2。

表12-2 不同软化温度和相同表面张力的沥青性质

表面张力 /MN·m^{-1}	如下软化温度的沥青性质								
	65℃			83℃			145℃		
	温度 /℃	密度 /g·cm^{-3}	黏度 /MPa·s	温度 /℃	密度 /g·cm^{-3}	黏度 /MPa·s	温度 /℃	密度 /g·cm^{-3}	黏度 /MPa·s
49	182	1.188	115	197	1.191	160	290	1.207	440
45	185	1.186	110	203	1.188	125	293	1.206	400
40	190	1.183	100	210	1.184	113	300	1.200	327
35	197	1.179	95	220	1.181	100	318	1.192	225
30	210	1.173	81	232	1.175	85	333	1.186	175

沥青在开始加热时，表面张力很大，随着加热温度的升高，表面张力下降，并呈线性关系。但在加热温度较低的区间没有线性特征。沥青的表面张力随软化温度的增高而增大。由表12-2数据对比可见，软化温度、密度和黏度均不同的沥青，在不同的加热温度下，具有相同的表面张力。

12.1.1.4 润湿性

沥青具有高的润湿能力，而在加热时，这一能力大为减小，见图12-3。

12.1.1.5 密度

在相同条件下制取的煤焦油沥青，其密度随软化温度增高呈线性规律变化，见图12-4。

不同软化温度的沥青密度，随着加热温度的升高呈线性关系，且彼此平行，见图12-5。

沥青的密度也可按如下公式计算：

在140~240℃范围

$$d_t^{60} = 1.297 - 0.629 \times 10^{-3} t \tag{12-8}$$

$$d_t^{67} = 1.299 - 0.625 \times 10^{-3} t \tag{12-9}$$

$$d_t^{70} = 1.296 - 0.688 \times 10^{-3} t \tag{12-10}$$

在240~310℃范围

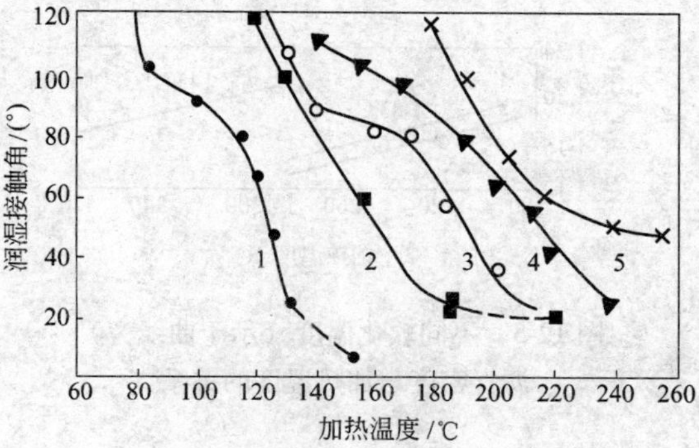

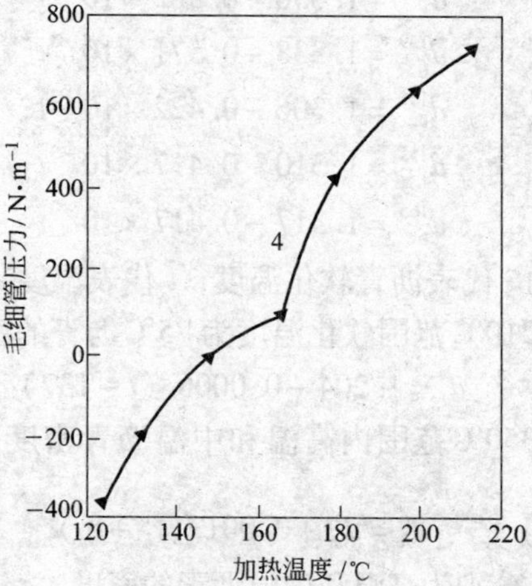

图 12-3　不同软化温度的煤焦油沥青的润湿接触角（上）、毛细管压力（下）与温度关系

软化温度：1—73℃；2—76℃；3—105℃；4—133℃；5—136℃

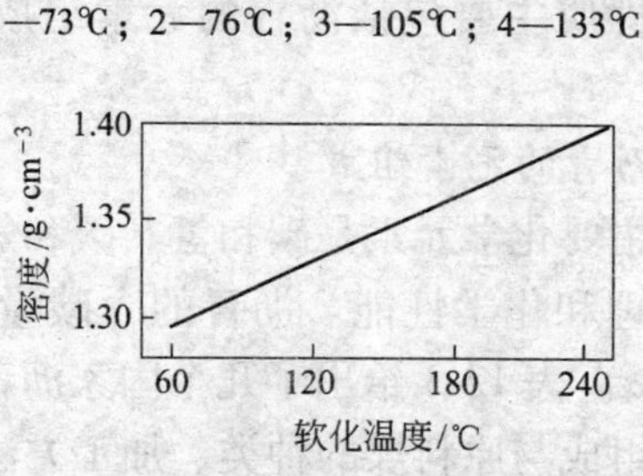

图 12-4　沥青密度与软化温度的关系

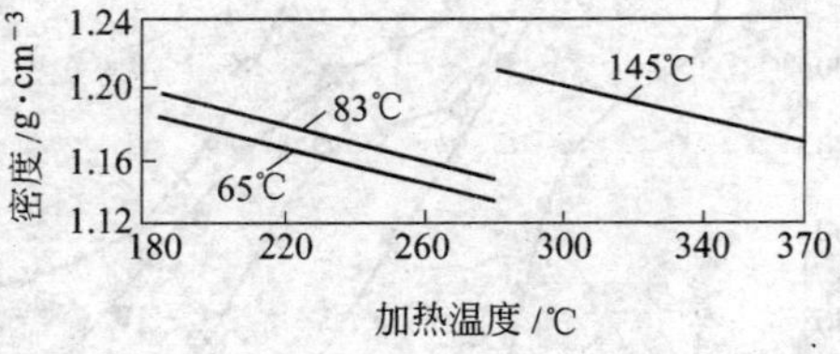

图 12-5　不同软化温度（示于曲线旁）
沥青密度与加热温度的关系

$$d_t^{113} = 1.336 - 0.582 \times 10^{-3} t \quad (12\text{-}11)$$

$$d_t^{139} = 1.338 - 0.571 \times 10^{-3} t \quad (12\text{-}12)$$

$$d_t^{145} = 1.306 - 0.422 \times 10^{-3} t \quad (12\text{-}13)$$

$$d_t^{155} = 1.310 - 0.417 \times 10^{-3} t \quad (12\text{-}14)$$

$$d_t^{165} = 1.317 - 0.417 \times 10^{-3} t \quad (12\text{-}15)$$

式中，d_t^i 中的 i 代表沥青软化温度，t 代表温度。

在 137～210℃范围软化温度为 75℃沥青的密度按下式计算：

$$d_t = 1.204 - 0.0006 (t - 137) \quad (12\text{-}16)$$

在 250～350℃范围内高温和中温沥青密度之间的关系按下式计算：

$$d_h^t = d_m^t + 0.001 (t_h - t_m) \quad (12\text{-}17)$$

式中，d_h^t、d_m^t 分别为高温和中温沥青的密度，g/cm^3；t_h、t_m 分别为高温和中温沥青的软化温度，℃；0.001 为系数，g/(cm^3·℃)。

12.1.2　沥青的化学性质

沥青的化学性质主要包括沥青的元素组成、组组成及化学组成。

12.1.2.1　沥青的元素组成

组成沥青的主要化学元素是碳和氢。碳和氢的组分比例直接影响着沥青的物理和化学性能。沥青的含碳量大于 90%，含氢量一般不超过 5%。表 12-3 给出了几个国家沥青的元素组成。

沥青的元素组成与原料煤的种类、加工方法、煤焦油的蒸馏条件不同而发生变化。

表 12-3　几个国家沥青的元素组成

国　家	软化温度/℃	元素组成的质量分数/%				
		C	H	S	N	O
中　国	90.0	93.27	4.37		1.05	1.31①
	94.5	91.24	4.33		2.09	2.34①
前苏联	79	91.94	4.66	0.82	1.43	1.16
法　国	71	92.50	4.56	0.79	0.79	1.66
美　国	81	93.30	4.20	0.80	0.80	0.90
英　国	88	93.15	4.60	0.80	1.35	0.10
波　兰	71	92.03	4.67	0.46	0.94	1.90

① 表中数据为 O + S。

12.1.2.2　沥青的组组成

利用溶剂萃取的方法将沥青分成不同的物质群，即称为沥青的组组成，也可称为族组成，它表征沥青的一般特性。

沥青的组组成取决于溶剂的性质。各国采用的溶剂萃取步骤也略有不同，下面示出两种方法。

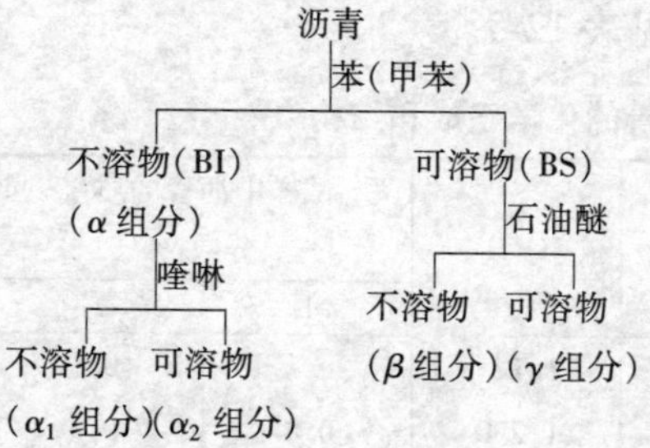

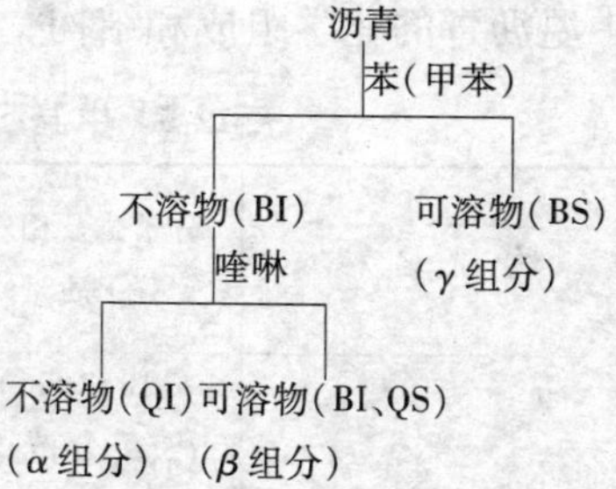

用 X 射线衍射和红外光谱研究表明：α 组分是热加工时，芳香族化合物的缩聚产物，是形成石墨晶格的原始物质；β 组分也是芳香族化合物的缩聚产物，但缩合芳香环空间排列的规律性较差，侧链基团的含量高；γ 组分是以分散质点形式存在的单体化合物的混合物，有晶体结构。

几种沥青的组组成和特征见表 12-4。根据乌克兰煤炭化学研究所的数据，中温沥青 γ 组分的相对分子质量为 250 ~ 280，高温沥青为 290 ~ 310；中温沥青 β 组分的相对分子质量为 480，高温沥青为 500。

表 12-4　几种沥青的组组成和特征

项　目	中温沥青				用空气氧化法制取的沥青				用蒸汽蒸馏法制取的沥青			
	原料	α	β	γ	原料	α	β	γ	原料	α	β	γ
质量分数/%	100	23	37	40	100	48	24	28	100	62	21	17
软化温度/℃	79	>300	68	流动	145	>300	98	流动	162	>300	100	流动
苯不溶物/%	23	100	3.2	0.0	48.0	100	4.2	0.0	58	100	4.4	0.0
挥发分/%	65.4	17.5	66.7	96.9	49.9	14.7	55.2	94.5	39.9	12.1	54.0	1.29
密度/$g\cdot cm^{-3}$	1.27	1.38	1.28	1.28	1.32	1.35	1.28	1.20	1.35	1.38	1.29	1.21

12.1.2.3　沥青的化学组成

煤焦油沥青的化学组成非常复杂，大多数为三环以上的芳香族烃类，还有含氧、氮和硫等元素的杂环化合物和少量高分子炭素物质。低分子组成具有结晶性，并形成多种组成的共熔混合物。现已查明的有 70 余种，见附表中三环以上的化合物。

根据乌克兰煤炭化学研究所的质谱分析数据，可以看出关于中温沥青的化学组成和结构，见表 12-5。

表 12-5　中温沥青的化学组成和结构

物质名称	分子式及相对分子质量	C/H	试样中沥青的质量分数/%	
			1	2
茚	C_9H_8 (116)	1.125	0.1	0.1
萘	$C_{10}H_8$ (128)	1.250	0.8	0.9
苊，联苯	$C_{12}H_{10}$ (154)	1.200	1.8	2.2
苊，荧蒽	$C_{12}H_{10}$ (152)	1.500	1.3	0.8
蒽，菲	$C_{14}H_{10}$ (178)	1.400	5.5	4.6
甲基菲，苯基萘	$C_{15}H_{10}$ (190)	1.500	3.4	2.5
四环芳香剂：				
迫位凝聚的	$C_{16}H_{10}$ (202)	1.600	9.6	8.4
渺位凝聚的	$C_{18}H_{12}$ (228)	1.500	6.9	5.0
甲基䓛，苯基蒽，苯并荧蒽	$C_{18}H_{10}$ (226)	1.800	2.1	1.3

续表 12-5

物 质 名 称	分子式及相对分子质量	C/H	试样中沥青的质量分数/%	
			1	2
五环芳香剂：				
迫位凝聚的	$C_{20}H_{12}$ (252)	1.667	9.8	8.4
渺位凝聚的	$C_{21}H_{12}$ (264)	1.750	2.3	1.8
六环芳香剂：				
苯并芘	$C_{22}H_{12}$ (276)	1.833	3.7	3.4
迫位凝聚的	$C_{24}H_{14}$ (302)	1.714	1.4	1.0
渺位凝聚的	$C_{26}H_{16}$ (328)	1.625	0.2	0.1
七环芳香剂：				
晕苯	$C_{24}H_{12}$ (300)	2.000	0.2	0.2
二苯并芘（g.h.t）	$C_{26}H_{16}$ (326)	1.857	0.2	0.2
二苯并芘	$C_{28}H_{16}$ (352)	1.750	痕量	痕量
杂原子化合物：				
氮			18.2	12.9
硫			2.1	1.5
氧			1.4	1.1
未蒸发的残渣			29.0	43.6

12.1.3 沥青的热学性质

沥青的热学性质包括温度的稳定性、热容量、热膨胀系数、导热系数和闪点等。

12.1.3.1 温度稳定性

沥青是无定形的非结晶高分子化合物。它的力学性质是由分子运动产生的，并且显著地受温度的影响。当温度在非常低的范围时，沥青分子的活化能量很低，整个分子不能自由运动，沥青好像玻璃一样的脆硬，通常称做“玻璃态”。随着温度的升高，沥青分子获得了一定的活化能量，以致整个大分子链都可以运动，此时沥青表现出具有塑性。当温度继续升高时，沥青分子获得的活化能量更多，以致可以达到自由运动，使分子之间发生相对滑动，此时沥青就像液体一样发生了黏性流动，称为黏流态。沥青处于黏流态的温度，即为沥青的软化温度。沥青没有严格的软化温度。

为了定量地对比各种沥青的温度稳定性，采用了测定沥青软化温度的方法，如环球法、梅特勒法、水银法、空气立方法等，其中前两种方法应用较为普遍。

12.1.3.2　热容量

沥青的热容量不大，见表12-6～表12-8。

表12-6　液态沥青的平均比热容

温度/℃	比热容/kJ·(kg·℃)$^{-1}$	温度/℃	比热容/kJ·(kg·℃)$^{-1}$	温度/℃	比热容/kJ·(kg·℃)$^{-1}$	温度/℃	比热容/kJ·(kg·℃)$^{-1}$
软化温度65℃		软化温度83℃		软化温度65℃		软化温度83℃	
100～70	1.44	100～90	1.47	260～70	1.85	260～90	1.94
140～70	1.53	140～90	1.60	280～70	1.90	280～90	1.98
160～70	1.60	160～90	1.64	300～70	1.96	300～90	2.02
200～70	1.71	200～90	1.78	320～70	1.99	320～90	2.05
220～70	1.78	220～90	1.83	340～70	2.00	340～90	2.02
240～70	1.83	240～90	1.88	360～70	2.01	360～90	2.04

表12-7　不同温度下液态沥青的比热容

温度/℃	比热容/J·(kg·℃)$^{-1}$	温度/℃	比热容/J·(kg·℃)$^{-1}$	温度/℃	比热容/J·(kg·℃)$^{-1}$
软化温度63℃		软化温度98.3℃		软化温度154.4℃	
88.3	1358	127.7	1550	195.0	1693
111.1	1492	146.0	1571	211.7	1697
132.2	1550	167.7	1693	237.8	1845
150.6	1659	196.0	1772	256.7	1894
171.7	1760	206.7	1835	277.7	1957
191.7	1814	217.2	1877	294.4	2045
212.2	1860	225.5	1990	317.7	2011

表 12-8　固态沥青的平均比热容

温度/℃	比热容/kJ·（kg·℃）$^{-1}$		
	软化温度 65℃	软化温度 83℃	软化温度 145℃
50～30	1.24	1.26	1.30
60～30	1.36	1.31	1.30
70～30	1.42	1.36	1.32
80～30		1.40	1.33
100～30			1.37
110～30			1.42
130～30			1.45

12.1.3.3　线膨胀系数

沥青的软化温度不同，线膨胀系数也各异。一般中温沥青为 0.00055，高温沥青为 0.00047。软化温度每升高 1℃，线膨胀系数降低 0.000001。

12.1.3.4　导热系数

沥青是不良导热体，热导率见表 12-9。

表 12-9　不同温度下沥青的热导率　［W/（m·K）］

温度/℃	热导率			温度/℃	热导率		
	软化温度 75℃	软化温度 126℃	软化温度 150℃		软化温度 75℃	软化温度 126℃	软化温度 150℃
68.8			0.13147	182.2	0.10676		
107.5		0.13942		188.0		0.16747	
110.0	0.09755			202.0			0.16035
132.5	0.09797			255.0		0.17668	
168.0			0.15449	270.0			0.16957
178.0	0.10551						

12.1.3.5　闪点和燃点

闪点是沥青发生闪光时的温度。燃点是沥青燃烧达 5s 的温度。沥青闪点和燃点的温度通常相差 10℃。重质成分愈多的沥青相差愈大，软沥青由于轻质成分较多，闪点和燃点的温度差很小。沥青的闪点随其软化温度的升高而增高。中温沥青闪点为 200～250℃，高温沥青闪点为 360～400℃。

12.2 沥青黏结剂

黏结成型炭材料是用途最广，产量最大的一类炭材料，主要产品有炼铝用阳极糊、阳极炭块、冶金用人造石墨电极与炭和石墨耐火材料等。此类炭材料是骨料（石油焦、沥青焦、针状焦等）配加黏结剂煤沥青经混捏、成型和焙烧等工序加工而制成的。黏结剂沥青的用量，阳极糊为26%~31%，阳极炭块为15%~16.5%，石墨电极为25%~40%，可见黏结剂沥青在生产成型炭材料的重要性。

12.2.1 电极用沥青黏结剂的特性

电极用沥青黏结剂的质量指标见表12-10。

表12-10 电极用沥青黏结剂的质量指标

指标名称	中温沥青	改质沥青	
		一级	二级
软化温度(环球法)/℃	>75~90	100~115	100~120
甲苯不溶物/%	15~25	28~34	>26
喹啉不溶物/%	10	8~14	6~15
β树脂/%		>18	>16
结焦值/%		>54	>50
灰分/%	0.3	<0.3	<0.3
水分/%	5	<5	<5

沥青软化温度是表示沥青开始显示流动性的温度。高软化温度的沥青，挥发分少，黏结性好，成焦率高，致使产品的烧结强度和导电性得到提高。

苯不溶物（BI）或甲苯不溶物（TI）是沥青中不溶于苯或甲苯的残留物。该组分具有热可塑性，并参与生成焦炭网格，其结焦值可达90%~95%，对骨料焦结起重要作用。沥青的结焦值随着BI的增加而增加，例如BI的质量分数分别为32%、35%、38%和41%，结焦值相应为65%、67%、70%和71%。BI对碳制品机械强度、密度和电导率有影响。

喹啉不溶物（QI）是沥青中不溶于喹啉的残留物。QI又可分为一次 QI（原生 QI）和二次 QI（次生 QI）。一次 QI 与炼焦煤的种类和性质、炼焦炉的结构和状态、装煤和无烟装煤方法、焦油氨水和焦油渣的分离方法等有关系。二次 QI 是沥青在热加工过程中形成的相对分子质量更大的芳烃聚合物，以固体粒子的形式存在于沥青中。沥青中含有一定量的 QI 有利于提高炭制品的机械强度和导电性，对炭制品焙烧中的膨胀有一定限制作用。沥青的结焦值随着 QI 的增加而增加，例如，QI 的质量分数分别为3%、5%和10%，结焦值相应为46%、49%和58%。但沥青的 QI 过高，致使沥青的流动性降低，QI 过低，致使糊料偏析分层。

β 树脂是沥青中不溶于甲苯而溶于喹啉的组分，其值等于 BI 与 QI 之差。β 树脂是中、高相对分子质量的稠环芳烃，黏结性好，结焦性好，所生成的焦结构呈纤维状，具有较好的易石墨化性能，所得的碳制品电阻系数小，机械强度高。

沥青的灰分，即无机 QI。灰分中的硫和金属元素，是炭阳极与 CO_2 和空气反应的催化剂，增加了炭制品在使用过程中的消耗量。另外灰分易形成气孔，增加炭素制品的气孔率。

12.2.2 黏结剂用中温沥青的生产

在管式炉焦油蒸馏生产中所得残液即为中温沥青。沥青的冷却成型及烟净化装置见图 12-6。由二段蒸发器底部排出的温度约为 370℃的沥青，经汽化冷却器冷却至 220～240℃，然后进入沥青高置槽自然冷却 8h，再经给料器放入浸于水池中的链板输送机上，以得到固体沥青。由高位槽顶及给料器放出的沥青烟引入吸收塔，用洗油喷洒吸收。除掉了沥青烟的气体经捕集液滴后排入大气。洗油循环使用，并定期更换。

12.2.3 黏结剂用改质沥青的生产

中温沥青软化温度低，β 树脂含量低，用其作黏结剂制取的各类电极质量较差，不能满足日益发展的电炉炼钢、制铝工业及炭素工业的需求。调整中温沥青生产工艺参数，如适当提高管式炉辐射段出口油温和二段蒸发器过热蒸汽温度，适当延长焦油在

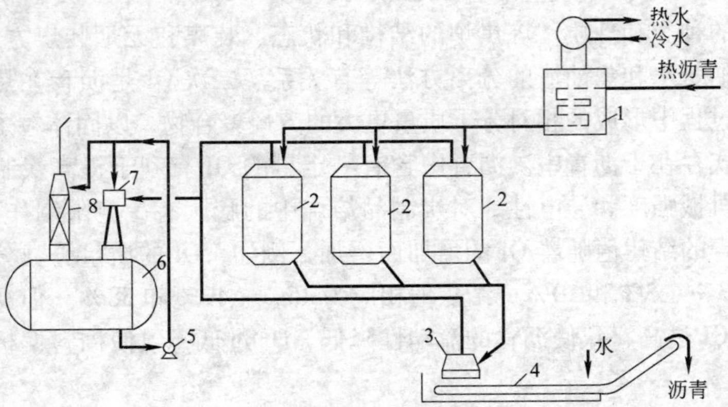

图 12-6　沥青的冷却成型及烟净化装置

1—沥青汽化冷却器；2—沥青高位槽；3—给料器；4—链板输送机；
5—循环油泵；6—洗油循环槽；7—喷射吸收器；8—洗涤器

管式炉和沥青在二段蒸发器底部的停留时间，虽然能提高沥青软化温度和β树脂含量，但提高的幅度是有限度的，因此出现了沥青的改质技术。沥青的改质技术系指沥青经热聚合处理，使一部分β树脂转化为α树脂，一部分γ树脂转化为β树脂，从而获得软化温度为100～120℃、β树脂的质量分数大于18%、α树脂的质量分数在6%～15%的优质沥青。比较好的改质方法有真空闪蒸法、常压热聚合法和加压热聚合法。

12.2.3.1　真空闪蒸法

该法是澳大利亚考伯斯公司的专利技术，已由鞍钢化工总厂引进，其工艺流程见图12-7。自焦油管式炉辐射段来的焦油进入二段蒸发器，其顶部逸出馏分气，底部导出温度为360～370℃、软化温度为75～90℃的中温沥青被吸入闪蒸器内。根据沥青软化温度的要求，调节蒸汽喷射泵，保持闪蒸器内的压力在8～10.6kPa，从中温沥青中闪蒸出重油气而得到高温沥青，又称硬质沥青。重油气经重油冷凝冷却器，温度由350～355℃降至

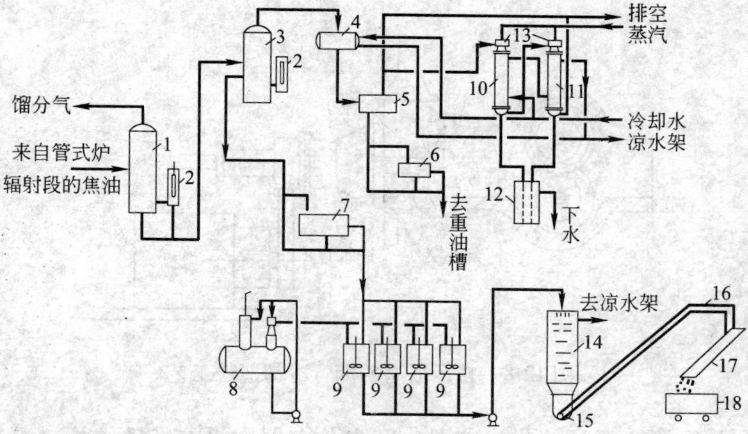

图 12-7　真空闪蒸法工艺流程

1—二段蒸发器；2—液位控制器；3—闪蒸器；4—重油冷却器；5—重油分离器；6—重油密封槽；7—沥青密封槽；8—洗油烟气捕集器；9—沥青冷却槽；10—前冷器；11—后冷器；12—密封槽；13—蒸汽喷射真空泵；14—沥青成型机；15—螺旋机；16—板式运转机；17—装车带；18—专用车

95～100℃，经重油分离器和重油密封槽流入重油贮槽。从闪蒸器排出的硬质沥青经沥青密封槽自流入沥青冷却槽，在搅拌条件下自然冷却至180℃，然后用泵送至沥青成型喷嘴，挤入35～40℃的冷却水中，呈偏圆棒状的沥青经螺旋运输机、板式运输机和皮带运输机送入沥青专用车内。由沥青冷却槽排出的沥青烟气，经烟气捕集器用洗油捕集吸收。该工艺硬质沥青产率为焦油的48%～50%，重油产率为焦油的3%～4%。

挤压成型的沥青冷却造粒工艺见图12-8。此工艺由挤压机和造粒装置构成，挤压机压出端部和造粒装置连接，造粒装置由带有喷嘴的圆盘分布器、旋转割刀、冷却水循环箱及电动机等组成。挤压机为齿轮泵（也可用活塞泵或螺旋泵），由其压出的沥青从圆盘分布器的喷管里挤压出来，立即被旋转割刀割断成粒，并于冷却水箱里冷却。沥青颗粒与冷却水一同从排水管排出，进

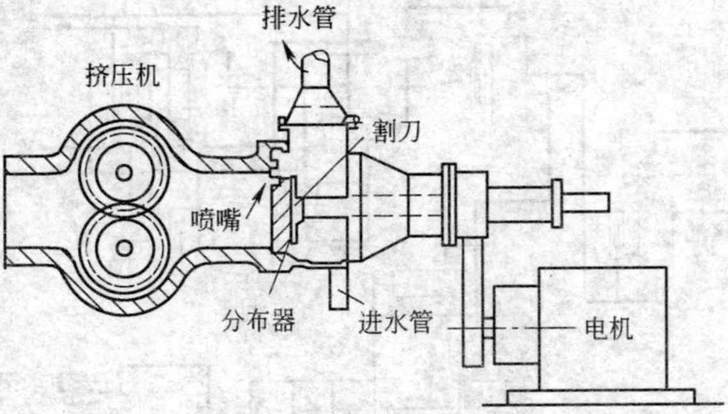

图 12-8　挤压成型的沥青冷却造粒工艺

入随后的沥青颗粒收集装置。圆盘分布器内设有特殊结构，可防止沥青在喷嘴里堵塞。喷嘴直径为 3 ~ 15mm，可根据用户要求调整。

12.2.3.2　常压热聚合法

常压热聚合法生产改质沥青技术是我国鞍山焦化耐火材料设计研究院在 20 世纪 80 年代开发的。常压热聚合法有釜式和管式炉式。釜式流程简单，易于操作，投资少。管式炉式流程易于控制加热聚合效果，更有利于优质沥青的生产。

A　釜式连续流程

釜式连续工艺流程见图 12-9。热沥青由二次蒸发器自流入反应釜，在釜内加热到 400 ~ 420℃。由反应釜顶排出的油气在冷凝冷却器中形成闪蒸油和不凝性气体。不凝性气体用洗油洗涤后送往加热炉作为燃料。由反应釜得到的改质沥青自流入改质沥青中间槽，再经冷却器送入沥青高置槽，经自然冷却至 150 ~ 180℃后放至沥青冷却成型机制成柱状产品。如需调整改质沥青的软化温度，可用沥青泵将反应釜内的改质沥青送往闪蒸塔，当需提高软化温度时，可启动真空泵，调整闪蒸塔顶真空度，进一步闪蒸出改质沥青中的油分；当需降低软化温度时，可向闪蒸塔中喷入闪蒸油。石家庄焦化厂改质沥青闪蒸油密度

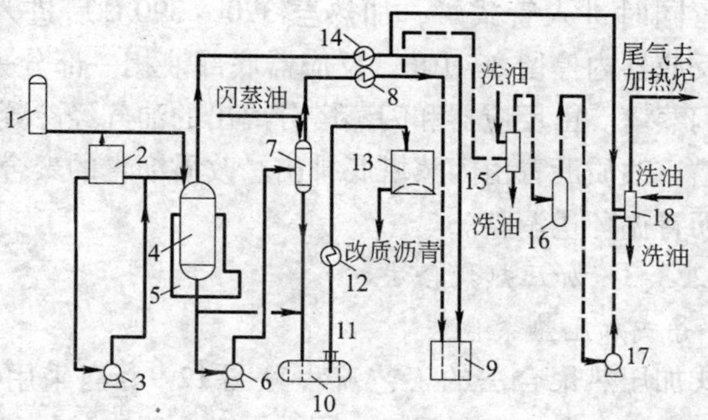

图 12-9　釜式连续工艺流程

1—二段蒸发器；2—中温沥青中间槽；3，6—沥青泵；4—反应釜；
5—反应釜加热炉；7—闪蒸塔；8，12，14—冷凝冷却器；
9—闪蒸油槽；10—改质沥青中间槽；11—埋入式沥青泵；
13—沥青高置槽；15—真空尾气洗涤塔；16—真空罐；
17—真空泵；18—尾气清洗塔

为 1.07g/cm^3，360℃前馏出量为 65%～77%。尾气中可燃组分主要是 CH_4、H_2、CO 和少量的 C_nH_m。

我国生产改质沥青有单釜、2 釜、3 釜、4 釜串联或 2 釜、3 釜、4 釜并联工艺。为了使沥青自流畅通，釜与釜之间要有适宜的位差，沥青管道应采取电保温。

B　管式炉连续流程

管式炉连续工艺流程见图 12-10。沥青与改质沥青换热后和

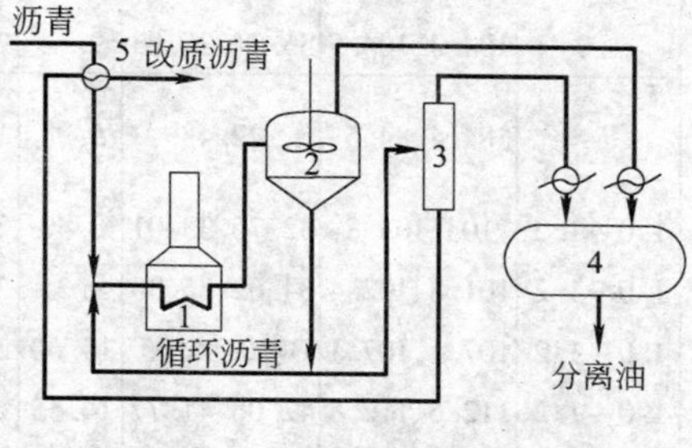

图 12-10　管式炉连续工艺流程

1—加热器；2—反应器；3—闪蒸塔；4—分离油槽；5—换热器

循环沥青同时进入管式炉，加热至 370～390℃后进入反应器，沥青在反应器内停留 8～10h，反应器底部液相一部分去管式炉，其余去闪蒸塔。由反应器和闪蒸塔分离出的油气经冷凝冷却后入分离油槽。改质沥青由闪蒸塔底排出。改质沥青的聚合程度，通过改变沥青循环量调整。

12.2.3.3　加压热聚合法

A　釜式加压热聚合法

釜式加压热聚合法的工艺流程见图 12-9。当采用加压操作时，热沥青经中温沥青中间槽，用泵压送入反应釜，釜内压力维持在 0.5～1.0MPa。其余同釜式常压连续流程。

我国贵州水城钢铁公司焦化厂首先采用了釜式加压热聚合法生产改质沥青。试验结果见表 12-11。

表 12-11　加压热聚合法试验结果

名称	液相温度/℃	加工时间/h	操作压力/MPa	软化温度/℃	BI/%	QI/%	β 树脂/%	V_f①/%	C_f①/%
（原料）中温沥青				86.1、86.3	20.15	4.09	16.06	66.18	50.01
加压热聚沥青	385	4	1.2	96.5	30.57、31.08	6.46	25.11	60.22	53.69
	385	6	1.0	94.5、94.6	30.78、31.56	6.92	23.86	59.16	56.18
	400	4	1.0	98.5、98.7	32.59	7.26	25.33	58.34	55.91
	400	6	1.0	113、113.1	37.38、38.03	1.70	25.68	55.14	59.06
	400	5	1.0	104.3、104.5	35.24、35.03	9.14	26.10	56.51	58.93
（原料）中温沥青				84.4、84.6	22.43	5.94	16.49	63.37	54.19
加压热聚沥青	400	4	1.0～1.2	103、103.8	32.76、33.01	8.40	24.36	57.55	58.48
	400	5	1.0～1.2	101.8、102.4	34.62、35.30	9.31	25.32	56.75	58.72
	415	4	1.0～1.2	107.1、107.1	37.0、36.95	10.60	26.35	54.89	59.31
	415	5	1.0～1.2	112.6、112.8	42.06、41.77	14.55	27.22	51.78	61.62
	425	3	1.0～1.2	111、111.8	42.06、41.77	14.99	26.01	52.26	61.29
	425	4	1.0～1.2	117.2、117.6	44.75、44.69	20.04	24.29	48.85	63.48

续表 12-11

名称	液相温度/℃	加工时间/h	操作压力/MPa	软化温度/℃	BI/%	QI/%	β树脂/%	V_f①/%	C_f①/%
（原料）中温沥青				75.5	20.67、20.69	5.73	14.94	67.57	51.77
加压热聚沥青	400	6	1.0～1.2	88.5	31.38	7.72	23.66	60.98	54.45
	415	5	1.0～1.2	98.2	35.37	9.79	25.58	56.24	57.58
	415	6	1.0～1.2	103.3、103	37.60	10.98	26.62	54.71	59.90
	425	4	1.0～1.2	97.4	34.79、34.78	10.27	24.51	56.96	58.01
	425	5	1.0～1.2	106、106.3	40.13	15.18	24.95	52.16	60.68

① f 指分析基。

由表中数据可见，在一定反应温度和反应压力下，反应时间愈长，则 BI 和 QI 值愈高，软化温度也愈高，而沥青的挥发分有所降低；在一定的反应压力下，改质沥青的 BI 值相近时，则反应温度愈高，反应时间愈短。

加压热聚合法与常压热聚合法对比的优点主要是热缩聚加强，热分解减弱，致使 β 树脂含量明显提高。日本大阪煤气公司的试验结果见表 12-12。

表 12-12　对比试验结果

指　标	原料软沥青	操　作　条　件	
		常压，400℃，5h	0.9MPa，400℃，5h
软化温度/℃	67.7	82	85
BI/%	18.2	37.0	32.0
QI/%	4.1	17.1	7.2
β 树脂/%	14.1	19.9	24.8

B　管式炉加压热聚合法

管式炉加压热聚合法是日本大阪煤气公司开发的“重质残油改质精制综合流程”，即 CHERRY-T 法，其工艺流程参见图 3-19。

12.2.3.4 影响改质沥青质量的因素

A 原料中温沥青的质量

在一定的改质条件下，中温沥青的软化温度，QI 值和 TI 值对改质沥青质量的影响是一致的，其值高，改质沥青相应的值也高，反之亦然。

中温沥青的 QI 值对改质沥青的 QI 值和 TI 值的影响可用潘立慧和许斌等人的工作说明，用表 12-13 所列三种中温沥青，在 380℃下进行热处理，所得改质沥青 QI 值与 TI 值随热缩聚时间的变化见图 12-11 和图 12-12。

表 12-13 三种中温沥青的质量指标

试样	软化温度/℃	QI/%	TI/%	β 树脂/%	结焦值/%
1 号	85.0	6.82	15.66	8.84	50.79
2 号	84.5	7.65	16.30	8.65	51.33
3 号	85.0	9.56	18.45	8.89	52.79

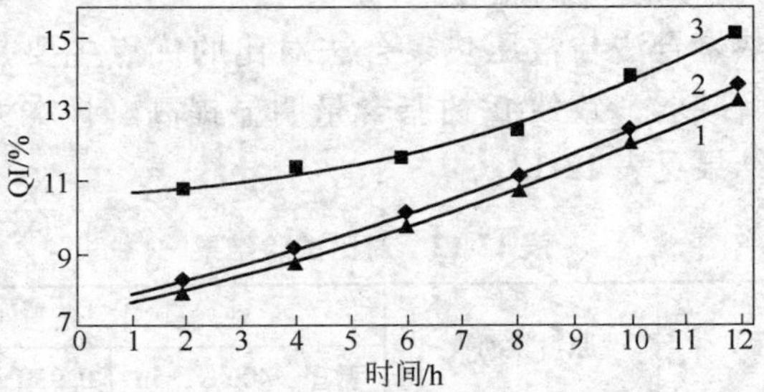

图 12-11 三种中温沥青所制改质沥青 QI 变化

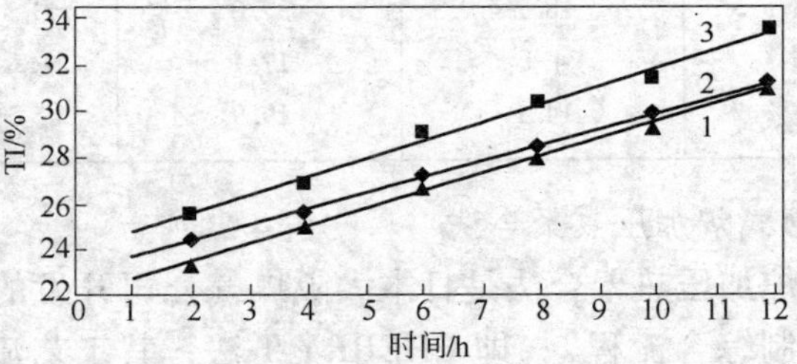

图 12-12 三种中温沥青所制改质沥青 TI 的变化

由试验结果可见，软化温度基本相同的沥青，由于QI值不同，在相同的热聚合条件下得到的改质沥青QI、TI明显不同，中温沥青的QI值越高，所得改质沥青的QI值也越高，而且在热聚合的后期增加明显。因此，中温沥青的QI值不同，热聚合的工艺条件应进行相应的调整。

B　热聚合温度与热聚合时间

在热聚合时间一定的情况下，聚合温度越高，改质沥青的TI值和QI值也越高；在热聚合温度一定的情况下，热聚合时间越长，改质沥青的TI值和QI值也越高。生产改质沥青的适宜热聚合温度和热聚合时间是使改质沥青的TI-QI值最大，即β树脂含量最大。若提高热聚合温度，相应要缩短热聚合时间。

另外，沥青在中间槽和高置槽内仍可发生热聚合，因此，其停留时间长短对改质沥青的QI值和TI值也有一定的影响。

C　搅拌

为了使沥青在反应釜中均匀地进行热缩聚，防止局部过热导致结焦，在改质过程必须进行搅拌。

D　操作压力

加压操作可以强化热缩聚过程，有助于提高改质沥青中的β树脂含量。在一定的热聚合温度下，若获得质量相同的改质沥青，加压操作可以缩短热聚合时间或降低热聚合温度。

12.3　浸渍剂沥青

浸渍剂沥青的作用是对气孔率在16%～32%的炭素制品进行密实处理，从而提高炭素制品的密度，降低孔隙率，提高机械强度，改善导电和导热性能。中温沥青含有的微小颗粒状QI，悬浮于液态沥青中，在浸渍时，将堵塞焙烧制品的微孔，降低浸入率，影响浸渍效果。因此，中温沥青作电极浸渍剂时，必须除去其中的QI。

12.3.1　浸渍剂沥青的特性

浸渍剂沥青的突出特性就是QI值低，表12-14列出了几种浸渍剂沥青的质量指标供参考。由表中数据可见，我国浸渍沥青的质量尚需进一步提高。

表 12-14 浸渍剂沥青的质量指标

生产厂	软化温度/℃	QI/%	BI/%	TI/%	结焦值/%	灰分/%	密度/g·cm⁻³
日本新日铁	86	0.1	14.8	—	51	0.05	—
日本住友	108	<0.1	—	14	48	<0.1	1.23
日本三菱	80	0.01~0.02	—	15~17	50~52	0.01	1.29
济宁兖矿煤焦化有限公司	75~90	<0.5	—	>14	≥50	<0.5	—

12.3.2 浸渍剂沥青的生产

浸渍剂沥青已工业化的生产方法主要有压力过滤法、热聚合法和溶剂沉降法。

12.3.2.1 压力过滤法

该法以煤焦油为原料，在压力下过滤脱除 QI，QI 脱除率可达 95%，然后经蒸馏分离出酚油、萘油、洗油馏分和精制沥青。精制沥青经加热后在反应器内调整其 β-树脂含量，以满足浸渍用沥青的质量要求。

12.3.2.2 热聚合法

热聚合法可以蒽油或软沥青闪蒸油为原料，在约 450℃，加压下热聚合便可得到浸渍剂沥青。CHERRY-T 流程（见 3.5.1）所得到的轻馏分油可进入二段反应器，物料在 450℃停留 10h，由器底排出的即为浸渍剂沥青，其软化温度为 70~90℃，TI 为 23%~31%，QI 为 0~2%。

12.3.2.3 溶剂沉淀法

溶剂沉淀法用的原料是沥青，将其用芳烃和脂烃混合溶剂进行处理，则原生的 QI 相互凝聚，经静置沉降分离去除。其工艺流程见图 12-13。

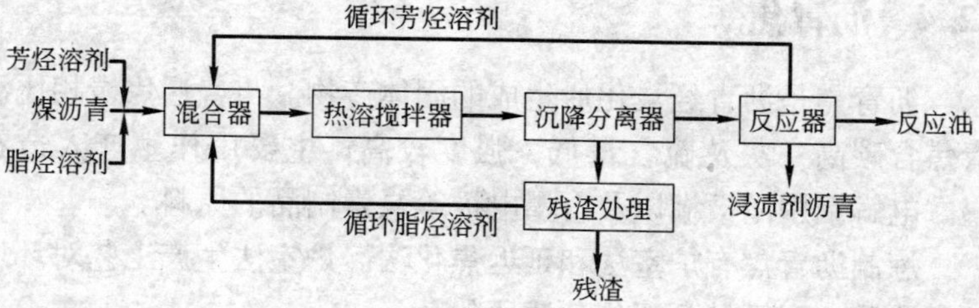

图 12-13　溶剂沉淀法工艺流程

12.3.2.4　离心分离法

通过焦油沥青和有机溶剂混合，产生黏性溶渣，将几微米粒径的喹啉不溶物黏附在渣上，使其粒径增大到约 100μm，采用离心分离法可将其除去。所得沥青中的 QI 小于 0.1%。其生产流程见图 12-14。

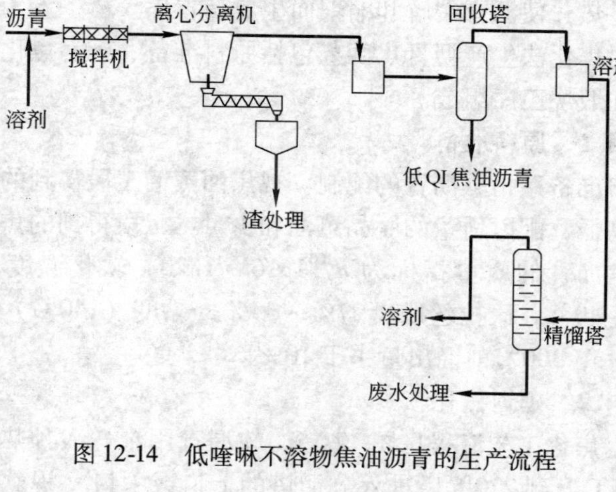

图 12-14　低喹啉不溶物焦油沥青的生产流程

离心分离法运行中有机溶剂的加入量应不使溶渣变成胶质物质，否则无法进行离心分离。另外溶剂中的水分控制在 1% 以下，若大于 1.5%，与沥青混合时就会产生胶质物质，也无法进行离心分离。

12.4 沥青焦

沥青焦是沥青经炭化后生成的固体产物。与普通焦炭相比沥青焦含碳高，灰及硫含量低，强度较高，主要用作生产人造石墨、电解铝用阳极糊以及石墨电极等炭素制品的原料。

炼制沥青焦有炉室法和延迟焦化法。炉室法生产工艺对环境污染严重，现已被延迟焦化法所代替。

延迟焦化法是美国标准油公司于 1931 年开发成功，用于从低品位的石油重质油制取轻质油和石油焦。20 世纪 60 年代中期，美国鲁玛斯公司将这一技术用于以煤焦油软沥青为原料生产沥青焦，后在日本建立了至少三套延迟焦化装置。1985 年中国上海宝山钢铁公司也建了一套沥青延迟焦化装置。

延迟焦化法是将沥青加热和结焦分别在不同设备中进行。即将软沥青在管式炉内快速加热到反应温度后，送入焦化塔，利用其本身显热，使沥青裂解和缩聚而生成沥青焦。

延迟焦化法生产沥青焦工艺包括原料准备、延迟焦化、延迟焦处理和煅烧工序组成。

12.4.1 原料准备

原料准备系指软沥青的配制。视焦油蒸馏工段得到的沥青软化温度高低，配以适量的脱晶蒽油和少量本工段得到的焦化轻油调制。软沥青的质量指标为 d_4^{100}1.16 ~ 1.20，软化温度（环球法）35 ~40℃，康拉丝残炭 27% ~35%，黏度（140℃）0.01 ~ 0.04Pa · s，300℃前馏出量小于 10%。

12.4.2 延迟焦化

延迟焦化工艺流程见图 12-15。软沥青用泵送入预热器，温度由 135℃升到 270℃后进入分馏塔的上口或下口（视软沥青软化温度而定），与来自焦化塔的高温油气换热，油气的重组分冷凝成为循环油，与软沥青混合。混合油用泵从馏分塔底抽出，送入管式炉加热。温度由 320℃左右加热到 500℃左右的混合油经四通阀由焦化塔底部进入，在 0.22 ~0.26MPa 压力下热解聚合，

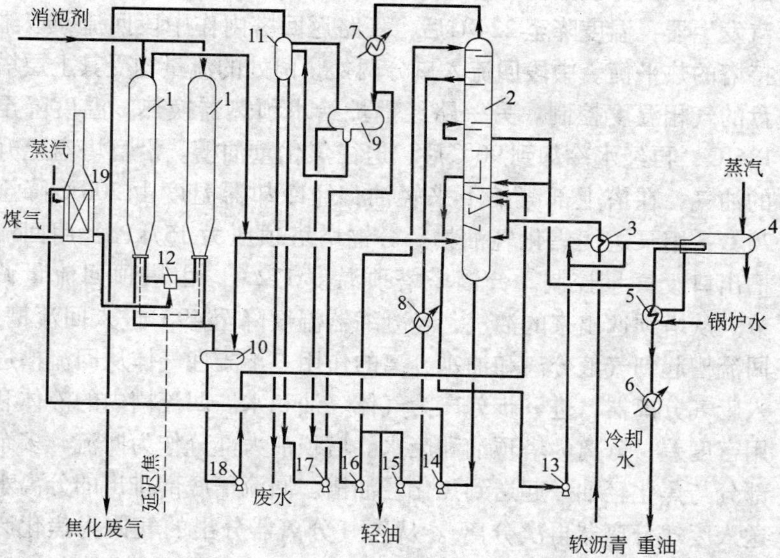

图 12-15　延迟焦化工艺流程

1—焦化塔；2—分馏塔；3—软沥青预热器；4—蒸汽发生器；5—锅炉给水预热器；6—重油冷却器；7—分馏塔凝缩器；8—轻油冷却器；9—回流槽；10—冷凝液槽；11—废气分离器；12—四通阀；13—重油循环泵；14—加热炉装料泵；15—轻油泵；16—回流泵；17—废油排出泵；18—冷凝液泵；19—加热炉

生成焦炭和油气。焦炭定期排出，温度大于 460℃的油气进入分馏塔底部。

混合油在管式炉入口管内流速约 1.2m/s，这样低的流速，在临界分解范围区内，炉管内表面的油膜易聚合成焦炭。为了防止结焦，向炉管内注入 2940kPa 高压水蒸气，使混合油以高速湍流状态通过临界分解区域。

分馏塔共有 27 层塔盘，第 21 盘盲塔盘将塔分为上下两部分，上部为分馏段，下部为换热和闪蒸段。在分馏段，从塔下部上升的油气与下降的重油回流液逆流接触，重油馏分凝缩下来，与重油回流液一起落在盲塔盘上，约 317℃的重油用循环泵抽出，经软沥青预热器与软沥青换热，温度降至276℃，再通过蒸汽发生器，温度降至224℃后，一路返回塔内作中段回流，以维持塔的热平衡。中段回流入口分两处，两处的流量均受其上层塔盘的气相温度控制。另一路经锅炉给水预热器换热，温度降至136℃，再经水冷却到90℃后，送往焦化重油槽。沿盲塔盘上升的油气，在塔上部凝缩下来轻油，经冷却器温度由206℃降至70℃，用泵送往焦化轻油槽。分馏塔塔顶压力157kPa，用回流槽出口废气量控制。分馏塔塔顶温度172℃，由塔顶回流量调节。从塔顶逸出来的油气，经凝缩器温度降至49℃进入回流槽。回流槽起到气液分离和油水分离的作用。不凝性气体从回流槽进入废气分离器，进一步分离为气体、油和水。回流槽内的液体利用密度差，分离为塔顶油和废水。塔顶油大部分作为回流，多余部分与焦化轻油一起送到焦化轻油槽。回流槽底部排出的分离水送入废气分离器再次分离 。从废气分离器分出的气体为焦化废气，可并入煤气管道内；分离出的油返回回流槽再次分离。

延迟焦化的主要工艺参数之一是循环比。循环比系指分馏塔底混合油中的循环油量与原料软沥青量之比。在原料软沥青处理量一定的条件下，增大循环比时，延迟焦产率增加，焦化重油产率降低，分馏塔塔底油温升高，当超过给定值时，与软沥青换热的重油将不全部通过软沥青预热器，而有一部分通过旁通管，这样可使进塔软沥青温度降低。循环比一般控制在0.84左右。

延迟焦化得到的焦化轻油和重油的质量控制指标见表12-15。延迟焦化、油品组成见表12-16。

表12-15　焦化轻油和重油的质量控制指标

指　标	焦化轻油	焦化重油
相对密度 d_4^t	0.98（70℃）	1.06（100℃）
流动点/℃	30	60
馏程/%（容积）		
初馏点/℃	182	260

续表 12-15

指　标	焦化轻油	焦化重油
250℃前	90	0
280℃前	95	2
315℃前		32
350℃前	98	
360℃前		91
400℃前		98
干点/℃	320	380

表 12-16　延迟焦化油品组成

塔顶油		轻　油		重　油	
组　分	质量分数/%	组　分	质量分数/%	组　分	质量分数/%
苯	4.2	二甲苯、茚	18.8	萘	2.5
甲　苯	26.0	萘	29.9	甲基萘	4.1
间、对-二甲苯	26.3	甲基萘	23.6	二甲基萘	0.9
邻-二甲苯	14.6	二甲基萘	9.4	苊、三甲基萘	8.1
1,3,5-三甲苯	6.8	苊、三甲基萘	13.0	芴	8.9
1,2,4-三甲苯	4.9	芴	3.8	甲基萘	2.1
1,2,3-三甲苯	10.3	甲基芴等	1.5	菲、蒽	43.1
萘	1.5			甲基蒽、甲基菲	10.8
甲基萘	0.5			荧蒽	9.8
未知物	4.9			芘等	9.7

焦化废气组成如下：

组成	H_2	O_2	N_2	CO	CO_2	CH_4	C_2H_6	C_2H_4
质量分数/%	59.2	0.7	0.8	0.8	0.4	40	4.3	0.1

产品产率如下：

延迟焦　　64%

焦化轻油　　11%

焦化重油	21%
废气	4%

12.4.3 延迟焦处理

焦化塔连续进料24h后，停止进料，接着向塔内吹气赶出留在塔内的油，提高延迟焦质量。然后用水冷却焦层，放水的最终温度以50℃左右为宜。最后用压力为13.72MPa的高压水进行水力出焦。水与焦排入焦坑，分离出的焦称谓生焦，送煅烧系统，含有焦粉的水经过处理后循环使用。

生焦的质量控制指标为：水分小于10%，挥发分8%～12%，块度小于75mm。

12.4.4 煅烧

煅烧的目的是驱除生焦中的水分和挥发分，提高焦的含碳量、密度、强度和导电性。

煅烧在回转窑内进行。生焦从窑的一端进入，移动到另一端的过程中，与高温燃烧废气接触，在出口端焦炭温度达到1200～1300℃。窑体的旋转速度对焦炭在窑内的停留时间和加热速度具有决定性的影响。

煅后焦的质量控制指标为：水分小于0.50%，挥发分小于0.50%，真密度（30℃）2.0±0.04g/cm^3，硫分小于0.50%，灰分小于0.50%。

12.5 沥青针状焦

随着超高功率电炉钢生产的发展，必然促进超高功率电极的生产，而针状焦就是制造超高功率电极的骨料。针状焦具有各向异性，线膨胀系数小，比电阻小，含杂质少等优点。因此，由针状焦制造的超高功率电极，必然具有电阻率小、线膨胀系数小，耐热冲击性强、机械强度高、抗氧化性能好、消耗低等优点。与普通电极炼钢相比，冶炼时间可缩短到三分之一，吨钢电耗可减少一半，生产能力可增加1.3倍。

12.5.1 制取针状焦的理论基础

沥青的炭化成焦是复杂的物理化学过程，经过一系列中间阶段，进行裂解和缩聚反应所形成的。

12.5.1.1 沥青炭化初期中间相的生成

沥青在加热时，首先形成各向同性的塑性体（母体）。当加热到350℃以上时，经过热分解、热脱氢缩聚等一系列反应，逐渐形成相对分子质量较大的，热力学稳定的多环芳烃平面状的大分子。多环芳烃大分子通过π-π电子力和范德华力促使其聚集而从母体中形成晶核，这个过程在初期是可逆的，一旦形成核，便从周围母体中吸附组分分子而逐渐长大，此后的核晶化则成为不可逆。核晶中分子排列整齐，大致与赤道相平行的方向堆砌，并具有流动性，所以也称为液晶。初生的液晶只有百分之几微米，当其长到十分之一微米左右时，才能被放大率为1000倍的偏光显微镜观察到，当长到5μm以上时，为使其保持最小的表面积，处于最稳定的热力学状态而成为圆球，故得名小球体。

母体中，在已有的球体长大的同时，还不断有新的球体产生，它们之间相互吸引，逐渐靠拢而发生融并，由单球变为复球，复球遇到复球，又合并为更大的复球，其直径可达2000μm。小球体大到一定程度，表面张力就难以维持其原状，众多的球体合并到一起之后，球体逐渐歧变解体，成为一团一片。这种由沥青小球体解体之后形成的物质，称为中间相沥青，它是沥青在生成半焦过程中一种过渡的中间产物，是与沥青原相有区别的另一物态。

12.5.1.2 中间相小球体的性能

A 小球体的存活期

小球体从出生到解体所经历的时间，称为小球体的寿命或存活期。存活期的长短与母体沥青的性质和热处理温度有关。母体沥青含游离碳及其他固体杂质越少，沥青组分中含硫、含氧化合物越少，小球体的存活期就越长。提高热处理温度可以加速小球体的成长和融并过程，所以热处理温度越高，小球体的存活期就越短。在低温下小球体的存活期长达几十小时，在高温下只有几分钟，在高于500℃时只是昙花一现，或根本不产生小球体，就直接变为中间相了。

B　小球体的密度和沥青中间相的黏度

小球体的密度比沥青大，一般为 1.4 ~ 1.5g/cm^3，这是因为其相对分子质量大和缩聚大分子紧密有序地排列使整个球体内的空隙小于5%所致。含有小球体的沥青的密度和黏度，随小球体含量的增加而增高。黏度随温度的变化很大，在高的温度下，虽然温度保持不变，但黏度还随时间变化，这对中间相沥青的流动特性有很大影响。小球体的含量常用喹啉不溶物（QI）或吡啶不溶物（PI）来表示。图 12-16 所示为沥青中 QI 的质量分数与黏度的关系。不同的沥青，在不同的测试条件下，曲线是不同的。沥青的黏度常用 T_{10} 来表述，即含小球体的沥青，其黏度达到 10Pa · s 时的温度。应该指出的是，黏度不仅与中间相的含量有关，而且还与小球的大小有关。球径越小，黏度越大。

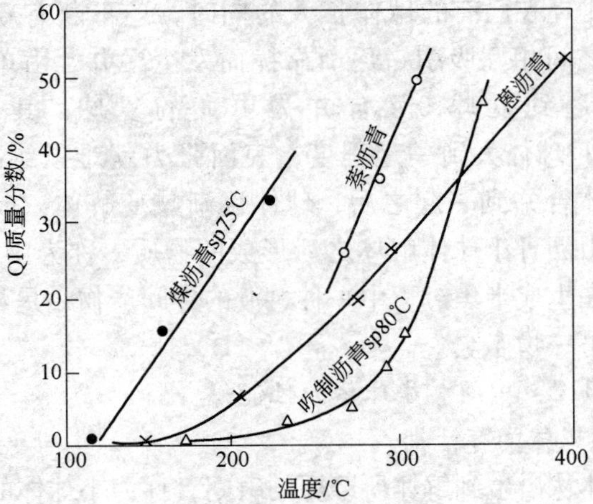

图 12-16　沥青中 QI 的质量分数与黏度的关系

C　小球体的形状特征及结构

中间相小球体的结构特征见图 12-17。小球体的结构一般都采纳用于地球的术语来加以描述。小球体有两个极，像地球的南极和北极，两极之间的连线称为球轴，球轴的垂直平分面称为小球的赤道平面。赤道平面与小球表面的交线为小球的赤道。垂直于赤道平面且包含球轴的平面称为子午面。处于赤道的层片呈现出平面状，其他层面在其内部彼此大体平行，但接近球体表面逐渐弯曲，使接触处的层面垂直于球面。这种排列是分子间力的妥协和平衡的产物。

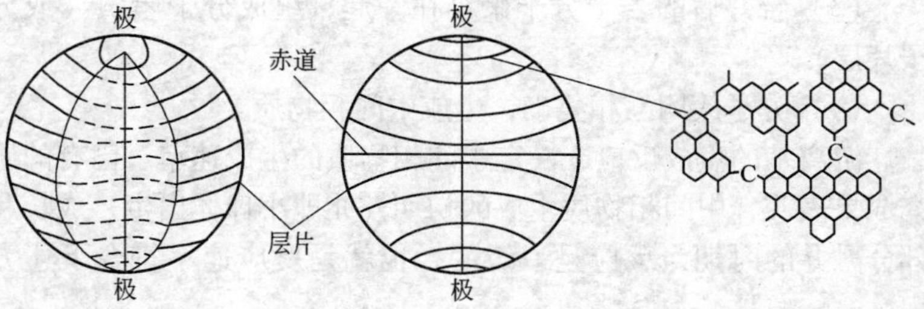

图 12-17　中间相小球的结构特征

D　中间相小球体的特点

中间相小球体具有塑性或流动性；具有光学各向异性和磁学各向异性；与沥青母相之间有明显的界面；有低共熔效应。这些特点与液晶相似。与液晶相异之处是中间相的生成过程是不可逆的；中间相不溶于苯或吡啶；中间相的生成过程主要是化学变化，而不是物理状态的变化；中间相较沥青母相相对分子质量大，C/H 比高；在恒定温度下层间距离随时间而变化，这些显然不是液晶所具有的性质。

沥青中间相的生成是范德华力和偶极子的相互作用，使分子具有一定取向之后，分子之间再由化学反应而互相连接。也可以认为中间相物质是各向异性的芳香性聚合物。因此，中间相也称之为假过渡液晶相（Pseudomorph of a transient liquid crystal phase）。

12.5.1.3　中间相沥青的生成机理

从反应动力学研究所获得的数据推测，认为中间相物质的生成过程如下：

（1）沥青物质裂解成自由基

$$AB \longrightarrow \dot{A} + \dot{B}$$

（2）自由基合并

$$\dot{A} + \dot{A} \longrightarrow AA$$

$$\dot{B} + \dot{B} \longrightarrow BB$$

（3）合并后的若干分子聚集在一起，组成分子簇团（或分子片层）。

（4）分子簇团互相叠砌，生成中间相物质。

游离基的生成反应，决定中间相物质的生成速率。已有的研究成果表明，中间相物质生成的初期，亦即小球体出生、成长和部分融并的时期，反应是一级的，也就是反应速率符合下述方程：

$$\frac{\mathrm{d}M}{\mathrm{d}t} = K(a - M)$$

$$K = A \cdot \exp\left(\frac{-E}{RT}\right)$$

式中，M 为中间相物质的质量；t 为时间；a 为沥青中可转变为中间相组分的质量；K 为反应速度常数；A 为常数；E 为活化能；R 为气体常数；T 为绝对温度。

12.5.1.4 影响中间相形成的因素

A 沥青组成的影响

沥青组成的影响如下：

（1）活性组分的影响。沥青中含有少量高活性的反应性组分，则交联反应可平稳地进行，且为有取向的交联和缩合，易得到各向异性的镶嵌结构和纤维状结构。如果沥青中存在的高活性组分控制着交联，则为无取向的交联，则得到各向同性碳和微细镶嵌结构。以低温干馏煤焦油作为液相炭化的原料，往往出现后种情况。

（2）喹啉不溶物的影响。这里所说的喹啉不溶物是指一次喹啉不溶物，如游离碳和炭黑等。它们的存在导致反应活化能降低，反应速度常数增加，见表12-17。一次喹啉不溶物的存在虽然有利于成核过程，但不利于小球的成长和融并。当它们的质量分数超过5%时，小球的直径只有几微米，并呈洋葱型结构。这种结构不易石墨化。

表12-17　游离碳对反应活化能和反应速度常数的影响

项　目		喹啉可溶沥青	沥青中的游离碳质量分数			
			2%	4%	8%	10%
活化能/$kJ \cdot mol^{-1}$		240	232	206	202	177
反应速度常数/s^{-1}	400℃	3.8×10^6	5.1×10^6	5.8×10^6	6.1×10^6	6.7×10^6
	410℃	8.8×10^6	7.0×10^6	7.7×10^6	8.3×10^6	12.1×10^6
	420℃	11.5×10^6	12.2×10^6	13.4×10^6	12.8×10^6	18.6×10^6
	430℃	21.1×10^6	23.3×10^6	20.8×10^6	25.9×10^6	26.9×10^6
	440℃	42.9×10^6	39.7×10^6	38.1×10^6	39.7×10^6	46.7×10^6

（3）氧、氮、硫及其杂环化合物的影响。有资料报道，沥青中含7%以上的氧导致完全抑制中间相的转化，而制得非石墨化的焦炭。沥青中加入硫磺，可促进中间相的迅速转化，加入量超过7%，就会引起中间相分子之间广泛的交联，最后生成不能石墨化的玻璃炭。另外硫还能引起晶胀。含氧、氮和硫的杂环化合物热反应性高，参与中间相小球体的初生，并富集于其中，而生成细粒镶嵌结构。

（4）金属元素的影响。沥青中主要含有Na、K、Mg、Ca、Fe、Cu、Al、V、Ni等。它们使沥青分子活化，加速中间相小球体的生成和融并，而形成镶嵌结构。

B　热处理温度和停留时间的影响

中间相小球体的初生和成长随热处理温度的升高而加快。在同一温度条件下，停留时间越长，越有利于小球的成长和融并。通常升温速度越慢，小球的成长和融并有充足的时间，易得到大的复球和各向异性区域大的流变性能好的中间相沥青。

若以中间相的生成量为 M，热处理温度为 T，停留时间为 τ，则有如下关系：

$$M = T\tau^n$$

式中，$n<1$。这表明 T 对 M 的影响大于 τ。

C 压力的影响

提高沥青热处理压力，可抑制低分子馏分的逸出，提高炭化率。同时低分子馏分在压力下凝聚于液相之中，使黏度得到改善，流变性能更好，从而有利于小球体的融并和重排，各向异性程度提高。但压力过大有碍小球体的融并。因此压力应适中。

12.5.2 沥青针状焦的生产

针状焦的生产工艺包括原料预处理、延迟焦化和煅烧三部分。

12.5.2.1 原料预处理

原料预处理的目的是除去原料中的杂质，制取适合于生产针状焦的精制沥青。根据 Stock C. A 等人提出针状焦原料至少应符合下列要求：

密度	$>1.02\text{g/cm}^3$	钒	≤50mg/kg
灰分	≤0.05%	镍	≤50mg/kg
硫分	≤0.5%	BMCI	≥120
QI_1	<1%		

美国矿务局相关指数（Bureau of Mines Correlation Index）BMCI 值可用下式计算：

$$\text{BMCI} = \frac{48640}{T_{\text{b,m}}} + 473.7d - 456.8$$

式中，$T_{\text{b,m}}$ 为原料沸点平均值，K；d 为原料在 15.5℃ 的密度。BMCI 值反映原料的芳香化度，其值越大则原料的芳香化度越高。煤沥青的芳香化度符合要求。因此煤沥青的预处理主要是去除一次喹啉不溶物等有害杂质和调制相对分子质量分布适宜。

预处理的方法有加氢法、热聚合法和溶剂法等。加氢法对去除杂原子和调制相对分子质量分布适宜比较有效。热聚合法适用于焦油、重质油或沥青闪蒸油为原料，采用热聚合调制芳香化度和相对分子质量分布。溶剂法对去除沥青中的喹啉不溶物等杂质很有效。

日本的日铁化学株式会社、三菱化成株式会社和我国鞍山热能研究院采用溶剂法处理煤沥青调制针状焦原料。

溶剂处理法的工艺流程见图 12-18。煤系软沥青和脂肪烃与芳香烃的混合溶剂按比例送入混合器，充分混合溶解后，静置分离。残渣从底部排出，轻相经加热炉加热后进入闪蒸塔。闪蒸塔顶馏出的气体经冷凝冷却，进入溶剂回收槽循环使用。蒸馏塔底排出精制沥青，作为制取针状焦的原料。

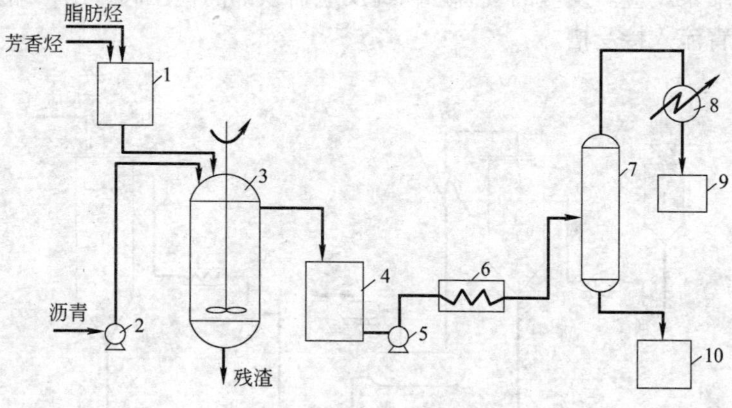

图 12-18　溶剂处理法工艺流程

1—混合溶剂槽；2—沥青泵；3—混合器；4—轻相槽；5—轻相泵；6—加热炉；7—闪蒸塔；8—冷凝冷却器；9—溶剂回收槽；10—精制沥青槽

常用的脂肪烃溶剂有煤油、粗汽油和环己烷等。常用的芳香烃溶剂有苯类、轻洗油和萘洗混合馏分等。脂肪烃溶剂的作用是降低黏度，有利于轻相和聚集颗粒相的分离。芳烃溶剂的作用是溶解沥青中的有效成分即 β 组分和 γ 组分。工艺的主要操作参数是混合溶剂的芳脂比、溶剂比、混合温度、搅拌时间和静置时间。这要通过试验确定较优的条件，以保证精制沥青的 QI_1 的质量分数小于 1.0%，并且残渣流动性良好，容易排出。

日本大阪煤气公司用重质残油，我国鞍山焦化耐火材料设计研究院用软沥青闪蒸油作为原料，采用加压缩聚法制取针状焦的原料。采用这种方法可以得到几乎不含一次喹啉不溶物的精制沥青。后者的生产流程见图 12-19。熔融的软沥青用泵送入管式炉加热到 400℃左右入真空闪蒸塔。在此生成的高温沥青从底部流入高温沥青槽，塔顶逸出的馏分气经冷凝冷却后流入澄清油接受槽，再排入中间槽。中间槽的澄清油用泵定量送入管式炉加热到 430℃左右入缩聚反应器，在慢速搅拌的情况下，进行热分解和热缩聚反应。反应的气态产物经反应器顶部的稳压阀排出，缩聚沥青流入接受槽。

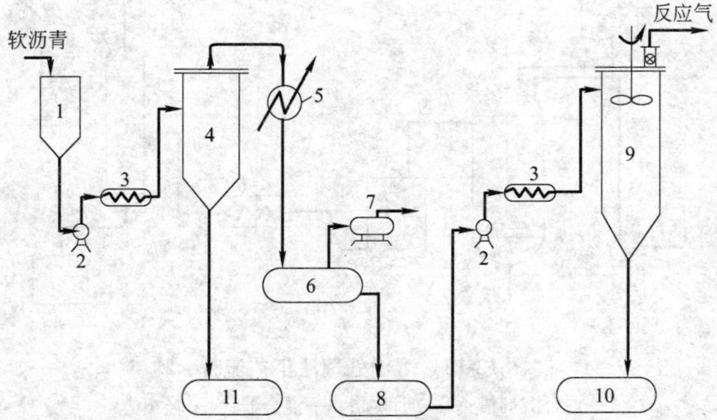

图 12-19　真空闪蒸-加压缩聚法生产流程简图

1—煤系软沥青接受槽；2—计量泵；3—管式炉；4—真空闪蒸塔；5—冷凝冷却器；6—澄清油接受槽；7—真空泵；8—澄清油中间槽；9—缩聚反应器；10—缩聚沥青接受槽；11—高温沥青接受槽

该工艺的主要操作参数是真空闪蒸温度和压力、加压缩聚温度和压力及缩聚时间。真空闪蒸过程应得到适宜密度和适宜芳香化度的澄清油。加压缩聚过程应得到含量高的中间相先驱体（β

组分）的缩聚沥青，同时控制 QI_2 含量尽可能低。

12.5.2.2　延迟焦化

针状焦的延迟焦化工艺流程和设备与煤软沥青延迟焦化基本相同，只是在焦化条件和操作上采取某些必要的措施，如控制进料的升温速度、注汽量和调整循环比，使油料在焦化塔内维持一个相对稳定的状态，充分利用中间相物质的塑性流动和分子排列的有序性，同时使气相产物产生剪切力，创造所谓"气流拉焦"的条件，最终形成流线状结构的针状焦。

12.5.2.3　煅烧

通常采用回转窑进行煅烧，其煅烧温度比普通沥青焦高100～150℃，约为1450℃，同时煅烧时间也长。经过煅烧的针状焦可以改善焦炭结构、提高焦炭真密度和降低挥发分。

煅烧后的针状焦质量指标如下：线胀系数（100～600℃）$\leqslant 1.15\times10^{-6}$/℃；电阻率≤600μΩ·m；真密度≥2.13g/cm³；硫≤0.4%；氮≤0.7%；挥发分≤0.5%；长宽比（k）≥1.65。

12.6　沥青基炭纤维

沥青基炭纤维是以精制的煤焦油沥青或石油沥青为原料，经纺丝、稳定化和炭化处理所得的炭质纤维材料。这种材料既具有炭素材料的特性，又具有纤维材料的特性，即导电性和导热性好，线膨胀系数低，熔点高，耐高温性能好（在2000℃高温下，强度几乎无变化），抗氧化性好（在400～500℃以上时才开始氧化，但不燃烧），化学稳定性好，耐酸碱侵蚀，耐磨性和润滑性好，可挠性好，容易被树脂浸润，比热容小，表面积大，密度小（1.6～1.7g/cm³），强度大等。

炭纤维大多数用作各种复合材料的增强剂。通用级沥青炭纤维（各向同性沥青炭纤维），主要用于高温绝热材料、可塑性树脂的增强材料、水泥增强材料和摩擦材料等。高性能沥青炭纤维（中间相沥青炭纤维），特别是高模量产品，主要用于航天、航空方面，中等强度的高性能沥青炭纤维，在汽车制造和造船等一般工业将有应用前景。

12.6.1　通用级沥青炭纤维的制取

通用级沥青炭纤维的制取工艺包括原料净化、可纺沥青的调制、熔融纺丝、沥青纤维的不熔化和炭化处理。

12.6.1.1　原料净化

原料净化的目的是去除喹啉不溶物，净化后的沥青喹啉不溶物应小于0.8%。净化方法有溶剂法、热过滤法、真空过滤法等。

12.6.1.2　可纺沥青的调制

可纺沥青调制的目的是使原料沥青满足纺丝需要的流变性能；不熔化处理需要的化学反应性；炭化和石墨化的炭化收缩和石墨化性，而这些性能取决于沥青的分子结构、平均相对分子质量及相对分子质量分布等。调制方法有以下几种：

(1) 空气氧化法。在330～380℃下，用空气氧化沥青，使沥青中引入氧原子活性中心，以加速脱氢缩聚反应和形成交联键，同时带出轻组分。此法的关键是控制适度氧化，空气量过大或过小，均使沥青可纺性变差。

(2) 热处理法。将沥青在氮气下于380℃干馏1h，再在270℃下减压蒸馏，除去低沸点组分。然后在减压残渣中添加6%～7%二异丙苯过氧化物，再在氮气中于280℃加热4～8h，得到H/C原子比为0.47～0.49，含碳量为92.4%～92.7%的沥青，具有较好的可纺性。

(3) 溶剂抽提法。用氯仿抽提沥青，在可溶分中加入5%的四甲基秋兰姆化二硫（TMTD），然后在150～200℃下处理6h，再在300℃减压热处理2h，则得到可纺性好的沥青。该法热处理的作用是加速热脱氢和缩聚反应而不增加不溶物，同时除去其中的低相对分子质量化合物。

(4) 共聚合法。沥青中添加聚合物如聚乙烯、聚苯乙烯或线性酚醛清漆等，在氮气保护下加热到400℃左右共聚合，同时去除低沸点组分，则可得到可纺性各向同性沥青。

12.6.1.3 熔融纺丝

熔融纺丝可采用一般合成纤维工业中常用的纺丝方法，如挤压式、离心式和熔喷式等。

12.6.1.4 不熔化处理

沥青纤维的不熔化处理目的是将沥青的分子通过氧化交联成不熔不溶的交联结构，以便在高温炭化处理过程保持纤维状态。氧化方法有气相氧化、液相氧化和气液混合氧化。各种氧化性气体和氧化性液体均可作氧化剂使用。沥青纤维的不熔化处理，一般是在空气中进行，使空气中的氧与沥青中的活泼氢反应，沥青分子通过氧桥交联形成三维不熔不溶结构。采用较强的氧化气氛，可以提高交联的不熔化转变速度。影响不熔化处理效果的主要因素是氧化终温、升温速度、反应时间和空气量。

12.6.1.5 碳化处理

不熔化纤维的碳化处理是在惰性气氛下加热到1100℃左右，使分子内部或分子间进一步交联缩聚，放出 CO、CO_2、CH_4、H_2、H_2O 和少量焦油状物质，使芳香平面形成具有一定石墨化程度的网状结构，即为炭纤维。

12.6.2 高性能沥青炭纤维的制取

高性能沥青炭纤维的制取与通用级沥青炭纤维的制取工艺过程，最大的不同之处是净化后的沥青，需经过加热缩聚或加氢处理，使成为中间相沥青或类似中间相沥青后再进行纺丝。

可纺性的中间相沥青应具有塑性流动性能（即牛顿流动性）。这种流动性与中间相（二次喹啉不溶物）含量、相对分子质量大小及相对分子质量分布等因素密切有关。

中间相沥青的黏度与其流动性能有密切关系，而黏度又与中间相的含量有关。一般含量越高，黏度越大。另外黏度也与小球的大小有关，球径越小，黏度越高。当黏度相当高时，小球在高温下不能融并，只能熔融在一起，因此，在热脱氢缩聚过程中，不能单纯追求中间相含量的高低，更应注意球径的大小及融并情况。

中间相的密度和相对分子质量均比母相沥青大，一般密度大于1.35，相对分子质量大于1000。因此在热缩聚过程必须施加强烈搅拌，以便形成相对分子质量分布窄，均匀的乳状液。

高性能沥青基炭纤维的生产流程见图12-20。

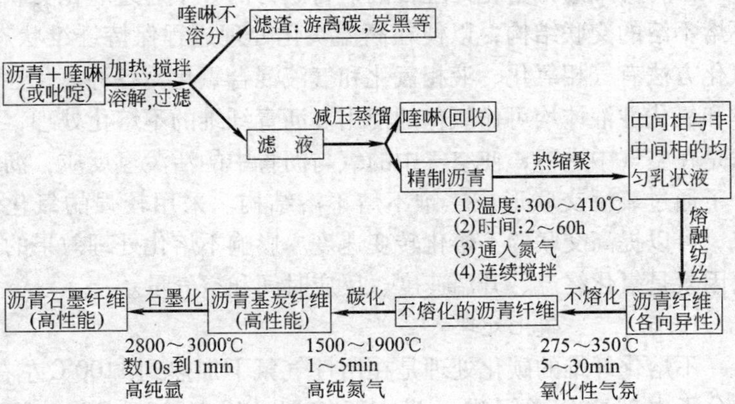

图12-20　高性能沥青基炭纤维生产流程示意图

12.7　筑路混合沥青

将煤沥青和石油沥青混合使用，通称混合沥青。混合沥青综合了石油沥青和煤沥青的优点，使其黏结性、热稳定性和延伸性均得到改善。20世纪70年代以来许多欧洲国家都开始生产和使用混合沥青筑路材料。我国对混合沥青的研究也取得了成果。

12.7.1　混合原理

混合沥青是煤沥青与石油沥青的相互有限互溶的分散体系。分散体系的稳定程度与分散相和分散介质界面上的表面张力有关。欲混合物质的表面张力相差愈小，则两者的亲和性愈大，获得的体系愈稳定。

根据 Андунов 原则，液体界面上的表面张力：

$$\gamma_{1-2} = \gamma_1 - \gamma_2$$

式中，γ_1 为液体 1 的表面张力；γ_2 为液体 2 的表面张力。

从分子物理学可知，随着温度的升高，热运动的加强，分子间的平均距离将会加大，分子间相互作用将急剧地减小，当达到某一温度时，液体 1 和液体 2 的表面张力接近，则两者可互溶。此时的温度称为液体的临界混合温度。煤沥青和石油沥青混合也遵循这一原则，在表面张力相互接近时混合最好。

12.7.2 制造方法

混合沥青的制造方法很多，主要有溶剂混合法、干混合法、乳液或悬浮液混合法、热熔混合法和高速匀化器法等。溶剂混合法安全性差，干混合法颗粒较粗，混合不均匀，故多采用后三种方法。

12.7.2.1 乳液或悬浮液混合法

该法是将煤沥青和石油沥青分别溶解在溶剂里配制表面张力相近的溶液，或乳状液和悬浮液，则可混合均匀制成混合沥青。

12.7.2.2 热熔混合法

该法是将煤沥青和石油沥青加热熔融后，充分搅拌匀化，而获得混合沥青。该法简单，但制得的混合沥青稳定性差。

12.7.2.3 高速匀化器法

该法是采用高速匀化器，在很高的剪应力下，使液体石油沥青和煤沥青充分混合则得到均匀而稳定的混合沥青。

12.7.3 影响混合沥青稳定性的因素

混合沥青的稳定性除了与制造方法有关外，更重要的是沥青的性质。油相溶解能力取决于石油基与焦油基油分的相似性。煤焦油具有高芳香度特性，而石油一般是烷烃为主。因此制取混合沥青必须选择芳香烃含量高的石油沥青。石油沥青与煤沥青的相溶性由优到差的顺序排列为：天然石油沥青 > 抽提石油沥青 > 环烷基石油沥青 > 石蜡基石油沥青。煤沥青中的游离碳，对胶体状态有凝结破坏作用，是破坏剂和凝结剂。因此制取混合沥青所用的煤沥青游离碳含量不易过高。

有的学者提出，只有当混合沥青中的石油沥青含量少于

20%或多于70%的时候，才能获得稳定的混合沥青。当石油沥青小于下限时，这种混合沥青为煤沥青石油沥青混合物，当大于上限时为石油沥青煤沥青混合物。当石油沥青含量大于20%或小于70%时，所得混合沥青出现絮凝现象。但含有大量蒽油的煤沥青可以掺和任何比例的石油沥青而获得稳定的混合沥青。

液体石油沥青和煤沥青混合，不能获得稳定的混合沥青，即使掺入1%也会出现絮凝现象，这可以从显微镜中观察到。

参考文献

[1] [苏] 波利瓦洛夫 B E，斯捷巴涅科 M A. 煤焦油沥青 [M]. 曲法泉译. 北京：冶金工业出版社，1988.

[2] 罗英涛，王平甫，等. 煤沥青对我国铝用炭阳极质量的影响 [J]. 炭素技术，2001 (3)：30~35.

[3] 闫修谨，李玉财，等. 黏结剂用沥青的生产 [J]. 炭素技术，2001 (4)：34~38.

[4] 罗同仁，高克萱. 煤沥青深加工工艺与黏结剂的性能 [J]. 燃料与化工，2000，31 (5)：246~250.

[5] 王茂章，贺福. 炭纤维的制造、性质及其应用 [M]. 北京：科学出版社，1984.

[6] 刘尚乐. 石油沥青及其在建筑中应用 [M]. 北京：中国建筑工业出版社，1983.

[7] 张家埭. 炭材料工学基础 [M]. 北京：冶金工业出版社，1992.

[8] 李玉财，苏久明，刘涛，等. 焦油沥青净化和浸渍剂沥青的生产 [J]. 燃料与化工，2002，33 (4)：189~192.

[9] 许斌，薛改凤. 浸渍剂沥青. 炭素，1998 (4)：41.

[10] 石井一由. 低喹啉不溶物焦油沥青的生产技术 [J]. 张国富译. ァロマテイックス，2003，夏季号：53~56.

[11] 潘立慧，方庆舟，许斌. 武钢改质沥青生产工艺的研究 [J]. 燃料与化工，2002，33 (1)：26~29.

[12] 贺福. 中间相沥青的生成机理及其性质 [J]. 碳素，1983 (1)：1~11.

[13] 炼焦化学卷编辑委员会. 中国冶金百科全书·炼焦化工 [M]. 北京：冶金工业出版社，1992.

附　录

附表1　煤焦油的中性化合物

序号	名　称	〔分子式〕(相对分子质量) 结构式	熔点/℃	沸点/℃	密度/g·cm^{-3}	折射率 n_D^{20}	溶解性 (1)醚, (2)醇, (3)水
1	丙二烯 allene propadiene	〔C_3H_4〕 (40.07) $CH_2{=}C{=}CH_2$	−146	−32			
2	丁炔 butyne	〔C_4H_6〕 (54.09) $CH_3C{\equiv}CCH_3$	−32.8	27.2 ~ 27.6	0.693 0.6910	1.3921	·(2)可溶,(3)不溶
3	1,2-丁二烯 1,2-butadiene	〔C_4H_6〕 (54.09) $CH_3CH{=}C{=}CH_2$	−136.3	10.3	0.652		(1)、(2)易溶,(3)不溶
4	1,3-丁二烯 1,3-butadiene	〔C_4H_6〕 (54.09) $CH_2{=}CH{-}CH{=}CH_2$	−108.9	−4.5	0.6211	1.4223 (−6)	(1)、(2)可溶
5	1-丁烯 1-butene	〔C_4H_8〕 (56.11) $CH_3CH_2CH{=}CH_2$	< −190 < −185.4	−6.3	0.5946		(1)、(2)易溶,(3)不溶
6	2-丁烯 2-butene	〔C_4H_8〕 (56.11) $CH_3CH{=}CHCH_3$					(2)可溶,(3)不溶
		顺式: 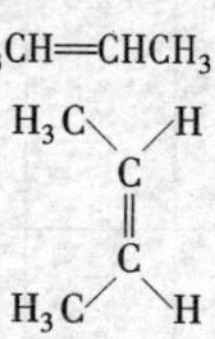	−139.3	3.5	0.6213	1.3848 (−25)	
		反式: 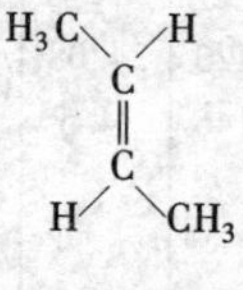	−105.5	0.9	0.6042	1.3931 (25)	

续附表 1

序号	名称	〔分子式〕(相对分子质量) 结构式	熔点 /℃	沸点 /℃	密度 /g·cm^{-3}	折射率 n_D^{20}	溶解性 (1)醚, (2)醇, (3)水
7	丁烷 butane	〔C_4H_{10}〕 (58.12) $CH_3(CH_2)_2CH_3$	-135	-0.5	0.5730 (25)	1.3562 (-15)	(1)、(2)易溶,(3)不溶
8	1,3-环戊二烯茂 1,3-cyclopentadiene	〔C_5H_6〕 (66.10) 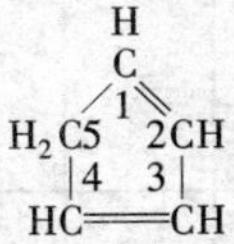	-85	41~42	0.8021	1.4440	(1)、(2)易溶,(3)不溶
9	2-戊炔 2-pentyne	〔C_5H_8〕 (68.12) $CH_3—CH_2—C≡C—CH_3$	-101	56.1	0.711		(3)不溶
10	1,3-戊二烯 戊间二烯 1-甲基-1,3-丁二烯 1,3-pentadiene piperylene	〔C_5H_8〕 (68.12) $CH_3CH═CHCH═CH_2$	-89.47	42~42.4	0.676	1.4299	
11	2,3-戊二烯 3-甲基-1,2-丁二烯 二甲基丙烯 2,3-pentadiene dimethyl allene	〔C_5H_8〕 (68.12) $(CH_3)_2C═C═CH_2$	-120	40.8	0.680		
12	异戊间二烯 2-甲基-1,3-丁二烯 2-methyl-1,3-butadiene isoprene	〔C_5H_8〕 (68.12) 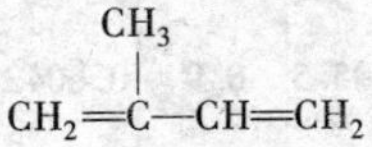	-120 -146	34.08 34.5	0.6808	1.4216	(1)、(2)易溶,(3)不溶

续附表1

序号	名称	〔分子式〕（相对分子质量）结构式	熔点/℃	沸点/℃	密度/$g\cdot cm^{-3}$	折射率 n_D^{20}	溶解性 (1)醚，(2)醇，(3)水
13	环戊烯 cyclopentene	〔C_5H_8〕 (68.12) 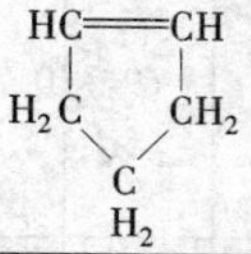	−93.3	45～46	0.7715	1.4226	(1)、(2)可溶，(3)不溶
14	1-戊烯 1-pentene α-amylene	〔C_5H_{10}〕 (70.14) $C_3H_7\cdot CH{=}CH_2$	−165.2	30	0.6411	1.3714	(1)、(2)易溶，(3)不溶
15	2-戊烯 2-pentene β-amylene	〔C_5H_{10}〕 (70.14) $C_2H_5CH{=}CHCH_3$	−137	36.36	0.6482	1.3820	(1)、(2)易溶，(3)难溶
16	环戊烷 cyclopentane pentemethyl-ene	〔C_5H_{10}〕 (70.14) 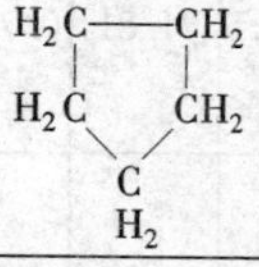	−93.3	49.26 50	0.7454	1.4065	(1)、(2)易溶，(3)不溶
17	戊烷 pentane	〔C_5H_{12}〕 (72.15) $CH_3(CH_2)_3CH_3$	−129.7	36.1	0.6262	1.3577	(1)可溶，(2)难溶，(3)不溶
18	苯 benzene	〔C_6H_6〕 (78.11) 	5.5	80.1	0.8790	0.8790	(1)、(2)易溶，(3)0.07(22℃)
19	1,3-环己二烯 1,2-二氢苯 1,3-cyclohexa-diene 1,2- dihydro-benzene	〔C_6H_8〕 (80.13) 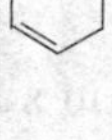	−98	80.5	0.8405	1.4750	(1)、(2)可溶，(3)不溶

续附表 1

序号	名称	〔分子式〕（相对分子质量） 结构式	熔点/℃	沸点/℃	密度/g·cm^{-3}	折射率 n_D^{20}	溶解性 (1)醚, (2)醇, (3)水
20	2,3-二甲基-1,3-丁二烯 2,3-dimethyl 1,3-butadiene	〔C_6H_{10}〕 (82.15) $CH_2{=}C(CH_3){-}C(CH_3){=}CH_2$	-76 -65	69	0.7261	1.4394	
21	环己烯 cyclohexene	〔C_6H_{10}〕 (82.15) 	-103.7	83.3	0.8112	1.4464	(1)、(2)易溶，(3)难溶
22	1-己烯 1-hexene	〔C_6H_{12}〕 (84.16) $CH_3(CH_2)_3CH{=}CH_2$	-139.8	63.46	0.6747	1.3886	(1)、(2)易溶，(3)不溶
23	甲基环戊烷 methylcyclo-pentane	〔C_6H_{12}〕 (84.16) 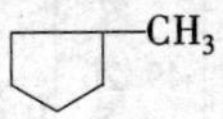	-140.5	71.81	0.7486	1.4097	(1)易溶，(3)不溶
24	环己烷 cyclohexane	〔C_6H_{12}〕 (84.16) 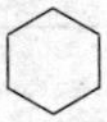	6.5	81	0.779	1.4262	(1)、(2)易溶，(3)不溶
25	己烷 hexane	〔C_6H_{14}〕 (86.18) $CH_3(CH_2)_4CH_3$	-95	68.74	0.6594	1.3749	(1)易溶，(2)可溶，(3)不溶
26	异己烷 isohexane 2-methylpen-tane	〔C_6H_{14}〕 (86.18) $CH_3CH(CH_3)(CH_2)_2CH_3$	-153.7	60.27	0.6532	1.3715	(1)可溶，(3)不溶
27	甲苯 toluene	〔C_7H_8〕 (92.14) 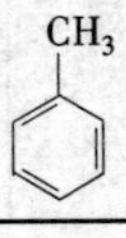	-95	110.8	0.866	1.4969	(1)、(2)易溶，(3)不溶

续附表 1

序号	名　称	〔分子式〕（相对分子质量）结构式	熔点 /℃	沸点 /℃	密度 /g·cm^{-3}	折射率 n_D^{20}	溶解性 (1)醚，(2)醇，(3)水
28	庚烯 1-heptene	〔C_7H_{14}〕 (98.18) $CH_3(CH_2)_4CH{=}CH_2$	–119.1	99	0.6993	1.3999	(1)、(2)可溶，(3)不溶
29	甲基环己烷 methylcyclo-hexane	〔C_7H_{14}〕 (98.18) 	–126.4	101	0.7694	1.4128	(1)、(2)可溶，(3)不溶
30	二甲基环戊烷 dimethyl-cy-clo-pentane dimethyl penta-meth-ylene	〔C_7H_{14}〕 (98.18) 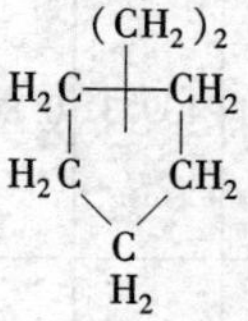					
31	庚烷 heptane	〔C_7H_{16}〕 (100.21) $CH_3(CH_2)_5CH_3$	90.6	98.43	0.6837	1.3877	(1)易溶，(2)可溶，(3)不溶
32	3-乙基戊烷 3-ethylpen-tane	〔C_7H_{16}〕 (100.21) $C_2H_5{-}CH(C_2H_5){-}C_2H_5$	–118.6	96	0.6982	1.3934	(1)易溶，(2)可溶，(3)不溶
33	2-甲基-己烷 2-methy-hexane	〔C_7H_{16}〕 (100.21) $CH_3(CH_2)_3CH(CH_3)CH_3$	–118.2	90.05	0.6786	1.3849	(1)易溶，(2)可溶，(3)不溶
34	3-甲基-己烷 3-methy-hexane	〔C_7H_{16}〕 (100.21) $CH_3(CH_2)_2CH(CH_3)CH_2CH_3$	–119.4	91.85	0.6871	1.3886	(1)易溶，(2)可溶，(3)不溶

续附表 1

序号	名称	〔分子式〕(相对分子质量) 结构式	熔点 /℃	沸点 /℃	密度 /g·cm^{-3}	折射率 n_D^{20}	溶解性 (1)醚, (2)醇, (3)水
35	苯乙烯 styrene	〔C_8H_8〕 (104.15) 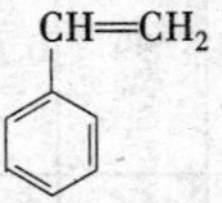	-33	146	0.9090	1.5468	(1)、(2)易溶,(3)不溶
36	邻二甲苯 *o*-xylene	〔C_8H_{10}〕 (106.17) 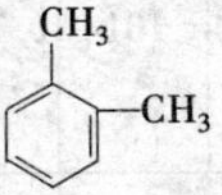	-25	144	0.8969	1.5054	(1),(2)易溶,(3)不溶
37	间二甲苯 *m*-xylene	〔C_8H_{10}〕 (106.17) 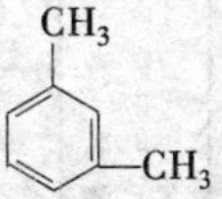	-47.4	139.3	0.8642	1.4972	(1)、(2)易溶,(3)不溶
38	对二甲苯 *p*-xylene	〔C_8H_{10}〕 (106.17) 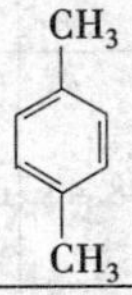	13.2	138.5	0.861	1.4958	(1)易溶,(2)可溶,(3)不溶
39	乙基苯 ethylbenzene	〔C_8H_{10}〕 (106.17) 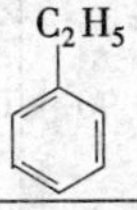	-94.4	136.19	0.8670	1.4959	(1)、(2)易溶,(3)不溶
40	辛烷 octane	〔C_8H_{18}〕 (114.23) $CH_3(CH_2)_6CH_3$	-56.5	125.8	0.7036	1.3974	(1)、(2)可溶,(3)不溶
41	2,2,4-三甲基戊烷 2,2,4-trimethyl-pentane	〔C_8H_{18}〕 (114.23) 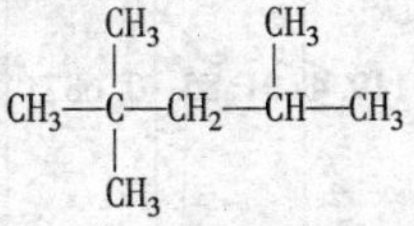	-107.41	99.3	0.6919 (0)	1.3915	(1)、(2)可溶,(3)不溶

续附表 1

序号	名　称	〔分子式〕（相对分子质量） 结构式	熔点 /℃	沸点 /℃	密度 /g·cm⁻³	折射率 n_D^{20}	溶解性 (1)醚，(2)醇，(3)水
42	3-甲基-3-乙基戊烷 3-methyl-3-ethyl-pentane	〔C_8H_{18}〕　(114.23) $CH_3-CH_2-C(CH_3)(C_2H_5)-CH_2-CH_3$	-90.87	118.26			
43	茚 indene	〔C_9H_8〕　(116.16) 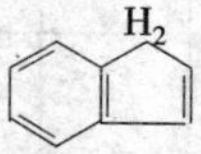	-2	181~182	0.9915	1.5642	(1)易溶，(2)可溶，(3)不溶
44	二氢化茚 茚满 2,3-dihydro-indene indane	〔C_9H_{10}〕　(118.18) 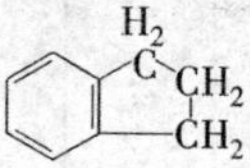	-51.5	177	0.957 (15)	1.538	(1)、(2)易溶，(3)不溶
45	对-甲基苯乙烯 4-甲基苯乙烯 *p*(4)-methylistylene	〔C_9H_{10}〕　(118.18) 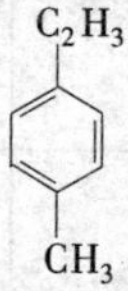	-34.15	170~175			
46	2-甲基苯乙烯 2-methylistylene	〔C_9H_{10}〕　(118.18) 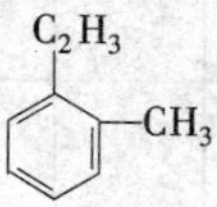	-68.57	169.8			
47	1,2,3-三甲苯(连三甲苯) 1,2,3-trimethyl-benzene (hemimellitene)	〔C_9H_{12}〕　(120.20) 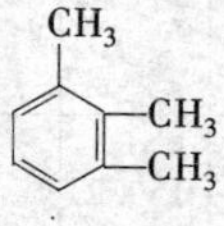	-25.38	176.1	0.8844	1.513	(1)、(2)可溶，(3)不溶

续附表 1

序号	名称	〔分子式〕（相对分子质量）结构式	熔点 /℃	沸点 /℃	密度 /g·cm^{-3}	折射率 n_D^{20}	溶解性 (1)醚, (2)醇, (3)水
48	1,2,4-三甲苯（偏三甲苯）1,2,4-trimethyl-benzene (pseudocumene)	〔C_9H_{12}〕 (120.20) 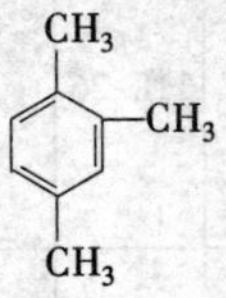	-43.8	169.4	0.8762	1.505	(1)、(2)可溶，(3)不溶
49	1,3,5-三甲苯（均三甲苯）1,3,5-trimethyl-benzene (mesitylene)	〔C_9H_{12}〕 (120.20) 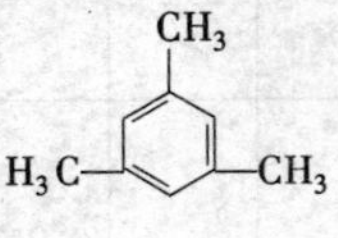	-44.72	164.8	0.8642	1.477	(1)易溶，(2)可溶，(3)不溶
50	邻-乙基甲苯 *o*(2)-ethyl-toluene	〔C_9H_{12}〕 (120.20) 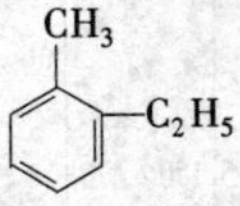	-80.8	165.2	0.8747		(1)、(2)易溶，(3)不溶
51	间-乙基甲苯 *m*(3)-ethyl-toluene	〔C_9H_{12}〕 (120.20) 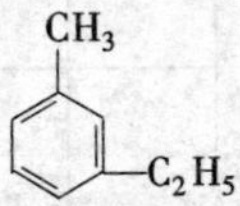	-95.6	161.5 ~ 162.5	0.8615		(1)、(2)易溶，(3)不溶
52	对-乙基甲苯 *p*(4)-ethyl-toluene	〔C_9H_{12}〕 (120.20) 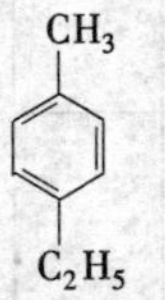	-62.4	161 ~ 162	0.8588		(1)、(2)易溶，(3)不溶
53	丙基苯 propyl-benzene	〔C_9H_{12}〕 (120.20) 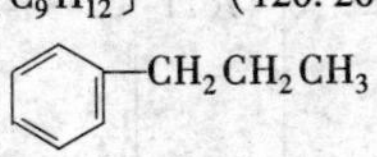	-99.2	159.2 159.5 159.6	0.8621	1.4919	(1)、(2)易溶，(3)不溶

续附表 1

序号	名　称	〔分子式〕（相对分子质量）结构式	熔点 /℃	沸点 /℃	密度 /g·cm^{-3}	折射率 n_D^{20}	溶解性 (1)醚，(2)醇，(3)水
54	异丙基苯 枯烯 isopropylbenzene cumene	〔C_9H_{12}〕 (120.20) 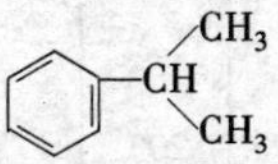	-96.03	152.4 152.7	0.8618	1.4915	(1)、(2)易溶，(3)不溶
55	1,2,4-三甲基环己烷 1,2,4-trimethyl-cyclohexane	〔C_9H_{18}〕 (126.24) 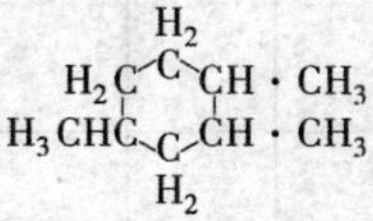	-86.4	137~139			
56	壬烷 nonane	〔C_9H_{20}〕 (128.24) $CH_3(CH_2)_7CH_3$	-53.52	149.5	0.7176		(1)、(2)可溶，(3)不溶
57	萘 naphthalene	〔$C_{10}H_8$〕 (128.17) 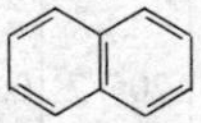	80.2	217.9	1.145		(1)、(2)易溶，(3)不溶
58	1,4-二氢化萘 1,4-dihydronaphthalene	〔$C_{10}H_{10}$〕 (130.19) 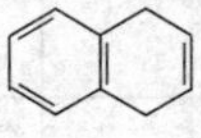	25	211~212	0.997 (12)		(1)、(2)可溶，(3)不溶
59	4-甲基茚 4-methylindene	〔$C_{10}H_{10}$〕 (130.19) 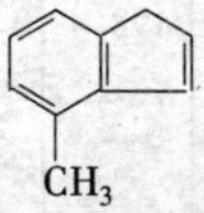		209	0.992	1.5682	
60	3-甲基茚 3-methylindene	〔$C_{10}H_{10}$〕 (130.19) 		205~206			
61	二聚环戊二烯 dicyclopentadiene	〔$C_{10}H_{12}$〕 (132.21) 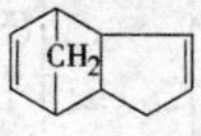	33.6	170	0.976 (35)		(1)、(2)易溶

续附表 1

序号	名　称	〔分子式〕（相对分子质量）结构式	熔点 /℃	沸点 /℃	密度 /g·cm^{-3}	折射率 n_D^{20}	溶解性 (1)醚，(2)醇，(3)水
62	4-甲基氢化茚 4-甲基茚满 4-methylindane 4-methylhydrindene	〔$C_{10}H_{12}$〕　(132.21) 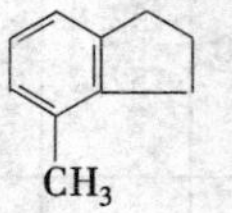		203			
63	四氢化萘 tetralin 1,2,3,4-tetrahydronaphthalene	〔$C_{10}H_{12}$〕　(132.21) 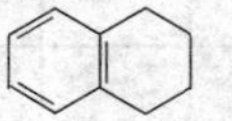	−31.5	207.2	0.971	1.5413	(1)、(2)可溶，(3)不溶
64	1,2,3,4-四甲苯 连四甲苯 1,2,3,4-tetramethylbenzene prehnitene	〔$C_{10}H_{14}$〕　(134.22) 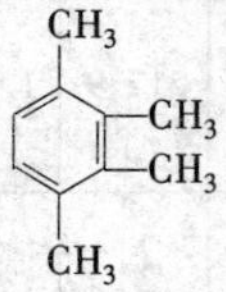	−6.4 −4	205.7	0.9044		
65	1,2,3,5-四甲苯 偏四甲苯 1,2,3,5-tetramethylbenzene isodurene	〔$C_{10}H_{14}$〕　(134.22) 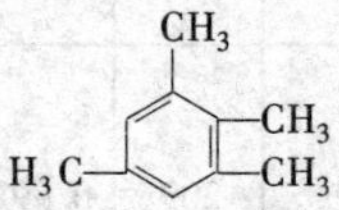	−24.1	198.4	0.8906	1.5134	(1)易溶，(2)可溶，(3)不溶
66	1,2,4,5-四甲苯 均四甲苯 1,2,4,5-tetramethylbenzene durene	〔$C_{10}H_{14}$〕　(134.22) 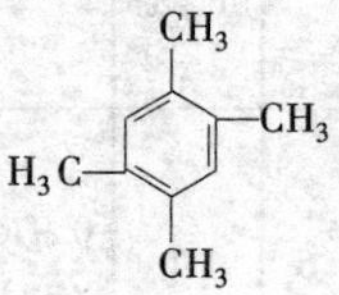	80	197	0.838 (81.3)		(1)、(2)可溶，(3)不溶

序号	名 称	〔分子式〕（相对分子质量） 结构式	熔点 /℃	沸点 /℃	密度 /g·cm⁻³	折射率 n_D^{20}	溶解性 (1)醚，(2)醇，(3)水
67	对异丙基甲苯 *p*-cymene	〔$C_{10}H_{14}$〕 (134.22) 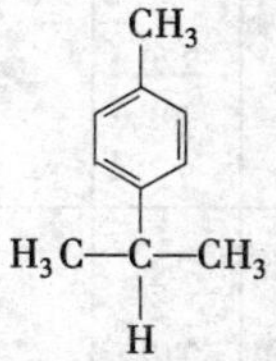	-72	177.1	0.857	1.4904	(1)、(2)可溶，(3)不溶
68	丁基苯 butylbenzene	〔$C_{10}H_{14}$〕 (134.22) 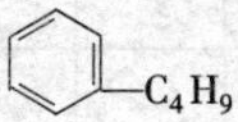	-75.47	173.3	0.8621		(1)、(2)可溶，(3)不溶
69	异丁基苯 isobutylbenzene	〔$C_{10}H_{14}$〕 (134.22) 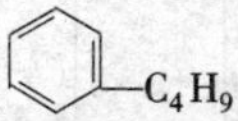	-51.48	172.8			
70	1,2-二乙基苯 1, 2-diethylbenzene	〔$C_{10}H_{14}$〕 (134.22) 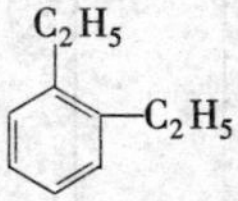	-31.24	183.4	0.8795		(1)、(2)可溶，(3)不溶
71	癸烷 decane	〔$C_{10}H_{22}$〕 (142.29) $CH_3(CH_2)_8 \cdot CH_3$	-29.72	174	0.7298	1.4120	(1)、(2)易溶，(3)不溶
72	1-甲基萘 α-甲基萘 1(α)-methyl-naphthalene	〔$C_{11}H_{10}$〕 (142.20) 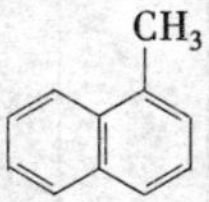	-30.46	244.4	1.0203	1.6176	(1)、(2)易溶，(3)不溶
73	2-甲基萘 β-甲基萘 2(β)-methyl-naphthalene	〔$C_{11}H_{10}$〕 (142.20) 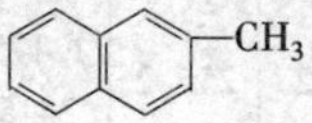	34.57	241.1	1.0290	1.6023 (40)	(1)、(2)易溶，(3)不溶

续附表 1

序号	名 称	〔分子式〕（相对分子质量）结构式	熔点/℃	沸点/℃	密度/g·cm^{-3}	折射率 n_D^{20}	溶解性(1)醚,(2)醇,(3)水
74	4,5-二甲基茚 4,5-dimethyl-indene	〔$C_{11}H_{12}$〕 (144.22) 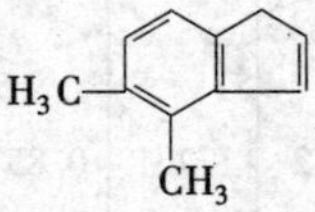		220			
75	4,6-二甲基茚 4,6-dimethyl-indene	〔$C_{11}H_{12}$〕 (144.22) 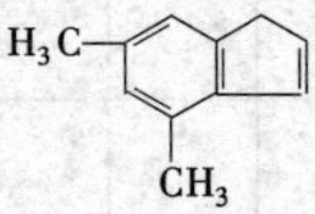		212			
76	4,7-二甲基茚 4,7- dimethyl-indene	〔$C_{11}H_{12}$〕 (144.22) 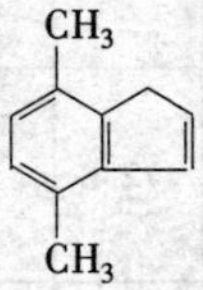		230			
77	5,6-二甲基茚 5,6- dimethyl-indene	〔$C_{11}H_{12}$〕 (144.22) 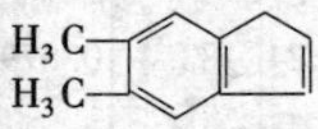					
78	5,7-二甲基茚 5,7- dimethyl-indene	〔$C_{11}H_{12}$〕 (144.22) 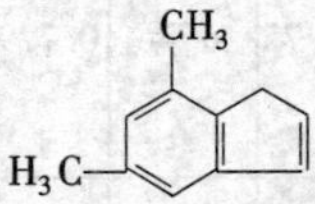					
79	6,7-二甲基茚 6,7- dimethyl-indene	〔$C_{11}H_{12}$〕 (144.22) 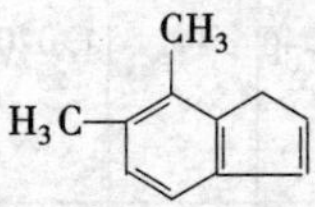					
80	联苯 biphenyl	〔$C_{12}H_{10}$〕 (154.21) 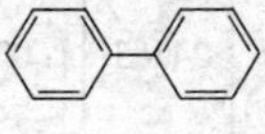	69.2	255.2	1.175 (24.5)	1.588 (77)	(1)、(2)可溶,(3)不溶

续附表 1

序号	名　称	〔分子式〕（相对分子质量）结构式	熔点 /℃	沸点 /℃	密度 /g·cm^{-3}	折射率 n_D^{20}	溶解性 (1)醚，(2)醇，(3)水
81	苊 acenaphthene	〔$C_{12}H_{10}$〕（154.21）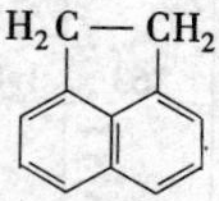	96	278	1.0242 (99)		(1)、(2)可溶，(3)不溶
82	1,2-二甲基萘 1,2-dimethyl-naphthalene	〔$C_{12}H_{12}$〕（156.22）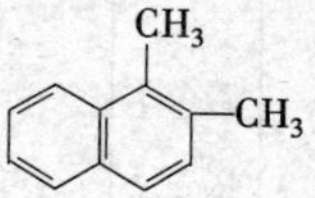	−3.5	271.1	1.015	1.6135	
83	1,3-二甲基萘 1,3-dimethyl-naphthalene	〔$C_{12}H_{12}$〕（156.22）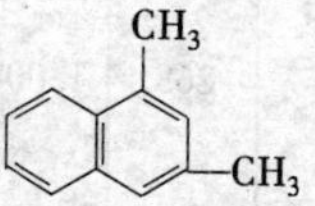	−6 ~ −5	265	1.014	1.6140	
84	1,4-二甲基萘 1,4-dimethyl-naphthalene	〔$C_{12}H_{12}$〕（156.22）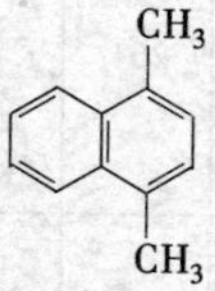	5.5 ~ 6.5	265	1.016	1.6103	(1)、(2)可溶，(3)不溶
85	1,5-二甲基萘 1,5-dimethyl-naphthalene	〔$C_{12}H_{12}$〕（156.22）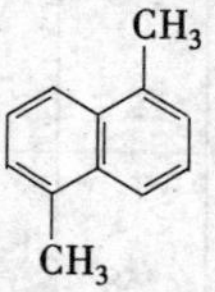	82	270			
86	1,6-二甲基萘 1,6-dimethyl-naphthalene	〔$C_{12}H_{12}$〕（156.22）	−16	264	1.002	1.6072	(1)、(2)可溶，(3)不溶

续附表 1

序号	名称	〔分子式〕(相对分子质量) 结构式	熔点 /℃	沸点 /℃	密度 /g·cm^{-3}	折射率 n_D^{20}	溶解性 (1)醚, (2)醇, (3)水
87	1,7-二甲基萘 1,7-dimethyl-naphthalene	〔$C_{12}H_{12}$〕 (156.22) 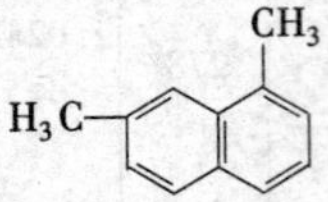	-13.9	263	1.002	1.6072	
88	1,8-二甲基萘 1,8-dimethyl-naphthalene	〔$C_{12}H_{12}$〕 (156.22) 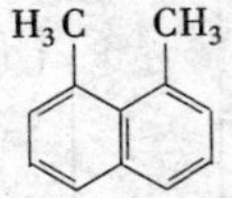		276.5			
89	2,3-二甲基萘 2,3-dimethyl-naphthalene	〔$C_{12}H_{12}$〕 (156.22) 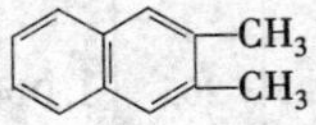	105	268	1.008	1.5700 (112～113)	(1)、(2)微溶,(3)不溶
90	2,6-二甲基萘 2,6-dimethyl-naphthalene	〔$C_{12}H_{12}$〕 (156.22) 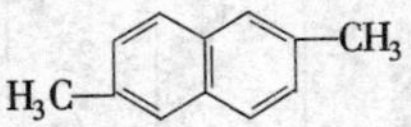	110～110.5	261	1.003		(2)微溶,(3)不溶
91	2,7-二甲基萘 2,7-dimethyl-naphthalene	〔$C_{12}H_{12}$〕 (156.22) 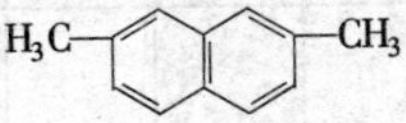	97.1	263	1.003		
92	2-乙基萘 2-ethyl-naphthalene	〔$C_{12}H_{12}$〕 (156.22) 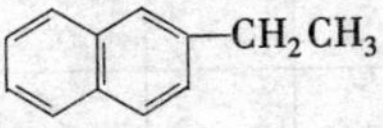	-7.5～-7.0	258	1.002 (25)		(1)、(2)易溶,(3)不溶
93	十二烷 dodecane	〔$C_{12}H_{26}$〕 (170.34) $CH_3(CH_2)_{10}CH_3$	-12	214～217	0.7511		(1)、(2)易溶,(3)不溶

续附表1

序号	名称	〔分子式〕（相对分子质量）结构式	熔点/℃	沸点/℃	密度/g·cm⁻³	折射率 n_D^{20}	溶解性 (1)醚，(2)醇，(3)水
94	芴 fluorene	〔$C_{13}H_{10}$〕 (166.22) 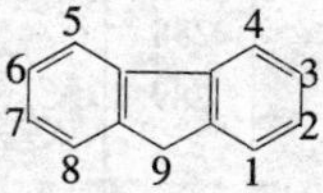	115	297.9	1.181		(1)易溶，(2)微溶，(3)不溶
95	3-甲基联苯 3-methyl-biphenyl	〔$C_{13}H_{12}$〕 (168.24) 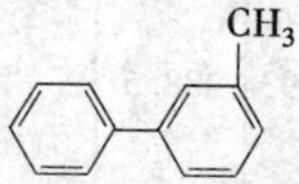	4.7	272~277	1.0121	1.6035	
96	4-甲基联苯 4-methyl-biphenyl	〔$C_{13}H_{12}$〕 (168.24) 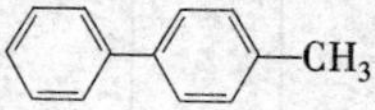	49~50	267~268 271~272 (100.3 kPa)			
97	苯并〔e〕茚满 4,5-苯并茚满 benzo〔e〕indan	〔$C_{13}H_{12}$〕 (168.24) 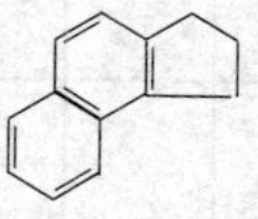	0.7	298.9	1.066	1.6200	
98	迫位-丙撑萘；迫-环丙基萘；2,3-二氢化非哪烯 peri-trimethylene naphthalene; 2,3-dihydro-phenalene	〔$C_{13}H_{12}$〕 (168.24) 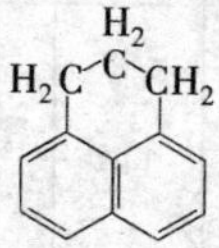	66~67	299			
99	1,3,7-三甲基萘 1,3,7-trimethyl-naphthalene	〔$C_{13}H_{14}$〕 (170.25) 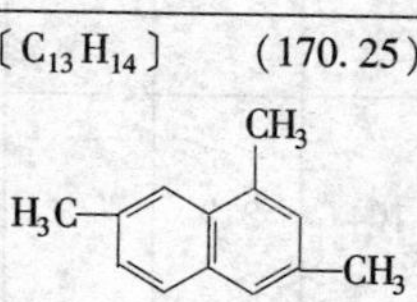	13.5	281.3	1.007	1.5759	

续附表 1

序号	名　称	〔分子式〕（相对分子质量）结构式	熔点 /℃	沸点 /℃	密度 /g·cm^{-3}	折射率 n_D^{20}	溶解性 (1)醚，(2)醇，(3)水
100	2,3,5-三甲基萘 2,3,5-trimethyl-naphthalene	〔$C_{13}H_{14}$〕 (170.25) 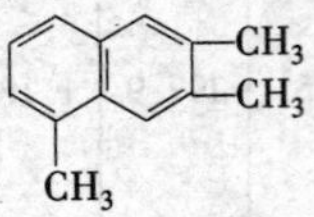	25.3	288 289			
101	2,3,6-三甲基萘 2,3,6-trimethyl-naphthalene	〔$C_{13}H_{14}$〕 (170.25) 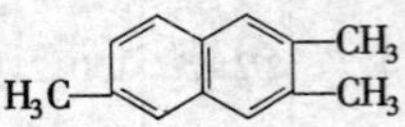	92~93	288.5			
102	1,3,5-三甲基萘 1,3,5-trimethyl-naphthalene	〔$C_{13}H_{14}$〕 (170.25) 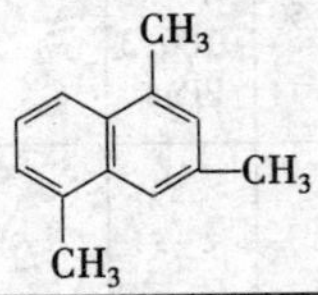		283			
103	蒽 anthracene	〔$C_{14}H_{10}$〕 (178.23) 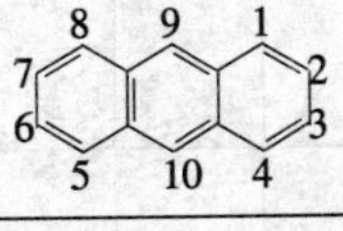	218~219	340	1.251		(1)、(2)可溶，(3)不溶
104	菲 phenanthrene	〔$C_{14}H_{10}$〕 (178.23) 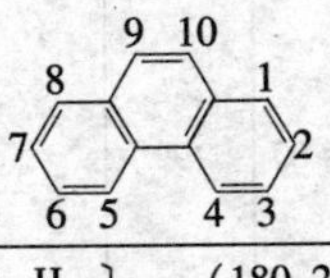	100.5	340	1.179 (25)	1.6450	(1)、(2)微溶，(3)不溶
105	1-甲基芴 1-methyl-fluorene	〔$C_{14}H_{12}$〕 (180.25) 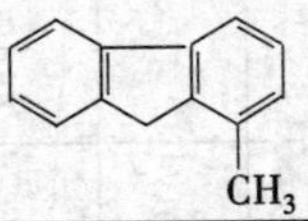	86~87	318			
106	2-甲基芴 2-methyl-fluorene	〔$C_{14}H_{12}$〕 (180.25) 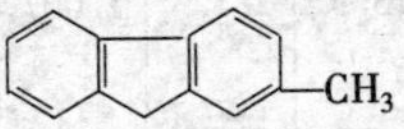	104	319			

续附表 1

序号	名称	〔分子式〕（相对分子质量） 结构式	熔点/℃	沸点/℃	密度/g·cm^{-3}	折射率 n_D^{20}	溶解性 (1)醚，(2)醇，(3)水
107	3-甲基芴 3-methyl-fluorene	〔$C_{14}H_{12}$〕 (180.25) 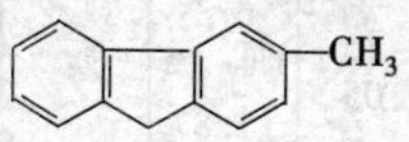	88	318			
108	9-甲基芴 9-methyl-fluorene	〔$C_{14}H_{12}$〕 (180.25) 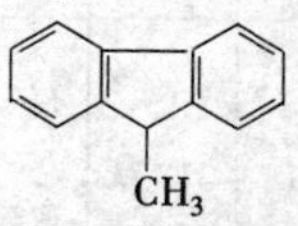	46 ~ 47	154 ~ 156 (2kPa)			
109	9,10-二氢蒽 9,10-dihydro-anthracene	〔$C_{14}H_{12}$〕 (180.25) 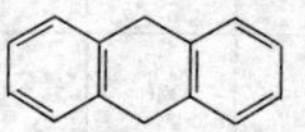	108.5	313	0.897 (11)		(1)，(2)易溶，(3)不溶
110	3,4′-二甲基联苯 3,4′-dimethyl-diphenyl	〔$C_{14}H_{14}$〕 (182.27) 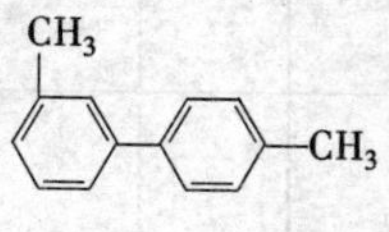	14 ~ 15	291.9	0.998	1.5971	
111	4,4′-二甲基联苯 4,4′-dimethyl-diphenyl	〔$C_{14}H_{14}$〕 (182.27) 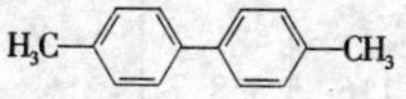	125	295			
112	3,5-二甲基联苯 3,5-dimethyl-diphenyl	〔$C_{14}H_{14}$〕 (182.27) 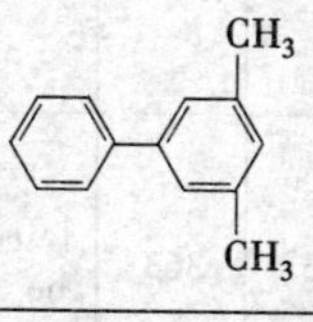	21	273 ~ 276			
113	3,3′-二甲基联苯 3,3′-dimethyl-diphenyl	〔$C_{14}H_{14}$〕 (182.27) 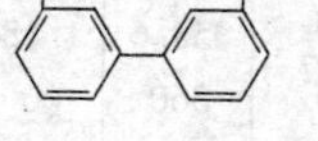	5 ~ 7	289.9			

续附表1

序号	名称	〔分子式〕(相对分子质量) 结构式	熔点/℃	沸点/℃	密度/$g\cdot cm^{-3}$	折射率 n_D^{20}	溶解性 (1)醚，(2)醇，(3)水
114	1,2,3,4-四氢蒽 1,2,3,4-tetrahydro-anthracene	〔$C_{14}H_{14}$〕 (182.27) 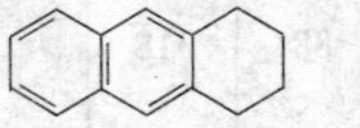	105	323 170~175 (1.87 kPa)			
115	2,3,6,7-四甲基萘 2,3,6,7-tetramethyl-naphthalene	〔$C_{14}H_{16}$〕 (184.28) 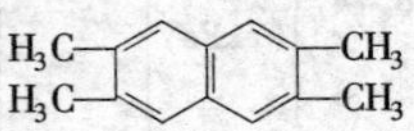	191	313.7			
116	六氢化蒽 hexahydro-anthracene	〔$C_{14}H_{16}$〕 (184.28) 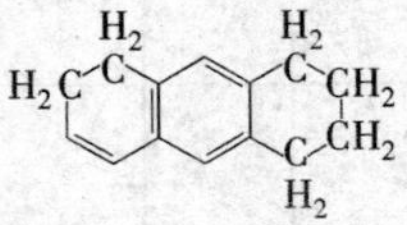	63	290			(1)、(2)易溶，(3)不溶
117	环戊烯〔def〕菲 4,5-菲撑甲烷 cyclopenteno〔def〕-phenanthrene 4,5-phenanthrene-methane	〔$C_{15}H_{10}$〕 (190.25) 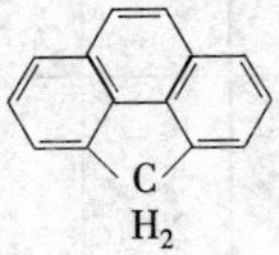	116	358.7			
118	1-甲基蒽 1-methyl-anthracene	〔$C_{15}H_{12}$〕 (192.26) 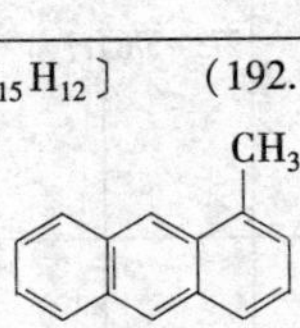	86	363	1.047 (99.4)		
119	2-甲基蒽 2-methyl-anthracene	〔$C_{15}H_{12}$〕 (192.26) 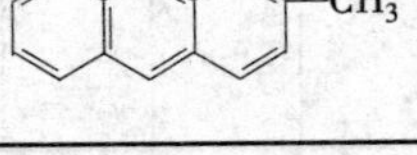	207	358.6 360	1.181 (0)		

序号	名　称	〔分子式〕(相对分子质量) 结构式	熔点 /℃	沸点 /℃	密度 /g·cm^{-3}	折射率 n_D^{20}	溶解性 (1)醚, (2)醇, (3)水
120	1-甲基菲 1-methyl- phenanthrene	〔$C_{15}H_{12}$〕　(192.26) 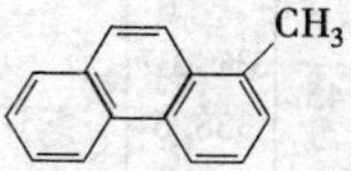	119 123	354~355 358.6			
121	2-甲基菲 2-methyl- phenanthrene	〔$C_{15}H_{12}$〕　(192.26) 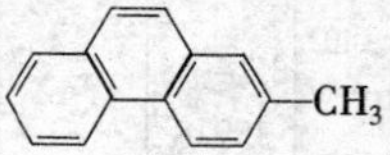	63	354.8			
122	3-甲基菲 3-methyl- phenanthrene	〔$C_{15}H_{12}$〕　(192.26) 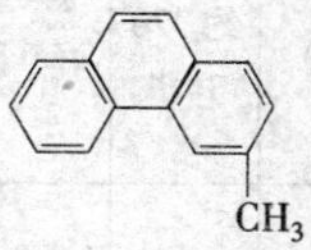	65	351.5			
123	9-甲基菲 9-methyl- phenanthrene	〔$C_{15}H_{12}$〕　(192.26) 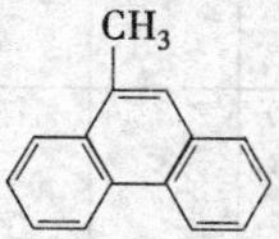	90~91 92	354~355			
124	荧蒽 fluoranthene	〔$C_{16}H_{10}$〕　(202.26) 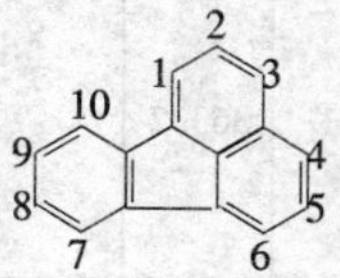	109	382	1.236		(1)、(2)易溶,(3)不溶
125	芘 pyrene	〔$C_{16}H_{10}$〕　(202.26) 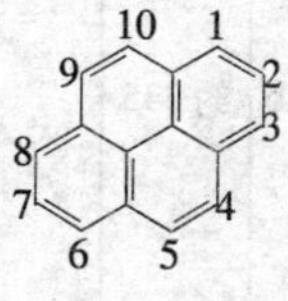	150	393	1.277		(1)、(2)易溶,(3)不溶

续附表 1

序号	名称	〔分子式〕(相对分子质量) 结构式	熔点 /℃	沸点 /℃	密度 /g·cm^{-3}	折射率 n_D^{20}	溶解性 (1)醚, (2)醇, (3)水
126	1-苯基萘 1-phenyl-naphthalene	〔$C_{16}H_{12}$〕 (204.27) 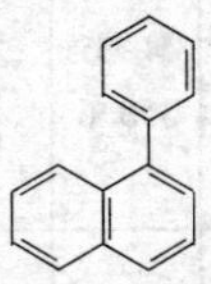	约 45	336 ~ 337 338.6			(1)、(2)易溶
127	2-苯基萘 2-phenyl-naphthalene	〔$C_{16}H_{12}$〕 (204.27) 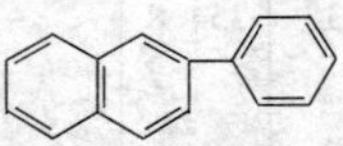	101 ~ 102 103 108 ~ 109	357 ~ 358 359.8			(1)、(2)微溶
128	2,6-二甲基蒽 2,6-dimethyl-anthracene	〔$C_{16}H_{14}$〕 (206.29) 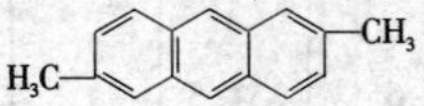	250	约 370 升华			(2)微溶
129	2,7-二甲基蒽 2,7-dimethyl-anthracene	〔$C_{16}H_{14}$〕 (206.29) 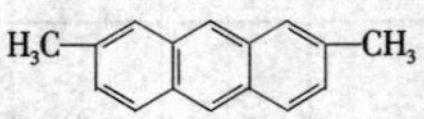	241	约 370			
130	2,3-二甲基蒽 2,3-dimethyl-anthracene	〔$C_{16}H_{14}$〕 (206.29) 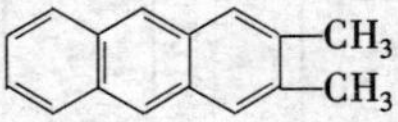	252				
131	3,6-二甲基菲 3,6-dimethyl-phenanthrene	〔$C_{16}H_{14}$〕 (206.29) 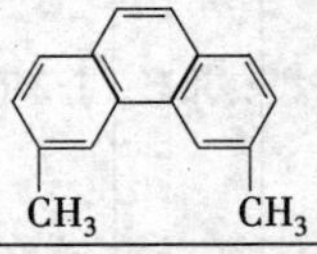	141	363.2			
132	双苯丁二茚满 茚满并〔2,1-a〕茚满 diphensuccindan; indano〔2,1-a〕indane	〔$C_{16}H_{14}$〕 (206.29) 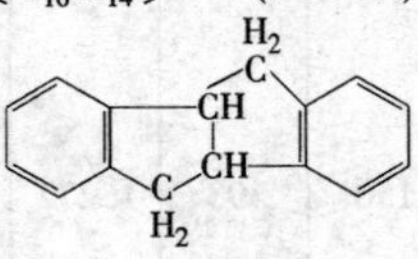	104 ~ 105	约 335			

续附表 1

序号	名 称	〔分子式〕(相对分子质量) 结构式	熔点/℃	沸点/℃	密度/g·cm^{-3}	折射率 n_D^{20}	溶解性 (1)醚, (2)醇, (3)水
133	1,2,3,10b-四氢荧蒽 1,2,3,10b-tetrahy-dro-fluoranthene	〔$C_{16}H_{14}$〕 (206.29) 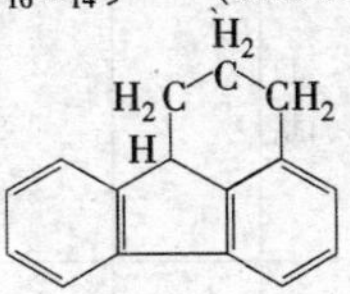	76	363~365 (99.86 kPa)			
134	苯并〔a〕芴 1,2-苯并芴 benzo〔a〕fluorene	〔$C_{17}H_{12}$〕 (216.28) 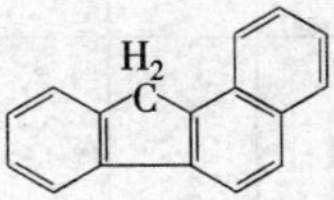	189~190 191	407 413			
135	苯并〔b〕芴 2,3-苯并芴 benzo〔b〕fluorene	〔$C_{17}H_{12}$〕 (216.28) 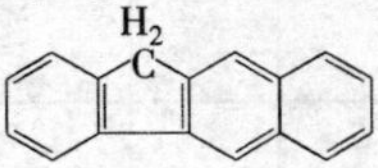	208~209 213	约 407			
136	苯并〔c〕芴 3,4-苯并芴 benzo〔c〕fluorene	〔$C_{17}H_{12}$〕 (216.28) 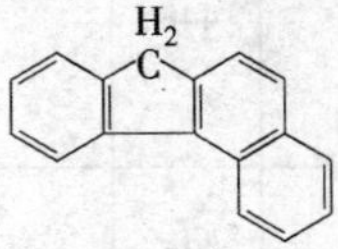	125~126	406			
137	1-甲基芘 1-methyl-pyrene	〔$C_{17}H_{12}$〕 (216.28) 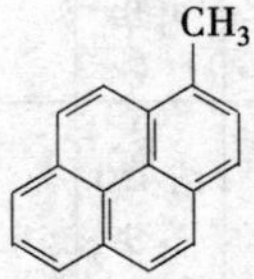	70~71 71~72	410			
138	2-甲基芘 4-甲基芘 2(4)-methyl-pyrene	〔$C_{17}H_{12}$〕 (216.28) 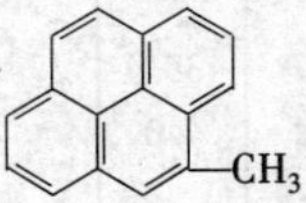	143~143.5 144~145	384 409.8			

续附表 1

序号	名 称	〔分子式〕（相对分子质量） 结构式	熔点 /℃	沸点 /℃	密度 /g·cm^{-3}	折射率 n_D^{20}	溶解性 (1)醚, (2)醇, (3)水
139	1,2,8-三甲基菲 1,2,8-trimethyl-phenanthrene	〔$C_{17}H_{16}$〕 (220.31) 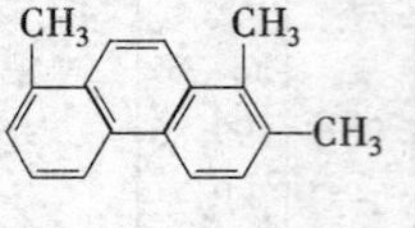	144 ~ 145 145 ~ 146				
140	正十七烷 *n*-heptadecane	〔$C_{17}H_{36}$〕 (240.47) $CH_3(CH_2)_{15}CH_3$	22 22.5	303 302.5			(1)可溶,(2)微溶,(3)不溶
141	苯并〔ghi〕荧蒽 苯并〔mno〕荧蒽 benzo〔ghi〕-fluoranthene	〔$C_{18}H_{10}$〕 (226.28) 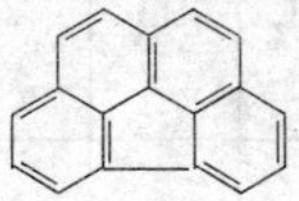	149	431.8			
142	䓛 chrysene	〔$C_{18}H_{12}$〕 (228.29) 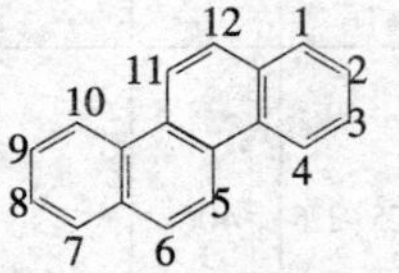	255	440.7 448	1.274		(1)难溶,(2)微溶,(3)不溶
143	苯并〔a〕蒽 benzo〔a〕-anthracene	〔$C_{18}H_{12}$〕 (228.29) 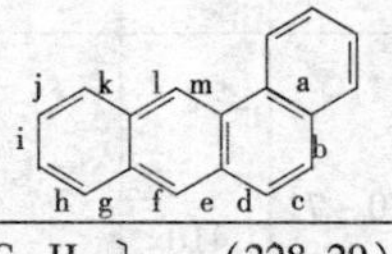	159 ~ 160 160.5	435 437.6 升华			(2)微溶
144	丁省 naphthacene	〔$C_{18}H_{12}$〕 (228.29) 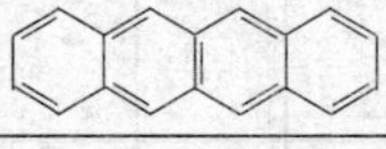	337 341	约 450 升华			
145	三亚苯 triphenylene	〔$C_{18}H_{12}$〕 (228.29) 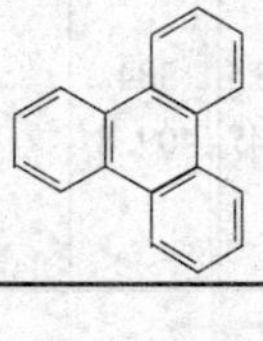	197 198	438.4 440			

序号	名称	〔分子式〕(相对分子质量) 结构式	熔点/℃	沸点/℃	密度/$g \cdot cm^{-3}$	折射率 n_D^{20}	溶解性 (1)醚,(2)醇,(3)水
146	5,12-二氢丁省 5,12-dihydronaphthacene	〔$C_{18}H_{14}$〕 (230.31) 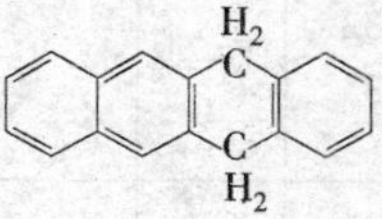	206~207 209	约400 414.5			
147	2,7-二甲基芘	〔$C_{18}H_{14}$〕 (230.31) 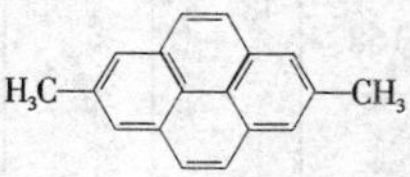	230	396			
148	1-甲基-7-异丙基菲 1-methyl-7-isopropylphenanthrene	〔$C_{18}H_{18}$〕 (234.34) 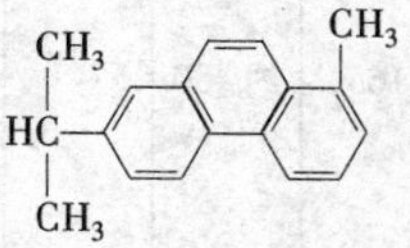	98~98.5 98~99	390~394	1.13 (16)		
149	1-乙基-1-甲基-2-苯基-2-二甲苯基乙烯	〔$C_{18}H_{20}$〕 (236.36) 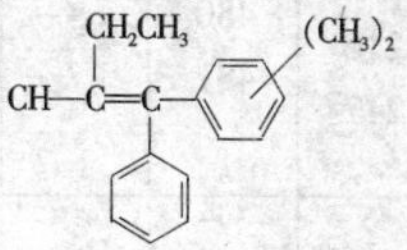		155~158 (2kPa)			
150	十八烷 octadecane	〔$C_{18}H_{38}$〕 (254.50) $CH_3(CH_2)_{16}CH_3$	28	317	0.7754 (30)	1.4367	(1)、(3)不溶,(2)微溶
151	6-甲基䓛 6-methychrysene	〔$C_{19}H_{14}$〕 (242.32) 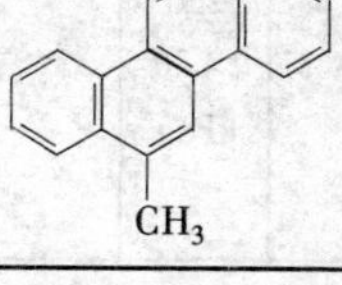	161~161.4	140 (0.2 kPa)			

续附表1

序号	名称	〔分子式〕（相对分子质量）结构式	熔点/℃	沸点/℃	密度/$g\cdot cm^{-3}$	折射率 n_D^{20}	溶解性 (1)醚，(2)醇，(3)水
152	十九烷 nonadecane	〔$C_{19}H_{40}$〕 (268.53) $CH_3(CH_2)_{17}CH_3$	32 33	330~328			(1)可溶，(2)微溶，(3)不溶
153	苯并〔b〕荧蒽 3,4-苯并荧蒽 benzo〔b〕-fluoranthene	〔$C_{20}H_{12}$〕 (252.32) 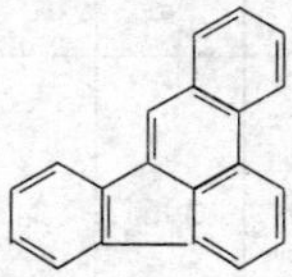	167 168	481.2			
154	苯并〔e〕荧蒽 benzo〔e〕-fluoranthene	〔$C_{20}H_{12}$〕 (252.32) 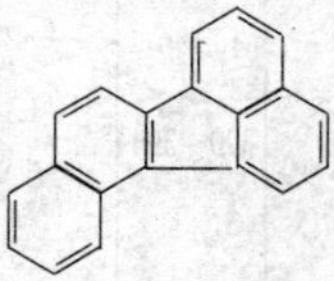	165	约480			
155	苯并〔f〕荧蒽 benzo〔f〕-fluoranthene	〔$C_{20}H_{12}$〕 (252.32) 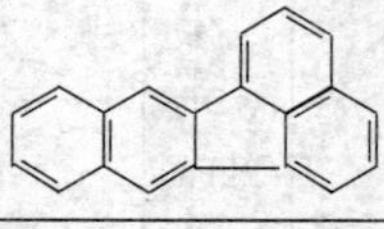	215.5~ 216 217	480 481			
156	苯并〔a〕芘 1,2-苯并芘 benzo〔a〕pyrene	〔$C_{20}H_{12}$〕 (252.32) 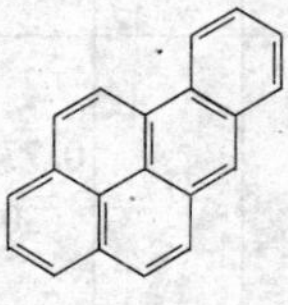	175.5~ 176.5	310~312 (1.33kPa)			
157	苯并〔e〕芘 benzo〔e〕pyrene	〔$C_{20}H_{12}$〕 (252.32) 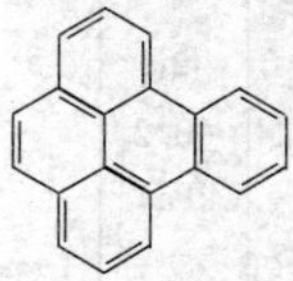	181~187	250 (0.4~0.5 kPa)			

续附表 1

序号	名 称	〔分子式〕 (相对分子质量) 结构式	熔点 /℃	沸点 /℃	密度 /g·cm^{-3}	折射率 n_D^{20}	溶解性 (1)醚，(2)醇，(3)水
158	苝 perylene	〔$C_{20}H_{12}$〕 (252.32) 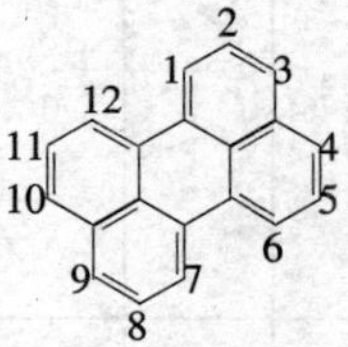	273	500	1.350		(1)、(2)难溶，(3)不溶
159	2,2′-联萘 2,2′-binaphthyl	〔$C_{20}H_{14}$〕 (256.34) 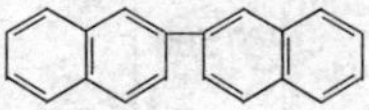	187~188	452 (100.4 kPa)			
160	正二十烷 n-eicosane	〔$C_{20}H_{42}$〕 (282.55) $CH_3(CH_2)_{18}CH_3$	36.44	343.8			
161	1,2-萘并 2,3-芴 1,2-naphthofluorene	〔$C_{21}H_{14}$〕 (266.34) 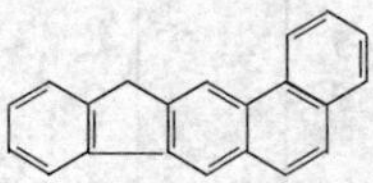	226				
162	2,3-萘并 2,3-芴 2,3-naphthofluorene	〔$C_{21}H_{14}$〕 (266.34) 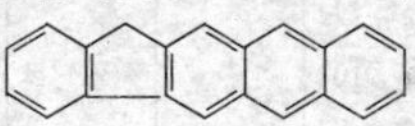	317				
163	苯并〔ghi〕苝 1,12-苯并苝 benzo〔ghi〕perylene 1,12-benzperylene	〔$C_{22}H_{12}$〕 (276.34) 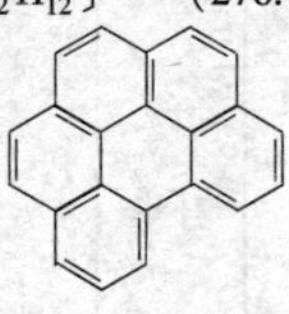	273 278~281	500			

续附表 1

序号	名称	〔分子式〕(相对分子质量) 结构式	熔点 /℃	沸点 /℃	密度 /g·cm^{-3}	折射率 n_D^{20}	溶解性 (1)醚, (2)醇, (3)水
164	邻位苯撑芘 *o*-phenylene-pyrene	〔$C_{22}H_{12}$〕 (276.34) 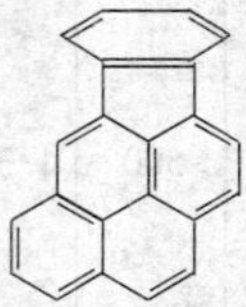	163~164				
165	苯并〔b〕蒀 3,4-苯并蒀 benzo〔b〕chrysene; 3,4-benztetraphene	〔$C_{22}H_{14}$〕 (278.36) 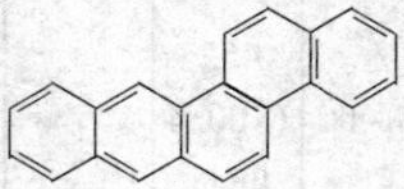	292~294 294	约 500			
166	戊芬 二苯并〔b、h〕菲 萘并-2,3-1,2-蒽 pentaphene	〔$C_{22}H_{14}$〕 (278.36) 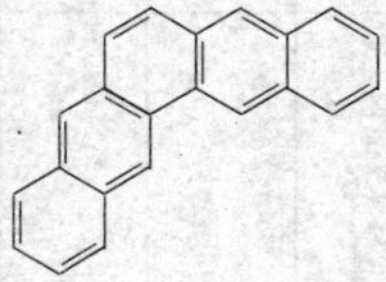	257 265				
167	二苯并〔a,c〕蒽 1,2,3,4-二苯并蒽 dibenzo〔a,c〕anthracene	〔$C_{22}H_{14}$〕 (278.36) 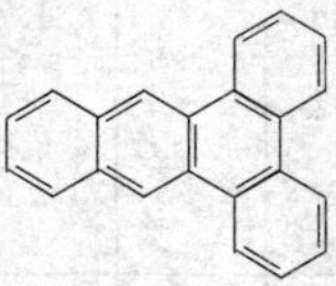	196~197 205				
168	二苯并〔a,h〕蒽 1,2,5,6-二苯并蒽 dibenzo〔a,h〕anthracene	〔$C_{22}H_{14}$〕 (278.36) 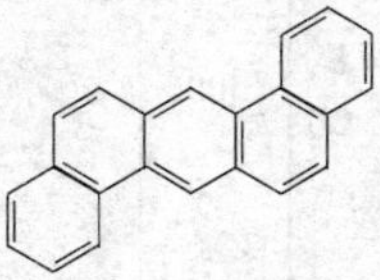	262	升华			(1)不溶

续附表 1

序号	名称	〔分子式〕（相对分子质量） 结构式	熔点 /℃	沸点 /℃	密度 /g·cm^{-3}	折射率 n_D^{20}	溶解性 (1)醚， (2)醇， (3)水
169	二苯并〔a，j〕蒽 1，2，7，8-二苯并蒽 dibenzo〔a，j〕anthracene	〔$C_{22}H_{14}$〕（278.36） 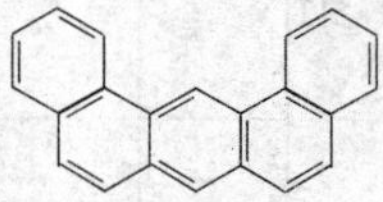	196				
170	苯并〔a〕丁省 benzo〔a〕naphthacene	〔$C_{22}H_{14}$〕（278.36） 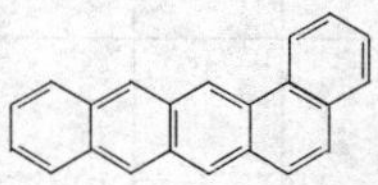	263～264	约 500 升华			
171	苉 picene	〔$C_{22}H_{14}$〕（278.36） 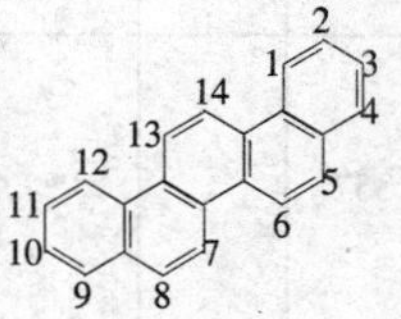	364 365～366	518～520			(1)，(2)难溶，(3)不溶
172	晕苯 coronene	〔$C_{24}H_{12}$〕（300.36） 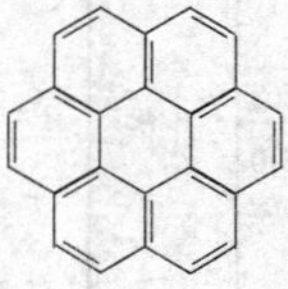	430～432	525			
173	3，4，9，10-二苯并芘 3，4，9，10-dibenz-pyrene	〔$C_{24}H_{14}$〕（302.38） 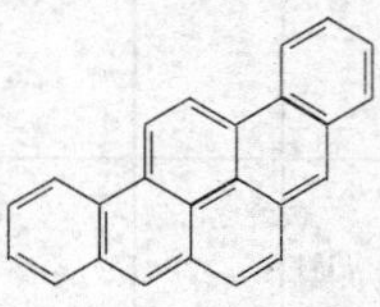	281.5～282				

续附表 1

序号	名称	〔分子式〕（相对分子质量） 结构式	熔点/℃	沸点/℃	密度/g·cm^{-3}	折射率 n_D^{20}	溶解性 (1)醚，(2)醇，(3)水
174	对四联苯 *p*-quadr-phenyl	〔$C_{24}H_{18}$〕 (306.41) 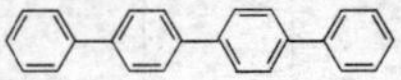	309~310				
175	萘并〔1,2-b〕䓛 naphtho〔1,2-b〕-chrysene	〔$C_{26}H_{16}$〕 (328.42) 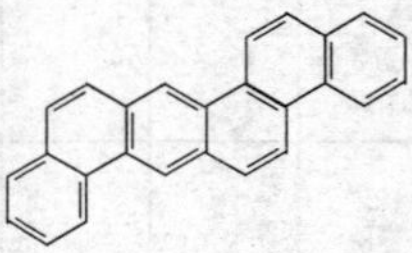	385	约 530			
176	苯并〔c〕苉 benzo〔c〕picene	〔$C_{26}H_{16}$〕 (328.42) 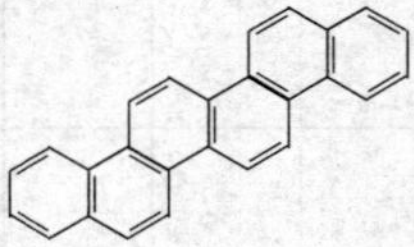	444~446				
177	苯并〔a〕戊省 benzo〔a〕pentancene	〔$C_{26}H_{16}$〕 (328.42) 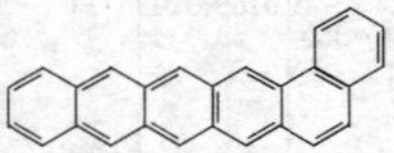	357				
178	三苄基苯 tribenzylene-benzene	〔$C_{27}H_{18}$〕 (342.44) 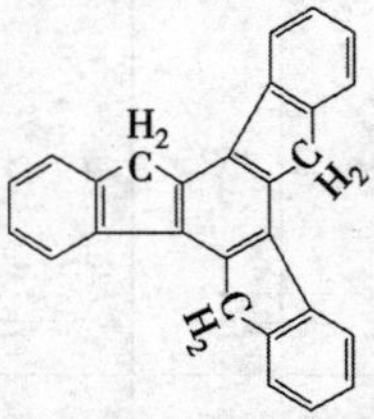	365~368 369~370	升华			(1)、(2)、(3)不溶
179	二苯并戊省 dibenzo-pentacene	〔$C_{30}H_{18}$〕 (378.47)					
180	菲并苯并芘 phenanthrob-enzpyrene	〔$C_{32}H_{18}$〕 (402.49)	351~353				

附表 2　煤焦油的含氮化合物

序号	名　称	〔分子式〕（相对分子质量）结构式	熔点 /℃	沸点 /℃	密度 /g·cm^{-3}	折射率 n_D^{20}	溶解性 (1)乙醚 (2)乙醇 (3)水
1	乙腈 甲基腈 ethanenitril acetonitrile	〔C_2H_3N〕 (41.05) CH_3CN	-45	80～82	0.7828	1.3459 (16)	(1)、(2)、(3)易溶
2	甲胩 methylisocy-anide methylcarby-lamine	〔C_2H_3N〕 (41.05) CH_3NC	-45	59.6	0.734 (18)		(1)、(2)易溶，(3)可溶
3	乙胩 ethylisocyan-ide ethylcarbyla-mine	〔C_3H_5N〕 (55.08) C_2H_5NC	< -66	79	0.744 (25)		(1)可溶，(3)微溶
4	丙酰胺 propionami-de	〔C_3H_7ON〕 (73.10) $C_2H_5CONH_2$	81.3 79.5	213	1.042		(1)、(2)、(3)易溶
5	吡咯 pyrrole	〔C_4H_5N〕 (67.09) 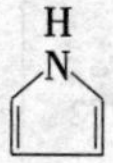	-24	130～131	0.968	1.5085	(1)、(2)可溶，(3)8(25℃)
6	吡啶 pyridine	〔C_5H_5N〕 (79.10) 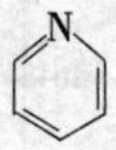	-42	115.3	0.9827	1.5102	(1)可溶，(2)，(3)易溶
7	2-甲基吡啶 α-甲基吡啶 2-picoline 2-methylpyr-idine	〔C_6H_7N〕 (93.13) 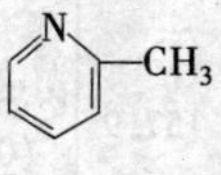	-66.55	129	0.9443	1.5010	(1)、(2)、(3)易溶

续附表2

序号	名　称	〔分子式〕(相对分子质量) 结构式	熔点 /℃	沸点 /℃	密度 /g·cm^{-3}	折射率 n_D^{20}	溶解性 (1)乙醚，(2)乙醇，(3)水
8	3-甲基吡啶 β-甲基吡啶 3-picoline 3-methylpyridine	〔C_6H_7N〕 (93.13) 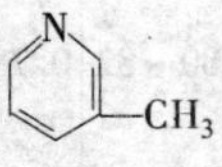	-17.7	143.5	0.9566	1.5060	(1)、(2)、(3)易溶
9	4-甲基吡啶 4-picoline 4-methylpyridine	〔C_6H_7N〕 (93.13) 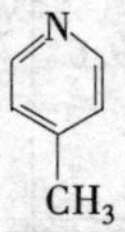	-4.3	145	0.9548	1.5058	(1)、(2)、(3)易溶
10	苯胺 aniline	〔C_6H_7N〕 (93.13) 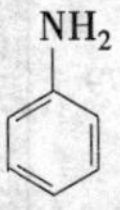	-6.2	184.4	1.0216	1.5863	(1)、(2)易溶，(3)难溶
11	苯基氰，苄腈 benzonitrile	〔C_7H_5N〕 (103.13) 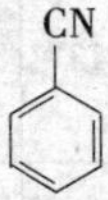	-13.8 -13 -12	190.6 191.3	1.006	1.5289	(1)、(2)可溶，(3)微溶
12	7-氮杂吲哚 7-azaindole	〔$C_7H_6N_2$〕 (118.14) 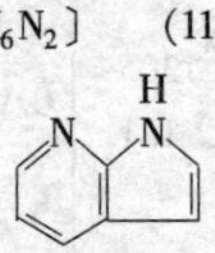	107	272			
13	2,3-二甲基吡啶 2,3-lutidine 2,3-dimethypyridine	〔C_7H_9N〕 (107.16) 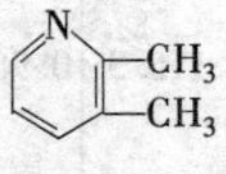	-22.5	162~164			
14	2,4-二甲基吡啶 2,4-lutidine 2,4-dimethypyridine	〔C_7H_9N〕 (107.16) 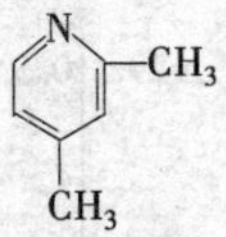	-7	157.9	0.9493 (0)	1.5033	(1)、(2)可溶，(3)微溶

续附表2

序号	名称	〔分子式〕（相对分子质量）结构式	熔点/℃	沸点/℃	密度/g·cm⁻³	折射率 n_D^{20}	溶解性 (1)乙醚，(2)乙醇，(3)水
15	2,5-二甲基吡啶 2,5-lutidine 2,5-dimethy-pyridine	〔C_7H_9N〕（107.16） 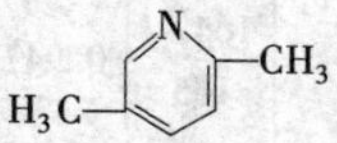	-15.9	157.2	0.9428 (0)	1.4982	(1)、(2)易溶，(3)微溶
16	2,6-二甲基吡啶 2,6-lutidine 2,6-dimethy-pyridine	〔C_7H_9N〕（107.16） 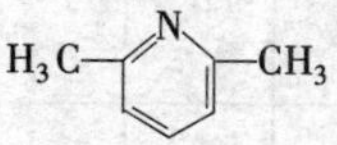	-5.9	144	0.9226	1.4971	(1)、(2)、(3)易溶
17	3,4-二甲基吡啶 3,4-lutidine 3,4-dimethy-pyridine	〔C_7H_9N〕（107.16） 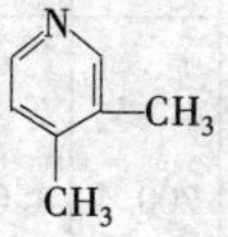	-11.04	163.5~164.5	0.9537 (25)		(1)难溶，(2)、(3)易溶
18	3,5-二甲基吡啶 3,5-lutidine 3,5-dimethy-pyridine	〔C_7H_9N〕（107.16） 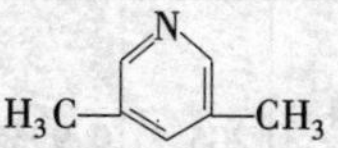	-5.9	170~171			
19	2-乙基吡啶 2-ethyl-pyridine	〔C_7H_9N〕（107.16） 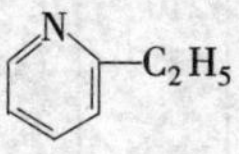		148.5 148.7	0.950 (0)		(1)、(2)易溶，(3)难溶
20	3-乙基吡啶 3-ethyl-pyridine	〔C_7H_9N〕（107.16） 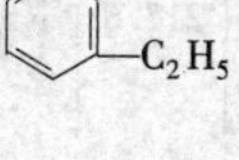		165	0.940 (23) 0.959 (0)	1.5021 (22)	(1)、(2)可溶，(3)难溶

续附表 2

序号	名　称	〔分子式〕（相对分子质量）结构式	熔点 /℃	沸点 /℃	密度 /g·cm⁻³	折射率 n_D^{20}	溶解性 (1)乙醚，(2)乙醇，(3)水
21	4-乙基吡啶 4-ethyl-pyridine	〔C_7H_9N〕 (107.16) 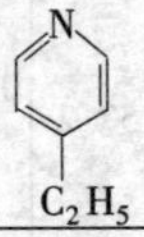		164 ~ 165	0.947		(1)、(2)易溶，(3)难溶
22	邻甲苯胺 *o*-tolutidine *o*-methylaniline	〔C_7H_9N〕 (107.16) 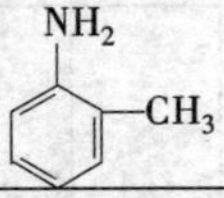	−24	199.7 200.3	0.9989	1.5688	(1)、(2)易溶，(3)难溶
23	间甲苯胺 *m*-tolutidine *m*-methylaniline	〔C_7H_9N〕 (107.16) 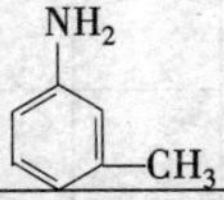	−31.5 −30.4	203.3	0.989	1.5711 (22)	(1)、(2)易溶，(3)难溶
24	对甲苯胺 *p*-tolutidine *p*-methylaniline	〔C_7H_9N〕 (107.16) 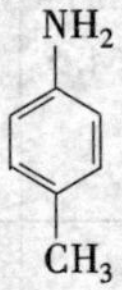	43.5 43.75 45	200.4	1.046	1.5532 (59)	(1)、(2)易溶，(3)难溶
25	邻苄基氰 *o*-tolunitrile	〔C_8H_7N〕 (117.15) 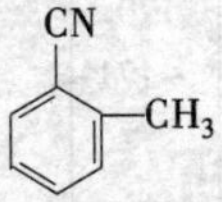	−14 ~ −13	205.2	0.9955	1.5720 (23)	(1)、(2)易溶，(3)不溶
26	间苄基氰 *m*-tolunitrile	〔C_8H_7N〕 (117.15) 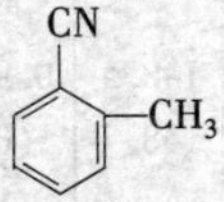	−23	210 ~ 212	0.976 (15)		(1)易溶，(2)、(3)难溶
27	对苄基氰 *p*-tolunitrile	〔C_8H_7N〕 (117.15) 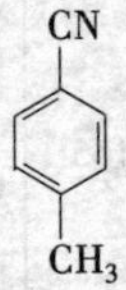	29	217.6	0.9785 (30)		(1)、(2)易溶，(3)不溶

续附表 2

序号	名　称	〔分子式〕（相对分子质量）结构式	熔点 /℃	沸点 /℃	密度 /g·cm⁻³	折射率 n_D^{20}	溶解性 (1)乙醚,(2)乙醇,(3)水
28	吲哚 indol benzopyrrole	〔C_8H_7N〕　(117.15) 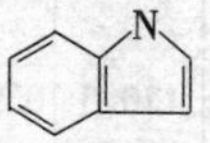	53	253	1.22		(1)、(2)可溶,(3)微溶
29	2,3-环戊烯吡啶 2,3-cyclopen-tenopyridine	〔C_8H_9N〕　(119.17) 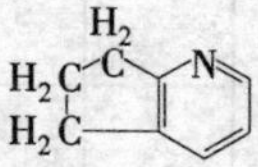	199.3～199.4				(1)、(2)、(3)可溶
30	3,4-环戊烯吡啶 3,4-cyclopen-tenopyridine	〔C_8H_9N〕　(119.17) 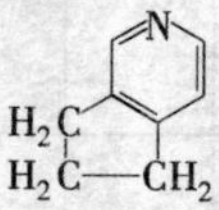		211.8			
31	2,3,4-三甲基吡啶 2,3,4-collidine 2,3,4-trimethyl-pyridine	〔$C_8H_{11}N$〕　(121.18) 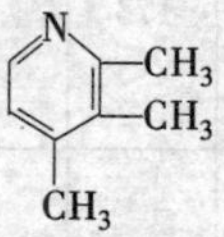		182	0.9566 (15)		(1)、(2)易溶,(3)微溶
32	2,3,6-三甲基吡啶 2,3,6-colli-dine 2,3,6-trime-thyl-pyridine	〔$C_8H_{11}N$〕　(121.18) 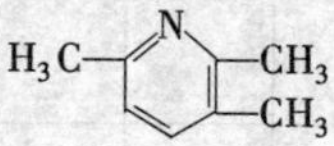	-11.5	176～178			
33	2,4,5-三甲基吡啶 2,4,5-colli-dine 2,4,5-trime-thylpyridine	〔$C_8H_{11}N$〕　(121.18) 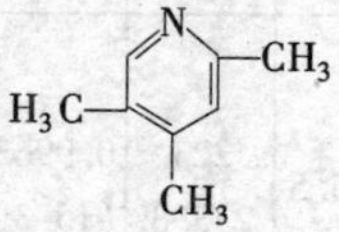		165～168			

续附表 2

序号	名 称	〔分子式〕（相对分子质量） 结构式	熔点/℃	沸点/℃	密度/$g\cdot cm^{-3}$	折射率 n_D^{20}	溶解性 (1)乙醚，(2)乙醇，(3)水
34	2,4,6-三甲基吡啶 2,4,6-collidine 2,4,6-trimethyl-pyridine	〔$C_8H_{11}N$〕 (121.18) 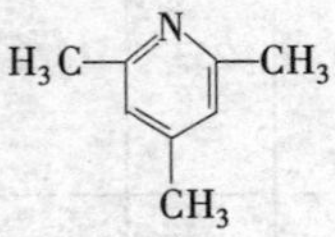	-43.8	170.5 172	0.9191 (16.4)	1.4981	(1)、(2)易溶，(3)难溶
35	2-甲基-6-乙基吡啶 2-methyl-6-ethyl-pyridine	〔$C_8H_{11}N$〕 (121.18) 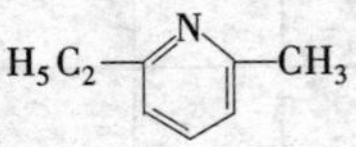		160～161.5			
36	2-乙基-4-甲基吡啶 2-ethyl-4-methyl-pyridine	〔$C_8H_{11}N$〕 (121.18) 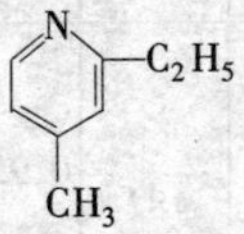		172～173			
37	4-乙基-2-甲基吡啶 4-ethyl-2-methyl-pyridine	〔$C_8H_{11}N$〕 (121.18) 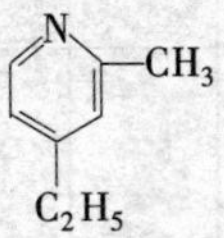		179.8	0.9268 (16)		(1)、(2)、(3)可溶
38	2,5-二甲代苯胺 2,5-xylidine 2,5-dimethyl-aniline	〔$C_8H_{11}N$〕 (121.18) 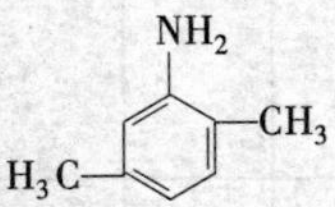	15.5	217	0.9790 (21.3)		(3)难溶
39	2,3-二甲代苯胺 2,3-xylidine 2,3-dimethyl-aniline	〔$C_8H_{11}N$〕 (121.18) 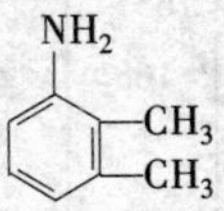	-15.5	223 223.8	0.9963 (15.3)		(1)、(2)可溶，(3)难溶

续附表2

序号	名　称	〔分子式〕（相对分子质量） 结构式	熔点 /℃	沸点 /℃	密度 /g·cm^{-3}	折射率 n_D^{20}	溶解性 (1)乙醚， (2)乙醇， (3)水
40	2,4-二甲代苯胺 2,4-xylidine 2,4-dimethylaniline	〔$C_8H_{11}N$〕（121.18） 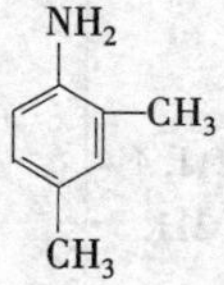 	64	216	0.9783 (19.6)		(1)、(2)易溶，(3)难溶
41	2,6-二甲代苯胺 2,6-xylidine 2,6-dimethylaniline	〔$C_8H_{11}N$〕（121.18） 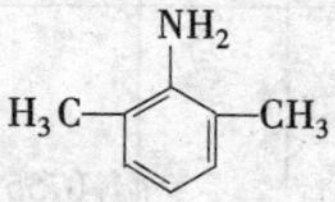 	112	217.9			
42	3,5-二甲代苯胺 3,5-xylidine 3,5-dimethylaniline	〔$C_8H_{11}N$〕（121.18） 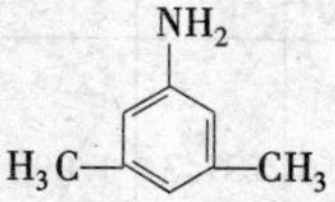 	< −20	221 ~ 222	0.972		
43	N,N-二甲基苯胺 N,N-dimethylaniline	〔$C_8H_{11}N$〕（121.18） 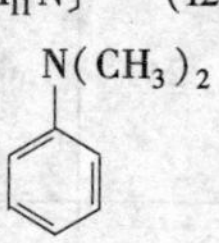 	2.45	192.6 193.5	0.9563		(1)、(2)可溶，(3)不溶
44	2,3,5-三甲基吡啶 2,3,5-collidine 2,3,5-trimethylpyridine	〔$C_8H_{11}N$〕（121.18） 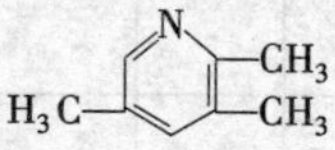 		185			

续附表2

序号	名　称	〔分子式〕（相对分子质量）结构式	熔点 /℃	沸点 /℃	密度 /g·cm^{-3}	折射率 n_D^{20}	溶解性 (1)乙醚，(2)乙醇，(3)水
45	3,4,5-三甲基吡啶 3,4,5-collidine 3,4,5-trimethylpyridine	〔$C_8H_{11}N$〕（121.18） 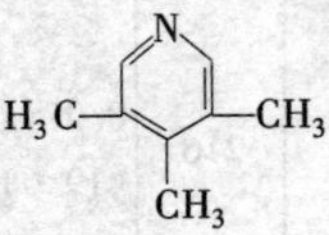	36.8	211.4～211.5			
46	3,4-二甲代苯胺 3,4-xylidine 3,4-dimethylaniline	〔$C_8H_{11}N$〕（121.18） 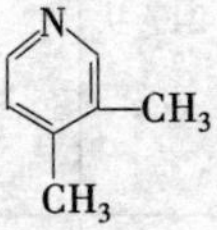	51 49	226	1.0755 (17.5)		(1)、(2)可溶，(3)微溶
47	喹啉 quinoline	〔C_9H_7N〕（129.16） 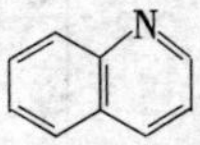	-15.6	237.3	1.095	1.6268	(1)、(2)可溶，(3)微溶
48	异喹啉 isoquinoline	〔C_9H_7N〕（129.16） 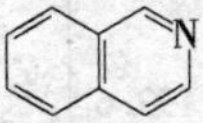	25.6	243	1.098	1.6148	(1)、(2)可溶，(3)微溶
49	2-甲基吲哚 2-methylindole	〔C_9H_9N〕（131.18） 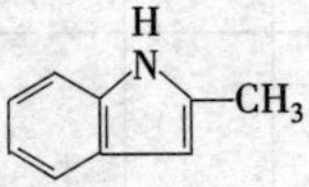	59～60	272.8	1.07		(1)、(2)易溶，(3)可溶
50	3-甲基吲哚 3-methylindole	〔C_9H_9N〕（131.18） 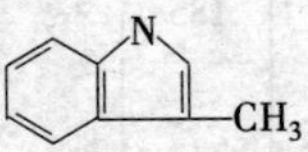	95	266.4			(1)、(2)可溶，(3)难溶

续附表 2

序号	名 称	〔分子式〕 (相对分子质量) 结构式	熔点 /℃	沸点 /℃	密度 /g·cm^{-3}	折射率 n_D^{20}	溶解性 (1)乙醚, (2)乙醇, (3)水
51	4-甲基吲哚 4-methyl-indole	〔C_9H_9N〕 (131.18) 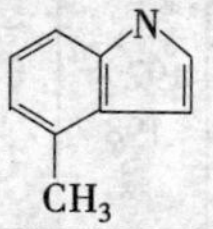	5	267 270.9	1.062		
52	5-甲基吲哚 5-methyl-indole	〔C_9H_9N〕 (131.18) 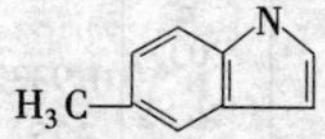	58.5 60	267 269.8			(1)、(2)、(3)可溶
53	7-甲基吲哚 7-methyl-indole	〔C_9H_9N〕 (131.18) 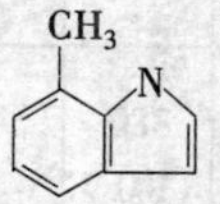	85	266 267.6			
54	5-甲基环戊烯〔b〕吡啶 5-methylcyclopentenopyridine	〔$C_9H_{11}N$〕 (133.20) 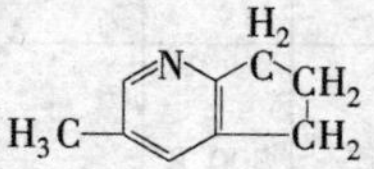	38.5~41	225 (100.8 kPa)			
55	6-甲基环戊烯〔b〕吡啶 6-methylcyclopentenopyridine	〔$C_9H_{11}N$〕 (133.20) 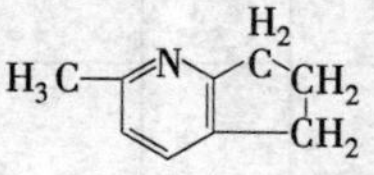	31.8	211.4~211.5 (101.2 kPa)			
56	1,2,3,4-四氢化喹啉 1,2,3,4-tetrahydroquinoline	〔$C_9H_{11}N$〕 (133.20) 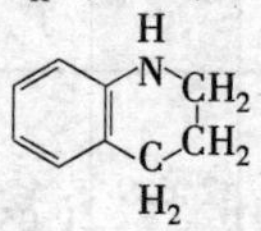	15~16 约 20	251	1.0605 (14.6)		(1)、(2)易溶,(3)可溶
57	2,3,4,5-四甲基吡啶 2,3,4,5-tetramethylpyridine	〔$C_9H_{13}N$〕 (135.21) 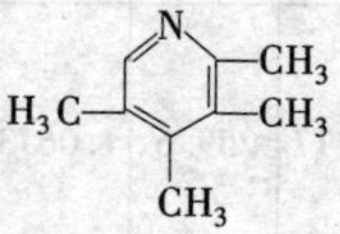		232~234			

续附表 2

序号	名　称	〔分子式〕（相对分子质量） 结构式	熔点 /℃	沸点 /℃	密度 /g·cm⁻³	折射率 n_D^{20}	溶解性 (1)乙醚， (2)乙醇， (3)水
58	2,3,5,6-四甲基吡啶 2,3,5,6-tetramethyl-pyridine	〔$C_9H_{13}N$〕　(135.21) 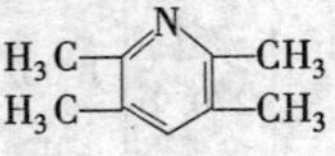	81～82	197～198			
59	2,3,4,6-四甲基吡啶 2,3,4,6-tetramethyl-pyridine	〔$C_9H_{13}N$〕　(135.21) 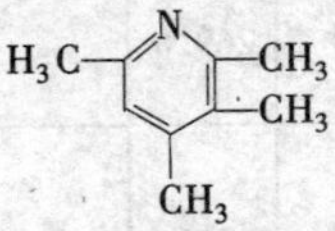		203 (99.99 kPa)	0.9322 (25)	1.5087 (25)	
60	2-羟基-7-甲基喹啉 2-hydroxy-7-methyl-quinoline	〔$C_{10}H_9ON$〕　(159.19) 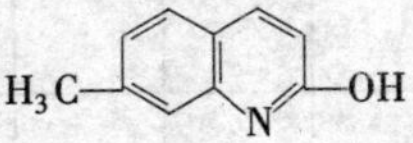	193	380 (100.7 kPa)			
61	1-萘胺 1-naphthyl-amine	〔$C_{10}H_9N$〕　(143.19) 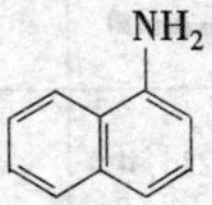	50	300.8 301	1.171		
62	2-萘胺 2-naphthyl-amine	〔$C_{10}H_9N$〕　(143.19) 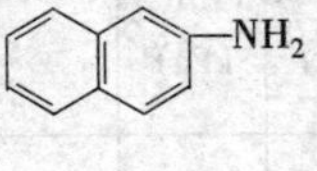	111～113	306	1.061 (98)		(1)、(2)可溶，(3)易溶(热时)
63	2-甲基喹啉 2-methyl-quinoline	〔$C_{10}H_9N$〕　(143.19) 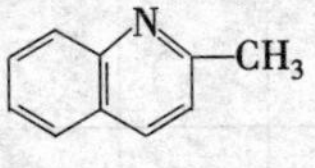	−2～−1	246.9 247.6	1.0585	1.6126	(1)、(2)可溶，(3)微溶
64	3-甲基喹啉 3-methyl-quinoline	〔$C_{10}H_9N$〕　(143.19) 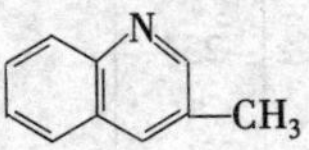	16～17	259.6	1.0673	1.6171	(1)、(2)可溶，(3)不溶

序号	名称	〔分子式〕(相对分子质量) 结构式	熔点/℃	沸点/℃	密度/g·cm^{-3}	折射率 n_D^{20}	溶解性 (1)乙醚, (2)乙醇, (3)水
65	4-甲基喹啉 4-methyl-quinoline	〔$C_{10}H_9N$〕 (143.19) 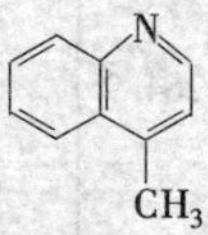	9~10	265.5	1.0862	1.6206	(1)、(2)易溶,(3)微溶
66	5-甲基喹啉 5-methyl-quinoline	〔$C_{10}H_9N$〕 (143.19) 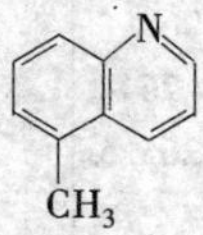	19	262.7	1.0832	1.6219	
67	6-甲基喹啉 6-methyl-quinoline	〔$C_{10}H_9N$〕 (143.19) 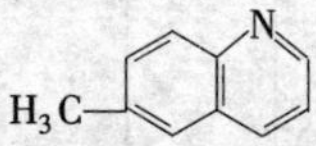	-22	258~259	1.0654	1.6157	(1)、(2)可溶,(3)难溶
68	7-甲基喹啉 7-methyl-quinoline	〔$C_{10}H_9N$〕 (143.19) 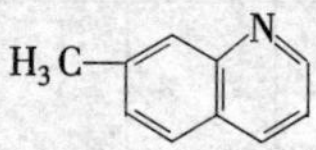	39	251.5~252.5 258	1.0609	1.6150	(1)、(2)可溶,(3)难溶
69	8-甲基喹啉 8-methyl-quinoline	〔$C_{10}H_9N$〕 (143.19) 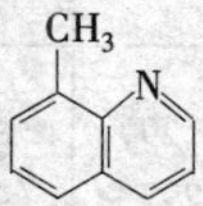	-80	247.8	1.0719		(1)、(2)易溶,(3)微溶
70	1-甲基异喹啉 1-methyl-isoquinoline	〔$C_{10}H_9N$〕 (143.19) 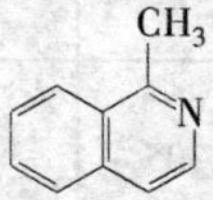	10.1~10.4	248 255.2			
71	3-甲基异喹啉 3-methyl-isoquinoline	〔$C_{10}H_9N$〕 (143.19) 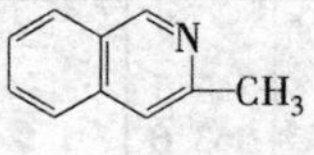	64.7 68	251.4			

续附表 2

序号	名 称	〔分子式〕（相对分子质量）结构式	熔点 /℃	沸点 /℃	密度 /g·cm⁻³	折射率 n_D^{20}	溶解性 (1)乙醚，(2)乙醇，(3)水
72	5-甲基异喹啉 5-methyl-isoquinoline	〔$C_{10}H_9N$〕 (143.19) 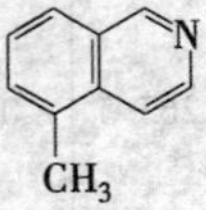	76	264.9			
73	6-甲基异喹啉 6-methyl-isoquinoline	〔$C_{10}H_9N$〕 (143.19) 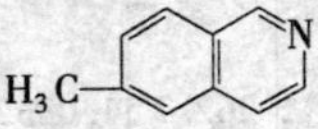	83	263 ~ 264 265.5			
74	7-甲基异喹啉 7-methyl-isoquinoline	〔$C_{10}H_9N$〕 (143.19) 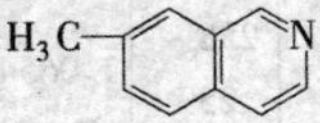	66				
75	8-甲基异喹啉 8-methyl-isoquinoline	〔$C_{10}H_9N$〕 (143.19) 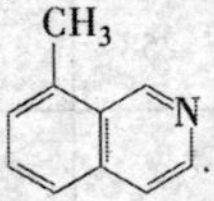	204 ~ 205 258				
76	1-萘腈 1-naphthonitrile	〔$C_{11}H_7N$〕 (153.19) 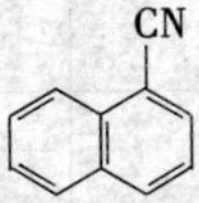	37 37.5	299 297 ~ 298	1.1243 (4) 1.1167		
77	2-萘腈 2-naphthonitrile	〔$C_{11}H_7N$〕 (153.19) 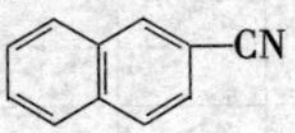	66 67	305 ~ 306	1.0939		
78	1-氮杂咔唑 1-azacarbazole	〔$C_{11}H_8N_2$〕 (168.20) 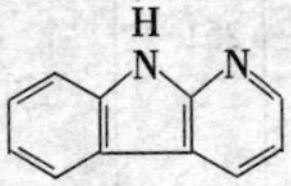	210 212	363.6			

续附表2

序号	名 称	〔分子式〕（相对分子质量） 结构式	熔点/℃	沸点/℃	密度/g·cm⁻³	折射率 n_D^{20}	溶解性 (1)乙醚,(2)乙醇,(3)水
79	2-苯基吡啶 2-phenyl-pyridine	〔$C_{11}H_9N$〕 (155.20) 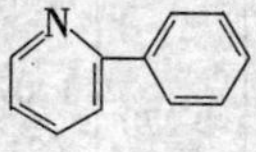		277	>1		(1)、(2)可溶,(3)不溶
80	4-苯基吡啶 4-phenyl-pyridine	〔$C_{11}H_9N$〕 (155.20) 	77~78 76~77	280.5			(1)、(2)可溶,(3)可溶(热时)
81	2,3-二甲基喹啉 2,3-dimethyl-quinoline	〔$C_{11}H_{11}N$〕 (157.22) 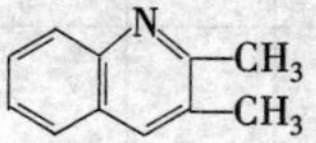	68~69	274.9			(1)可溶,(2)易溶,(3)微溶
82	2,4-二甲基喹啉 2,4-dimethyl-quinoline	〔$C_{11}H_{11}N$〕 (157.22) 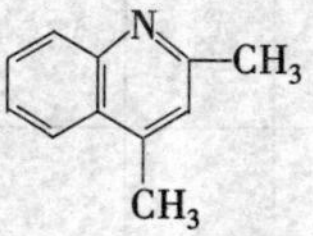		264~265 273.5	1.0611	1.6075	(1)、(2)可溶,(3)不溶
83	2,6-二甲基喹啉 2,6-dimethyl-quinoline	〔$C_{11}H_{11}N$〕 (157.22) 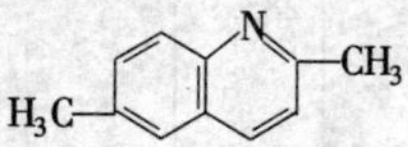	60	266~267			(1)、(2)可溶,(3)难溶
84	2,7-二甲基喹啉 2,7-dimethyl-quinoline	〔$C_{11}H_{11}N$〕 (157.22) 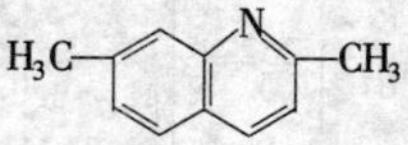	61	264~265			
85	2,8-二甲基喹啉 2,8-dimethyl-quinoline	〔$C_{11}H_{11}N$〕 (157.22) 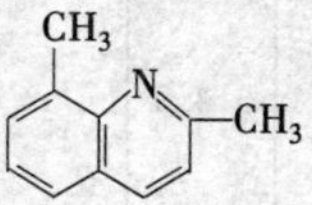	23.6 24	253 255	1.0394		

序号	名称	〔分子式〕(相对分子质量) 结构式	熔点/℃	沸点/℃	密度/$g \cdot cm^{-3}$	折射率 n_D^{20}	溶解性 (1)乙醚,(2)乙醇,(3)水
86	5,8-二甲基喹啉 5,8-dimethyl-quinoline	〔$C_{11}H_{11}N$〕 (157.22) 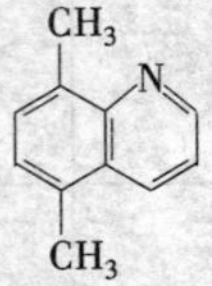	4~5	>270	1.070 (21)		(3)不溶
87	6,8-二甲基喹啉 6,8-dimethyl-quinoline	〔$C_{11}H_{11}N$〕 (157.22) 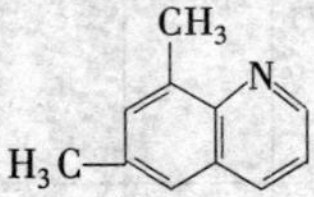		268~269	1.067 (4)		(3)不溶
88	4,6-二甲基喹啉 4,6-dimethyl-quinoline	〔$C_{11}H_{11}N$〕 (157.22) 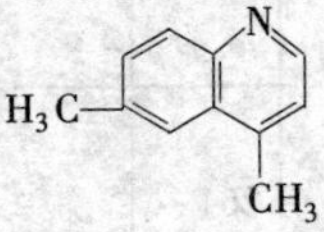	22	255~256			
89	4,7-二甲基喹啉 4,7-dimethyl-quinoline	〔$C_{11}H_{11}N$〕 (157.22) 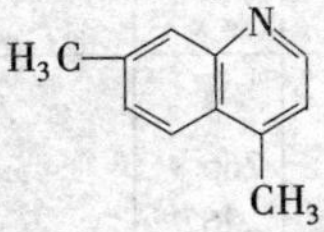	-50	283 283.9			
90	1,3-二甲基异喹啉 1,3-dimethyl-isoquinoline	〔$C_{11}H_{11}N$〕 (157.22) 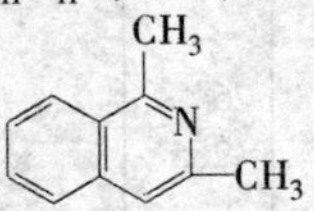	29.8~30	262.4			
91	4-吖芴 4-azafluorene	〔$C_{12}H_9N$〕 (167.21) 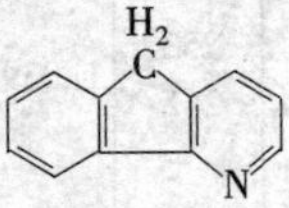	97	314.5			

续附表2

序号	名称	〔分子式〕(相对分子质量) 结构式	熔点/℃	沸点/℃	密度/g·cm^{-3}	折射率 n_D^{20}	溶解性 (1)乙醚,(2)乙醇,(3)水
92	咔唑 carbazole	〔$C_{12}H_9N$〕 (167.21) 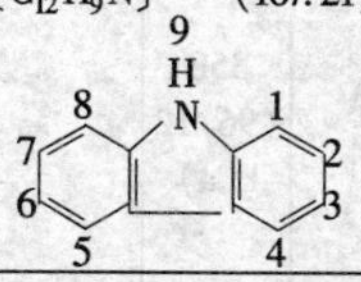	246 ~ 247	354.76	1.1035	1.5897	(1)、(2)微溶,(3)不溶
93	2,4,6-三甲基喹啉 2,4,6-trimethyl-quinoline	〔$C_{12}H_{13}N$〕 (171.24) 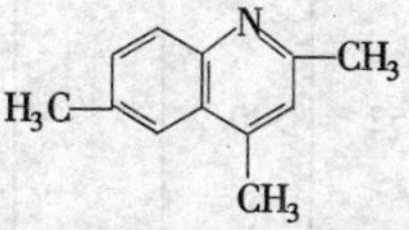	39 ~ 40	288 289.1			
94	2,4,8-三甲基喹啉 2,4,8-trimethyl-quinoline	〔$C_{12}H_{13}N$〕 (171.24) 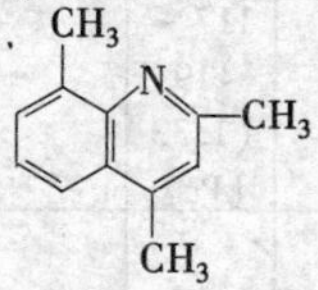	41 42	278.8			
95	2,6,8-三甲基喹啉 2,6,8-trimethyl-quinoline	〔$C_{12}H_{13}N$〕 (171.24) 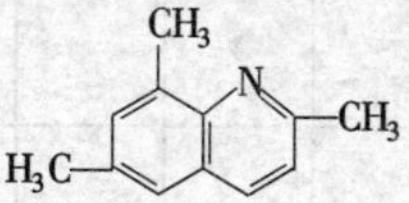	46	275.3			(1)、(2)易溶,(3)不溶
96	菲啶酮 phenanthri-done	〔$C_{13}H_9ON$〕 (195.22) 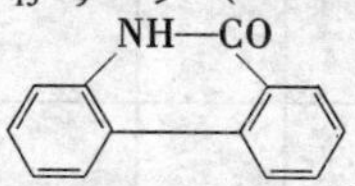	286 293	438			
97	吖啶,氮杂蒽 二苯并吡啶 acridine	〔$C_{13}H_9N$〕 (179.22) 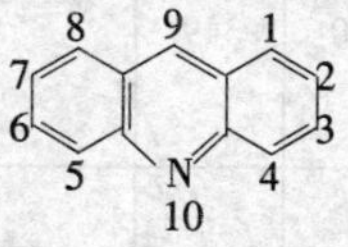	110	345 ~ 346	1.005		(1)、(2)可溶,(3)微溶(热水)
98	菲啶 phenanthri-dine	〔$C_{13}H_9N$〕 (179.22) 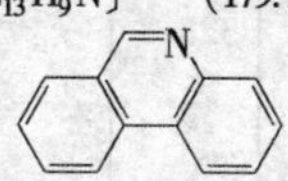	106 107	349 349.5			

续附表 2

序号	名 称	〔分子式〕 (相对分子质量) 结构式	熔点 /℃	沸点 /℃	密度 /g·cm⁻³	折射率 n_D^{20}	溶解性 (1)乙醚, (2)乙醇, (3)水
99	苯并〔f〕喹啉 5,6-苯并喹啉 benzo〔f〕quinoline	〔$C_{13}H_9N$〕 (179.22) 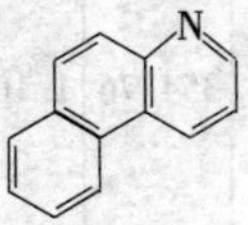	91 94	350 (96.12 kPa)			
100	苯并〔h〕喹啉 7,8-苯并喹啉 benzo〔h〕quinoline	〔$C_{13}H_9N$〕 (179.22) 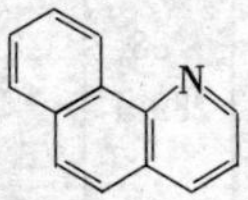	52	340.2			
101	N-苯甲酰苯胺 benzanilide	〔$C_{13}H_{11}ON$〕 (197.24) 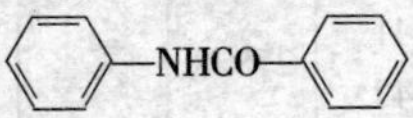	163	117～119 (1.33 kPa)			
102	2-甲基咔唑 2-methylcarbazole	〔$C_{13}H_{11}N$〕 (181.24) 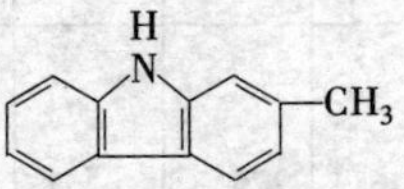	259	363			
103	3-甲基咔唑 3-methylcarbazole	〔$C_{13}H_{11}N$〕 (181.24) 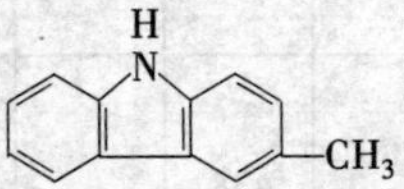	207	365			
104	9,10-二氢化吖啶 9,10-dihydroacridine	〔$C_{13}H_{11}N$〕 (181.24) 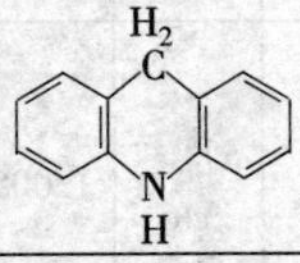	169 170	升华 349			
105	1,2,3,4-四氢化吖啶 1,2,3,4-tetrahydroacridine	〔$C_{13}H_{13}N$〕 (183.26) 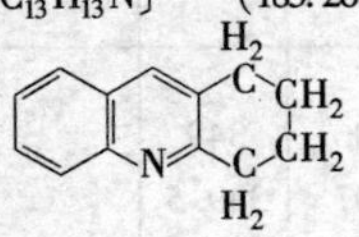	54.5 56	328.3			

续附表 2

序号	名称	〔分子式〕（相对分子质量） 结构式	熔点 /℃	沸点 /℃	密度 /g·cm^{-3}	折射率 n_D^{20}	溶解性 (1)乙醚， (2)乙醇， (3)水
106	4,5-亚胺菲苯并〔def〕咔唑 4,5-imino-phenanthrene	〔$C_{14}H_9N$〕 (191.23) 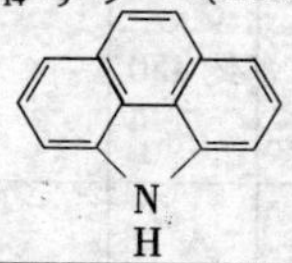	173 ~ 174	408.2			
107	芴腈 fluoreneni-trile	〔$C_{14}H_9N$〕 (191.23) 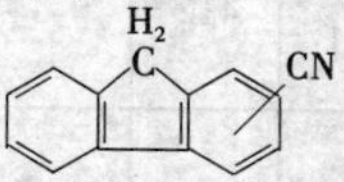					
108	2-甲基吖啶 2-methylacri-dine	〔$C_{14}H_{11}N$〕 (193.25) 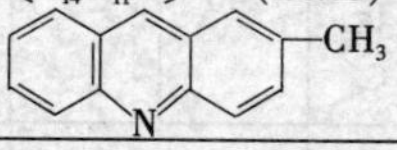	134 135	365.1			(1)、 (2)可溶
109	2-甲基〔f〕-苯并喹啉 2-methylbenzo〔f〕-quinoline	〔$C_{14}H_{11}N$〕 (193.25) 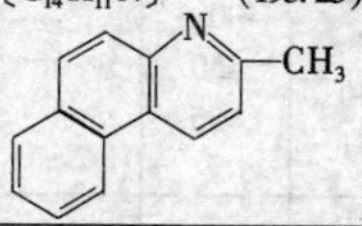	81 82	355			
110	4-氧代-4,5二氢-5-吖芘 4-oxo-4,5-dihydro-5-aza-pyrene	〔$C_{15}H_9ON$〕 (219.25) 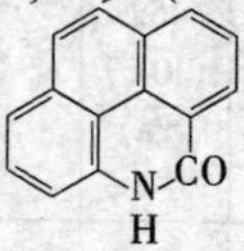	342	480			
111	1-氮杂荧蒽 1-aza-fluoran-thene	〔$C_{15}H_9N$〕 (203.25) 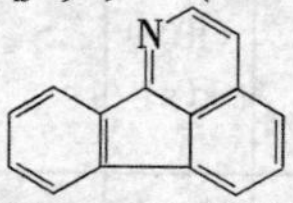	92	394			
112	10-氮杂荧蒽 10-aza-fluo-ranthene	〔$C_{15}H_9N$〕 (203.25) 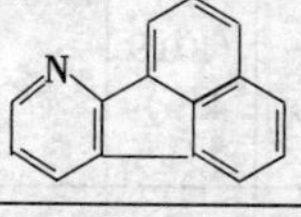	96 ~ 97	396 397			
113	4-吖芘 4-aza-pyrene	〔$C_{15}H_9N$〕 (203.25) 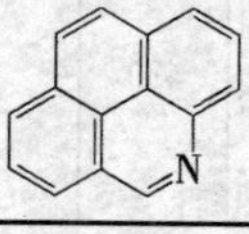	157 ~ 158	407.6			

续附表 2

序号	名称	〔分子式〕(相对分子质量) 结构式	熔点/℃	沸点/℃	密度/g·cm⁻³	折射率 n_D^{20}	溶解性 (1)乙醚, (2)乙醇, (3)水
114	苯并〔b〕-1-氮杂咔唑 benzo〔b〕-1-aza-carbazole	〔$C_{15}H_{10}N_2$〕 (218.26) 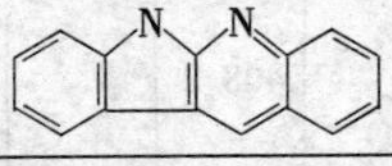	337 346	约 450			
115	苯并〔b〕-4-氮杂芴 benzo〔b〕-4-aza-fluorene	〔$C_{16}H_{11}N$〕 (217.27) 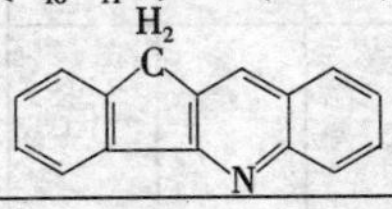	166 ~ 167 171	410 412			
116	苯并〔a〕咔唑 benzo〔a〕carbazole	〔$C_{16}H_{11}N$〕 (217.27) 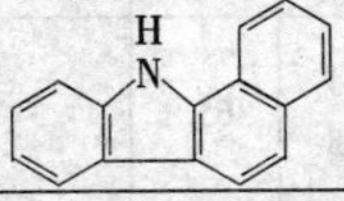	228 235	440			
117	苯并〔b〕咔唑 benzo〔b〕carbazole	〔$C_{16}H_{11}N$〕 (217.27) 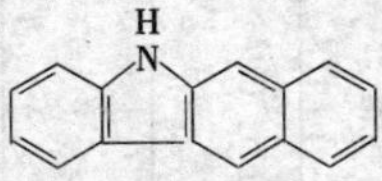	332 339 ~ 340 351	400 ~ 450 455			
118	苯并〔c〕咔唑 benzo〔c〕carbazole	〔$C_{16}H_{11}N$〕 (217.27) 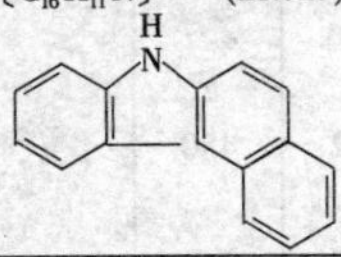	135 137	452 (100.7 kPa)			
119	苯并〔a〕吖啶 benzo〔a〕acridine	〔$C_{17}H_{11}N$〕 (229.28) 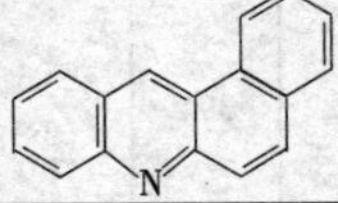	131 132	437 (100.9 kPa)			
120	苯并〔c〕吖啶 benzo〔c〕acridine	〔$C_{17}H_{11}N$〕 (229.28) 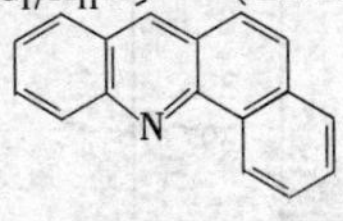	108 109	434 (100.9 kPa)			
121	苯并〔b〕芴腈 benzo〔b〕fluorenenitrile	〔$C_{18}H_{11}N$〕 (241.29) 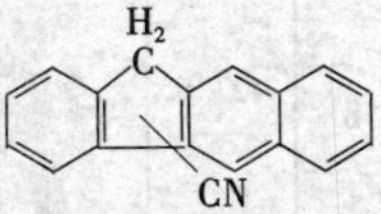		430			

附表 3　煤焦油的酸性化合物

序号	名　称	〔分子式〕(相对分子质量) 结构式	熔点/℃	沸点/℃	密度/g·cm^{-3}	折射率 n_D^{20}	溶解性 (1)乙醚，(2)乙醇，(3)水
1	乙酸，醋酸 acetic acid	〔$C_2H_4O_2$〕 (60.5) CH_3COOH	16.7	118	1.049		(1)、(2)、(3)易溶
2	丙酸 propionic acid	〔$C_3H_6O_2$〕 (74.08) C_2H_5COOH	-20.8	140.7	0.992	1.3868	(1)、(2)、(3)易溶
3	丁酸 butyric acid	〔$C_4H_8O_2$〕 (88.11) $CH_3(CH_2)_2COOH$		162			
4	戊酸 valeric acid	〔$C_5H_{10}O_2$〕 (102.14) $CH_3(CH_2)_3COOH$	-34.5	186.35			
5	苯酚 phenol carbolic acid	〔C_6H_6O〕 (94.11) 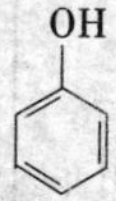	40.9	181.8	1.0708	1.5425	(1)、(2)、(3)易溶
6	苯邻二酚 catechol	〔$C_6H_6O_2$〕 (110.11) 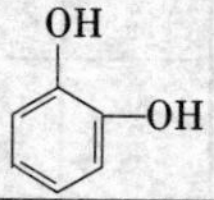	105	245			
7	苯间二酚 resorcinol	〔$C_6H_6O_2$〕 (110.11) 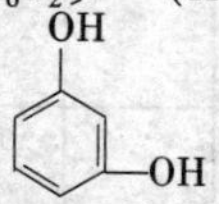	110	276			
8	苯对二酚 hydroquinone	〔$C_6H_6O_2$〕 (110.11) 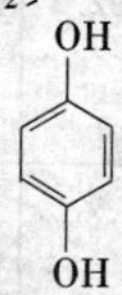	172.3	286.2	1.332 (15)		(1)、(2)、(3)可溶
9	1,2,3-苯三酚，连苯三酚 benzenetriol, pyrogallol	〔$C_6H_6O_3$〕 (126.11) 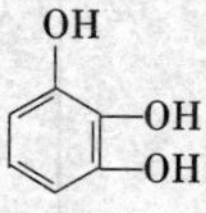	132.5～133.5	309	1.453 (4)		(1)、(2)、(3)易溶

续附表3

序号	名称	〔分子式〕（相对分子质量）结构式	熔点/℃	沸点/℃	密度/g·cm^{-3}	折射率 n_D^{20}	溶解性 (1)乙醚，(2)乙醇，(3)水
10	苯甲酸，安息香酸，焦棓酸 benzoic acid benzene-carboxylic acid	〔$C_7H_6O_2$〕（122.13） 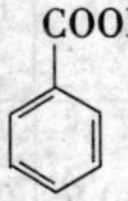	122	249 370 分解 100 升华	1.2659 (15)		(1)、(2)可溶，(3)微溶
11	邻羟基苯甲酸 *o*-hydroxy-benzoic acid	〔$C_7H_6O_3$〕（138.13） 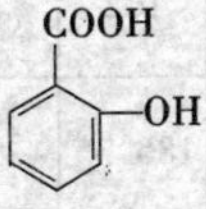	158.3 159	211 76 升华	1.443		(1)，(2)可溶，(3)微溶
12	对羟基苯甲酸 *p*-hydroxy-benzoic acid	〔$C_7H_6O_3$〕（138.13） 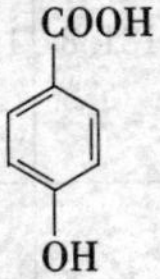	214.5～215.5	76 升华	1.468 (4)		(1)可溶，(2)易溶，(3)难溶
13	邻甲酚 *o*-cresol	〔C_7H_8O〕（108.14） 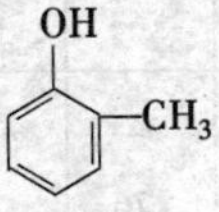	30.8	190.95	1.0465	1.5530	(1)、(2)可溶，(3)微溶
14	间甲酚 *m*-cresol	〔C_7H_8O〕（108.14） 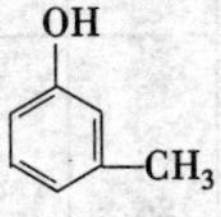	10.9	202.8	1.0336	1.5398	(1)、(2)可溶，(3)微溶
15	对甲酚 *p*-cresol	〔C_7H_8O〕（108.14） 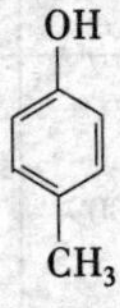	36.5	202	1.0331	1.5395	(1)，(2)可溶，(3)微溶

续附表 3

序号	名　称	〔分子式〕（相对分子质量）结构式	熔点/℃	沸点/℃	密度/g·cm^{-3}	折射率 n_D^{20}	溶解性(1)乙醚,(2)乙醇,(3)水
16	3-甲基苯邻二酚 3-methylcatechol	〔$C_7H_8O_2$〕　(124.14) 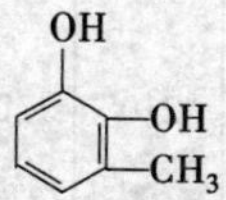	68	241			
17	4-甲基苯邻二酚 4-methylcatechol	〔$C_7H_8O_2$〕　(124.14) 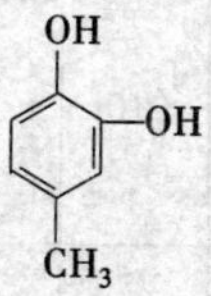	65	251			
18	2-甲基苯间二酚 2-methylresorcinol	〔$C_7H_8O_2$〕　(124.14) 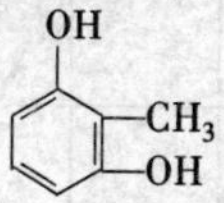	119 ~ 120	264			
19	4-甲基苯间二酚 4-methylresorcinol	〔$C_7H_8O_2$〕　(124.14) 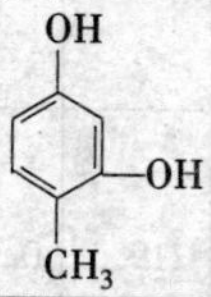	104 ~ 105	267 ~ 270			
20	7-羟基氧茚 7-羟基苯并呋喃 7-hydroxybenzofuran	〔$C_8H_6O_2$〕　(134.14) 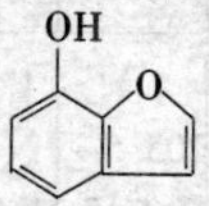	43	240 (102.7 kPa)			
21	2,3-二甲酚 2,3-xylenol	〔$C_8H_{10}O$〕　(122.17) 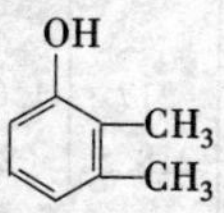	75	217.1 218			(1)、(2)、(3)可溶

续附表3

序号	名称	〔分子式〕（相对分子质量）结构式	熔点/℃	沸点/℃	密度/g·cm^{-3}	折射率 n_D^{20}	溶解性 (1)乙醚，(2)乙醇，(3)水
22	2,4-二甲酚 2,4-xylenol	〔$C_8H_{10}O$〕 (122.17) 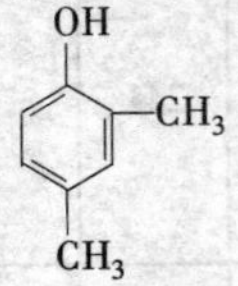	26	210	1.036	1.5420	(1)、(2)可溶，(3)难溶
23	2,5-二甲酚 2,5-xylenol	〔$C_8H_{10}O$〕 (122.17) 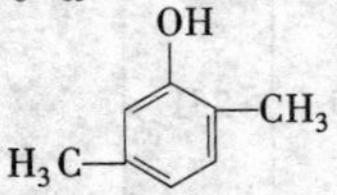	75	210	1.169		(1)、(2)易溶，(3)可溶
24	2,6-二甲酚 2,6-xylenol	〔$C_8H_{10}O$〕 (122.17) 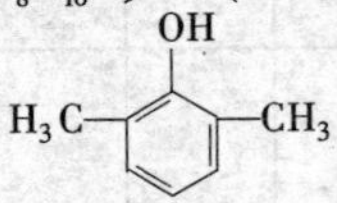	48 49	201			(1)、(2)可溶，(3)微溶
25	3,4-二甲酚 3,4-xylenol	〔$C_8H_{10}O$〕 (122.17) 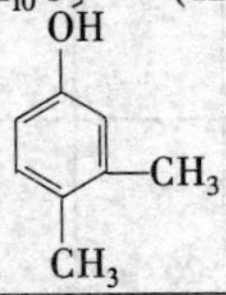	65	225	0.983	1.5420	(1)、(2)可溶，(3)微溶
26	3,5-二甲酚 3,5-xylenol	〔$C_8H_{10}O$〕 (122.17) 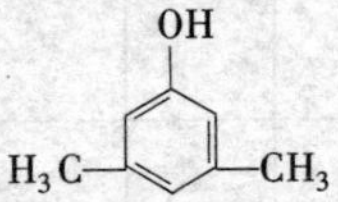	64	219.5	0.968		(1)、(2)可溶，(3)微溶
27	邻乙基酚 *o*-ethyl-phenol	〔$C_8H_{10}O$〕 (122.17) 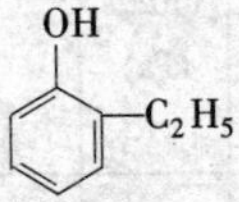	< −18	205.5 ~ 207.5	1.037 (0) 1.0146 (25)	1.5335	(1)、(2)易溶，(3)难溶
28	间乙基酚 *m*-ethyl-phenol	〔$C_8H_{10}O$〕 (122.17) 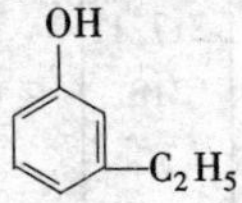	−4 −4.5	217 218.5	1.008 (25)		(1)、(2)易溶，(3)难溶

续附表3

序号	名　称	〔分子式〕(相对分子质量) 结构式	熔点 /℃	沸点 /℃	密度 /g·cm⁻³	折射率 n_D^{20}	溶解性 (1)乙醚, (2)乙醇, (3)水
29	对乙基酚 *p*-ethyl-phenol	〔$C_8H_{10}O$〕 (122.17) 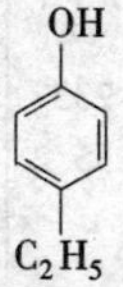	45 46	218 219	1.054 (25)	1.5239 (25)	(1)、(2)易溶,(3)难溶
30	4-羟基茚满 4-羟基-2,3-二氢茚 4-hydroxy-indane 4-hydroxy-2,3-dihydroin-dene	〔$C_9H_{10}O$〕 (134.18) 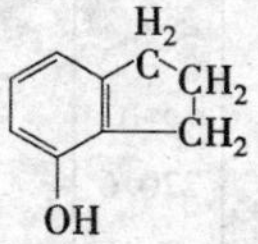	47～51	245 247			
31	5-羟基茚满 5-羟基-2,3-二氢茚 5-hydroxy-2,3-dihydroin-dene 5-hydroxy-indane	〔$C_9H_{10}O$〕 (134.18) 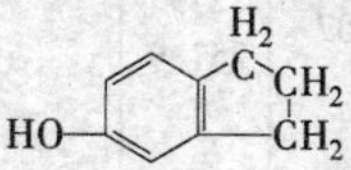	54～55	251 255			
32	2,3,4-三甲基苯酚 2,3,4-trime-thyl-phenol	〔$C_9H_{12}O$〕 (136.20) 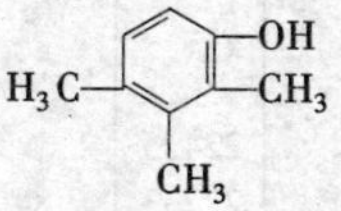	81	235～ 237			
33	2,3,5-三甲基苯酚 2,3,5-trime-thyl-phenol isopseudo-cumenol	〔$C_9H_{12}O$〕 (136.20) 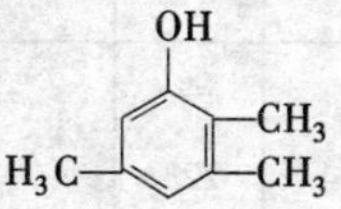	93.7 96	233 235.3			

续附表 3

序号	名称	〔分子式〕(相对分子质量) 结构式	熔点 /℃	沸点 /℃	密度 /g·cm^{-3}	折射率 n_D^{20}	溶解性 (1)乙醚, (2)乙醇, (3)水
34	2,4,5-三甲基苯酚 2,4,5-trimethyl-phenol pseudocumenol	〔$C_9H_{12}O$〕 (136.20) 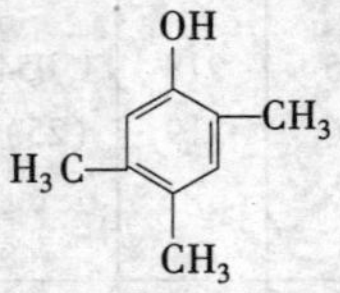	72 70.5 ~ 71.5	232 235.2		1.5070	(1)、(2)易溶,(3)微溶
35	2,4,6-三甲基苯酚;莱酚 2,4,6-trimethyl-phenol; mesitol	〔$C_9H_{12}O$〕 (136.20) 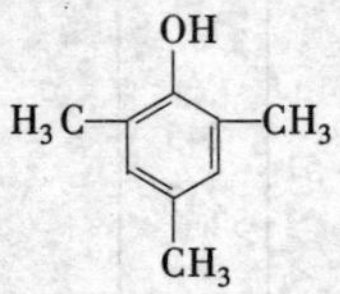	69 72.1	220 220.6		1.5105 (65)	(1)、(2)易溶,(3)微溶
36	3,4,5-三甲基酚 3,4,5-trimethyl-phenol	〔$C_9H_{12}O$〕 (136.20) 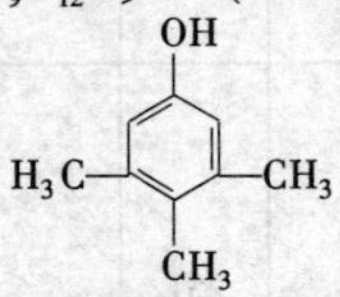	106 107	248 ~ 249 251.9			
37	2-甲基-3-乙基酚 2-methyl-3-ethyl-phenol	〔$C_9H_{12}O$〕 (136.20) 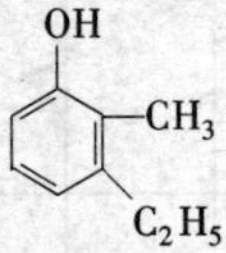	71	约 227			
38	2-甲基-4-乙基酚 2-methyl-4-ethylphenol	〔$C_9H_{12}O$〕 (136.20) 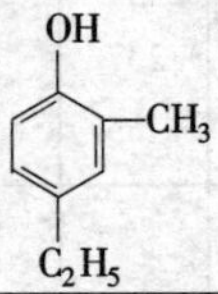		224.5 227.3			
39	2-甲基-5-乙基酚 2-methyl-5-ethylphenol	〔$C_9H_{12}O$〕 (136.20) 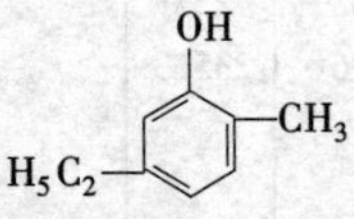	14 15.8	223 227.7			

续附表 3

序号	名　称	〔分子式〕(相对分子质量) 结构式	熔点 /℃	沸点 /℃	密度 /$g\cdot cm^{-3}$	折射率 n_D^{20}	溶解性 (1)乙醚, (2)乙醇, (3)水
40	3-甲基-4-乙基酚 3-methyl-4-ethyl-phenol	〔$C_9H_{12}O$〕 (136.20) 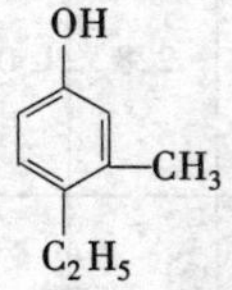	26	228 ~ 230			
41	3-甲基-6-乙基酚 3-methyl-6-ethyl-phenol	〔$C_9H_{12}O$〕 (136.20) 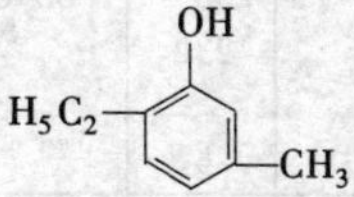	43.4	224.2			
42	4-甲基-2-乙基酚 4-methyl-2-ethyl-phenol	〔$C_9H_{12}O$〕 (136.20) 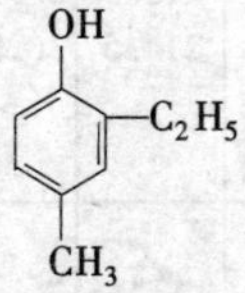	25.7	216 ~ 218 222.3			
43	4-甲基-3-乙基酚 4-methyl-3-ethyl-phenol	〔$C_9H_{12}O$〕 (136.20) 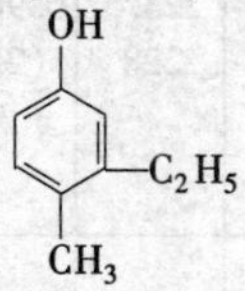	30 33	234 ~ 235 约 240			
44	3-甲基-5-乙基酚 3-methyl-5-ethyl-phenol	〔$C_9H_{12}O$〕 (136.20) 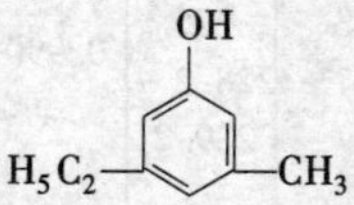	51.6 55	235.7 232.5 ~ 234.5		1.5293	
45	邻-丙基酚 *o*-propyl phenol	〔$C_9H_{12}O$〕 (136.20) 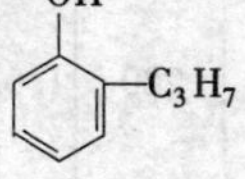	7.0	221.8 220 ~ 220.5	1.015 (0)	1.5067 (65)	(1)、(2)可溶，(3)难溶

续附表 3

序号	名　称	〔分子式〕（相对分子质量）结构式	熔点 /℃	沸点 /℃	密度 /g·cm^{-3}	折射率 n_D^{20}	溶解性 (1)乙醚,(2)乙醇,(3)水
46	间-丙基酚 *m*-propyl phenol	〔$C_9H_{12}O$〕 (136.20) 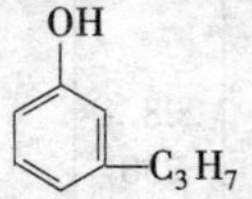	26	228	1.0090	1.5096 (60)	(1)可溶,(3)微溶
47	对-丙基酚 *p*-propyl phenol	〔$C_9H_{12}O$〕 (136.20) 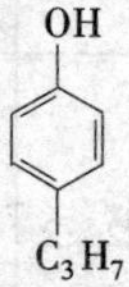	21~22	234.7 230~232	1.0090	1.5218	(1)可溶,(3)难溶
48	邻-异丙基酚 *o*-isopropyl phenol	〔$C_9H_{12}O$〕 (136.20) 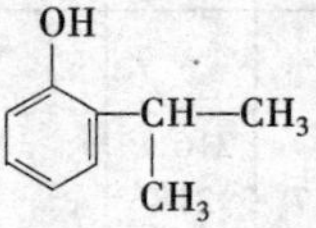	16.8 15.5	215.5 214.5	0.9908 (25)	1.5250 (25)	
49	间-异丙基酚 *m*-isopropyl phenol	〔$C_9H_{12}O$〕 (136.20) 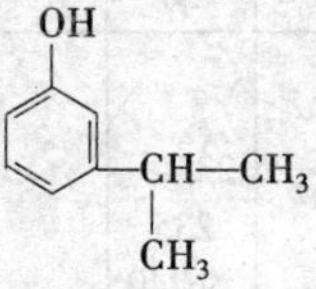	25.7 26	223.5 228	0.9844 (25)	1.5226 (25)	(3)难溶
50	对-异丙基酚 *p*-isopropyl phenol	〔$C_9H_{12}O$〕 (136.20) 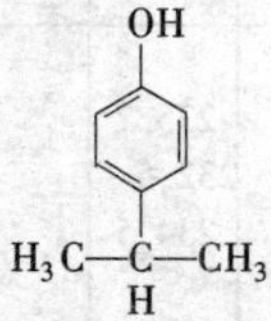	63 61	223~225 228.2~229.2	0.990	1.5052 (70)	(1)、(2)可溶,(3)难溶
51	1-萘酚 1-naphthol	〔$C_{10}H_8O$〕 (144.17) 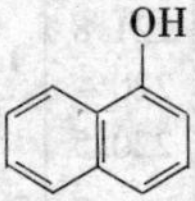	96	280	1.6208		(1)、(2)易溶

续附表 3

序号	名称	〔分子式〕(相对分子质量) 结构式	熔点/℃	沸点/℃	密度/g·cm⁻³	折射率 n_D^{20}	溶解性 (1)乙醚, (2)乙醇, (3)水
52	2-萘酚 2-naphthol	〔$C_{10}H_8O$〕 (144.17) 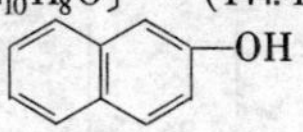	123	286	1.217 (4)		(1)、(2)易溶,(3)微溶
53	1,2,4-萘酚 1,2,4-naphthalenetriol	〔$C_{10}H_8O_3$〕 (176.17) 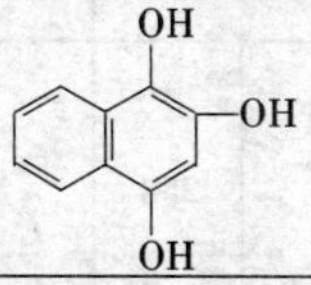	154				
54	1,4,5-萘酚 1,4,5-naphthalenetriol	〔$C_{10}H_8O_3$〕 (176.17) 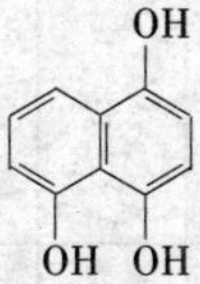	168 ~ 169				
55	3-甲基-4-羟基茚满 3-methyl-4-indanol; 3-methyl-4-hydroxy-hydrindene	〔$C_{10}H_{12}O$〕 (148.21) 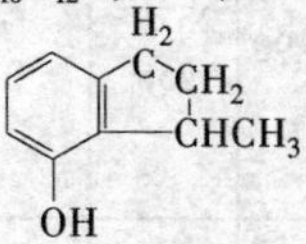	约 250				
56	5-甲基-4-羟基茚满 5-methyl-4-indanol	〔$C_{10}H_{12}O$〕 (148.21) 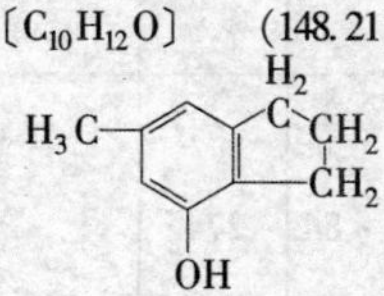	100	约 250			
57	6-甲基-4-羟基茚满 6-methyl-4-indanol	〔$C_{10}H_{12}O$〕 (148.21) 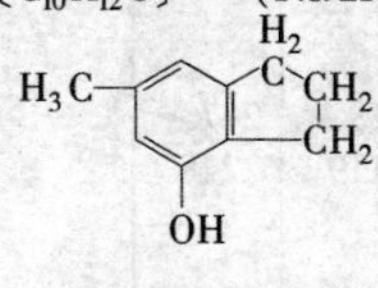	82 ~ 83	265			

续附表3

序号	名　称	〔分子式〕（相对分子质量） 结构式	熔点 /℃	沸点 /℃	密度 /g·cm^{-3}	折射率 n_D^{20}	溶解性 (1)乙醚, (2)乙醇, (3)水
58	7-甲基-4-羟基茚满 7-methyl-4-indanol	〔$C_{10}H_{12}O$〕（148.21） 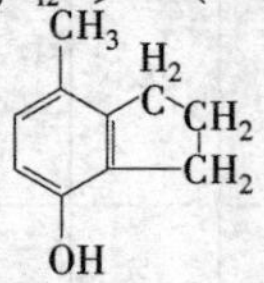	84	262			
59	1-甲基-5-羟基茚满 1-methyl-5-indanol	〔$C_{10}H_{12}O$〕（148.21） 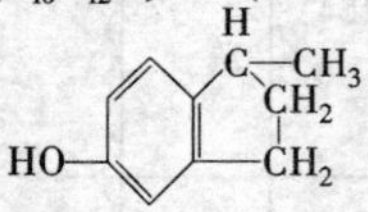	55～55.5	258			
60	3-甲基-5-羟基茚满 3-methyl-5-indanol	〔$C_{10}H_{12}O$〕（148.21） 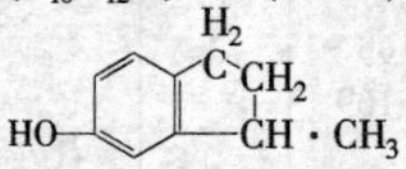	55～56	257			
61	4-甲基-5-羟基茚满 4-methyl-5-indanol	〔$C_{10}H_{12}O$〕（148.21） 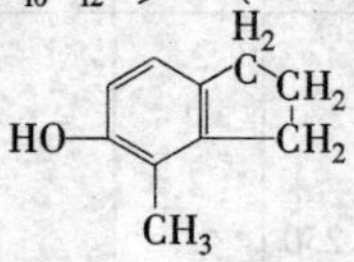	89～90	257～258			
62	6-甲基-5-羟基茚满 6-methyl-5-indanol	〔$C_{10}H_{12}O$〕（148.21） 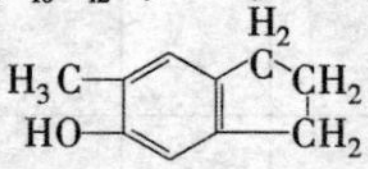	80～80.5	257			
63	7-甲基-5-羟基茚满 7-methyl-5-indanol	〔$C_{10}H_{12}O$〕（148.21） 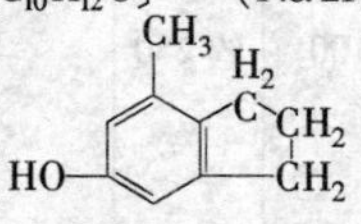	83～84	274			
64	2,3,5,6-四甲基酚; 杜烯酚 2,3,5,6-methyl phenol	〔$C_{10}H_{14}O$〕（150.22） 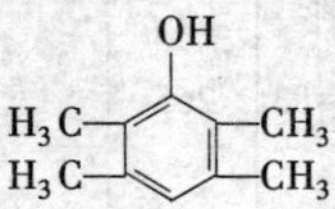	118～119	247～248			

序号	名　称	〔分子式〕（相对分子质量） 结构式	熔点 /℃	沸点 /℃	密度 /g · cm^{-3}	折射率 n_D^{20}	溶解性 (1)乙醚, (2)乙醇, (3)水
65	3,5-二乙基酚 3,5-diethyl-phenol	〔$C_{10}H_{14}O$〕　(150.22) 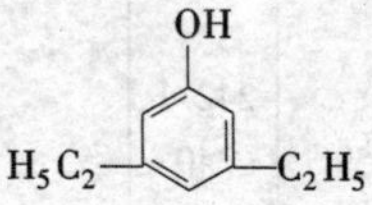	77 76	239 247.4			
66	2-甲基-4-丙基酚 2-methyl-4-propyl-phenol	〔$C_{10}H_{14}O$〕　(150.22) 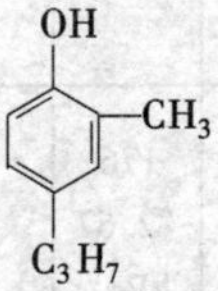	43～44	约 240			
67	3-甲基-5-异丙基酚 3-methyl-5-isopropyl-phenol	〔$C_{10}H_{14}O$〕　(150.22) 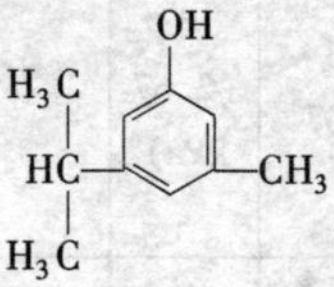	54	241			
68	间-丁基酚 *m*-butyl-phenol	〔$C_{10}H_{14}O$〕　(150.22) 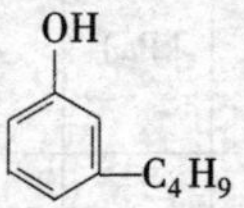	1	247～248 (101.1 kPa)	0.9740		
69	对-丁基酚 *p*-butyl-phenol	〔$C_{10}H_{14}O$〕　(150.22) 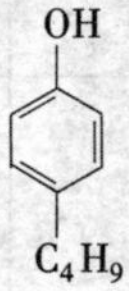	22	248	0.9780 (80)	1.5165 (25)	

续附表 3

序号	名　称	〔分子式〕（相对分子质量）结构式	熔点 /℃	沸点 /℃	密度 /g·cm^{-3}	折射率 n_D^{20}	溶解性 (1)乙醚, (2)乙醇, (3)水
70	对-仲-丁基酚 *p*-sec-butyl-phenol	〔$C_{10}H_{14}O$〕 (150.22) 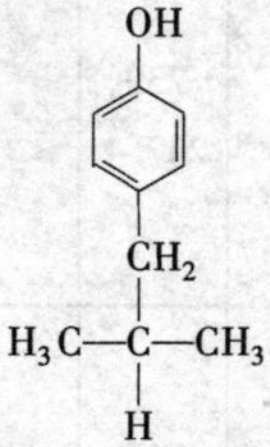	59 53～54	242.1 240 (100.1 kPa)			
71	3-甲基-2-萘酚 3-methyl-2-naphthol	〔$C_{11}H_{10}O$〕 (158.20) 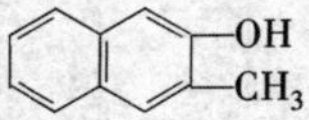	155～156	176 (2.67 kPa)			
72	*x*,6-二甲基-4-羟基茚满 *x*,6-dimethyl-4-indanol	〔$C_{11}H_{14}O$〕 (162.23) 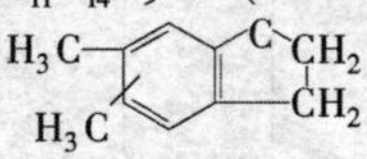	106～107	163 (2.67 kPa)			
73	5,7-二甲基-4-羟基茚满 5,7-dimethyl-4-indanol	〔$C_{11}H_{14}O$〕 (158.20) 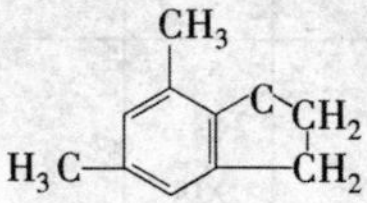	113～115	154 (2.67 kPa)			
74	2-羟基氧芴 2-hydroxy-diphenyleneoxide	〔$C_{12}H_8O_2$〕 (184.20) 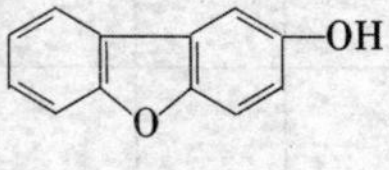	134～135	约 355			
75	3-羟基氧芴 3-hydroxy-diphenyleneoxide	〔$C_{12}H_8O_2$〕 (184.20) 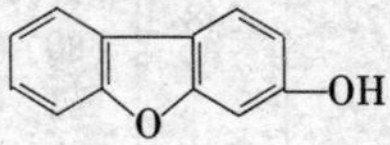	143	354.8			

续附表 3

序号	名称	〔分子式〕（相对分子质量）结构式	熔点/℃	沸点/℃	密度/g·cm^{-3}	折射率 n_D^{20}	溶解性 (1)乙醚，(2)乙醇，(3)水
76	2-羟基联苯 2-hydroxy-biphenyl	〔$C_{12}H_{10}O$〕 (170.21) 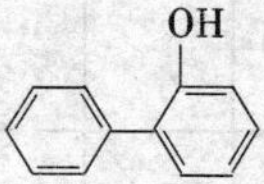	56 59	275 285.7			
77	4-羟基联苯 4-hydroxy-biphenyl	〔$C_{12}H_{10}O$〕 (170.21) 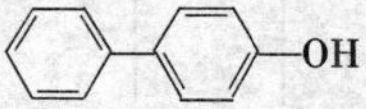	163 164 ~ 165	305 ~ 308 319			
78	2,2′-羟基联苯 2,2′-hydroxy-biphenyl	〔$C_{12}H_{10}O_2$〕 (186.21) 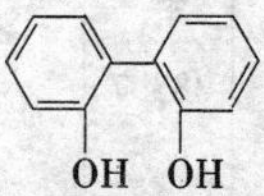	103 ~ 109	324.6 325 ~ 326			(1)、(2)易溶，(3)可溶
79	2-羟基芴 2-fluorenol	〔$C_{13}H_{10}O$〕 (182.22) 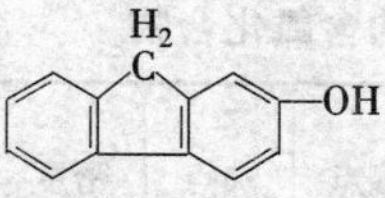	171	352			
80	3-甲基-2,2′-二酚 3-methyl-2,2′-biphenol	〔$C_{13}H_{12}O_2$〕 (200.24) 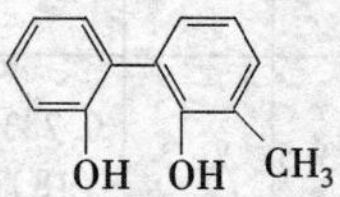		326			
81	2-菲酚 2-phenan-throl	〔$C_{14}H_{10}O$〕 (194.23) 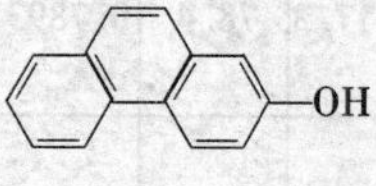	168 ~ 169	395 ~ 396			(1)、(2)易溶
82	4-菲酚 4-phenan-throl	〔$C_{14}H_{10}O$〕 (194.23) 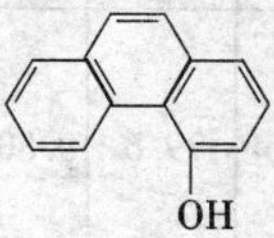	106 ~ 107 115 ~ 116	约 384			

续附表3

序号	名称	〔分子式〕(相对分子质量) 结构式	熔点/℃	沸点/℃	密度/g·cm^{-3}	折射率 n_D^{20}	溶解性 (1)乙醚, (2)乙醇, (3)水
83	蒽酚 anthranol	〔$C_{14}H_{10}O$〕 (194.23) 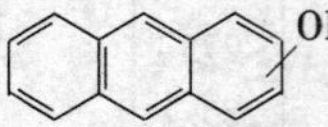 					
84	4-甲 基-9-芴酚 4-methyl-9-hydroxy-fluorene	〔$C_{14}H_{12}O$〕 (196.25) 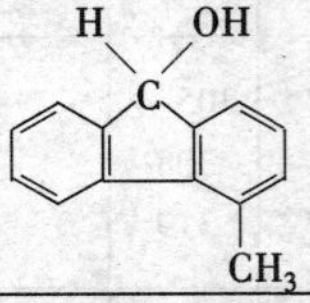 					
85	邻-萘基酚 *o*-naphthyl-phenol	〔$C_{16}H_{12}O$〕 (220.27) 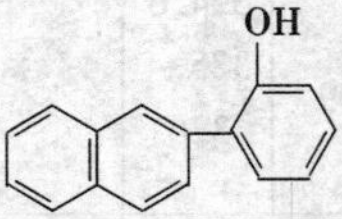 	97	383.7			

附表4 煤焦油的含氧化合物

序号	名称	〔分子式〕(相对分子质量) 结构式	熔点/℃	沸点/℃	密度/g·cm^{-3}	折射率 n_D^{20}	溶解性 (1)乙醚, (2)乙醇, (3)水
1	乙醛 acetoalde-hyde ethanal	〔C_2H_4O〕 (44.05) CH_3CHO	-123.5	20.2	0.783 (18)	1.3316	(1),(2),(3)易溶
2	乙醇 ethylalcohol ethanol	〔C_2H_6O〕 (46.07) C_2H_5OH	-117.3	78.4	0.7893	1.3614	(1),(3)易溶
3	丙酮 acetone 2-propanone	〔C_3H_6O〕 (58.08) CH_3COCH_3	-94.6	56.5	0.7898	1.359	(1),(2),(3)易溶
4	丁酮 甲基-乙基甲酮 ethylmethyl-ketone 2-butanone	〔C_4H_8O〕 (72.11) $CH_3COC_2H_5$	-86.4	79.6	0.8061	1.3814	(1),(2)易溶,(3)可溶

续附表 4

序号	名　称	〔分子式〕（相对分子质量） 结构式	熔点 /℃	沸点 /℃	密度 /g·cm^{-3}	折射率 n_D^{20}	溶解性 (1)乙醚， (2)乙醇， (3)水
5	2-戊酮 甲基正丙基酮 2-pentanone；methyl n-propyl ketone	〔$C_5H_{10}O$〕 (86.13) $CH_3CO(CH_2)_2CH_3$	−77.5	102			
6	3-甲基-2-丁酮 甲基异丙基酮 3-methyl-2-butanone methyl isopropyl ketone	〔$C_5H_{10}O$〕 (86.13) $CH_3COCH(CH_3)_2$	−92	93~94 (100.3 kPa)			
7	2-己酮 2-hexanone	〔$C_6H_{12}O$〕 (100.16) $CH_3CO(CH_2)_3CH_3$	−55.8	127			
8	古马隆苯并〔b〕呋喃香豆酮 benzofuran	〔C_8H_6O〕 (118.14) 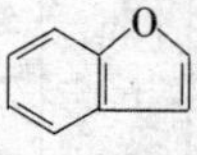	< −18	173~174	1.078	1.569 (16.3) (15)	(1)、(2)可溶，(3)不溶
9	苯酚并〔b〕呋喃 7-羟基香豆素 7-hydroxy coumarone	〔$C_8H_6O_2$〕 (134.14) 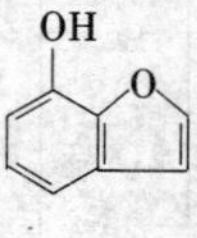	43	240 (102.7 kPa)			
10	乙酰苯 苯乙酮 acetophenone	〔C_8H_8O〕 (120.15) 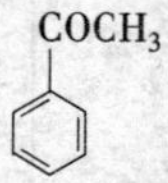	19.7	202.3	1.0281	1.5339	(1)、(2)可溶，(3)微溶

序号	名　称	〔分子式〕（相对分子质量） 结构式	熔点 /℃	沸点 /℃	密度 /g·cm^{-3}	折射率 n_D^{20}	溶解性 (1)乙醚，(2)乙醇，(3)水
11	4-甲基-苯并呋喃 4-甲基古马隆 4-methyl-benzofuran	〔C_9H_8O〕　(132.16) 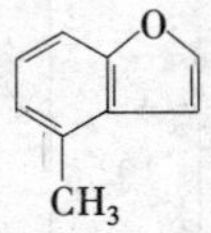		194 ~ 196			
12	5-甲基-苯并呋喃 5-甲基古马隆 5-methyl-benzofuran	〔C_9H_8O〕　(132.16) 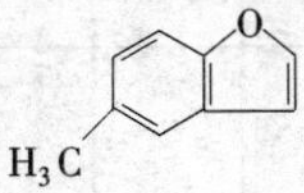		196 ~ 197			
13	6-甲基苯并呋喃 6-甲基古马隆 6-methyl-benzofuran	〔C_9H_8O〕　(132.16) 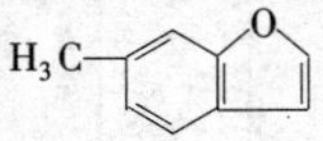		192 ~ 193			
14	7-甲基苯并呋喃 7-甲基古马隆 7-methyl-benzofuran	〔C_9H_8O〕　(132.16) 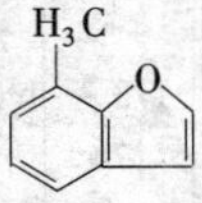		190 ~ 191			
15	苯基-乙基甲酮 phenyl-ethyl-ketone propiophenone	〔$C_9H_{10}O$〕　(134.18) 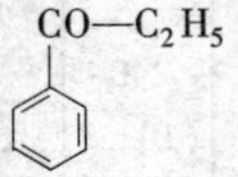	19 ~ 20 21	218 218.3	1.012		(1)、(2)可溶，(3)不溶
16	4,5-二甲基苯并呋喃 4,5-dimethyl-benzofuran	〔$C_{10}H_{10}O$〕　(146.19) 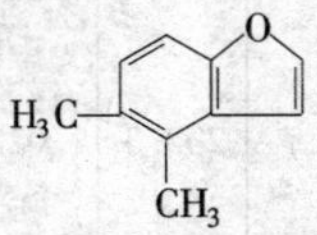	65 ~ 66	221	1.060 (15)	1.5515 (15)	

续附表4

序号	名称	〔分子式〕（相对分子质量） 结构式	熔点/℃	沸点/℃	密度/g·cm^{-3}	折射率 n_D^{20}	溶解性 (1)乙醚, (2)乙醇, (3)水
17	4,7-二甲基苯并呋喃 4,7-dimethyl-benzofuran	〔$C_{10}H_{10}O$〕 (146.19) 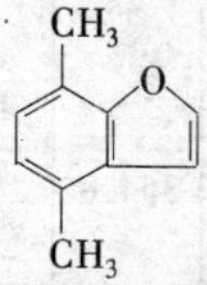		216			
18	5,6-二甲基苯并呋喃 5,6-dimethyl-benzofuran	〔$C_{10}H_{10}O$〕 (146.19) 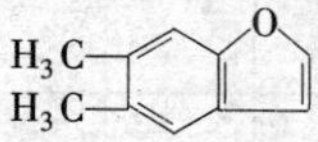		221	1.060 (15)	n_D^{15} 1.5515	
19	5,7-二甲基苯并呋喃 5,7-dimethyl-benzofuran	〔$C_{10}H_{10}O$〕 (146.19) 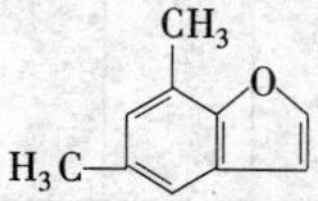		222			
20	3,4-苯并古马隆 萘并〔2,1-b〕呋喃 naphtho〔2,1-b〕furan	〔$C_{12}H_8O$〕 (168.20) 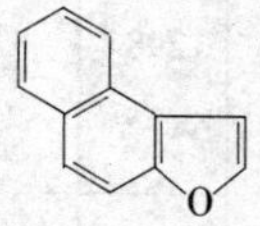	60~61	284~286			
21	5,6-苯并古马隆 萘并〔1,2-b〕呋喃 naphtho〔1,2-b〕furan	〔$C_{12}H_8O$〕 (168.20) 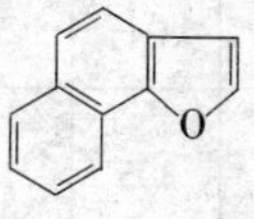	−7	282~284 (100.7 kPa)			
22	萘并〔2,3-b〕呋喃 naphtho〔2,3-b〕furan	〔$C_{12}H_8O$〕 (168.20) 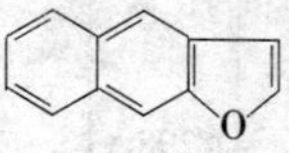					

续附表 4

序号	名称	〔分子式〕（相对分子质量）结构式	熔点/℃	沸点/℃	密度/g·cm^{-3}	折射率 n_D^{20}	溶解性 (1)乙醚，(2)乙醇，(3)水
23	3-二苯并〔b, d〕羟基呋喃 2-羟基氧芴 3-dibenzo〔b, d〕furanol 2-hydroxy diphenylene oxide	〔$C_{12}H_8O_2$〕 (184.20) 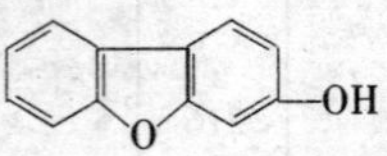	138 ~ 139 142 ~ 143	354.8			
24	氧芴；联苯抱氧；二苯并〔b, d〕呋喃 diphenylene oxide	〔$C_{12}H_8O$〕 (168.20) 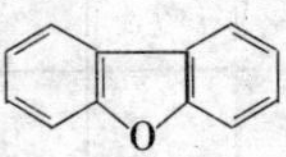	82.8 ~ 83	287	1.168	1.644	(1)易溶，(2)可溶，(3)不溶
25	1-甲基氧芴 1-methyl-diphenylene oxide	〔$C_{13}H_{10}O$〕 (182.22) 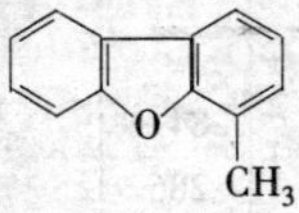	45	298			
26	2-甲基氧芴 2-methyl-diphenylene oxide	〔$C_{13}H_{10}O$〕 (182.22) 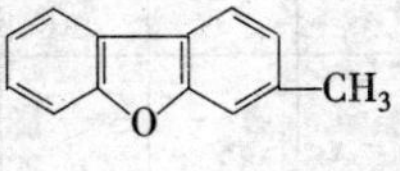	66	303 ~ 304 (100.8 kPa)			
27	3-甲基氧芴 3-methyl-diphenylene oxide	〔$C_{13}H_{10}O$〕 (182.22) 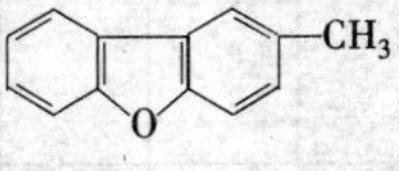	44	305 (100 kPa)			
28	4-甲基氧芴 4-methyl-diphenylene oxide	〔$C_{13}H_{10}O$〕 (182.22) 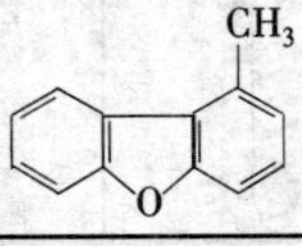	45	298			

续附表 4

序号	名称	〔分子式〕(相对分子质量) 结构式	熔点/℃	沸点/℃	密度/g·cm^{-3}	折射率 n_D^{20}	溶解性 (1)乙醚，(2)乙醇，(3)水
29	呫吨 xanthene	〔$C_{13}H_{10}O$〕 (182.22) 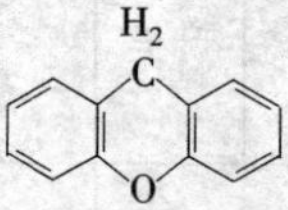	100.5 101	315			(1)可溶，(2)、(3)微溶
30	菲啶酮 phenanthridone	〔$C_{13}H_9ON$〕 (195.22) 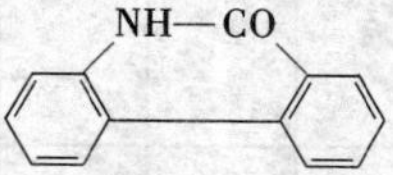	293 286	438			
31	1,8-二甲基氧芴 1,8-dimethyl-diphenylene oxide	〔$C_{14}H_{12}O$〕 (196.25) 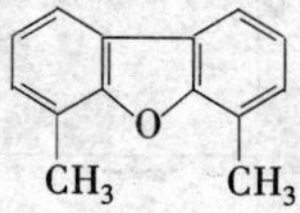	87	315.5			
32	?-二甲基氧芴 ?-dimethyl-diphenylene-oxide	〔$C_{14}H_{12}O$〕 (196.25) 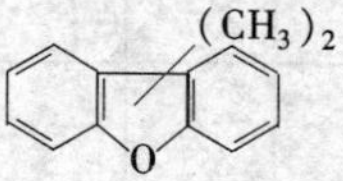	45~46				
33	?-二甲基氧芴 ?-dimethyl-diphenylene oxide	〔$C_{14}H_{12}O$〕 (196.25) 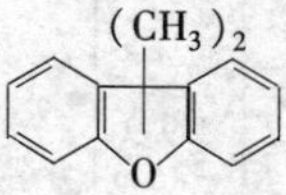	58~59				
34	对-甲氧基-二苯甲酮 *p*-methoxy-benzophenone	〔$C_{14}H_{12}O_2$〕 (212.25) 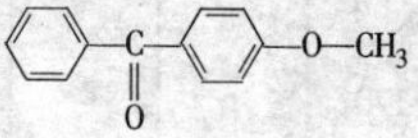	61~62	354~355 (97.19 kPa)			

续附表 4

序号	名称	〔分子式〕（相对分子质量）结构式	熔点 /℃	沸点 /℃	密度 /g·cm⁻³	折射率 n_D^{20}	溶解性 (1)乙醚，(2)乙醇，(3)水
35	α-焦甲酚 二甲基呫吨 dimethyl-xanthene	〔$C_{15}H_{14}O$〕 (210.28) 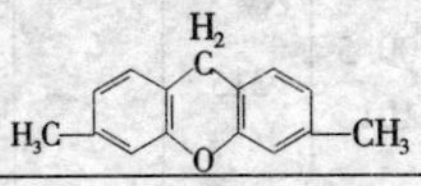 	200 ~ 201	升华			
36	β-焦甲酚 ？-二甲基呫吨 dimethyl-xanthene	〔$C_{15}H_{14}O$〕 (210.28) 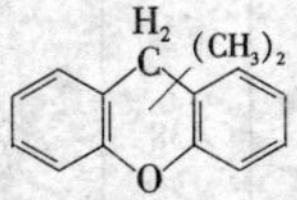 	124				
37	γ-焦甲酚 ？-二甲基呫吨 dimethyl-xanthene	〔$C_{15}H_{14}O$〕 (210.28) 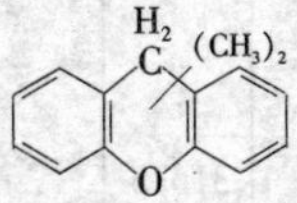 	104				
38	苯并〔a〕氧芴 benzo〔a〕diphenylene-oxide	〔$C_{16}H_{10}O$〕 (218.26) 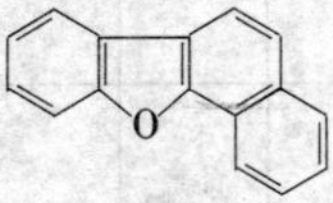 	103 ~ 104	387.7 389			
39	苯并〔b〕氧芴 benzo〔b〕diphenylene-oxide	〔$C_{16}H_{10}O$〕 (218.26) 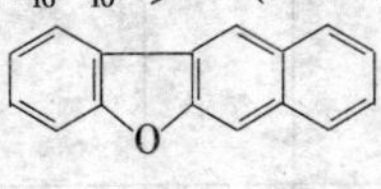 	205 ~ 206	394.5			
40	迫-〔1,9〕-苯并呫吨 peri-(1,9)-benzoxanthene	〔$C_{16}H_{10}O$〕 (218.26) 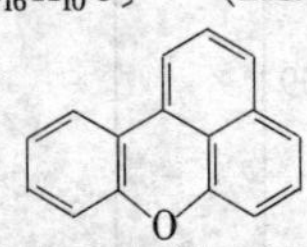 	109 ~ 110	399.9			
41	苯并蒽酮 benzanthrone	〔$C_{17}H_{10}O$〕 (230.26) 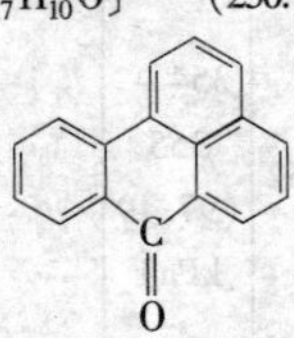 	170				

续附表 4

序号	名 称	〔分子式〕(相对分子质量) 结构式	熔点/℃	沸点/℃	密度/g·cm^{-3}	折射率 n_D^{20}	溶解性(1)乙醚,(2)乙醇,(3)水
42	?-甲基巴西烷 ?-methyl brazan	〔$C_{17}H_{12}O$〕 (232.28) 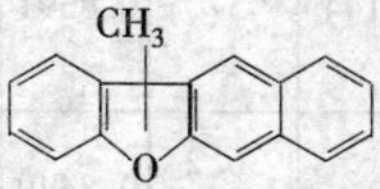	160~162				
43	5-联苯-r-吡喃酮 5-diphenyl-r-pyrones	〔$C_{17}H_{12}O_2$〕 (248.28) 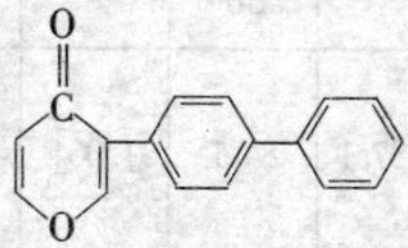					
44	迫位-(1,8,9)-萘并呫吨 peri-(1,8,9)-naphthoxanthene	〔$C_{18}H_{10}O$〕 (242.28) 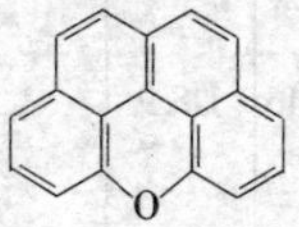	177	446			
45	1-苯基苯并蒽酮 1-phenyl-benzanthrone	〔$C_{23}H_{14}O$〕 (306.36) 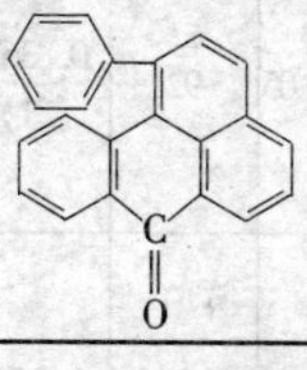	186				

附表 5　煤焦油的含硫化合物

序号	名 称	〔分子式〕(相对分子质量) 结构式	熔点/℃	沸点/℃	密度/g·cm^{-3}	折射率 n_D^{20}	溶解性(1)乙醚,(2)乙醇,(3)水
1	二硫化碳 carbonocisulfide	〔CS_2〕 (76.14) CS_2	-111.6	46.25	1.2927	1.6315 (15)	(1)、(2)易溶;(3)难溶
2	甲硫醇 methanethiol	〔CH_4S〕 (48.11) CH_3SH	-123 -121	6	0.8961 (0)		(1)、(2)易溶,(3)微溶

续附表5

序号	名称	〔分子式〕（相对分子质量）结构式	熔点/℃	沸点/℃	密度/g·cm^{-3}	折射率 n_D^{20}	溶解性 (1)乙醚，(2)乙醇，(3)水
3	乙硫醇 ethanethiol	〔C_2H_6S〕 (62.14) C_2H_5SH	-144	37	0.8391	1.4306	(1)、(2)可溶，(3)难溶
4	二甲硫，甲硫醚 methylsulfide	〔C_2H_6S〕 (62.14) CH_3SCH_3	-83	36.2 37.5 38	0.8449 0.8390		(1)、(2)可溶，(3)不溶
5	噻吩 thiophene	〔C_4H_4S〕 (84.14) 	-37.1	84.1	1.064	1.5288	(1)、(2)可溶，(3)不溶
6	四氢噻吩 tetrahydro-thiophene	〔C_4H_8S〕 (88.17) 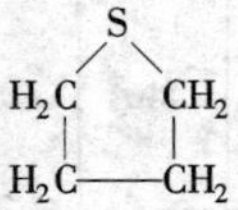	-96.16	118.9			
7	二乙基硫 ethylsulfide ethyl-thioethane	〔$C_4H_{10}S$〕 (90.19) $C_2H_5SC_2H_5$	-102.05	92	0.8367 (21)	1.4423	(1)、(2)易溶 (3)微溶
8	2-甲基噻吩 α-甲基噻吩 2-methyl-thiophene	〔C_5H_6S〕 (98.17) 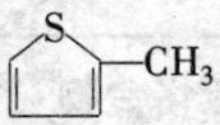	-63.5	112.5	1.025	1.5240	(3)不溶
9	3-甲基噻吩 β-甲基噻吩 3-methyl-thiophene	〔C_5H_6S〕 (98.17) 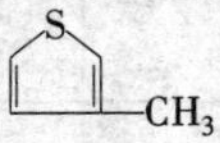	-68.9	115.4	1.022	1.5266	(3)不溶
10	苯硫酚 thiophenol benzenethiol	〔C_6H_6S〕 (110.18) 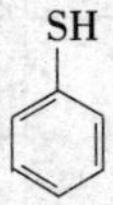	-14.8	169.5	1.074 (23)	1.5860 (25)	(1)、(2)易溶，(3)微溶

续附表 5

序号	名称	〔分子式〕（相对分子质量） 结构式	熔点/℃	沸点/℃	密度/g·cm⁻³	折射率 n_D^{20}	溶解性 (1)乙醚，(2)乙醇，(3)水
11	2,5-二甲基噻吩 2,5-dimethyl-thiophene	〔C_6H_8S〕 (112.20) 	-62.6	136.5～137.5	0.9858 (19)		(1)、(2)可溶，(3)不溶
12	三甲基噻吩 trimethyl-thiophene	〔$C_7H_{10}S$〕 (126.22) 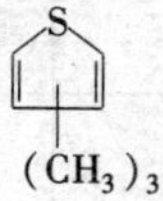					
13	硫杂茚 苯并〔b〕噻吩 benzo-thio-phene	〔C_8H_6S〕 (134.20) 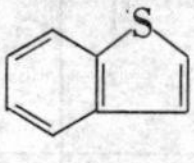	32	219.9 221～222	1.165	1.6405	(1)、(2)易溶，(3)不溶
14	四甲基噻吩 tetramethyl-thiophene	〔$C_8H_{12}S$〕 (140.25) 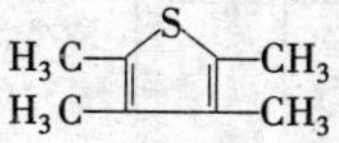		184			
15	2-甲基-苯并〔b〕噻吩 甲基硫茚 2-methyl benzo〔b〕-thiophene	〔C_9H_8S〕 (148.23) 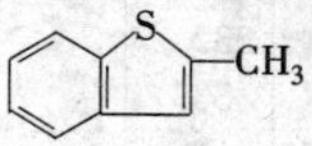	52	240			
16	*x*-甲基硫茚 *x*-甲基苯并〔b〕噻吩 *x*-methyl-benzo〔b〕-thiophene	〔C_9H_8S〕 (148.23) 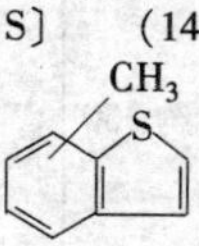	36	240			

续附表 5

序号	名称	〔分子式〕（相对分子质量） 结构式	熔点 /℃	沸点 /℃	密度 /g·cm^{-3}	折射率 n_D^{20}	溶解性 (1)乙醚，(2)乙醇，(3)水
17	4,5-苯并硫茚 萘并〔2,1-b〕噻吩 naphtho〔2,1-b〕-thiophene	〔$C_{12}H_8S$〕 (184.26) 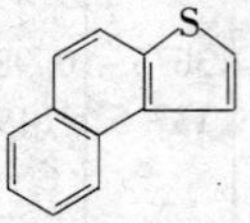	116	约 330			
18	5,6-苯并硫茚,萘并〔2,3-b〕噻吩 naphtho〔2,3-b〕-thiophene	〔$C_{12}H_8S$〕 (184.26) 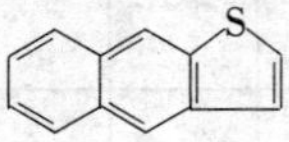	189	约 335			
19	6,7-苯并硫茚,萘并〔1,2-b〕噻吩 naphtho〔1,2-b〕-thiophene	〔$C_{12}H_8S$〕 (184.26) 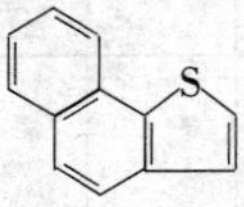	27 ~ 28	约 330			
20	硫杂芴 二苯并〔b,d〕噻吩 联苯抱硫 diphenylene-sulfide	〔$C_{12}H_8S$〕 (184.26) 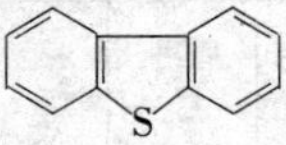	99 97	331.4 332 ~ 333			
21	1,8-二甲基硫芴 4,6-二甲基二苯并〔b,d〕噻吩 4,6-dimethyl-diphenylene-sulfide	〔$C_{14}H_{12}S$〕 (212.32) 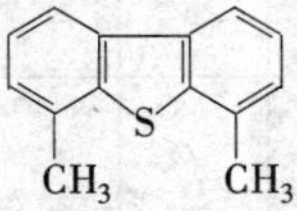	154 ~ 155	约 360			

续附表 5

序号	名　称	〔分子式〕(相对分子质量) 结构式	熔点/℃	沸点/℃	密度/g·cm^{-3}	折射率 n_D^{20}	溶解性 (1)乙醚,(2)乙醇,(3)水
22	1,2-苯并硫芴 1,2-benzodiphenylene-sulfide	〔$C_{16}H_{10}S$〕　(234.32) 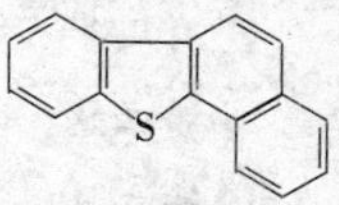	185	429.9			
23	苯并〔b〕硫芴 2,3,5,6-二苯并硫杂芴 benzo〔b〕diphenylene-sulfide	〔$C_{16}H_{10}S$〕　(234.32) 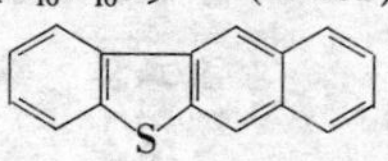	160	440			

注:密度不加特殊说明的均为20℃时的密度。